U0241619

Prehistoric Modernization

本成果受到中国人民大学 2019 年度"中央高校建设世界一流大学（学科）和特色发展引导专项资金"支持

陈胜前 著

史前的现代化

从狩猎采集到农业起源

生活·讀書·新知 三联书店

图书在版编目（CIP）数据

史前的现代化：从狩猎采集到农业起源／陈胜前著. —北京：
生活·读书·新知三联书店，2020.9
ISBN 978 – 7 – 108 – 06876 – 7

Ⅰ.①史… Ⅱ.①陈… Ⅲ.①农业史－史前文化－研究－中国
Ⅳ.① S-092

中国版本图书馆 CIP 数据核字（2020）第 084749 号

责任编辑　曹明明
装帧设计　康　健
责任校对　安进平
责任印制　徐　方
出版发行　生活·讀書·新知 三联书店
　　　　　（北京市东城区美术馆东街 22 号　100010）
网　　址　www.sdxjpc.com
经　　销　新华书店
印　　刷　三河市天润建兴印务有限公司
版　　次　2020 年 9 月北京第 1 版
　　　　　2020 年 9 月北京第 1 次印刷
开　　本　880 毫米 × 1230 毫米　1/32　印张 15.25
字　　数　369 千字　图 42 幅
印　　数　0,001 – 6,000 册
定　　价　59.00 元
（印装查询：01064002715；邮购查询：01084010542）

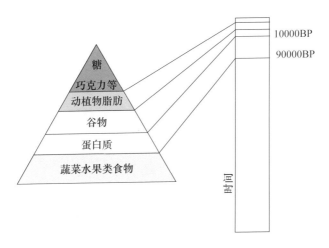

图 1.1　人类食物进化史

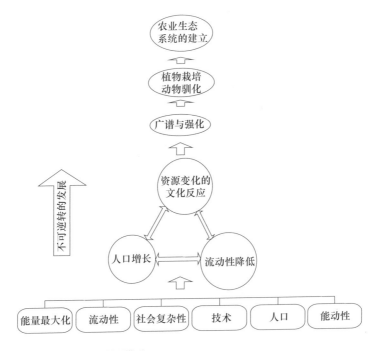

图 1.2　农业起源的超循环模型

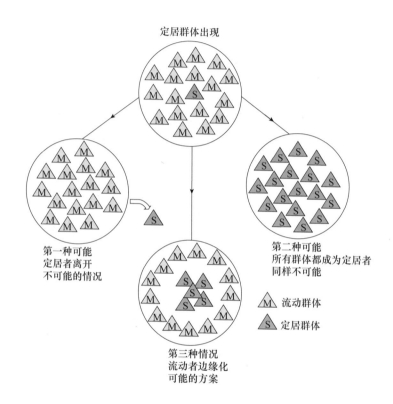

图 2.1 定居形成的"舞池模型"

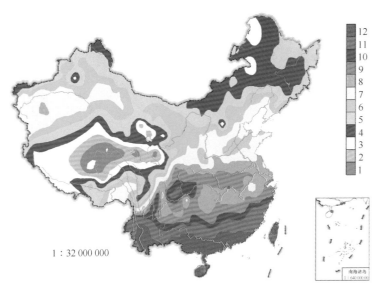

图 3.1　生长季节的长度分布

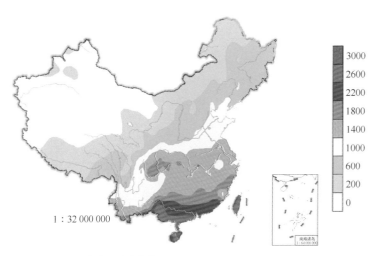

图 3.2　净地表生产力的密度分布

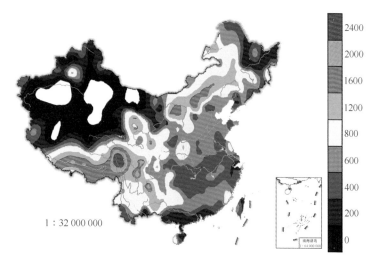

图 3.3 次级生产力（动物）的密度分布

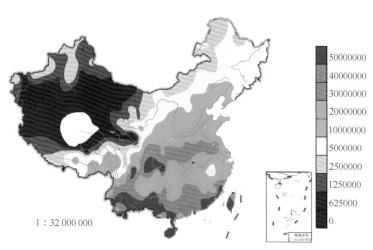

图 3.4 可食用的植物量分布

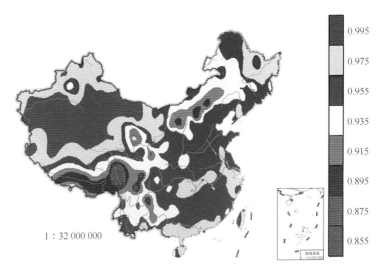

图 3.5 可食用的动物量分布

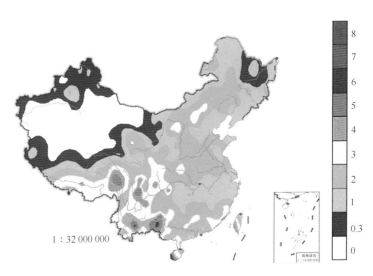

图 3.6 完全依赖陆生动植物性食物的人口密度分布

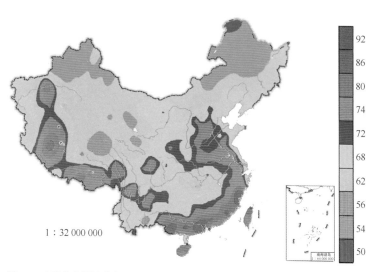

图 3.7　生计的多样性分布

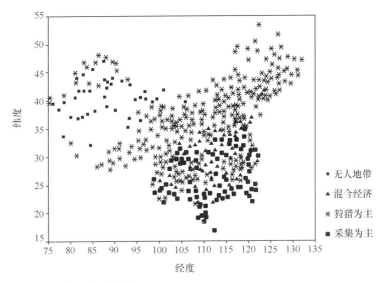

图 3.8　生计主要类型的分布

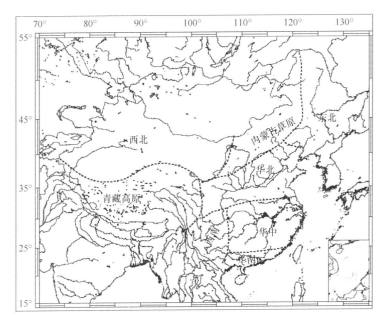

图 3.9　狩猎采集者的文化生态区

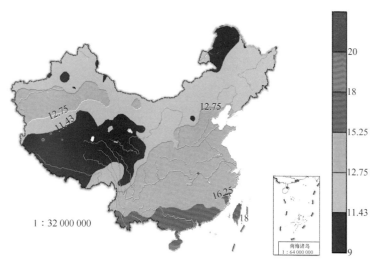

图 3.10 有效温度的分布

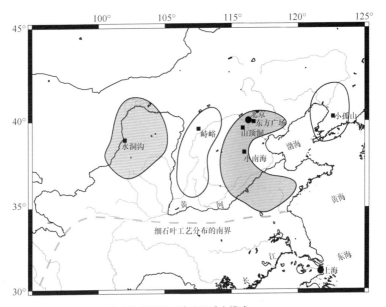

图 4.1　华北旧石器时代晚期早段的四种地区适应模式

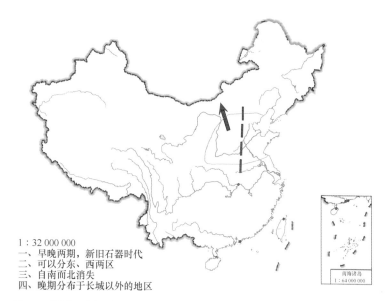

1 : 32 000 000
一、早晚两期，新旧石器时代
二、可以分东、西两区
三、自南而北消失
四、晚期分布于长城以外的地区

南海诸岛
1 : 64 000 000

图 4.2　中国细石叶工艺的时空分布特征
实线包括的范围表示细石叶工艺在旧石器时代晚期的主要分布区，虚线表示细石叶工艺在华北旧石器时代晚期的分布大致可以分为两个区，箭头所示细石叶工艺从南而北的消失过程

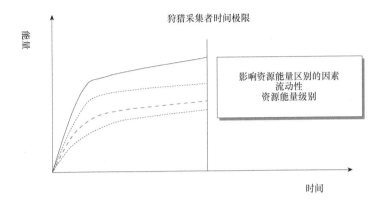

图 4.3　狩猎采集生计效率的影响因素

图中不同的曲线表示不同流动性与资源能量级别的影响，比如高流动性狩猎为主的生计能够获得最大的能量回报，而低流动性采集为主的生计能量回报更低

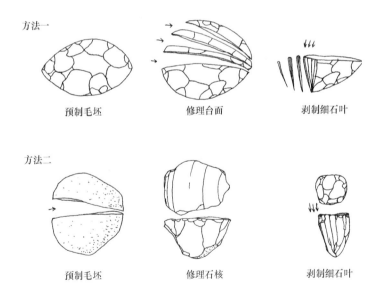

图 4.4　细石叶工艺的两种方法

方法一：楔形细石核生产细石叶的技术；方法二：来自于棱柱状石核技术

（图引自 T. Kobayoshi, Microblade industries in the Japanese Archipelago. *Arctic Anthropology* 7(2): 38-58, 1970）

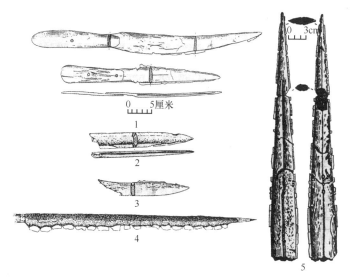

图 4.5　考古材料中镶嵌细石叶的复合工具与民族学中镶嵌石片的复合工具
1. 甘肃永昌鸳鸯池；2、3. 内蒙古敖汉旗兴隆洼；4. 澳大利亚；5. 西伯利亚

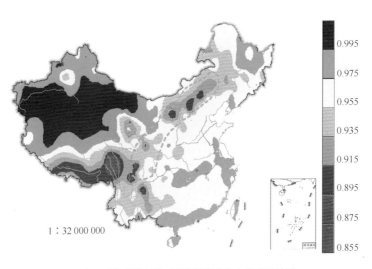

	0.995
	0.975
	0.955
	0.935
	0.915
	0.895
	0.875
	0.855

1 : 32 000 000

图 4.6　通过现代气象站资料模拟的动物资源量分布与狩猎的关系
点线包围的区域表示最有可能依赖狩猎作为主要生计手段的地区

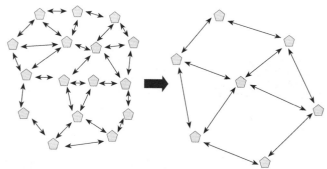

当环境急剧改变时，已适应的资源斑块的密度下降，
寻食者的流动性 (mobility) 不得不提高

图 4.7 资源斑块密度的改变对狩猎采集者流动性的影响

每一个多边形块代表一个资源斑块，左图表示资源较丰富时期，资源斑块之间的距离较短；
右图表示资源贫乏期，斑块之间的距离扩大，狩猎采集者获得同样资源量需要寻食的距离也
同步延长

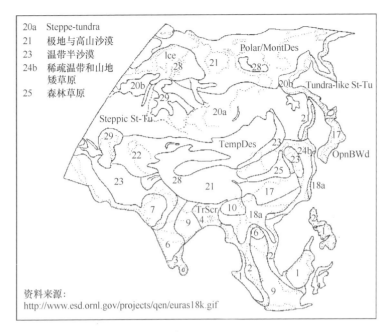

资料来源：
http://www.esd.ornl.gov/projects/qen/euras18k.gif

图 4.8　亚洲距今 18000 年的植被重建

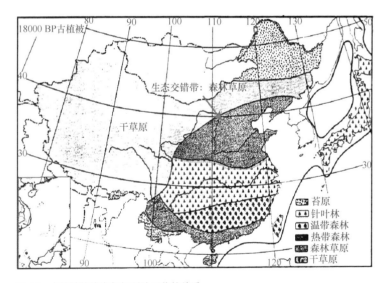

图 4.9　古植被的改变与细石叶工艺的关系
箭头所示区域即细石叶工艺起源的森林 - 草原地带，两条点线分布分别代表细石叶工艺分布的南界和猛犸象 - 披毛犀动物群的南界

秦岭山中

郧县余嘴遗址出土砾石

湖北嘉鱼潘湾镇长江边

图 5.1　最佳原料带

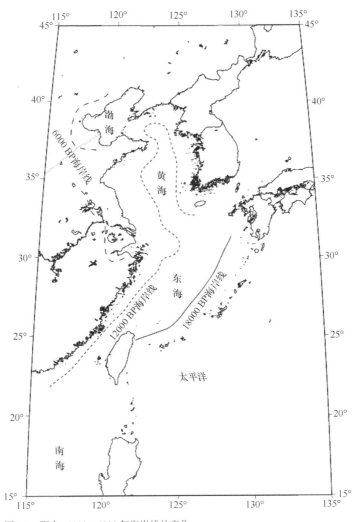

图 5.2　距今 18000—6000 年海岸线的变化

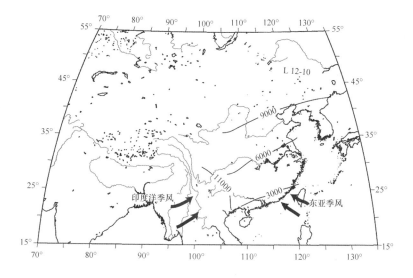

图 5.3　距今 11000—3000 年季风的变化

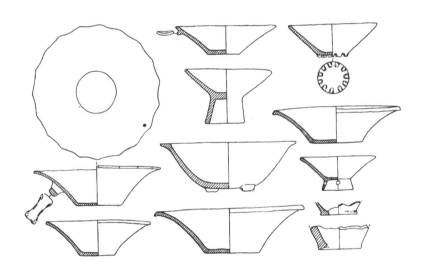

图 6.1　上山文化不同型式的敞口平底盆

图 6.2　东胡林遗址景观

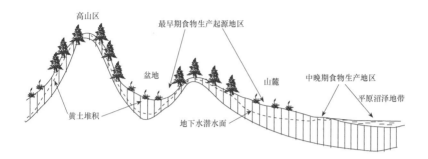

图 6.3　华北地区农业起源地带

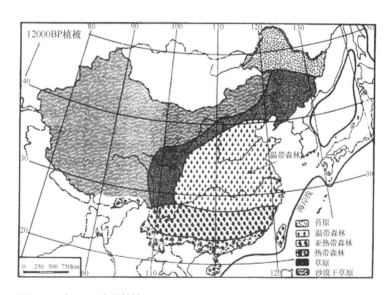

图 6.4　距今 12000 年的植被

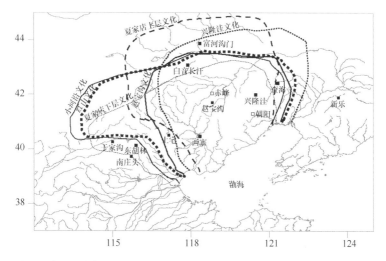

图 7.1 燕山长城南北地区考古学文化分布图

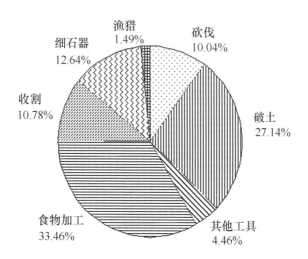

图 7.2 白音长汗遗址二期乙类遗存石器工具构成

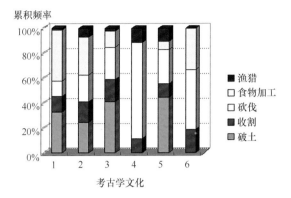

图 7.3 六个考古学文化典型遗址石器工具构成比较

1. 白音长汗二期乙类遗存；2. 赵宝沟遗址；3. 西水泉遗址；4. 大南沟遗址；5. 北票丰下遗址；6. 夏家店遗址上层

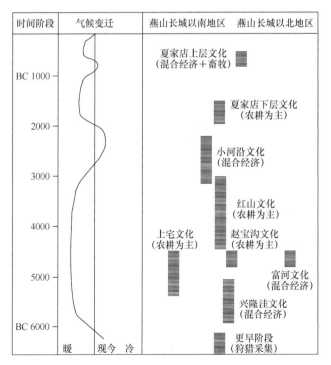

图 7.4 气候变迁与考古学文化所代表的生计方式的关系图

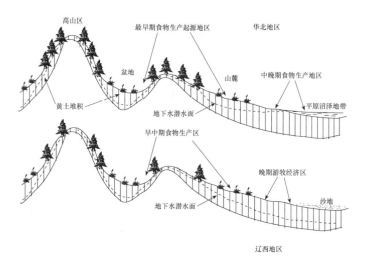

图 7.5 华北地区与辽西地区农业生态模型对比图

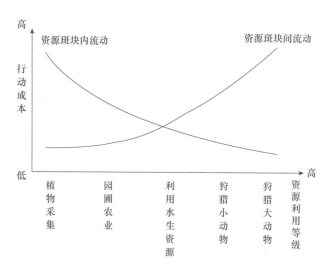

图 8.1 华南地区最佳采食模型

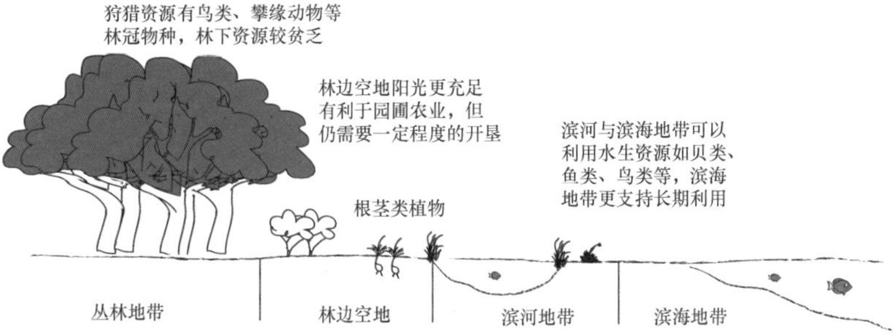

狩猎资源有鸟类、攀缘动物等
林冠物种，林下资源较贫乏

林边空地阳光更充足
有利于园圃农业，但
仍需要一定程度的开垦

滨河与滨海地带可以
利用水生资源如贝类、
鱼类、鸟类等，滨海
地带更支持长期利用

根茎类植物

丛林地带　　　林边空地　　　滨河地带　　　滨海地带

图 8.2　华南地区史前文化生态系统

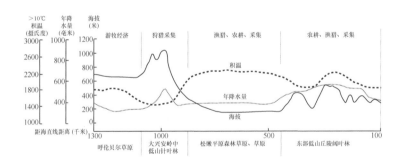

图 9.1　东北地区四个文化生态适应地带

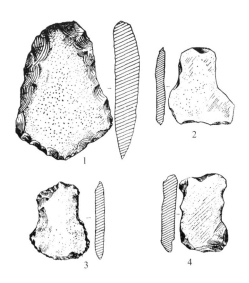

图 9.2 西断梁山遗址出土的类石锄石器
按原报告 1、3 为石铲，2 为石斧，4 为石器

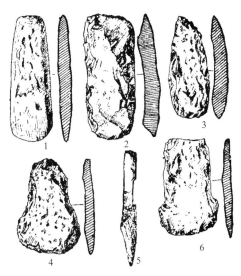

图 9.3 莺歌岭遗址出土的类石锄石器
按原报告 1、2、3 为石斧，4、6 为石锄，5 为鹿角锄

图 10.1　贵州喀斯特山区景观

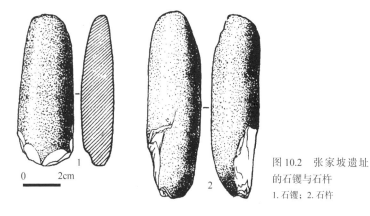

图 10.2　张家坡遗址
的石镬与石杵
1. 石镬；2. 石杵

0　　2cm

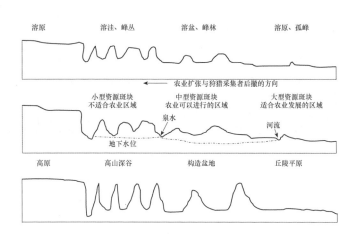

溶原　　溶洼、峰丛　　溶盆、峰林　　溶原、孤峰

← 农业扩张与狩猎采集者后撤的方向

小型资源斑块　　中型资源斑块　　大型资源斑块
不适合农业区域　农业可以进行的区域　适合农业发展的区域

泉水　　　　　　　河流

地下水位

高原　　高山深谷　　构造盆地　　丘陵平原

图 10.3　西南地区农业的扩散与狩猎采集者的反应

目　录

自 序

我总认为书的序言若非为了推介，是应该自己写的，因为作者应该向读者交代著作的起因、过程、关键节点或角度，以及让读者更好地了解著者思想的阅读建议。书如朋友，能够打开本书并进行阅读的人，就是可能把著者当作朋友的人，自序就宛如自我介绍一般。朋友之间贵以坦诚，所以自序不能如同推销广告。然而，培根云：阿谀我者无过于我。人总是愿意肯定自己的，所以，我所说的仍然是一己之见，判断还须依赖读者。好的读者仍然能够从我如泥沙般而下的写作中筛选出金子来。

本书的基础是我 2004 年在南方卫理公会大学（Southern Methodist University）的博士论文《中国更新世至全新世过渡期史前狩猎采集者的适应变迁》（Adaptive Changes of Prehistoric Hunter-Gatherers during the Pleistocene-Holocene Transition in China），指导老师是弗雷德·温道夫博士（Dr. Fred Wendorf）和路易斯·宾福德博士（Dr. Lewis R. Binford）。两位老师都是美国科学院院士，绝大多数中国考古学者都知道宾福德的大名，对于温道夫博士了解不多，他是北非史前考古学专家，是研究尼罗河流域农业起源的权威。他在 20 世纪 50 年代就获得了哈佛大学人类学博士，1987 年已是院士，比宾福德早十多年。能在两位世界顶尖考古学家门下受教，是我有生以来最大的幸运。当然，把老师搬出来并不会增加我的学问，我唯一的期望是自己的努力不至于辱没先师的谆谆教诲。

对许多人来说，博士论文可能是一生中最下功夫写的东西，甚至是一生学术的巅峰。我不希望自己如此，然而我又不得不承认，博士论文是我至今为止最为系统的研究。还记得通过答辩之后，我扪心自问，自己写得怎么样呢？我对自己所搭起来的论文框架还是比较满意的，对针对不同文化生态区农业起源特征的宏观判断也相对称心，但对于考古材料的收集，尤其是在具体材料的分析上，深感还有许多工作要做。在中科院古脊椎动物与古人类研究所做博士后期间，我开始拓展，特别强化了华北旧石器时代晚期人类适应特征与细石叶工艺的研究。到吉林大学任教之后，我开设了"晚更新世以来史前史"的研究生课程，这是恩师宾福德教授的课程"Post-Pleistocene Adaptation"的延续。我曾经尝试用两种方式来讲这门课，一种是从我自己的体系，也就是中国农业起源的角度出发；另一种是从世界不同地区的角度出发，希望能够进行比较。这门课前后上了四次，有的同学也听了四次，可能因为我每次讲的都不一样吧。对于我来说，课程也是非常好的进一步拓展与深入此课题的方式。课上每位同学都需要提出问题，想知道什么，怀疑什么，我非常感谢他们的思考。这些思考无疑促进了我对这一问题的研究。

我另外还开设了三门研究生课程：当代考古学理论、石器分析、遗址过程研究。在开课的时候我就说过，并非是我的学术水平高到可以在这些方面教授同学，而是希望通过这些课程和同学们一起学习。学习这些课程一定程度上弥补了我从前的缺憾，石器分析与遗址过程分析的方法对于我从考古材料中获取更多有价值的信息非常有帮助，而理论的修养也深化了我之于农业起源研究的认识。与此同时，围绕中国农业起源这个问题，我开展了一些专项研究，其中一些已经发表出来，第三章有关中国狩猎采集者的模拟研究曾发表在《人类学学报》上，第四章关于华北旧石器时代晚期人类适应辐射的内容见于《第四纪研究》，有关细石叶工艺的研究见于《考古学研究》，还有第七章燕山南北地区的研究发表于《考古学报》。本书对这些章节做了进一步补充或删节，以适合全书整体构架。这些专项研究是在博士论文相关论断基础上系统与深入的发展。最近这些年来，有关中国农业起源的发现与研究日新月异，书中也尽可能地把最近的发现与研究融入进来。正是通过课程、专项研究以及结合最新的进展使得本书较之博士论文有了比较大的提高。它立足于博士论文，但绝不是它的中文翻译，二者构架基本一致，内容却做了全面更新。

我对于农业起源这个问题的兴趣始于 1993 年在北大读硕士时严文明先生给研究生开设的课程"中国新石器时代研究"。如果还可以追溯的话，就是我本科的田野实习，1991 年我参加发掘内蒙古白音长汗遗址。那些保存完好的房址、石器工具以及考古的美妙之处都给我留下了深刻的印象。在天高地远的西拉木伦河河畔，你不可能不去构想古人在这里是怎么生活的，他们是最早的农业生产者吗？20 年后，当我回到内蒙古自治区文物考古研究所宁城工作站重新研究白音长汗石器工具功能的时候，问题已经变得非常具体而细微。我的硕士毕业论文是以泥河湾盆地籍箕滩与西水地的细石核为研究对象的，纯粹的技术研究，这些材料的年代已经到了新石器时代的边缘。我不知道当时是否想到要把它们与农业起源联系起来，即便想到，也无能为力。美国六年的学习，得到宾福德与温道夫两位教授的悉心指导，尤其是宾福德教授的精心点拨与直接帮助，我得以把博士论文顺利完成，我对于中国农业起源的过程有了一个较为全面的认识，虽然还是相当粗略。2004 年以来，沿着这一问题我做了进一步研究。现在奉献给大家的就是这个新鲜出炉、其实可能已经酝酿过头但仍未完成的成果。无论如何，这是对自己 20 年努力的一个交代，也是一个阶段工作的总结。

整个研究构架大体可以分为四个部分：第一部分是理论研究，从理论上回答农业为什么会起源，以及为什么有的地区农业没有起源；第二部分是模拟研究，是基于狩猎采集者的文化生态学原理，运用现代气象站的资料模拟狩猎采集者的适应方式，并预测不同地区可能的适应变化；第三部分是研究农业起源的初始条件，包括旧石器时代晚期的文化适应与环境的变化；第四部分是按地区研究各地的农业起源与适应变迁，其中回答了两个大问题，一个是中国农业起源的基本模式，另一个是非农业起源核心区狩猎采集者的适应变化，以及最后接受史前农业过程。每个部分实际上由一系列相对独立的研究构成。如果读者对本书有兴趣的话，建议先看看理论研究部分，然后再看看感兴趣的地区；如果觉得有点意思，再拓展到其他地区；再进一步，可以看模拟研究部分与我对旧石器时代晚期文化适应的分析，这两个部分对于许多人来说可能有点难以理解。分区域的研究各章都是自成体系的，很少有人会对所有区域都感兴趣，包括我自己在内，侧重于自己所感兴趣的地区，浏览一下其他地区概况，也就可以了。

本书的看点，这里我先做一下归纳，大体包括如下几个方面。

第一，在于它回答的问题，它回答的是"why"与"how"，即农业为什么会起源，为什么又不起源，究竟是怎么发生的，可以分成哪些模式、哪几个阶段等。当代中国考古学在研究农业起源这个问题时很少考虑这两类问题，所以不管成功与否，本书都有点填补空白的意思。

第二，相对于农业起源作为热点问题，农业不起源的问题更少受到关注。本书回答了非农业起源核心区在更新世之末到全新世之初这个关键时期内的文化适应变迁。每个区域实际上都有基于当地条件的适应策略。在强调农业作为具有统一性历史事件的同时，我亦注意到不同地区的多样性。

第三，统一性与多样性的立足点都是狩猎采集者的文化适应机制研究。农业起源问题的实质就是狩猎采集者放弃了流动采食的方式，转向了定居的农业生产，所以农业起源研究必须侧重于对狩猎采集者文化适应机制的剖析。狩猎采集者的文化生态学视角是本书最重要的角度，也是理解此项研究的关键。

第四，正因为从狩猎采集者的研究出发，所以研究农业起源需要从旧石器时代开始，农业起源的根源发生于旧石器时代，要追溯农业起源的过程，必须回到旧石器时代研究中。因此，本书所研究的考古材料主要是旧石器时代的，这跟当前中国农业起源研究集中在新石器时代有所不同。

第五，从考古材料的分析上，除了引用相关学科分析的研究成果外，我所偏重的石器分析与遗址过程研究两个角度，使之成为农业起源研究新的信息来源。所以，它不是现有研究成果的简单汇总，而是提供了新证据。

第六，农业起源并不是中国独有的现象，我也竭力避免孤立地看待中国农业起源问题，尽可能把它与世界其他农业起源中心尤其是近东的材料进行比较，以此寻求建立中国农业起源的基本模式。

第七，它不仅仅是一个考古学问题的研究，而是一种重建史前史的尝试，并把农业起源问题与当代中国社会的现代化进程联系起来考察。通过研究史前的"现代化"——农业起源的进程，进而理解当代中国社会所发生变迁的重大历史意义。

第八，在结语中，有一个对考古学研究农业起源问题的理论反思，有点在建构体系的同时进行自我解构的意思，这看似自相矛盾，但我认为学者对于自己的研究应有必要的自觉。所谓"人贵有自知之明"，这也是一种尝试。

阅读本书还有两个细节需要注意，一是绝对年代的问题，凡是标注"公元前""BC"或是附加"（校正年代）"都是经过树轮校正过的年代，凡是以"距今""BP"表示的年代均为未校正的年代。^{14}C 年代测定对于考古学意义非凡，但是由于各种各样的原因，它之于考古遗存形成的准确年代的反映一直不甚理想，尤其到了旧石器时代晚期，年代数据反复更新并不稀奇。所以，我将绝对年代数据视作参考，同时保留一点自己的看法。对于我所要研究的问题而言，绝对年代的精度要求并不是很高，同时我认为，在考古遗存的形成过程弄清楚之前，精度再高也不能说明什么问题，因为我们不知道它是不是能够代表古人生活的年代。

另一个细节是新石器时代的划分，我基本遵从最传统的划分，如把磁山文化视为新石器时代早期文化，而没有根据最新的发现更改划分体系，因为我们实际是做不到的，我们无法回到从前修改已经出版的材料。我的办法是添加，在从前的"新石器时代早期"前面添加诸如"新旧石器时代过渡阶段""中石器时代""后旧石器时代"之类的概念，我相信做增量历史比修改历史更合适一些。当然，这可能意味着我会把从前的错误认识固定化，但是谁又能保证我们今天的修改不会被将来的学人修改呢？承认前人的认识，做增量的历史，我支持这种观点。

我之治学基本上属于闭门造车类型，难以掠人之美；即便如此，由于成书的过程漫长，需要感谢的人仍可以写满一页，从相濡以沫的妻子到情同手足的同学、朋友，从砥砺相加的同行到倾力相助的师长，我得到了无数的帮助，我衷心地感谢他们！无论我多么粗疏，有一个人我不能不提，没有他，就没有这本书，他就是已归道山的路易斯·宾福德博士。我不相信天堂，也不相信黄泉，自然也无法把这本书献给他。然而，我相信思想、精神是绵延不绝的，他的教诲、理念都贯彻到本书中。也许正是因为这种生生不息的传递，所以我相信不朽。我们每个人都只是其中一个载体，真正不朽的是人类无穷无尽的探索真理的精神！

前　言

所有的历史都是当代史。

————克罗齐（Benedetto Croce）

一　问题的缘起

《参考消息》2011年10月31日报道，第70亿位地球公民在菲律宾出生了。这不过是人口问题争论的一朵浪花，此前相关报道已经铺天盖地。1998年人类人口突破60亿，而1900年为25亿，1800年为10亿，1000年为2.5亿。如果保持现在的增长速度，到2100年人口可能达到150亿，这是一个让所有人类成员都感到忧虑的数字。当然，也有舆论认为人口的增长即将结束，不少发达国家人口已经停止增长，甚至出现负增长；也许我们应该忧虑的不是人口增长，而是人口减少了该怎么办。1万年前，全球人口估计为500万，这是与本项研究相关联的数字，毫无疑问，这不是一个准确的数字，但是从此以后，人类的人口数量似乎如脱缰野马，一路飙升，扩张了1400倍。如此之多的人口是怎么来的呢？《环球科学》2010年第9期登载马雷安（Marean）的文章，距今19.5万到12.3万年间，冰期降临，非洲环境恶化，他认为那时人类繁殖个体最多不过1万人，最少可能只有几百人，人类濒临灭绝。然而，短短十多万年，人类已经占据整个地球。我们是应该为适应成功而感到自豪，还是应该为未来的命运未雨绸缪呢？

人口的增长与人类适应策略之间有着怎样的关系呢？从五六百万年人科成员出现到解剖学上的现代人（*Homo Sapiens*）的人口危机，以流动采食为生的人类，人口几乎没有实质性的增长（其间还有濒临灭绝的危险），但之后人类人口暴增。值得注意的是，1万年前后，原始农业起源。究竟是人口危机导致了农业起源，还是农业起源促进了人口增长，抑或二者是互相促进的关系？21世纪，人类数量还在迅速增长，我们怎样才能生存下去呢？在这个背景下，研究农业起源的发生是一个不可避免的问题。

与狩猎采集的生计方式相比，农业能够以同样面积的土地养活更多的人。当然，它不是没有成本的，农业占用了其他物种的生存空间，成本由其他物种承担了。农业极大地改变了地表的景观，数百万年来"万类霜天竞自由"的局面结束了，地表为人类所主宰。随之而来的是今天全球变暖的争论，焦点问题是人类活动多大程度上干涉了自然的进程，人类需要做出怎样的改变才可以扭转走向深渊的命运。冰冻三尺，非一日之寒。1万多年来，人类是如何影响环境，环境又是如何影响人类的呢？对我们今天的生活有着怎样的影响呢？

我们是否有点杞人忧天？这是否是个大而无当的问题？考古学家是否应该置身事外？我们在解决棘手的问题时需要了解它的来龙去脉，需要了解类似问题的解决方法，需要对存在的风险与机会做适当的评估。考古学家研究史前史，但考古学家并不生活在史前，考古学家也有责任！

我生活在一个怎样的时代呢？在我童年的记忆中，那个南方的山村坐落在一个巨大而清澈的湖边，坐在渔船上可以看到水底油油的水草、游动的鱼群。村后还有一片带着神秘传说的老林，林中埋葬着我们的祖先，人们仍居住在先辈们建筑的老房子里。

短短 30 年，湖水已经不复清澈，插满湖面的竹竿构成一个个养鱼场，老林也被更有经济价值的马尾松林取代了，老房子纷纷被拆掉，村里已经很难见到年轻人。而在交通便利的地方，城镇在迅速地扩张，这是每个中国人都非常熟悉的城市化进程。社会变化之迅速即便亲历者也不免感到不适应。数百年来，古老的村庄经历了改朝换代、兵荒马乱等剧烈的社会动荡，但是形态并无太大改变。为什么最近 30 年的和平发展会产生如此巨大的变化呢？社会结构的变迁是如何发生的呢？

这是一场正在发生的工业革命！18 世纪末开始席卷欧洲、北美，后来不断扩散。耳熟能详的工业革命所带来的变化与影响只能用"翻天覆地"来形容——好坏姑且不论。持续了数千年的农业经济为工业生产所取代，人类最主要的居住模式从村落走向城市，社会结构也由以家族为中心发展成为以市民、公民为主。举凡政治、经济、社会、文化、军事乃至艺术等各个方面，都有划时代的变化。

有关这场革命动因的解释，或认为是海外扩张带来的商业革命；或如制度经济学所认为，所有权的确立为资本主义开辟了发展道路，而推动制度创新的则是人口增长；或采纳多因素、多线的解释，推动工业革命的有多个轮子，前面两个叫"资本主义""民族国家"，后面的是海外扩张、世界市场、技术进步等[1]。但这所有的动因，商业或者说"市场"是最根本的。保护所有权、海外扩张、世界市场、技术进步等都是围绕它展开的，可以说，没有商业也就没有工业，不然，大规模生产的产品卖给谁呢？挣到了钱，买不到东西又有何用！中国在近代所遭受的屈辱促使几代学人都在苦思：为什么工业革命没有发生在中国？长期对"商"的抑制造就了高度稳定的小农经济社会，即便是在当代，制约正在进行的"工业革命"的主要因素还是对"市场"的约束。

有趣的是，学者们争论的不仅仅是工业革命起源的动因，他们还质疑有没有一场"工业革命"，历史突变论与历史连续性的论争犹酣。自从19世纪初布朗基（Louis-Auguste Blanqui）提出"工业革命"这一说法以来，对它的质疑就从未停息。随着后现代思想中相对主义、多元论等观念的流行，"革命"一词越来越受到批判，几乎成了脏词。历史的宏大叙事成了贬义词，对普遍性的探索等同于简化问题的"还原论"，是现代主义的毒药。然而，要是我们完全否定普遍性，那么现代科学研究都将难以为继，无论是自然科学还是社会科学。

农业起源与工业革命有可比性，欧洲史前史泰斗戈登·柴尔德（V. Gordon Childe）早在20世纪初就注意到了，他称之为"新石器革命"（Neolithic Revolution）[2]，农业的出现无疑是其中最核心的内容。农业起源与工业革命有着怎样的可比性呢？

第一，农业起源与工业革命的起源一样，首先需要厘清概念，究竟什么是农业？农业跟驯化是什么关系？解决这些问题后，我们才可以接着往下谈。

第二，农业起源是远比工业革命漫长的过程，从萌芽状态的驯化到农业生态系统的建立历时数千年，跟工业革命以百年计的时间尺度有很大差别。但是，农业起源跟此前数百万年的狩猎采集生活相比，千年的尺度也只是弹指一挥间。更长的时间尺度是考古学研究所具有的特征。

第三，商业是工业革命的基石，商业革命推动工业革命，其实更应该叫它"工商业革命"，商业（市场）是那只"看不见的手"，左右着社会的进程。相比而言，农业起源的基石又是什么呢？推动农业起源的那只"看不见的手"是什么呢？

第四，制度经济学家提出人口增长推动制度创新，制度奠定工业革命的环境——还是商业。就农业起源而言，它是否存在制度约束呢？萨林斯（Marshall Sahlins）对狩猎采集经济学的研究，提出其固有的平均主义使得任何剩余生产的积极性都会被扼杀[3]，平均主义是怎么打破的呢？它与农业的产生又有何关系？从考古学材料中又如何能够了解呢？

第五，工业社会是市民社会，农民离开农村以家族为中心的社会，进入城市，成为以社会为中心的市民。而相对于狩猎采集社会而言，以农业为基础建立的农村社会，使之前高度流动、分散的狩猎采集群体逐渐固定下来，地域、财产、血缘关系更为明晰。其间必然要经历一系列的变化，考古学材料上又是怎么表现出来的呢？

第六，工业革命开始于煤铁——最需要也最薄弱的环节。农业起源开始于什么呢？是粮食作物，还是奢侈消费品——调料作物？为什么？

第七，工业革命有农村起源说，还有城市起源说；与之相比，农业起源是否有唯一源头呢？为什么农业只起源于某些地区？哪些狩猎采集者会最先遇到食物危机呢？谁最有条件开展农业呢？

第八，工业革命带来社会转型，信仰系统也在发生转变，社会严重失范。从狩猎采集社会到农业社会是否也会有社会转型的问题？考古材料中是否可以看到呢？

把农业起源跟工业革命相提并论并不只是为了强调这次变革的重要意义，更主要的目的是从中得到研究启示，存在于工业革命起源过程中的问题是否同样存在于农业起源过程中呢？这种比较也并非要获得所谓的历史统一性或文化发展必然规律，而是要了解变化过程本身，从变化发生的初始条件、机制、阶段，到多样的形式，既达到了解史前史的目的，也为了更好地理解当今现实。当代中国工业化如火如荼，正处在现代化进程之中，所以研究中国农业起源问题就有了特定意义，不仅对中国考古学研究来说如此，而且对于当代中国现实发展来说也是如此，这也是本书冠以"史前的现代化"这个名字的重要原因。

李鸿章曾说晚清中国所面临的是"三千年未有之变局"，近代中国所经历的变故不仅仅是三千年，实际可达上万年。中国这块土地是世界上最早的农业起源地之一，而且是一个孪生的农业起源中心，产生了北方的粟作农业与南方的稻作农业，深刻地影响了人类历史。中国也是人类文明的主要起源中心之一，而且文明绵延五千年，其中农业的稳定发展是必不可少的。然而，成也萧何，败也萧何。以小农经济为基础的超稳定社会结构也因此饱受诟病，成为近代中国积贫积弱的原因。东西方不同的历史路径可以追溯至更久远的根源，理解东西方历史命运的差异需要我们对史前史有更多了解。如今的中国正在经历一场上万年来最深刻的革命，小农经济正在迅速瓦解，快步走向现代化。而在大约1万年前，中国这块土地上率先开始农业"革命"，开创了近万年的文化繁荣，直至近代被西方超越。在这个背景下，我们很有必要重温那段历史，那场开创"史前的现代化"历程的伟大革命。那一次，我们的祖先似乎做得比我们好一些。

每个时代每个地方自有其独特的问题，每个时代每个地方自有其相应的学术研究。即便针对同样的问题，每个时代每个地方也可能有特定的回答。作为年轻一代中国学人，面对前贤学贯中西的根底不免惭愧，面对发达的西方学术也不免望洋兴叹，但是这些都不意味着我们必定就无所作为。何况，再伟大的先贤也解决不了我们现在的问题，西方学术也是立足于他们自己的问题的。如果我们能够切中自己时代的问题，立足于自身的思考，那么我们也可能有所作为，此项研究可能浅陋，但也有所期待，那就是让它属于这个时代。

布鲁斯·特里格（Bruce G. Trigger，也译作崔格尔或炊格尔）

在其名作《考古学思想史》(*A History of Archaeological Thought*)中强调，考古学的发展总会受到当时社会历史背景、社会思潮以及科学发展等条件的深刻影响[4]。我们不会无缘无故地对某个问题感兴趣，生活在当代的人们所要了解与所能理解的都离不开现实，这也与克罗齐的著名论点"所有的历史都是当代史"不谋而合。不过这里强调的不是我们对于历史的理解，而是我们所研究的问题无法脱离对现实的关注，即使面对一些看似学科终极难题似的问题。

我并不赞同纯粹相对主义的历史观，虽然我们对于史前史的研究深受当代现实的影响，但并不意味着我们的研究是一种完全相对的看法。研究者理解上有偏差不等于事物本身就是相对的。我不想在此展开我并不擅长的哲学本体论的讨论，我所强调的是本项研究所置身的是科学的范式，毫无疑问，它并不完善，但它是目前我们尚可以依赖的研究范式。基本的唯物观、有限的概念合理性等将此项研究限定在过程考古学的范畴之内。

二 农业起源是一个怎样的问题

克里夫·甘布尔(Clive Gamble)在其新作《起源与革命：最早史前史中的人类认同》(*Origins and Revolutions: Human Identity in Earliest Prehistory*)中批判了柴尔德"新石器革命"的概念，认为这个概念忽视了太多内容，在西亚核心地带农业起源的时候，很多地方并没有农业，但这不意味着这些地方没有应对危机的策略，所以美洲、大洋洲的考古学家更偏爱"食物生产起源"(origin of food production)这样的概念[5]。其中涉及的关键问题还是如何定义"农业"，下一章有专门的讨论，此处先一笔带过。正是因为概念范围的模糊，所以甘布尔认为"新石器革命"是一个想象的问题。

对农业起源问题的另一个质疑来自肯特·弗兰纳里（Kent Flannery）[6]，作为考古学家，他的观点类似于生物学家戴维·林多斯（David Rindos），即农业起源是一个自然而然发生的过程，史前人类在长期生活实践中与动植物形成密不可分的共生关系，驯化在此过程中发生，根本不需要解释，也根本不存在什么"革命"[7]。

那么，"农业起源"是一个伪命题吗？或许我们还要问，为什么会产生这样的质疑，而此前没有呢？前文我提到过后现代的知识环境，确定性被普遍批判，取而代之的是不确定性，从前单一的路径为丰富多样的方式所取代。农业起源研究也不例外，究竟什么是农业呢？在不断质疑中，其定义变得捉摸不定，形式也越来越丰富，以至于难以进行归纳。作为21世纪科学的生态学带来更为严峻的挑战，革命性的变化被消解到普遍的人与生物的历史关系中，于是，农业即便存在，也是人与驯化物之间漫长关系的一个环节而已。

我想可以从两个角度来回答以上质疑，一是问题产生的背景问题，正如前面所说的，每个时代每个地方都可能有自己的问题，甘布尔的质疑立足于西方考古学的学术背景，立足于西方社会后现代的状况，一个后工业社会的需要。而中国正处在现代化的高峰时期，史前的现代化或许不是西方考古学的核心问题，或是说研究农业起源问题并不需要"现代化"这样的视角，但是在中国考古学中，这是一个有待解决的特殊问题。在中国的现实环境中，我们几乎不由自主地就会从这个角度思考农业起源。

另一个角度是考古学的视角问题。考古学擅长长时间尺度的研究，研究人类99%的历史；有趣的是，考古学同时擅长微观而具体的研究，如某个遗址或某种遗存（如动植物遗存）。采取不同的时间尺度，农业起源就成了不同的问题。从微观角度来看，农业起源也就是一个缓慢、具有过渡性质的变化；而当我们放大时间尺度，就会发现数百万年来人类一直以狩猎采集为生，然而只是在短短数千年间，这种习惯已久的生活方式就被取代了。这种变化毫无疑问是具有革命性的，无疑是人类历史的里程碑。尽管当代考古学更多元的视角发现了许多从前没有认识到的细微变化，农业起源仍是最根本的变化之一，与人类起源、文明起源问题并列。在中国考古学研究中，这还是一个远没有充分研究的问题。

当代考古学研究对农业起源作为革命性变化的质疑并不意味着否定了农业起源的重要意义，恰恰相反，它丰富了当代考古学的农业起源研究。与过去研究中反复罗列重要驯化物的发现与不断推出令人惊讶的"最早的"年代相比，当代考古学研究更关注农业起源多样的形式，解释为什么有的地方没有农业起源，比较不同地区对于农业出现后的反应，等等。农业起源不再是简单的发现最早驯化物种的问题，不仅仅是驯化的出现，而是文化系统的整体变化，对过程的了解超越确定最早年代成为考古学研究的中心。

同样，对于农业起源原因论的否定，尤其是对单一原因论的批评，并没有否定农业起源的关联因素，相反更加强调人与动植物、环境的联系，强调不同人群的适应历史。所以，在农业起源研究中应该更加关注环境因素，关注人与动植物的联系，关注不同地区古代人类的适应历史与特点，这些认识对于解释为什么某些地区农业能够起源、某些地区没有农业起源至关重要。

简言之，农业起源是一个形式多样、关联复杂的问题，远非罗列驯化物种、最早出现年代那么简单。

三　中国农业起源作为一个问题

中国农业起源作为一个问题有两层含义：一是中国农业起源

研究的现状，二是中国农业起源问题本身的构成。有关中国农业起源研究，张弛有过简要的回顾[8]，即从本土起源论的确立到稻作农业的探索，再到南北两个中心二元论的建立，目前已有不小的进展，由于研究时间不长（他将《农业考古》杂志的创刊视为一个可能的起始时间），还有许多空白地带，是需要长期研究的课题。

从不长的研究历史来看，中国农业起源研究基本围绕驯化物种的发现展开，从追溯其最早的年代到驯化特征的界定，构成了研究的中心内容。考古学界也意识到当前研究的不足。

农业起源和它的早期形态说到底应当是古代文化系统发展的一个部分，如果不能够从史前文化的整体背景上理解，这个课题的研究就难以深入。农业是史前文化发展到最后时期的产物，在它最初发生和发展时期也只是当时人类生计的一部分，只有全面了解史前社会取食经济的整体结构及其发展变化，才能更加深入地探讨农业产生的机制、发生的过程、初期的形态、不同地区的差别及其对当时社会的影响[9]。

在中国考古学研究中，农业起源问题主要由新石器时代考古这个分支来研究，而要研究其文化渊源，就必须了解农业起源之前先民的生活，也就是旧石器时代的狩猎采集者。中国考古学研究中，新、旧石器时代考古之间存在着明显的区隔，旧石器考古被归属于自然科学研究中，成为地学门类的分支。这种奇特的现实对考古学这两个分支的影响都是弊大于利，尤其是在农业起源问题的研究上。显然，不了解旧石器时代人类的生活境况，何以解释农业的产生？

旧石器时代晚期，史前人类以狩猎采集为生，因此研究农业起源的由来，就必须深入狩猎采集生活方式中去。然而，旧石器时代人们的生活早已消失，留下来的通常只是一堆不会说话的石制品与有限的动物化石。这并不等于说考古学家完全不能了解狩猎采集者文化系统，民族学材料提供了相当丰富的研究素材，可以提供非常良好的参考框架，从简单的工具功能类比，到对数以百计的狩猎采集者文化系统的研究，提炼出原理性的认识，可以很好地为农业起源问题做贡献，但是这个领域在中国考古学研究中基本是个空白。不仅仅因为我们缺乏西方国家通过殖民主义扩张所建立的丰富的资料库，也因为中国考古学处在历史学的范畴中，对于从属于人类学传统的考古学研究难以接受，狩猎采集者文化适应机理（机制或原理）的研究付诸阙如，因此在研究中国农业起源问题时，更多回答"什么时候"（when）、"在哪里"（where）与"是什么"（what），而不能回答"为什么"（why）与"怎么来的"（how）。

从文化适应机理出发，就不难发生农业起源并不仅仅表现于驯化物种的出现上，它是狩猎采集者文化系统整体上的反应，也就是说，它跟文化系统的其他因子如聚落形态、工具技术、社会结构乃至意识形态等相互关联。对考古学家而言，这也意味着可以从多方面、多角度来研究农业起源。狩猎采集者的文化系统是多层次的，不同的人类学家有不同的划分[10]，不过基本的结构差异并不大，经济方面居于更基础的地位，其次是社会因素，最后是与意识形态相关的因素。文化系统的基础是环境，环境对文化系统的作用，一般说来，首先始于基础因素，然后向上层结构发展。就好比说先有农业起源，然后才会有农业社会和一系列农业礼仪、意识形态，而不是相反。

从另一方面来看中国农业起源问题本身的构成，首先需要思考的是"中国"，这是一个现代政治概念。史前时代，既没有这个概念，也没有疆域的划分，更多指代的是地理范围，尤其是在自然环境意义上。相比作为农业起源中心区域的西亚黎凡特

（Levant）地区，这是一片极为辽阔的区域，面积超出数十倍，包括从寒带针叶林到热带雨林、从无垠的草原到狭小的盆地、从世界屋脊的高原到广阔的大陆架等在内的各种各样的生境。很难想象这些生境都会同步响应同一种环境或是文化变迁，即便是现代工业社会也做不到。所以中国农业起源问题必然是涉及诸多区域，包含众多差异的问题。不同地域的差异性研究也是本书研究的主要角度。

构成问题的第二个要素是史前农业的形态。就史前中国而言，农业的形态无疑是多样的，每一种形态都立足于当地的自然条件，发展出相应的物种构成、耕种方式、工具技术等。除此之外，我们将会看到，农业起源区之外的狩猎采集者社会，其实也在变化，部分社会接受农业社会的影响，采用了农业，还有的发展出了独特的适应方式。

问题的最后一个层面是关于起源，所谓起源通常的含义是指农业或其萌芽是什么时候开始出现的。时空框架当然是需要考虑的，不过我更强调起源的另一种含义，即我们怎么看待新事物的出现，变化的速度与程度是需要思考的对象。农业作为一种新生事物是怎么从无到有的呢？又是怎么从萌芽发展起来的呢？发展到什么程度才可以称为农业呢？这些问题很少被认真考虑过，通常被质变、量变之类泛泛讨论所掩盖，当代科学的进展已经在基本方法论层面上探索这类问题，考古学家也在尝试运用这些成果[11]，本书也试图做些努力。

简言之，中国农业起源研究即上述问题，本项研究希望能够拓展中国考古学对农业起源的研究，特别是从旧石器考古领域出发，从狩猎采集者文化适应的机理出发，解释为什么农业能或不能在某些地区发生；与之相应，是从不同区域考虑农业发生及形态差异，注意起源本身的过程问题。这些问题也直接影响到我所采用的方法与视角。

四　方法与视角

中国农业起源不仅仅是中国考古学家的问题，周边国家与西方的学者也持续关注，中国考古学家在此问题的研究上也就无法忽视他们的工作。从另一个角度说，中国农业起源也是全球农业起源过程的一个部分，所以依托世界各地的农业起源研究来看中国农业起源是一个必不可少的视角。拜赐于改革开放、经济繁荣和互联网的便利，如今我们足不出户就可以了解大部分研究进展，资料之完备是前人难以想象的；同时经过几代中国考古学家的努力，我们已经有了相当丰富的积累，不论是在材料上，还是在研究上；思想藩篱的打破，也让我们不必再在有限的思想领域里徘徊，这些都为研究提供了重要的保证。在这样的背景下，考虑中国农业起源问题，应该是开放的，同时也是多元的，希望能够把西方考古学与中国对农业起源的研究结合起来。

中国农业起源问题怎么研究呢？前文已经分析了这个问题的初步构成，其中一个方面就是需要研究狩猎采集者文化适应的机理，也就是理论研究，首先需要从理论上加以解释。近代科学兴起以来，理论研究是每一学科的关键内容，而这恰恰是中国传统学术所忽视的。如同枪炮制造，中国传统工匠强调个人经验与体会，而没有着力弄清楚弹道原理、材料物理，结果技术停滞不前。当代中国考古学理论研究一方面十分薄弱，处于一种可有可无的状态，理论被视为虚浮，不如材料的获取与研究扎实；另一方面，理论研究又不能围绕关键的考古学问题展开，对理论本身也有所误解，还需要深入人类行为、文化与社会中，甚至要讨论考古学研究本身的认识论基础，而不应该局限于考古材料特征领域[12]。

研究旧石器时代的狩猎采集者是困难的，考古学家不可能直接观察到当时人们的生活，当代考古学家往往要借助民族学材料的帮助，利用民族学中狩猎采集者的资料探索狩猎采集者的文化机理。然后在此基础上进行下一步研究。模拟是有效的途径。我们可以根据环境变量假定一些狩猎采集者，然后根据狩猎采集者文化适应的机理预测，如果环境发生变化，哪些地区将首先遇到生计的挑战。最后把预测结果与考古材料分析进行比照，看看有着怎样的启示。

考古材料的分析无疑是必不可少的，我所做工作与前人有所差别也许是把新旧石器时代考古联系起来看，因为我的学术背景首先是旧石器时代考古。农业的源头是要去旧石器时代寻找的，这也就是为什么要把新旧石器时代考古结合起来的原因。又由于旧石器时代狩猎采集者完全依赖自然生长之物为生，而不是种植，所以自然环境的背景也就显得格外重要，考古材料分析中也就应该包含着文化材料（artifact）与环境材料（ecofact）两个部分，并且阐释其中的联系。

对文化与环境关系的强调构成了本书的主要视角：文化生态学。文化生态学是人类生态学的两个分支之一，另一支是人类生物生态学，人类以文化和体质与生存环境相关联。文化生态学研究人们所采取的适应环境的文化手段[13]，有时我们把文化手段称为"适应策略"（adaptive strategy），它代表人面对环境条件的生计方式的选择，它不完全是被动的，策略的选择不仅受制于自然环境条件，而且受制于文化系统本身，从工具技术到长期形成的结构，包括布迪厄（Pierre Bourdieu）所强调的"惯习"（habitus）[14]、社会组织以及意识形态等。后过程考古学批评过程考古学忽视对人类能动性的研究，并不全然公允。

由于要探索农业的源头，所以我所讨论的主要是狩猎采集者的文化生态学，兼及简单农业（如刀耕火种农业、园圃农业等）的文化生态学。不同文化适应策略，所牵涉的环境条件也是不同的，支撑的人口也不同，即文化改变，人与环境的关系也会改变。反过来，环境的变迁也将影响文化适应策略的选择，这种影响在旧石器时代要远大于我们现在所处的工业时代。

　　以上是我对自身研究视角的归纳。视角代表研究者个人的研究策略，通常显示一项研究的长处，同时也表示它的局限——不能从其他角度来看问题。此项研究谋求从以上方面弥补前人研究的不足，不表明从其他角度研究就不合理。对农业起源问题的研究需要从多角度进行，单一角度是最糟糕的，因为这个问题牵涉整个史前文化系统，绝不仅仅是驯化动植物那么简单。单纯用技术进步、文化发展的必然等来解释，是对问题的逃避。研究中国农业起源问题如同解连环套，需要从不同层面、角度反复尝试，本项研究就是众多尝试中的一个环节而已。

第一章
农业起源的理论解释

人法天，天法道，道法自然。

——《老子》

一　导　言

　　无论从哪个角度来看，农业的出现都是人类历史上具有里程碑意义的事件。就像直立行走、工具制造、语言或是工业革命一样，它的出现对后来的人类演化与文化发展具有决定性的意义。比如说没有农业就没有城市，因为城市需要农业的生产剩余，这是直接的决定关系；还有间接作用，比如没有农业也就不可能有文字，因为只有农业提供生产剩余才能支撑一个脱离体力劳动的阶层存在。农业影响人类生活的每一个方面，从生存、繁育，到居住模式、人口分布、亲属关系、社会组织乃至意识形态。所以说，农业不只是一项生计上的革命或技术上的发明，而是整个社会与文化的重组，并形成全新的文化系统，属于一个崭新的历史时期。其中，农业具有"序参量"的作用——它决定着文化系统的发展方向（序参量的概念参见"新的理论范式"一节）。这也就是为什么自 19 世纪以来，农业起源一直是考古学研究的三大核心问题之一。一百多年的研究积累了巨量的材料与经验，随着新的理论、方法以及材料的不断涌现，对这个问题的研究还在不断地深入。

考古学家对于农业起源的研究秉承着三大基本推理结构：类比、归纳与演绎[1]。类比主要从实验考古与民族志出发，经典研究如《农业史前史：实验与民族志的新方法》(*Prehistory of Agriculture: New Experimental and Ethnographic Approaches*) 一书[2]，就农业起源问题提出很多具有启发性的解决方案。归纳强调考古材料的发现与分析，凭材料说话，是目前占主体的研究方法。演绎是从既有理论出发，通过推理回答农业起源的问题，在提出理论的时候，并不必然需要材料的支持。农业起源研究史上经典的理论如柴尔德的"绿洲理论"，罗伯特·布莱德伍德（Robert Braidwood）的"山麓起源理论"，宾福德的"边缘区起源理论"，贝尔费-科恩（A. Belfer-Cohen）的"人口危机理论"，弗兰纳里的"生态互动理论"，以及布莱恩·海登（Brain Hayden）的"宴飨理论"等都不是归纳考古材料的结果。上述理论在提出之际并没有考古材料充分支持，是缺乏事实的（fact-free）。但是，理论研究的好处在于可借鉴的知识资源丰富、创造性强，能够发挥考古学家的主观能动性，同时为后续研究提供方向指导，以便宏观把握问题，从而揭示事物发展的原理与机制。正因为有这些理论，后来的环境考古、人口考古、文化生态研究以及社会分化研究才受到关注，使考古学家研究农业起源的角度变得更加丰富。本章立足于前人研究的基础，并结合理论、方法与材料上的新进展，发展出一个新的理论模式解释农业起源问题。

二　什么是农业？

在讨论什么是农业之前，也许需要先思考一下我们现在是如何定义、划分工业与工业化国家的？准确定义工业是困难的，一般来说，工业是指 18 世纪末出现的机器大生产，以区别于传统手工业。进入 20 世纪，又出现自动化控制、微电子技术应用等若干次新技术革命，所以工业是一个历史发展的概念。当今世界上，即便是最落后的国家，也会有一些工业。而中国这样的国家，工业比较发达，但是一般仍然不被视为工业化国家，因为农业人口还占大部分，城市化的比例也没有达到工业化国家的水平。因此，所谓工业化国家绝不仅仅是指工业化生产及其产值，它是整个社会结构的变迁，是整个生活方式的改变，也是意识形态领域的革命。

那么，我们应该如何定义农业呢？首先，我们需要厘清一些基本概念的区别。驯化（domestication）、培育（cultivation）、食物生产（food production）与农业（agriculture）之间的关键区别在哪里呢？概念的澄清有助于我们发现所需要解决的问题在哪里。农业起源研究的难点通常就是我们并不清楚所要解释的对象是什么[3]。

驯化主要是一个生物学过程，动植物在繁育过程中日益依赖人类，进一步导致基因与生理特征发生变化。驯化甚至不仅见于人类与动植物之间，在热带切叶蚁与真菌、蚂蚁与蚜虫之间也存在类似于驯化的关系[4]。驯化的发生可能不是有意的，人类与动植物野生祖先之间长期互相影响，驯化不知不觉就发生了。以植物为例，从野生植物到驯化植物是一个渐变的过程，最后，完全驯化的物种失去了自我播撒的能力[5]，或是丧失休眠、对抗食草动物的物理与化学防御特征。对于一些基因易变的植物来说，并不需要人们有意的选择，仅仅通过收获－种植－收获的反复循环，就可能自然而然地失去一系列野生特征，从而形成对人类的依赖[6]。从人类的角度来说，驯化可以说是人类控制动植物繁育的初级阶段。只要人类长期稳定地利用某个基因易于改变且能遗传基因变化的物种，就可能导致该物种的驯化。

与之对应，培育则完全是一种文化现象，其中植物栽培可能涉及有意翻挖土地、播种、除草、灌溉、驱离鸟兽、收割、储藏等行为。这个过程需要一系列技术条件，以及劳动的投入。饲养动物近似之，需要有意改变人与动物的关系，需要人对动物活动范围的控制。与之相应，人的生活范围与时间规律也需要随之调整。培育（这里包括饲养在内）动植物并不意味着驯化已经完成，而可能正在进行之中。培育是对人的行为的界定，它是有目的、有组织的。培育可能导致驯化，但并不必然导致物种驯化。

食物生产是对人之生计状态的界定，它涉及人利用土地方式的改变，以及人类社会结构与组织的变化。农业是更进一步的，或者说是成熟的食物生产。它不仅包括与食物生产相随的改变，而且指一种新的生态系统的形成[7]，一种新的社会组织与结构的出现。我们通常把利用少量驯化动植物的生计方式称为食物生产，有时称为"低水平的食物生产"（low-level food production）[8]，典型的代表是北美的新石器时代（当地文化序列名称为"形成期"）。刀耕火种的园圃农业（horticulture）与简单的根茎农业也可以归入食物生产的范畴。两种生计模式中，驯化动植物种类少，跟小麦、水稻、玉米等谷物的驯化相比，人们的劳动投入较少。经典的教科书式案例有新几内亚高地大河谷中的达尼人（Dani）、赞比亚西部的罗兹人（Lozi）[9]。在这些社会，狩猎采集仍然是重要的获取食物的方式。

农业的形式多种多样，通常是指以谷物生产为主的农业形式，同时包括一个农业的重要变体：畜牧业。畜牧业主要依赖动物饲养，是以动物肉及动物副产品（如奶、血、毛、皮乃至粪便）为生的生计方式。目前已知的古代农业形式包括梯田农业（如沙特古代的拦淤坝梯田、秘鲁的梯田等）、南美的培高田地农业、培土农业（如古代墨西哥城的浮筏农业、太平洋岛人的珊瑚礁田）、旱作农业（又称天水农业），以及支持各主要文明中心的灌溉农业。畜牧业的形式则包括流行于欧亚草原的以饲养马、牛、羊为主的游牧业，阿拉伯地区以饲养骆驼、绵羊为主的畜牧业，以及非洲以饲养牛为主的畜牧业。北半球寒冷地区还有以驯鹿牧养为主要生计的人群，但由于驯鹿一直处在半驯化状态，所以一般不将其视为一种畜牧业形式。

从历史与民族志上已知的农业与食物生产形式来看，它们与狩猎采集的生计方式存在着重大区别。前者生产与消费驯化的动植物，后者则以狩猎采集野生动植物为生；它们的区别还表现于居住形态、亲属关系、社会制度以及意识形态上，即整个文化系统结构存在着本质区别。从这个角度来说，食物生产与农业又是文化系统分类上的概念。相对而言，培育是文化行为概念，而驯化则是一个生物学上的概念。食物生产与农业无疑都立足于培育，培育同时是走向食物生产的一个演化阶段，即食物生产必定开始于某个物种的培育[10]。所以通过概念的分析，我们实际至少需要解决三个主要问题：

一是驯化生物学特征的形成，主要是动物与植物考古学家研究的内容；

二是促使人类开始改变与野生动植物的关系，试图影响动植物生长这种具有目的性的行为开始的动因与环境；

三是生产与消费驯化动植物所涉及的文化系统的重组过程。

对于研究农业起源的考古学家而言，最有价值的目标是第二个问题，即解释人类为什么试图改变与动植物的关系，并追溯整个变化过程。简而言之，农业起源的关键理论问题就是培育的起源[11]。

需要强调指出的是，狩猎采集者偶尔也会照看动物幼兽、清除经常采集的植物边的杂草，甚至引水灌溉某些植物等[12]。可以说，培育行为长期存在于狩猎采集者的文化系统中，培育对狩猎采集者来说也不陌生，就像市场交换行为长期存在于各种文化系统、各个文化发展阶段一样，但它只是在文艺复兴以后才成为西方近代社会形成的基础。我们研究工业与工业化国家的时候，不能孤立地研究某个指标，而是要研究整个社会系统诸层面的变化。同样，在农业起源研究中，我们所面临的根本问题，不是寻找偶尔存在的动植物培育的证据，而是要发现与解释文化系统整体的适应变迁：培育动植物的行为是如何在文化系统中发展起来的，又如何影响整个文化系统的结构？为什么动植物培育只能在某些地区形成农业，而在另外一些地区不能呢？

由于处在起源阶段的农业并不成熟，更接近于食物生产，文中"食物生产"与"原始农业"概念经常是混用的，这是读者需要注意的。

三　经典的农业起源理论

柴尔德的绿洲理论　农业起源的理论研究的源头为柴尔德的"绿洲理论"。以前，柴尔德不仅被视为最早提出农业起源理论的考古学家，还是绿洲理论的首创者。如今，考古学家已经认识到这个理论的源头另有他人[13]，即拉斐尔·庞佩利（Rafael Pumpelly），1904 年中亚多学科考古探险队的领队。1908 年，庞佩利提出一种观点，认为晚更新世之末的干旱导致人们逃到绿洲地区，以利用这里残存植物资源，进而驯化了植物[14]。庞佩利的理论要点有三：一是环境干旱（剧变、恶化）导致自然资源减少；二是人与物种的接近，这是驯化的先决条件，所以他的理论有时又被称为"接近理论"（propinquity theory）；三是由于自然资源不足，人们需要扩大自然物种的产量，而且人类有无须证明的能力实现自己的愿望。

柴尔德的绿洲理论最早见于 1928 年出版的著作《最古老的东方》(*The Most Ancient East*) [15],但流传则主要通过他那部广为人知的《人类创造了自身》(*Man Makes Himself*) [16]。柴尔德提出,西亚晚更新世之末到全新世之初气候干旱,人与动物都只能生存于有限的水源地周围(也就是河谷与绿洲地带),最终,人们利用谷物与秸秆莤草,驯化了某些动物。柴尔德并未提及人类在这个环境中也驯化了植物,但后来的研究者将之归到柴尔德的名下。于是,后人都认为是柴尔德提出了绿洲理论,动植物驯化都开始于"绿洲"地带。从他的观点中不难看出,植物驯化要早于动物驯化。柴尔德认为植物驯化可能首先出现于尼罗河谷或巴勒斯坦,他把纳吐芬文化(Natufian)的创造者视为最早种植植物的人。

柴尔德的理论要点跟庞佩利的基本一致:环境驱动,人与物种的接近,以及人们毫无疑问有能力且愿意驯化动植物,即农业优于狩猎采集。柴尔德的著作进一步表明一旦农业形成,就会迅速传播出去,其他群体也将积极接受。

20 世纪早期,当柴尔德提出他的理论的时候,农业起源还不是考古学家关注的主要问题,很少有与农业起源相关的考古材料,他的研究不过是纯粹的理论推导。柴尔德的贡献是他通过理论提出了这个问题,并提出了可能的答案,为后来的研究者提供了参考的方案。

布莱德伍德的山麓起源理论 布莱德伍德是开展多学科研究农业起源问题的第一人。他之于农业起源方面的研究始于 1950—1951 年芝加哥大学东方研究所有关伊拉克耶莫(Jarmo)遗址(位于扎格罗斯山地区)发掘项目。芝加哥大学是放射性碳测年的起源地,诺贝尔化学奖获得者威拉德·利比(Willard Libby)为布

莱德伍德提供了少量放射性碳测年数据。这让布莱德伍德认识到
最早的农业可能不像柴尔德所认为的那样起源于河谷低地与绿洲，
而是起源于水源条件较好的高地地带。他将之称为"新月形沃地
的山麓地带"（the hilly flanks of Fertile Crescent）。他认为在这个地
带将有可能发现小麦、大麦、豆类、绵羊、山羊以及牛的驯化证
据，还有像耶莫遗址这样具有早期食物生产的村落居址[17]。

1954—1955 年，布莱德伍德领导的包括动物学家、植物
学家与地质学家的多学科合作研究正式启动。地质学家小赖特
（Herbert E. Wright Jr.）发现末次冰期时耶莫遗址所在的扎格罗斯
山一带分布有冰川，并没有早全新世干旱的证据。而且，从早期
食物生产起源到现在，并没有发生重大的气候变迁。小赖特的研
究让布莱德伍德不得不寻求环境变化之外的原因。于是，文化因
素成了农业起源的主要解释，即人类的知识与技术不断发展进步，
最终导致人类逐渐认识到山麓地带动植物驯化的潜力，进而发明
了食物生产。

布莱德伍德的理论与柴尔德的绿洲理论有个共同之处，即农
业是进步，是历史的必然归宿，人类有不容置疑的能力发明这项
技术。只是布莱德伍德认为农业是人类长期认识积累的飞跃，是
一种涌现出来的新的文化特征；而柴尔德认为农业本质上是一项
技术革新，其形成的动力是要解决食物短缺的问题。二者的不同
之处在于，布莱德伍德认为农业将出现在驯化物种野生祖先生存
的最佳地带，而不是柴尔德所说的河谷与绿洲这样的人类与物种
的避难所（refugee）。

宾福德的边缘区起源理论 1968 年，宾福德发表题为《后更
新世的适应》（Post-Pleistocene Adaptation）的论文，提出他的农
业边缘区起源理论[18]。他认为柴尔德、布莱德伍德关于农业起源
地带的认识都是错误的，农业诞生之地既非柴尔德所认为的河谷

与绿洲，也非布莱德伍德所认为的山麓地区，而是一些边缘地带。基于民族学与文化生态学的认识，宾福德认为生活于山麓这类最佳地带的狩猎采集者，能够在自然资源供给与人口增长之间保持一种动态的平衡。当然，这种平衡可能会被环境恶化、人口增长所打破，比如一个群体的人侵入到另一群体的领地中。平衡被打破的狩猎采集者群体可能分裂，部分人口迁出最佳地带，移居到边缘环境中。这样，最佳地带就始终能够处于环境承载力之下；而移居边缘地带的狩猎采集群体，很容易构成对食物资源的压力，这种不平衡最终将导致人们强化利用某些具有潜力的物种，动植物驯化随之发生。

　　稍后，弗兰纳里进一步完善了这个理论，他提出"广谱革命"（broad spectrum revolution）的概念[19]。弗兰纳里注意到在旧石器时代晚期与早全新世阶段，考古材料中存在一个特征，即人们利用物种的种类增加了。尤为显著的是一些小动物，甚至有一些捕捉难度较大的小动物。此外，还出现了一些利用起来需要花费较多劳动的植物种子。他认为这是农业起源的预先适应。弗兰纳里赞同宾福德的边缘地区起源理论，认为植物驯化可能始于边缘区的狩猎采集者有意识的栽培活动，是这些狩猎采集者试图使这里的谷物密度达到最佳地带的分布水平。

　　宾福德对农业起源的理论探索无疑更进一步，进入起源机制的层面，并将人口增长作为一个主要变量进行讨论。2001 年，宾福德出版《构建参考的框架》（Constructing Frames of Reference）一书，系统讨论了人口因素在不同性质的狩猎采集者群体中的影响[20]。而弗兰纳里侧重的是对农业起源发生过程的研究，他不再将农业起源视为一个黑箱，而是让我们看到发生的每一个步骤。他们的理论挑战农业是必然的、进步的观点，转而认为农业起源是压力的产物。

林多斯的共同进化理论 戴维·林多斯的思考与上面几位考古学家不同，他没有着意解释为什么晚更新世之末某些地区农业起源，而更注意人类与植物的共同演化机制的问题。他认为追问人类为什么与植物建立共同演化关系是一个没有真正意义的问题，就像我们问为什么某些蚂蚁与蚜虫之间，或是某些鸟类与特定的果实之间建立共同的演化关系一样。这种共同演化的关系是长期适应的结果，这样物种在既定的时空条件下可以达到最大的适合度。驯化的发生既非不可避免，亦非人类主观愿望，仅仅是发生了而已[21]。

林多斯把这种共同进化分为三个阶段：第一阶段是偶然驯化，人类通过收获、保护或是偶然的播撒，引起某些物种的形态改变。我们在考古遗存中将会发现某些物种多于其他物种，或是它们分布到了其原生生境之外的区域。第二阶段为特定驯化，人类成为某些植物的主要播撒媒介，人类通过焚烧、砍伐、栽培等形成人为环境（anthropogenic locale），这些物种形态进一步发生改变，如种子变大、皮壳变薄、改变播撒机制等。在考古材料中可以见到野生与驯化种并存的状况。第三阶段是农业驯化，物种的多样性大幅减少，物种形态趋于稳定。随着定居的加强，人们的聚落形态也将发生改变，最终形成农业生态系统（agricultural ecosystem）。随着人口的进一步增长或遇到灾荒，农业人口又会向外扩散。

弗兰纳里部分支持林多斯的观点，他强调农业是早期广谱适应的延伸，认为并不需要寻找特定的原因来解释农业的起源[22]。植物考古学家德博拉·皮尔萨（Deborah Pearsall）也支持林多斯的共同演化理论[23]。不过批评者也不少，或是批评他对农业起源的机制缺乏探讨，质疑为什么共同演化只出现在某几个地方，为什么还会传播[24]；或是批评他忽视了人工选择，即人类有目的的培育行为，培育应该先于驯化，而不是相反[25]。

林多斯贡献了对进化机制的理解，强调从进化论的角度来理解人与植物的生态关系，在这种互惠的机制中，植物驯化发生了。人并不能有意驯化某一作物，他们能够做的只是扶持某一作物生长。

海登的竞争宴飨理论 海登的理论无疑是最另类的，他批评所有认为农业始于人口压力或是资源紧缺地带的理论[26]，认为农业应该始于技术较发达，能够产生丰富、稳定资源的地带。在这些地区，积累起来的个人意识如个人财富观念将导致竞争性的宴飨，人们通过这一方式发展、扩大或巩固自己的权力与威望。正是在这种环境中，最早的驯化物比如狗、瓠子、辣椒、鳄梨等迅速出现并扩散[27]。后来，海登将他的理论进一步扩展到其他技术。海登认为过去3万年，如金属加工、陶器、艺术以及动植物驯化，都始于为了树立发展威望的技术，后来才转变为实用的技术[28]。这种认识似乎源于对当代社会的观察，当代许多实用技术都来源于非实用的领域，如军事；而劳动的目的并不简单是为了谋生，而是为了成功。

追求威望对于再生产即繁育的成功至关重要。近年来，海登进一步认为竞争宴飨不仅具有再生产上的意义，而且具有生产上的意义。在分析狩猎采集者的风险减小策略之后，他认为复杂的狩猎采集者与简单的狩猎采集者在策略运用上有很大的不同。复杂的狩猎采集者因为享有一定的生产剩余，便产生了储存的需求，否则只能任其腐烂。他们的方法之一是饲养动物，使之成为未来的肉食；方法之二是建立社会关系储存，把食物过剩转变成其他有用的东西、服务、债务或关系。海登以东南亚与波利尼西亚为例，说明宴飨可以建立"社会安全网络"（social security nets）。这样人们就可以减少生计、再生产以及社会冲突风险，从而提高整体的适合度[29]。

海登理论的前提是非平均的（non-equalitarian）狩猎采集者社会的出现，有时又称为复杂的狩猎采集者。按照萨林斯的说法，"富有的采食者"（affluent foragers）把资源都储备在大自然中[30]，没有个人所有的观念，而非平均的狩猎采集者打破了这种结构。海登没有说明为什么这种持续了数百万年的社会结构会被打破。不过，他的确从社会发展的角度为农业起源研究提供了新视角。

四　农业起源理论分析

有关农业起源的理论相当多，可谓众说纷纭，莫衷一是。我们应该如何看待这些理论呢？这些理论成立的基础或前提是什么？它们的推理逻辑如何？我们究竟应该如何认识农业起源问题呢？

首先，究竟是经济基础还是上层建筑导致农业的起源？这也是争论的焦点。大多数理论更关注经济基础，少数理论关注上层建筑，如海登、芭芭拉·本德斯（Barbara Benders）[31]。远古的狩猎采集者究竟为什么从事农业？为了直接生存，还是为了社会关系？如果再进一步分析这些理论，就会发现它们之间存在基本哲学理论背景的差异，即唯物主义与唯心主义的区别，前者强调外在约束，外在的世界是问题的出发点；后者强调人的主观能动性，人的主观愿望是问题的出发点。哲学上二元论的对立也影响了考古学家的认识，显然，解决这个问题不是仅凭考古学家就能够完成的。

其次，农业起源究竟是自然而然的过渡还是革命？林多斯与弗兰纳里显然认为农业起源并不像其他学者所认为的那么具有革命性。虽然我们很容易观察到人类长期的狩猎采集生计与数千年农业所形成的社会差异，但是，提出"农业革命"的柴尔德没有从机制上阐明农业作为革命性变化的意义。而过渡论者无法解释的是人类持续狩猎采集了数百万年，为什么农业要晚至 1 万年左右才出现在西亚、中国，甚至在新大陆地区更晚呢？强调社会经济原因的海登实际上也是过渡论者，他用人口的累积增长，以及技术知识的累积解释农业起源的特定时间[32]。相反，作为革命论者，如何看待农业数千年的起源过程仍然是一个挑战，作为一个全新的人类适应方式，农业为什么能够出现？

其三，推动农业起源的究竟是内因还是外因？早期的研究如庞佩利、柴尔德都倾向于环境气候变迁的外部因素。以后的研究者都竭力避免环境决定论的立场，而倾向于环境可能论。但是，21 世纪开始，对环境因素的强调又有所复苏。理查森（P. J. Richerson）等人注意到，尽管旧石器时代晚期人类的技术文化已经很先进，但农业并未在当时发生，而是突然出现在全新世，遂认为，其原因是更新世后期的气候完全不适合农业。新的气候资料也表明，末次冰期气候干燥，二氧化碳浓度低，且气候非常不稳定，这种环境导致古人完全不可能成功发展农业[33]。而早期农业在距今 8000 年前后的迅速成熟和传播与全新世大暖期的稳定气候几乎同步。与外部环境决定论对应的则是从内因出发的研究。如布莱德伍德将农业视为知识与技术累积增长的结果，宾福德等将之视为人口累积增长的反应，以及海登等将之视为社会经济发展的产物。

其四，农业究竟是有利环境提供条件的结果，还是不利条件挑战的产物？前者如布莱德伍德认为农业起源应始于驯化物的野生种最佳生存地带，或是如海登所认为的唯有资源丰富地带狩猎采集者才可能产生生产剩余，进而形成非平均的复杂的狩猎采集者。后者则更多的是汤因比式的历史观，认为适度的挑战最有利于文化的创造与技术的发明，技术都是应对威胁而产生，如柴尔德、宾福德等认为农业是要应对人口压力，解决资源短缺的问题。

与这个问题相关的是，农业究竟应该起源于驯化物的野生品种的核心区还是边缘区？另外，农业起源应该是在狩猎采集者的最佳栖居地还是在其边缘地起源，驯化物的野生物种与人类的最佳栖居地是否一致呢？

其五，关于农业起源我们能不能有一个普遍的解释？从柴尔德到海登提供的都是一个普遍性的模式，试图揭示农业起源的机制与原因，沃森（P. J. Watson）从波普尔的概念出发将之称为统一规律（covering law）[34]。这里存在一个很大的问题，即就农业起源的研究而言，是否可以找到一个如自然科学中所见的规律呢？显然研究人类社会这样的复杂现象，规律并不适用。后过程考古学家强调"阐释"，即从时代、地方、性别等角度发展出来的理解，也就是说农业起源可能没有规律等待发现，而是从现代社会角度进行阐释的问题。此外，从许多专长于一个地区考古学研究的学者来看，普遍性的理论与地区的考古材料总有些距离，能够包括各个地区考古材料的普遍理论基本不存在。农业起源的时间进程、物种差异、环境气候条件的差异都是千差万别的，普遍理论似乎无论如何都无法解释地区的特殊性。值得指出的是，强调特殊性并不一定要牺牲对普遍性的探索，否则我们无法理解史前人类文化的适应机制。

其六，解释农业起源的一个难点是如何看待不同原因以及它们之间的关系。庞佩利、柴尔德都将气候变迁视为根本驱动原因，理查森也将气候条件当成决定性的因素；宾福德等人则把人口因素视为最重要的原因；海登注意到社会经济等因素，但也强调单独驱动原因。林多斯等考虑到人与植物的共同演化关系。表面看来，林多斯等人考虑到了生态系统的作用，但实际上他们仍然局限在一个方面，即从生物学的角度思考农业起源问题。近十多年来，越来越多的研究关注系统的观念，开始综合考虑不同的因素。

实际上，系统的观念早就植根在宾福德、林多斯等学者的研究中了。与此同时，系统哲学的新发展也在不断提供新的审视角度，协同论、混沌论、自组织理论等复杂系统理论的进展推动了我们对农业起源这种复杂文化现象的理解，如宾福德在新的研究中就采用了自组织理论[35]。

最后，在研究方法方面，也有不同观点。宾福德等从过程考古学的范式出发强调科学的客观性，主张明确预设前提，突出中心问题；而同样研究农业起源问题的巴尔－优素福（Bar-Yosef）则认为历史陈述的方法（historical narrative method）同样有效，详细叙述事件的经过本身就是很好的解释[36]。在考古学研究方法中，当前最大的分裂是科学与人文分裂，主要表现于过程与后过程考古学两种研究范式之上。我们究竟能不能对农业起源问题进行科学客观的分析？什么是正确合理的分析？从自然科学角度出发的研究，如林多斯与植物考古学家皮尔萨，都认为人的主观意愿是一个常量，是不需要考虑的，需要研究的是驯化物种是如何一步一步地形成的；而考古学家则更强调人类主观意愿的改变，认为只要人类开始有意种植，那么驯化迟早都会发生，重要的是人类为什么会放弃久已习惯的狩猎采集生计，转而从事食物生产。我们应该如何弥合这种考古学认识论的巨大分裂呢？

过程考古学强调考古学研究应该发展成为一门科学，就像地质学一样，逐渐从经验材料中走出来，通过对自然规律的探索认识到人类文化与社会的发展规律[37]。而近二三十年考古学的发展证明这条路行不通，发现规律成了过程考古学的笑柄。考古学研究的是人类社会现象，从考古材料的形成到被考古学家发现，再到考古学家研究考古材料，最终得出有关人类社会的认识，这个过程是一个双重阐释过程。相对而言，从自然现象到自然规律只有一个阐释过程。人类社会现象的独特性构成了现代哲学释义学的基础，人类活动自由创造的本质决定我们需要"从里面理解"或是"重新体验"，以理解过去人们的行为，就像现象学的考古学研究所主张的那样[38]。后过程考古学也正是在这个基础上强调"阅读过去"[39]，将考古学材料视为"文本"，进行反复阅读与阐释，根本不认为人类历史有任何规律可言。

然而，介于寻找规律与发展理解的两极之间，还应该存在一个中间状态，那就是对文化演化机制的了解。任何事物的发展都存在某种机制，从最简单的细菌分裂到最复杂的人类社会现象都是如此。就人类社会的演化而言，机制并不等于规律，因为复杂社会现象涉及强烈的背景条件，所以同一机制作用下的社会，由于不同的背景条件，最终结果可能差异悬殊。然而，我们不能因为结果的不同，就否认社会演化当中存在着机制。此种情形就像战争一样。比如《孙子兵法》揭示了战争运作的一些基本机制（当然有人可能愿意称之为规律，但它终究不同于到处都适用的自然规律），但是完全照搬常常会打败仗，而违反的人也会打败仗，打胜仗的是那些既遵循战争的机制又审时度势的人。

农业起源问题研究涉及狩猎采集者的适应机制，我们对它的分析包括三个方面的内容：

一是狩猎采集者应对人口压力、资源风险、环境变化等压力时的应对机制；

二是古代狩猎采集者适应机制的演化，发展到何种程度才可能有农业起源，它与狩猎采集者一般应对压力机制的关系如何；

三是导致农业产生机制发生的初始条件，这些条件优势是如何相互作用的，这是我们需要审时度势的地方。

这三者之间的联系非常关键，即从狩猎采集者的应对机制如何转变为农业产生的机制，农业发生的初始条件又如何作用于农业产生的机制。弄清了这些，我们才能对农业产生机制有比较充分的了解。

了解了农业产生的机制，足以让我们像掌握自然规律准确预测事物的发展方向一样，预测史前文化或是我们当代文化的走向。了解这种机制就像掌握《孙子兵法》一样，使之成为我们将来行动的重要借鉴。尤其是狩猎采集者与其他生物的生态关系，对环境变迁的反应，人口压力对狩猎采集者社会的影响等，都会给我们这个工业或后工业化的社会许多警示。培根讲"读史让人明智"，那是因为历史告诉我们诸多的可能性，而最终我们将走向何处，则取决于人类自身的所作所为。

五 寻求一种普遍的解释

(一) 新的理论基石

任何理论的建立都立足于某些重要预设前提的基础上。于过程考古学而言，明确的前提是研究的基本要求之一，因为这可以为后来者的批评明确说明是在什么样的前提下得出这些结论的，同时推理的环节要清晰，这样可使研究一目了然，避免"大而化之"，或是回避批评的固有毛病。

20世纪末，科学的发展呈现出一种新的图景，以生态科学与复杂性科学为代表的新的整体观形成，包括耗散结构理论、协同论、混沌论、超循环理论等在内的一系列近似复杂系统理论代替了"老三论"（控制论、信息论与一般系统论），人们对于事物变化的方式有了更深入的认识。运用复杂系统理论研究社会科学问题早已不是新鲜事，在考古学领域，此趋势也正方兴未艾，如本特利（R. A. Bentley）与马希勒（H. D. Maschner）2003年主编出版的《复杂系统与考古学》（*Complex Systems and Archaeology*）一书[40]。下面就从三个方面讨论复杂系统理论与农业起源的关系。

1. 非平衡的自然与间断进化

农业起源毫无疑问是人类生态系统的进化现象——不论是过渡还是革命，或是文化演化长期累积发展起来的进步。在农业起源研究的进化论框架中，一个中心问题是文化发展是人类有目的的变迁还是选择的过程。前者是斯宾塞式的观点，进步的观念深植其中；后者是达尔文式的，强调自然选择推动文化变化[41]。目的论或进步论的解释显然是有问题的，因为它们本身就需要其他理论给予证明，进化的历史或是人类的实践都无法证明其合理性。达尔文的进化观强调进化的随机性，批评存在毫无干扰的自然的观点，提出相对文化变化而言，自然也不是完全被动与静态的被改造的对象，人类对自然的干扰也并不必然是线性与不断恶化的[42]，这让我们认识到农业起源之前的狩猎采集者并非生活在一个未经干扰的"纯自然"状态中。狩猎采集者实际对环境存在相当大的影响，有学者认为他们是在"流动生产"（move to produce）[43]，在流动采食的过程中不断改变一地的景观，播撒植物的种子。尤其是用火之后，他们经常用火来清理生活区域[44]，对自然的影响也相当大。

长期以来，研究农业起源的考古学家将之视为动植物与人类群体之间累积互动的过程，这个过程是线性的，不存在革命或是突变。类似的观点见于前面我们所说的林多斯、弗兰纳里的理论，以及麦肯尼什（MacNeish）等学者的研究[45]，在他们看来，适应是一个缓慢、渐变的累积过程，农业是自然而然发生的，甚至不需要解释。新的进化观则强调进化过程中存在间断平衡（punctuated equilibrium），缓慢平稳的进化与迅速爆发性增长交替出现，形成楼梯台阶似的进化轨迹[46]。新的进化观没有将农业起源简单视为一次革命，或是将之视为线性的逐渐过渡。相反，持这一观点的学者认为农业起源可能是一个包含若干次革命性变化的过程，每一次变化都可能存在飞跃性的发展。这种宏观的进化观得到了西亚新石器时代革命的支持，该地区的农业起源就是长期进化与革命性的飞跃相互补充的产物[47]。

2. 协同学与广谱适应

协同学研究由大量性质截然不同的子系统所构成的各种系统，并分析这些子系统通过怎样的合作在宏观尺度上产生空间、时间或功能结构。其重点是稳定性的丧失（寻找稳定性丧失的时间、条件与领域），确定序参量及其役使原理（又称伺服或支配原理）的作用过程。典型案例是激光的形成，它就是系统在远离平衡时出现的相变，即非平衡相变。子系统表现出竞争、协同的特性，哈肯（Hermann Haken）称之为"协同学"。[48]

协同学中一个关键的概念就是序参量，在哈肯看来，不论什么系统，如果某个参量在系统演化过程中经历了从无到有的变化，并且能够指示新结构的形成，反映新结构的有序程度，它就是序参量。序参量一方面是系统内部大量子系统集体运动（相互竞争与协同）的产物；另一方面，序参量形成后又起着支配或役使子系统的作用，主宰着系统的整体演化过程。

对于狩猎采集者的文化系统而言，长期以来都是以自然生长的动植物为生，食物生产（早期农业）经历了从无到有的过程。农业的形成对整个人类社会系统的影响是本质性的，农业支持定居，改变了人类数百万年的流动采食的生活方式；同时，新的聚落形态形成，新的技术如制陶、磨制石器占主导地位。农业社会的亲属结构、社会组织制度、宗教礼仪与意识形态都发生了巨大的变化。从社会组织上来说，农业支持国家文明的产生；从意识形态上来说，狩猎采集者社会通常持万物有灵的观念，而农业社会则出现了宗教。农业形成之后，文字、国家、金属冶炼等相继形成。因此可以说，对于处在临界状态（非平衡状态）的狩猎采集者文化系统而言，食物生产就是其序参量。就像狩猎之于狩猎采集社会的形成、工商业之于近代社会的形成一样，在序参量的支配下，社会结构发生翻天覆地的变化。生活于当代中国的人对于正在发生的这种深刻的时代变化就有非常直观的体会。

复杂系统在临界状态下将发生协同反应。按照协同学的说法，一旦某个决定被采纳，也就意味着其他的选择被排除。处在临界状态的系统以剧变的形式测试各种可能性。如帕克（P. Bak）所言："临界状态是一个很好的状态……因为一般说来，此时我们做得最好。"[49]系统在临界状态时，对称被打破，产生所谓的临界涨落，此时众多的可能性呈现出来，这个阶段系统最有活力。

在农业起源的过程，弗兰纳里发现此前存在一个广谱适应阶段，他称之为"广谱革命"，并视之为农业起源的预适应过程。实际上，广谱革命正是狩猎采集者文化系统处于临界状态的反应，人们扩大食谱，包括采集回报率不高的植物种子，尽最大可能利用有限区域内所有能够获得的自然食物，从这个角度来看，广谱革命是处在最大利用状态的狩猎采集方式。

但是，我们不得不承认广谱适应是一个不稳定的系统状态，而且适应水平比较低。通常来说，高的适应水平意味着更狭窄而专门化的食谱[50]。经过广谱革命，众多选择都被排除，某些物种开始被强化利用；与此同时，食谱缩小，适应程度提高。如阿布·休莱拉（Abu Hureyra）遗址发现了旧石器时代末期160余种植物，而进入前陶新石器时代，只有八九种植物被利用，90%以上的植物都被淘汰了[51]。

3. 自组织理论与农业起源的涌现

农业的前身——狩猎采集者的文化系统是自组织的系统。所谓自组织系统，指无须外界特定指令而能自行组织、自行创生、自行演化，能够自主从无序走向有序，形成（自）有结构的系统[52]。对于处在临界状态的自组织系统而言，初始条件的微小变化都可能导致系统状态的巨大改变，进而导致新的结构诞生、新的组织形成。经常运用的一个比喻是"亚马孙丛林的蝴蝶扇了一下翅膀，北美发生了一场飓风"，即所谓的蝴蝶效应。正如帕克所言，事物都是通过革命而生，而不是缓慢形成的，因为动态系统都处在临界状态[53]。当然，在人类的进化过程中，复杂的适应很少是通过一次飞跃就形成的，往往需要多次间断的突破，累积的变化最终导致革命性的事件。农业起源也是如此，它涉及物种、环境气候、工具技术、社会组织、意识形态等众多因素，条件的具备需要长期的过程；同时农业的完全形成也经历了数千年的时间，包括若干次飞跃。

农业起源的过程是一个循环推动的过程，狩猎采集者流动性的降低更需要拓宽食物来源或是强化食物生产，而广谱与强化将增加人口与土地的区域性，进而促进定居。在这个循环过程中，多种因素促进循环发展，农业水平不断提高，从简单的食物生产逐渐上升为复杂的农业生态系统，呈螺旋形上升结构，我们亦称之为"超循环"[54]。其循环过程不仅不断上升，复杂性不断提高，同时多个循环相互作用，互相促进，如末次冰期的结束，大动物的绝灭，狩猎难以为继，狩猎采集者不得不强调植物采集，流动性也随之降低；而技术的发展与知识的积累又让植物的强化利用成为可能；与此同时，旧石器时代晚期人口的累积增长、社会复杂程度的提高导致土地区域性观念的加强，流动日益困难，如此等等。众多循环持续推动食物生产的出现并升级，农业最终形成。

按照混沌论的说法，系统演化的路径具有多样性，至少存在三种道路：第一，经过临界点或临界区域的演化路径，这种演化路径上所发生的现象最丰富、最复杂，像激流险滩，演化的结局最难以预测，小的激励极可能导致大的涨落；第二，演化的间断性道路，有大的跌宕与起伏，常常出现突然的变化，其间大部分演化路径可以预测，但是有些区域或结构点不可预测；第三，渐进的演化道路，平稳的演化是大部分事物演化所采取的基本演化方式和路径，没有大的变化，演化路径基本可以预测[55]。这三种演化路径在农业起源过程中我们都可以看到，第一种状况见于食物生产最初出现与发展阶段，食物生产可能出现，从此走向农业，也可能被放弃；第二种状况见于农业逐步形成阶段；第三种路径则是农业基本成熟后不断完善提高的过程。研究农业起源最关注第一种状况，而要研究它，我们需要研究狩猎采集者的适应策略，长期的与短期的机制，从而更好地理解农业起源的必然性与偶然性，进一步理解农业起源的机制。

（二）狩猎采集适应的长期趋势

考古学是一门具有时间深度优势的学科，长时间尺度的分析有助于我们发现作用缓慢但极为长久的变量，它们对人类的进化史有着至关重要的影响。没有整体的考量，而仅仅参考某个遗址的材料或某个时期的材料，这些变量是难以发现的。其次，长期趋势的揭示还有助于我们从自组织发展的角度来看待农业起源问题，即农业起源可以是自组织的文化系统打破临界状态后涌现出来的新结构，农业起源完全可以不凭借外因来解释。最后，长期趋势累积发展的重要意义还在于它们可以帮助我们解释这一问题，为什么最早的农业起源是在万年前后，而不是更早，也不是更晚？人类经历了数百万年狩猎采集的生活，这个漫长的时间过程给了我们考察长期趋势必要的时间深度。

1. 人类食物史——固有的能量化最大策略

对于人类而言，今天适合吃什么毫无疑问是长期演化的产物。无论存在多少差异或是偏好，人类共同的生理机制构成了我们讨论的基础。我们越适应某种食物，就越需要某种食物，吃这种食物的历史可能也就越长。这种进化生理学与心理学的追溯可以协助我们重建人类最基本的食物史。按照当代营养学家的推荐，人类需要的食物序列，从多到少依次是水果蔬菜、蛋白质（鱼虾、瘦肉、禽蛋）、谷物、脂肪、糖（图 1.1）。人类祖先吃天然蔬果的历史可以追溯到更早的灵长类祖先；人类对不同种类蛋白质的适应有所差别，对低密度脂蛋白的适应要好于高密度脂蛋白（红肉类），这与人类演化史是相符合的。相对来说，大动物狩猎要晚于对某些水生资源如贝类、龟类（它们都移动缓慢，便于猎获）的利用。现有考古证据表明在现代人起源的早期（约距今 20 万年前），人类的繁殖数量可能降至不足 1 万（惊人地少）[56]。南非 PP13B 洞穴的发现表明，人类可能依靠贝类挺过了那次巨大的生存危机。非洲其他地区也支持上述假设，如卡坦达（Katanda）发现鱼叉、螺壳等[57]。而大动物狩猎高峰则出现在旧石器时代晚期，比人类度过那次生存危机的时间要晚得多，这就解释了为什么人类对低密度脂蛋白的适应要好于高密度脂蛋白。

作为农业起源的谷物，其能量密度通过人类的加工要高于蛋白质类食物，当今流行的蛋白质减肥法便立足于此。驯化动物能够提供更多脂肪，而野生陆生动物通常脂肪不多。高能量的食物如糖类则是历史时期的发明，现代营养学一般推荐尽可能少量摄入。当代社会的普遍肥胖与人类过多摄入高能量食物有关，而人类的生理机制并不适应这样的饮食。

与之相对应的是人类在心理上总是追求高能量的食物，显然更高的能量密度可以减少摄食的时间，增加繁衍的机会。从人类食物的进化史上可以看出，人类一直在追求能量最大化的策略。从这个角度来说，农业起源可以说就是人类能量最大化策略的结果。

2. 流动性——理解狩猎采集者的钥匙

狩猎采集者，顾名思义，人们依赖狩猎动物、采集植物和利用水生资源为生。狩猎采集社会的形成也是人类演化到一定阶段的产物。狩猎的出现至关重要，它可能是史前社会系统形成的序参量，决定着人们的技术工具、居住方式、社会组织与劳动分工和意识形态，即整个文化系统的结构。值得注意的是，这里不能简单将狩猎划归男性，采集归女性，如果从广义上来看狩猎，除了击杀动物这个环节，女性也参与了从准备、围捕到屠宰加工的所有过程，所以女性也是狩猎的[58]。

我们很容易以农业时代的视角来看待狩猎采集者，认为他们总是生活在某个地方，就像定居的群体一样。但事实上，狩猎采集生计最明显的特征就是流动性。人们需要寻找捕捉的猎物和可采集的植物。同时，一个地方通常只能支持狩猎采集者群体在某个季节使用，而很少能够支持该群体常年无限利用。过度利用可能导致动植物无法恢复到原来的密度，最终可能导致整个生态系统崩溃。另外，定居意味着整个年份一个群体一直居住在某个地方（当然某些成员可能会外出狩猎[59]），并意味着所有食物都必须运回居住营地。然而，狩猎采集者并没有畜力帮助搬运，因此与其耗费巨大气力把猎物背回，不如让人类走去就食物。这构成了狩猎采集者必须流动的另一理由。

狩猎采集者流动不仅仅为了获取食物，还为了获得食物的信息。显然，食物资源不会总在眼前，狩猎采集者必须有信息的储备，就像银行一样，在需要的时候，他们就去有食物的地方采食，而不是等到饥饿的时候才想到去寻找食物。按照我们通常的理解，狩猎采集者缺乏财产观念，不像农民那样善于储备积累。其实，从狩猎采集者的角度看来，所有食物都储存在大自然中，需要的时候就取用。只是他们需要预先了解食物的分布，流动就是收集信息的过程。从这个角度来说，流动也就是狩猎采集者的一种风险规避策略。

在流动过程中，狩猎采集者每到一地就砍伐树木，清理地表，燃烧草木，堆积垃圾，抛弃果核，这些种子就会利用清理空地的阳光与肥料，以及没有竞争者的土壤迅速生长，久而久之，可食用的植物物种会越来越多，植被景观无意中被狩猎采集者改变了，所以可以说，流动也是一种生产[60]。

流动对于狩猎采集者来说，还有再生产的意义。唯有流动，人们才能接触到分布在广大区域的不同群体，实现成员的互换、基因的交流，避免近亲繁殖。

流动还有其他附带收益，比如避免居址中垃圾的积累，避免蚊虫滋生与水源污染，这些通常会导致传染病流行，是困扰定居农业群体的重要因素。简而言之，对于狩猎采集群体，没有流动就没有生存，流动就是最基本的生存策略，它是了解狩猎采集者生存方式的钥匙。

当然，流动也有明显的负面作用，最主要的影响是对人口的限制。高度流动的生活方式不允许一个育龄妇女生育太多的孩子，通常只能抱一个孩子行动，剩下的孩子必须自己行走，这样孩子之间的年龄差距必须足够大。她们往往通过延长孩子的哺乳时间来避孕。此外，还有其他控制人口的方法，这些方法使得育龄妇女平均生育孩子在4人左右（实际的生育潜力高达12—15人），再加上各种意外与疾病，真正能够活下来的人并不多，按现在的标准来说，人口增长的速度是极其缓慢的[61]。

一旦流动性受到限制或者下降，人口的增长就可能迅速提高，狩猎采集者的生计就会遇到严重的挑战；失去了流动性的狩猎采集者，可以利用的资源的空间范围大幅度减少，就可能迅速导致资源的过度利用，其生计的风险性会大幅提高。

3. 狩猎采集者的领域观念——所有权的逐步明晰

考古学家习惯上认为原始的狩猎采集人群是高度平均主义的社会，没有等级区分，没有财产观念，实行广泛的共享。萨林斯提出"富有的狩猎采集者"的概念，并不是说狩猎采集者拥有的东西多，而是因为他们共同拥有，不是个人占有，所以他们没有生产剩余，也没有产生生产剩余的积极性[62]。所有权是不存在的，从狩猎采集到农业生产，狩猎采集者文化结构上的约束将限制具有生产剩余的农业起源。

但是平均主义的狩猎采集者更接近神话，而非现实。一个群体的共同拥有并不意味着他们可以无限地与任何群体分享。群体有自己的领域，在一定条件下可以允许有亲缘关系或是其他有密切交往的群体使用。领域观念并不是狩猎采集者特有的观念，许多动物都有清晰的领域行为，尤其是在捕猎者中。高等灵长类也表现有明显的领域行为。领域的存在对于个体以及种群的生存必不可少，保卫自身领域是争斗的主要原因之一。

当然，狩猎采集者的领域观念是不断发展的，在旧石器时代早中期，至少在石器组合的风格上，领域观念并不明显。但是到了旧石器时代晚期，石器组合风格表现出明显的地方化趋势。马丁·沃布斯特（H. Martin Wobst）提出，旧石器时代晚期人口的增加促使人们必须限制互惠的范围，从普遍的互惠发展到有约束的互惠，导致地域观念逐渐形成，表现在具有地区风格的石器材料上[63]。

领域的观念会限制狩猎采集者的流动性。如果人口持续增加，毫无疑问，每个群体的领域范围将可能减小。通常，当一个狩猎采集群体超过一定规模后，群体就会分裂，新分出的群体将迁居他处。随着群体的不断增加，部分群体不得不迁居到较为边缘的环境，宾福德因此提出边缘区农业起源的理论。其实，流动性减少是更直接、更普遍的结果。流动性减少的狩猎采集者不得不采取某些策略来解决生计问题。

4. 技术与生计策略的发展

人类的文化适应是从工具技术开始的，技术发展具有累积性，在传承过程中还有每一代的创造与革新，所以，如果不包括偶尔被长期隔离的人群，下一代的技术通常要比上一代的更高级、更复杂。目前，按克拉克的体系可将已知的石器技术分成五类，即奥杜威技术、阿舍利技术（手斧为代表）、莫斯特技术（石片）、石叶技术、细石器技术[64]。石器技术进步不仅反映为优质石料的增加、石料利用效率和切割刃生产效率的提高，而且还表现在复合工具的出现、石器轻便程度的提高，以及适应范围的扩大上。石器技术的演进体现出一个趋势，那就是有利于狩猎采集者的流动性。流动性的提高意味着狩猎采集者可以利用更大范围的资源，尤其是动物资源。

狩猎采集者的适应策略也具有累积性的发展，最早期狩猎采集者完全追踪食物资源而生存，即让人去就食物，而不是让食物就人。后来发展出另一种策略，即让食物来就人。人类建立相对固定的居住营地，派出若干任务小组出去狩猎采集，然后把食物带回营地。前者被称为采食者（forager），后者被称为集食者（collector）[65]。二者的区分不仅具有时代意义，也具有环境的地带性，在资源分布均匀的地方多倾向于采食者策略，而在资源分布不均匀的地区则更多采用集食者策略。相对于采食者策略而言，集食者的流动频率更低，他们需要也值得在居所建筑和耐用工具上有更大的投资。同时，流动性的降低也将导致集食者具有更高的人口生育率、更大的群体规模与聚落规模。从另一个角度说，是更大的人口压力或更多的人力潜力。

从生计的侧重点来看，狩猎采集者还可以区分为以狩猎为主、以采集为主、以渔猎为主三种形态。这种区分与各地的资源条件关系密切，同样也有文化演进上的意义。一般说来，采集经济是最早的，狩猎经济次之，而渔猎经济最晚。狩猎有邂逅狩猎（opportunistic hunting）与有效狩猎（effective hunting）之分，有效狩猎可能出现在旧石器时代晚期[66]。渔猎（不包括贝类的采集、慢行动物如龟类的猎取）需要更加复杂的技术，如船只、鱼叉、渔网等，所以最晚出现。很少有哪个狩猎采集者群体只依赖一种生计方式，他们的经济多是混合的，只是有所偏重。不同的生计偏重不同的工具技术与社会组织。相对而言，渔猎经济能够支持的人口密度最高，采集经济次之，狩猎经济最低。按照宾福德的理论预测，当以狩猎为主的群体遇到人口压力时，他们可以向采集经济过渡；而当以采集经济为主的群体遇到人口压力时，他们或转向渔猎经济，如果没有渔猎资源的话，他们就必须强化利用植物资源[67]。因此，以农作物种植为中心的农业只可能起源于以采集为主的狩猎采集群体。

5. 人口的持续增长

按照当代人类演化的研究，人口持续增长是相对晚近的事。现代人曾经经历过人口瓶颈期，几近灭绝。但此后，人口开始持续增加，现代人走出非洲，进入广袤的欧亚大陆，以及从无人迹的大洋洲与美洲。无论现代人的扩张是因为人口压力，抑或是其适应成功的辐射，结果都一样，人口总量在持续增加。由于人类不断进入新的、从未被人类利用过的空间，人口密度可以保持不变，甚至被稀释。但是随着所有适合人类居住的大陆都被殖民，下一步的发展只能有两个结果：一是人口密度的提高，二是狩猎采集者迁居到其生计的边缘地带。

旧石器时代晚期的考古材料已经显示，人口密度明显提高，并对当地资源产生了压力。玛丽·斯廷那（Mary Stiner）研究地中海地区的多个遗址后，发现旧石器时代晚期人类狩猎对象明显不同，即从采集贝类、猎获乌龟这些生长缓慢、行动迟钝的动物转向生长迅速、行动敏捷的兔子、松鸡等动物。显然狩猎前者所投入的劳动成本要远小于后者，但是前者很容易捕猎过度，导致人们不得不转向更困难的食物[68]。人口可能是导致过度利用的主要原因。

人口向边缘地带的扩张包括向西伯利亚、阿拉斯加这种寒冷地带的移民，也包括对沙漠边缘地带的利用，以及向极端环境的拓展。目前还有考古材料显示人类在旧石器时代晚期进入青藏高原的边缘区域[69]。人类还可能进入了热带雨林区域。当然也有人类学家怀疑狩猎采集者是否有能力适应这种严酷的环境。人类向极端环境的拓展很可能是出于人口压力，即便不是，这种行为也进一步增加了人口的规模。一旦环境不利，人口就会集中到资源相对丰富的区域，就像埃及西部沙漠居民涌入尼罗河谷一样。

对于人类而言，长期以来限制人口的因素包括捕猎者的捕食、食物总量的限制、疾病与流动不定的生活方式。这些因素与限制其他动物种群数量增加的因素并没有太大差别。旧石器时代晚期，甚至可能早到现代人走出非洲的时候，技术文化、语言与社会组织等让人类建立了相对于其他动物全面的适应优势，人类处于食物链最顶端。捕猎者对于人类的威胁基本消失，人类唯一的捕猎者只有自己了——战争与冲突。尽管相对于当代人类社会来说，原始的狩猎采集者人口增长幅度是非常缓慢的，也可能是波动的，但是持续的累积增长无疑是长期存在的趋势。

6. 能动性——人类精神的成长

能动性研究是当代考古学的热点之一。考古学家对于把人当成动物的研究日益不满，人不是系统的附属品、结构的奴隶、环境的被动适应者，人是能动的主体。能动性更接近人的本质，研究能动性更能把握人自身的属性，脱离能动性的考古学研究无疑忽视了人本身。然而，这个领域非常难以研究，因此也是一个长期被搁置的领域。

人的能动性来自人类精神世界的成长。人的精神世界是对现实世界超越、改造或者说是叛逆，它促使人打破自然规律，进而认识、适应与利用自然规律。如果人没有形成精神世界，那至今就只能如其他动物一样"顺应自然"，谈不上认识与掌控自然。精神世界赋予人之个体以独立性，促进人创造性的发展。人的精神世界是如何形成的，至今还不是很清楚，史蒂夫·米森（Steven Mithen）提出一个"教堂厅室"模型，认为人不同功能的大脑模块就像教堂的各个厅室，人的精神世界是各个"厅室"之间彻底贯通之后形成的，每个大脑模块有其不同的发展历史[70]。

现代人兴起的重要证据之一就是装饰品、艺术品的出现，在旧石器时代晚期更加繁荣，以至于学者们认为存在一次"旧石器晚期的革命"[71]。这个时期的人类可说与现如今的人类在体质和认知能力上已经没有什么差异了。旧石器时代晚期的革命最主要的表现就是在精神领域的发展，包括认知能力的发展、原始宗教理念的形成等。没有认知上的发展，没有人类打破食物习惯，探索新种类的食物，就不会有农业起源的出现。从这个角度来说，农业起源也是人类认知与精神领域的突破，是人类能动性的产物。

所有这些趋势都是相互联系起来的，如果它们联合起来共同作用，影响的效应可能持续放大，形成"雪崩效应"。当然这些趋势之间也有相互抵消的情况，如技术、社会组织水平的提高可以抵消部分人口压力。此外，需要注意的是，不是所有趋势在农业起源过程都起着相同作用，它们如何参与形成农业起源的机制，将在后面进一步讨论。

（三）狩猎采集者的压力应对机制

在讨论了狩猎采集者的长期适应趋势之后，我们可以将农业起源视为文化系统自组织发展的结果；从另一方面来看，不少考古学家将农业起源视为文化系统针对压力尤其是人口或资源压力（可能由环境变化而引起）的反应，只不过这种反应恰好发生在距今1万年前后。

长期以来，考古学家讨论狩猎采集者面临的压力时，往往都是指由于环境气候不可预测的变化所导致暂时性资源的不确定性，即风险，以及由于人口增长导致的人口压力，即长期性的资源短缺。

就资源的不确定性而言，韦斯勒（P. Weissner）曾归纳出狩猎采集者具有四种风险降低策略[72]，海登进一步扩大为八类：①控制资源的损失（如焚烧杂草、移栽、错季收获等），增加实际收获量，或是形成排他性领地，保证本群体的供给；②分享与再分配，如群体内的分享（义务互惠性的）、社群间或社群内不同组织间互惠性的宴飨、通过权威人物或机构的再分配（如同酋邦）；③建立地区互助性同盟，需要的时候流动到同盟者的领地采食，同盟的建立基于：亲属网络、共同的图腾祖先、经常互相拜访的关系、名字相近的特殊关系、肉食分享关系、装饰品与威望产品的交换关系；④制造敌人，必要的时候把他们赶走；⑤储备，不过其作用对于高度流动的生计相对有限；⑥简单的食物交换；⑦发展风险减少技术，如细石叶技术；⑧生计的分化，拓宽食谱。[73]

人口压力的构成与人口的自然增长相关，当然还与环境的恶化相关，即环境的承载力下降、同等面积能够支持的人口减少，或者说能够支持人类生存的空间减小。与暂时性的资源不确定性相比，这种变化的作用时间更长，如随着末次盛冰期的结束，人类适应的动植物资源也随之减少与绝灭。

动物生态学对种群数量压力的作用机制已有很丰富的研究，一个动物种群数量如果不断增加的话，必然存在超过环境承载力的可能，接下来就是种群数量调节的问题。动物生态学家认为存在两种调节方式：非密度制约与密度制约。前者是"灾变性"的，物种的死亡率与其密度没有关系，如气候条件、污染物、氢离子浓度的变化等；后者指种群数量的变化随着种群密度提高而改变，如种间与种内的竞争、捕食、寄生、疾病等因素的作用。动物生态学提出了一系列理论来解释密度制约的机制，如种间因素、种内因素、食物因素等。种间因素包括捕食、寄生和种间竞争共同资源等。种内因素包括动物行为的调节、内分泌调节与遗传调节等学说，如遗传调节学说认为物种密度过高后，物种基因遗传的品质下降，即使资源丰富，死亡率依然会居高不下。食物调节则把食物因素作为最重要的限制因子来看待[74]。对于人类来说，"灾变性"外在环境变化引起的人口压力是非密度的制约，由于人口自然增长引起的人口压力就是密度制约。

动物生态学有很好的实验证据来检验不同的学说，相对而言，人口压力作用机制研究就没有这样的便利。目前我们主要的证据来自人类学研究，近现代历史上曾经狩猎采集的族群为我们提供了宝贵但有限的参考材料。

从狩猎采集者的文化生态学研究中可以推导出以下人口压力应对机制：

第一，流动性加强、迁居其他地方。在食物资源不足的情况下，首要工作就是勤出去狩猎采集，或是迁居到食物资源相对较丰富的地方去。狩猎采集者随身物品极少，非常有利于流动迁居。

第二，扩大食谱，吃平时不常吃的食物，通常是质量较低或是加工较为困难的食物。

第三，控制人口，民族学中常见狩猎采集者溺婴、弃老的行为，以减少消费人口，降低人口总量。

第四，竞争或合作。通过争夺的方式控制有限的资源。对人类来说，可能就是群体内的冲突与群体之间的战争；另一种途径是通过交换或依靠盟友、有血缘关系的群体的帮助，渡过难关。

以上四个机制并不是人类所独有的，动物中也存在，就控制种群数量而言，如某些鱼类在食物资源紧张时会吃掉一些同类小鱼。

第五，人类适应环境的手段本质上是一种文化适应，最明显的表现形式是一系列技术，解决人类适应中遇到的问题，如制作石器、用火、建筑居址等。通过技术革新，可以提高资源的利用范围与利用效率。从这个意义上说，农业的出现就是一次技术革命。

下面我们需要进一步讨论文化适应的层次问题，技术变革是人类文化系统中最基础层面上的变量。其次是社会组织层面的改变，包括亲属制度、劳动分工、社会复杂性等，比如交换，它可以暂时缓解人口压力带来的资源短缺；同时，社会网络也是资源信息以及相关技术知识的重要来源，能够缓冲人口压力所带来的风险。最后是精神层面上的改变，包括宗教礼仪、意识形态等。

很显然，我们面临一个悬而未决的问题，那就是人口压力并不必然会推动技术的变革，埃斯特·博塞拉普（Ester Boserup）曾经认为人口增加会促进技术进步[75]，无论是在现实中还是在历史上，他的说法都难以成立。也就是说，人口压力只是在某种条件下才可能推动技术的革新。这些条件决定了为什么人口压力对有的文化系统能起作用，而对其他文化系统不起作用。

人口压力作用的背景条件大体包括以下方面：

第一，开放或是封闭环境，具体说，就是在开放环境条件下，过剩的人口可以扩散，而在封闭或区域边界确定的环境（宾福德称之为 packing）中，过剩的人口无法扩散，只能在有限区域内想办法解决问题。

第二，技术条件，是否有技术储备可以利用，比如完全以狩猎为生的群体是很难发展出植物种植的。

第三，社会组织条件，这是影响不同人类群体扩大生产的动力，如萨林斯曾质疑某些狩猎采集者平均主义的分配制度会让所有生产剩余都化为乌有。

第四，意识形态条件，目前我们还不清楚究竟哪些意识形态因素有利于或不利于农业起源。但是，我们可以推知那些有利于产生生产剩余的意识形态，将有利于农业的起源；相反，高度平均主义的观念将不利于农业起源的发生。

第五，环境条件，这是明显的外在约束条件，比如有的环境中完全缺乏可驯化的物种。

储备不应视为人口压力的反应，它更多与环境的季节性相关，对寒冷地区的狩猎采集者而言，储备是必需的，它跟农业的发生没有必然的联系，虽然农业群体通常会有储备的习惯。

如果我们对人口压力的作用机制做总结的话，可以发现两组矛盾在起作用（当然将来也许能够发现更多）。一组是人的自然属性与作为人本身存在的属性（按马克思的说法就是社会属性），人的自然属性决定人会采取其他动物存在的基本方式应对种内群体数量的增长，就像我们在动物生态学研究中所看到的；而作为人本身存在的属性至少包括三个方面的反应：技术的、社会的与意识形态的，人类会在这三个层面上对人口压力做出反应。

另一组矛盾是习惯性与能动性的对立，文化结构主义学者布迪厄将习惯性称为"惯习"（habitus），它属于文化内在的结构特征，会影响人们的行动方式[76]。而能动性，可以称为人的精神性或灵性，是人克服环境约束以及文化结构上的制约，打破常规的创造活动[77]。这一组矛盾所代表的是当代考古学的新视角，毫无疑问，它可以用来分析农业起源的产生过程，不过目前这方面的研究尚少。

（四）农业起源机制的新认识

基于新的科学理论基础，以及对狩猎采集者适应的长期趋势与短期应急机制的认识，可以建立一个新的农业起源机制模型（图1.2），解释农业起源的一般过程与条件。模型的核心是要说明作为序参量的食物生产何以能够出现，狩猎采集者文化系统诸因子之间如何相互作用，以及在何种条件下作用，才可能导致食物生产的产生。

这个模型首先强调农业（食物生产）是狩猎采集者文化系统中一个全新的因子，它的形成表现为涌现，即突然出现。农民与狩猎采集者最明显的区别在于农民从事生产食物，以定居为主（游牧经济是农业的衍生类型，是从定居农业分化而来），而狩猎采集者获取自然生长之物，流动不定。更重要的是，食物生产是一个序参量，对文化系统的发展方向有决定性的影响，它支配其他变量协同变化，进而形成定居、磨制石器、陶器等一系列新石器时代的文化特征。也就是说，序参量的涌现就是农业起源的性质与特征。

食物生产的开端意味着狩猎采集者放弃从前的生计方式：游居不定的狩猎、采集与渔猎经济。狩猎采集者为什么要放弃以前长期适应的生活方式呢？狩猎采集者社会是以狩猎为中心形成的（狩猎是文化系统形成的序参量），流动性是其主要适应特征。狩猎与流动紧密关联，狩猎的重要性下降，流动性也会下降；而流动性下降，群体的生活资源范围也将缩小。目前，我们已知至少到旧石器时代晚期人类已经能够有效狩猎，经过人类数万年的猎杀，狩猎资源已经出现压力；与此同时，可捕猎的动物数量还受到气候环境变迁的影响。如果这两者结合起来，无疑是雪上加霜，使得依赖狩猎为生的经济难以为继。

而流动性的丧失不仅仅与狩猎相关，还与人口密度和迁居的可能性直接关联。人口密度的上升不仅可能加大对资源的压力，使得狩猎对象不得不从大动物转向小动物，从行动缓慢的动物到反应敏捷的动物；同时，它还使人均拥有的领域缩小，获取资源的可能性减少。狩猎采集者最基本的生计风险减少策略就是流动，流动范围的缩小意味着生计风险大大增加。通常而论，当狩猎采集者的群体规模扩大到一定程度的时候，群体就会分裂，新分出的群体会迁居到新的区域，以减少人口密度与资源压力。但是，当可以迁居的新区域不再便利的时候，人口密度就只能难以逆转地上升了。迁居的可能性不仅与新土地的数量有关，还与人们对土地边界的敏感程度相关。显然，人口密度越高，社会复杂性越强，人们对于自己生产区域的边界就越敏感，迁居也就越来越不可能。

从物种的角度上说，农业是人们仅仅关注的少数几个物种从种植、维护、收获到加工的循环，然后再到种植，开始另一轮循环的过程。相比而言，狩猎采集者通常利用的物种数量要远远大于农民。也就是说，农业发生的过程就是人们关注物种减少或集中的过程，我们称之为"强化"（intensification），即针对某几个物种，尽可能增加其产量、增加其可食用部分，以及提高加工利用的效率等。强化是驯化的基石，驯化是持续强化的结果，没有强化也就没有驯化。研究农业起源首先就要研究强化。

强化是如何发生的呢？狩猎采集者要想提高资源的获取量，基本的途径有两条：一是扩大资源搜索的地理范围，由于资源呈斑块状分布，我们称之为斑块间的流动性（between-patch mobility），人们在不同斑块间流动；另一个途径是提高斑块范围内的资源利用（within-patch mobility），即提高在一个斑块内获取资源的效率，扩大资源利用种类与数量。对于前者，狩猎采集者需要发展提高流动性的技术，如细石叶工艺，这是一种能生产轻便易携带又用途广泛工具的技术，还有船只使人们可以穿越难以步行的区域。对于后者，要提高斑块内的资源利用效率，基于同样的面与点的原则，也有两个途径：一个是广谱适应，扩大可以利用资源的种类；另一个方法就是强化，提高某几类资源的产量。

广谱与强化之间既有并列的关系，也有发展的关系。广谱适应是文化系统的临界涨落，是狩猎采集经济效率最大的状态，狩猎采集者利用一切能够利用的物种，但是这样的情况是无法持久的。最终某个或几个物种脱颖而出，成为可以强化的对象。一旦物种的强化利用出现，狩猎采集者基于有限的时间与精力，必然要缩小利用范围，其他物种则逐渐被淘汰。所以，从这个角度讲，强化又是广谱适应的发展（表 1.1）。

表 1.1　广谱与强化对考古证据的影响

广谱	强化
广适性的工具，如采取标准化工艺	特化，较为专业化的工具
高流动性的工具，轻便、便于维护	低流动性的工具，耐用
广泛的食物来源，包括大、中、小型动物，尤其是①敏捷的、凶猛的动物，成本高，回报低；②生长缓慢的，容易耗尽的，如龟	狭窄的食物来源，集中利用某一物种，尤其是①需要复杂处理的，如植物小种子、有毒的坚果；②需要复杂工具的，如捕猎海洋哺乳动物
广阔的空间利用，有来自不同生境的资源类型，狩猎采集者从最佳栖居地向非最佳栖居地扩展	生境狭窄，长时间居留利用某一生境的特定类型的资源

农业的建立是一个较为长期的过程，本模型称之为"超循环"的演化。强化开始之后，由于照顾植物的需要，狩猎采集者

的流动性不得不下降；流动性的下降又意味着利用区域的缩小，资源总量更小，不得不进一步强化利用资源；与此同时，流动性的减小将有利于人口的增长，促进狩猎采集者领域观念的加强，它们反过来进一步限制狩猎采集者的流动。随着人类狩猎能力的提高与环境变迁，猎物的数量减少，这种变化加入循环中，进一步推动强化的发展。超循环的特点就是加入的新变量并不会打断循环，而是会推动循环的升级。超循环作为一种机制可以很好地解释农业逐步成熟的过程，这与我们从考古材料中所见到的现象是一致的，农业从旧石器时代末期萌芽到新石器时代中期才真正成熟，并开始迅速传播，超循环的推动让人类逐步进入农业系统，这个过程至少可以分成三个阶段：

第一阶段，狩猎采集者流动性降低，强化出现，也就是农业萌芽，旧石器时代的工具组合与居住结构发生改变；

第二阶段，定居聚落出现，驯化物种确立，新石器时代的工具组合形成，这也就是新石器时代早期的农业；

第三阶段，新石器时代中期，农业生态系统建立，农业时代真正开始了。从萌芽到最终形成需要数千年时间。

在阐明农业起源的机制之后，我们需要进一步探讨为什么有的文化系统能够启动农业起源的机制，即狩猎采集者文化系统为什么能够达到临界状态？当文化系统达到临界状态后，初始条件的微小变化，都可能导致系统结构的飞跃。毫无疑问，人类社会与环境因素的双重作用导致文化系统达到临界状态，但具体而论，究竟是哪些因素与之相关呢？

从环境条件的角度讲，初始条件主要包括物种条件、气候条件、动物的绝灭、特殊地缘条件等因素。环境条件不仅包括一些基本的限制条件，也包括一些有利条件。物种条件是最基本的限制条件，农业驯化发生的区域必定要有相应的野生物种，如西亚野生大种子植物种类最为丰富，他们最早驯化的八种作物包括大麦、小麦和几种豆类，以及亚麻（提供油料与纤维），这些作物能够提供较为全面的食物营养；后来，他们又驯化了山羊、绵羊，构成了一个完整的农业生态系统。这些物种的原产地都在西亚地区。旧大陆地区还驯化了牛、马、骆驼等动物，提供了畜力。相比而言，美洲地区就缺乏可以驯化的大动物，只有火鸡、羊驼、豚鼠等有限的动物，无法构建完整的农业生态系统。物种条件决定了农业仅可能发生在有可驯化物种的地区，显然不是任何物种都适合驯化，人类今天种植的大部分农作物都驯化于新石器时代早期，历史时期增加的种类是非常少的。虽然人类的驯化技术已有很大的提高，但依旧无法超越物种条件的限制。

气候条件的限制已有论述，更新世波动无常的气候使得种植难以获得成功的回报，而全新世稳定的气候条件提供了农业所需要的气候环境。对于一个处在临界状态的文化系统而言，气候条件的转换可说至关重要，可谓"万事俱备，只欠东风"。某种程度上说，气候条件决定了最早的农业只能出现在距今1万年前后，晚更新世末、全新世之初，而不能更早。

前文提及狩猎采集者的文化系统是以狩猎作为序参量形成的，如果狩猎的对象猎物绝灭了，那么狩猎就难以为继，其影响可想而知。目前我们知道，由于更新世之末许多大型食草动物的绝灭，在旧石器时代晚期就已经出现人类强化狩猎的证据。猎物的减少与绝灭直接推动狩猎采集者不得不开发利用新的资源。狩猎的困难对狩猎采集者文化系统的影响还远不止于此，如其赖以生存的流动性降低，社会组织与劳力分工将重新考虑，还有社会的威望评估习惯也会发生改变，总之，整个社会都受到了挑战，需要调整。就像从农业时代向工商业时代的转变一样，文化系统的每个层面都充满了挑战。

农业起源的地缘条件中，有些地区比其他地区对于变化更加敏感，尤其是对环境变化。这就是我们通常所说的生态交错带（ecotone），典型的生态交错带是森林与草原的交错带，陆地与海洋交错的海岸地带。生态交错带的优势是资源的多样性，人们在此能够获取两个生态带的资源，尤其是不同地带资源的时间差可以减少人们的采食风险。当然，天下没有免费的午餐，任何机会都有成本。生态交错带的不利之处就是资源的稳定性不佳，以中国北方温带森林与草原生态交错带为例，这个边界历史时期就反复迁移，寒冷时期，草原南侵，北方草原民族随之南下，严重威胁中原政权。再以海岸环境而论，从末次盛冰期到全新世大暖期，距今1万年左右的时间，海平面上升100多米，中间还有一些反复，造成海岸环境的不稳定，不过，相对于前者，稳定性要稍好一些。

生态交错带因为资源丰富往往能够吸引更多的人口。同时从进化心理上讲，如森林草原交汇的地方，树木草原交错，与人类早期"热带稀树草原"适应形成的心理习惯相符合，人类也更愿意居住在这个地带。而且人类喜欢狩猎的食草类动物在这里也更丰富，这个地带有利于狩猎为主的生计方式。然而，由于这个地带对于气候环境的变化、资源利用的程度相当敏感，所以更容易遭遇人口与资源的压力。生态交错带之于农业起源的意义是需要认真考虑的。

从人类社会的角度来看，初始条件的变化至少应该包括人口增长、社会复杂化、技术发展等方面。

对于所有物种而言，种群数量的累积增长都是适应的巨大挑战，对人类来说并不例外。自从人类针对其他捕猎者建立起全面的适应优势之后，除了人类自身与资源条件的限制外，已经很少有其他因素能够限制史前狩猎采集者人口的增长了。在不同资源条件下人口压力是不同的，相对而言，以狩猎为主的生计最早遇到人口压力，以采集为主的生计次之，最后是以渔猎为主的生计。人口压力并不必然会导致技术的进步，但是人口压力可以与其他因素相结合发生作用。比如说，对狩猎采集者生计构成压力的人口可能对农业社会而言是必不可少的人力资源——开垦新的土地需要相当的人力。所以，人口压力又是相对于一定结构的文化系统而言，如果文化系统的结构"升级"，多余的人口可能转化成资源。

环境因素对动物适应的影响是决定性的，但是对人类社会来说则并非如此，因为人类的适应本质上是一种文化适应，其内涵是技术 - 社会组织 - 意识形态主导的。技术的制约包括食物加工技术、研磨植物种子（研磨工具）、烘焙或是煮食（炉灶与陶器）。当然，旧石器时代晚期的技术对于早期农业生产而言并没有根本的约束，而且技术是多途径的，如食用植物种子并不必然需要陶器，研磨工具除石磨盘、磨棒外，还可以用木杵、木臼。

相对而言，社会组织的制约性比技术条件更大。相对于以采食者策略为主的狩猎采集者来说，主要采用集食者生计策略的狩猎采集者通常具有更复杂的技术，因为他们在中心营地居留的时间更长，所以值得在耐用工具（如沉重的磨石、磨制石斧）以及较固定的建筑上投资，与之相应，更长期的居留也让人们对于居址周边的植物更加熟悉，也更加关注。流动性较低的集食者比采食者有更高的人口密度，也就是更多的人力资源。

与社会组织相比，意识形态层面的制约性更强烈。我们知道，狩猎采集者社会以狩猎为中心建立威望标准。而到早期农业社会，威望的评估标准转换到农业生产的能力上。当狩猎的威望收益大于食物生产的时候，立足于狩猎的威望评估体系就始终是农业起源的阻力。意识形态的打破涉及社会内部的斗争与外在的影响。狩猎采集社会内部的矛盾主要体现在性别、年龄与威望竞争的层面上，目前我们还不知道向农业的转换如何体现在这些矛盾上。

农业的发生是文化系统的整体变化，涉及的因素众多，而且相互关联，单一原因论是无法解释农业起源的，忽视因素之间的相互联系同样不足以认识农业起源的机制。在当前新的理论范式下，借助于对狩猎采集适应文化生态学的认识，我们对于农业起源的机制进而有了以上的认识。下面我来解释为什么某些地区农业没有发生。

第二章
理论解释：为什么农业不起源

当其时也，民结绳而用之，甘其食，美其服，乐其俗，安其居，

邻国相望，鸡犬之声相闻，民至老死而不相往来。若此之时，则至

治已。

——《老子》

农业为什么起源是个热点问题，农业为什么不起源却不是，甚至都不是一个问题。文化系统保持稳定状态需要解释吗？当代考古学研究很少专门研究这个问题。然而，我们在讲工业革命起源时，不仅关注欧洲的发展，而且关注其他地区为什么没有工业起源。尤其是对中国学者而言，思考"李约瑟难题"之类的问题是近现代中国学术研究的基本内容。史前农业只在世界上某几个区域起源，其他地区则没有，是后来传播引入的。即便在中国，情况也是如此。为什么这些地区没有农业起源呢？每个地区的状况不一样，是否有共同的因素？或是说，哪些因素比较关键？本章的主旨就是要讨论这个问题。这也是史前现代化问题的另一面，一个经常被忽视的方面。必须承认，我是站在农业起源的角度看为什么农业不起源，因为历史进程已经显示农业社会对于狩猎采集社会的强大冲击，就像老子那种农业时代的理想主义在工业化面前不堪一击一样，狩猎采集社会或是接受农业，或是退避到更

边缘的环境，或是另辟蹊径找到更有效的途径应对农业社会的影响。

一　环境的约束

何谓环境的约束？理论上说，随着技术的发展，气候、光线都可以人工制造，土壤也可以改造或是搬运，没有地方不适合搞农业生产。如果说有限制的话，那就是在既定的技术与社会条件下，某些地区在某些时段内确实不能从事农业生产。再者，从另一方面来说，适于驯化的物种的本身也有生物适应的极限，于植物而言，就是温度与降水。当然，随着人工持续不断的选择，某些物种比如水稻种植已经从亚热带扩张到北纬 45° 的黑龙江地区。简言之，所谓环境的约束就是指当时的文化适应能力无法克服的环境条件。

埃米利奥·莫兰（Emilio F. Moran）归纳了若干极端环境挑战人类适应的因素（表 2.1）[1]，即便是运用现代技术，也不能克服所有困难。对于史前狩猎采集者而言，克服这些困难更是不可能完成的任务。所以，只有具备一定的文化与环境条件，人类才可能在这些极端环境中生存。北极地区的爱斯基摩人就是一个典型的例子，他们发展出更复杂、更可靠的工具去利用海洋哺乳动物资源。高纬度地区通常植物生长困难，生物初级生产力低，生活在这一地带的人们不可能以植物为生，必须依赖狩猎，适应高度流动的生计。高海拔地区类似，但是氧气含量低，狩猎者的流动性受到制约，人们需要借助其他资源才可能生存下来。草原地区动物群体规模惊人，但是它们的流动性极高，人类也需要有高度的流动能力才能有效地利用。流动是与需要定居的农业生产相互矛盾的，高流动性是发展农业的主要障碍。

表 2.1　极端生境的约束因素

生境	特征
北极地区	漫长与极端低温，极夜与极昼的季节交替，生物生产力低
高纬度地区	氧气含量低，昼夜温差大，生物生产力低，新生儿死亡率高
干旱地区	雨量反复无常，蒸发量大，生物生产力低
草原地区	干季时间长，周期性的干旱，动物群体规模大与组织严密
湿热地带	物种极端多样，降水量大，太阳辐射强，次级演替速度快

　　就农业起源而论，环境约束并不只有负面作用，也可能有正面影响，这一点通常都被忽略了。生活在温带、亚北极以及北极环境中的狩猎采集者冬末春初常常会遭遇食物短缺，热量摄入不足，此时狩猎采集者倾向于利用碳水化合物资源，如耐储备的植物[2]；长期的适应使他们更关注这类资源的供给。因为适应的成功并不是由食物最丰富的时段确定的，而是取决于食物最少的时段，能在食物最少的季节保障供给，对于成功的适应来说更加重要，即使是主要依赖动物性食物的群体，也需要考虑耐储备食物资源的获取问题。所以，这样的环境约束实际上有利于狩猎采集者向农业生产方向的转变，而不是相反。负面效应毫无疑问也是存在的，正如前面所言，所有的环境约束又都是文化适应能力的问题。负面效应需要相应的文化发展来克服。困难越大，也就需要越长的时间来克服，这也是我们为什么至今还不能在某些极端环境中进行农业生产的原因，也是为什么有的极端环境中农业出现晚的原因之一。简言之，我们可以说最有利于农业起源的区域一定是环境约束因素的正面效应最大、负面效应最小的区域。

二　沙漠与热带雨林适应

　　长期以来，考古学家都不认为沙漠与热带雨林地带是农业的发源地之一，而最近二三十年的研究表明，北非的埃及西部沙漠、新几内亚高地，甚至是亚马孙热带雨林中都曾可能独立发展了某种形态的原始农业。有趣的是其影响在这些地区后来的文化发展中并不大，甚至没有。这些地区后来的农业是从其他地区引进的。这种明显的反差正说明极端的环境条件构成了农业生产难以逾越的障碍，但是环境约束因素的正面效应曾经支持过某些早期农业的尝试诞生。

北非最早的农业不是植物栽培，而是牛的饲养，最早的证据见于埃及西部沙漠中的纳布塔遗址（Nabta），距今约 8000 年[3]。对于牛来说，如果 24 小时之内不能饮水，就可能渴死，然而，即便在温暖湿润的全新世大暖期，这一地区除了少数井水外，也没有地表水。自然状态下，牛是不可能深入西部沙漠地区的，除非在某个季节被人赶到沙漠里去。纳布塔的材料表明当时的人们已经开始驯化牛。但是，现有考古材料却反映出埃及的史前农业来自西亚，而非本地起源，这说明埃及西部沙漠地区在全新世大暖期之后就完全被人们放弃了，纳布塔的试验没有结果。

通过研究民族学材料，耶伦（J. E. Yellen）认为沙漠地区狩猎采集者的文化适应强调弹性而非稳定，因为这里的资源变化通常急剧且难以预测[4]。而农业生产是一种相对稳定的食物获取策略，因此需要一种比较稳定的环境条件。突如其来的变化会打乱农业生产的节奏，耽误农时或是影响作物生长。极端的干旱事件会彻底破坏农业的基础，这也是为什么埃及西部沙漠地区虽然有尝试，最后却不知所终的原因。沙漠地区无疑需要农业生产提供稳定的食物资源，但是却难以支持农业所需要的稳定环境。

就热带雨林适应而言，首要问题不是这里能不能支撑早期的农业生产，而是能不能支撑狩猎采集者，或是说人类是否能够生存。迄今为止，并没有可靠的民族学证据表明狩猎采集者能够不依赖与周边农业群体的交换就独立生存于热带雨林中[5]。所以，有学者提出亚马孙丛林中的狩猎采集者实际是由从事园圃农业的群体转化而来，他们的热带雨林适应是次生的，是受到殖民者与周边农业群体排挤的结果，当然，殖民者与农业群体带来了先进的工具与贸易交换的机会，使得热带雨林适应成为可能[6]。就像马引入北美后，从事原始农耕的印第安人重新成了狩猎采集者一样。

与此同时，热带雨林地区的农业还受制于这里贫瘠的土壤：高温让有机质迅速分解，变为无机的矿物质，频繁、急骤的降雨又把它们淋溶出土壤，使得土地极为贫瘠。即使焚烧植被所产生的肥力也不足以生长庄稼；如果植被恢复起来，热带雨林强大的循环能力会把所有关键养分锁住或是再循环，只有极少部分流失到河流系统中。但是，早期的亚马孙丛林园圃农业者似乎知道如何应对，他们创造了一种肥沃黑土，当地人叫作 terra preta，它大约占亚马孙地区面积的 10%，相当于一个法国。与热带地区通常实行的“刀耕火种”（slash and burn）不同，他们实施的是“刀耕积炭”（slash and char）。跟刀耕火种者把所有有机质烧成灰不同，他们只是部分焚烧，留下许多木炭，把木炭混入土壤，然后施肥，就像做面包添加酵母一样，这里的土壤因为微生物的活动而更加肥沃[7]。类似之，玻利维亚的贝尼（Beni）地区发现了土丘、水道、灌溉渠，均系两千年前所为[8]。巴西辛古（Xingu）地区的“原始”森林与草原实际上一千年前就被人工改造过，当时，高密度的农业人口生活在阡陌纵横的村落中[9]。

新几内亚的高地农业可能更加典型，目前已发现三个植物利用时期：早期利用（8270 BC—7970 BC）、筑丘种植（mounding cultivation，5050 BC—4490 BC）与沟渠灌溉种植（ditch cultivation，2400 BC—2030 BC）。植物孢粉、植硅石和淀粉残留物证据表明，高地地区种植香蕉，但野生香蕉的原始生长地并不在高地地区[10]。如果这些发现得到进一步确证的话，似乎可以表明史前狩猎采集者有能力克服热带雨林地带的生存约束。现有民族学材料记录了不少生活在热带雨林地区的狩猎采集者及一些园圃农业者，倒是极少有成熟农业生产者。为什么这一地带的原始农业萌芽没有发展成为如西亚和中国那样的集约农业呢？

热带雨林拥有非常高的初级生产力，不过大部分表现在树干与树叶上。最有利用价值的部分都在树冠上，适合于鸟类利用，是身躯较大的人类难以企及的[11]。另一个约束因素是地表动物的稀少，地表动物的多少与初级生产力成反比[12]。尽管热带雨林地区资源没有明显的季节性，但是总的可利用资源，尤其是人类喜欢捕猎的食草动物与水生动物缺乏，因此，对人类来说它跟沙漠地区一样，都属于极端环境，只是资源条件更稳定一些。

热带雨林适应的另一大挑战是疾病压力，尤其对于定居的群体而言。定居后垃圾废物的堆积很容易污染水源与食物。开垦耕地所进行的森林砍伐为蚊虫滋生提供了合适的环境，它们是疟疾的传播者，这是热带地区最普遍与危险的疾病[13]。作物耕种需要人们长时间在田地里劳动，靠近河边，就很容易让人染上疟疾。因此，从这个意义上说，热带雨林地区从事定居农业远比狩猎采集危险。疾病压力大导致人口平均寿命短，为了保持基本的人口增长，就必须提高生育率。这就导致每个家庭必须抚养的未成年孩子增多，劳动人口相对减少，家庭负担加重。与之相应，每个孩子所能接受的技术训练、知识教育投资也要减少[14]。再进一步说，与温带地区相比，热带雨林地区人口中更小比例的劳力也限制了他们清除迅速生长的杂草、树木的能力。这些都不利于劳动密集型的农业生产活动。对于热带雨林地区而言，定居意味着风险，流动才等于安全。在这一地区，让农业生产发展成为主要生计方式面临着更难克服的障碍。

三　流动性：狩猎采集适应的双刃剑

流动性是狩猎采集者的安全保障。人们流动不仅为了获取食物，也是信息获取的过程，发现食物分布在什么地方，什么时候可以利用，等等[15]。农业群体把粮食储藏在粮仓里，狩猎采集者把食物"储藏"在自然中，一旦需要，就可以去采食，而不会冒险临时去寻找。另外，流动让狩猎采集者有机会遇到其他群体，保证族外婚的进行。简言之，流动决定了狩猎采集者的生产与再生产，也是他们最基本的适应策略。当然，我们必须清楚，它并不是唯一的环境适应策略[16]。流动采食是狩猎采集者的生产方式（mode of production）[17]，就像农业之于传统社会，市场经济之于当代社会一样，是社会赖以运作的基石。

流动性怎么会丧失呢？必定有某些原因阻碍狩猎采集者的流动。最佳采食理论（optimal foraging theory）为解决这个问题提供了一点线索。狩猎采集并不是一个简单同一的适应方式，按贝廷杰（R. L. Bettinger）的区分：一种可以成为处理者（processor），即人们花更多时间来处理食物，通过碾磨、过滤等方式处理不能直接食用的食物如植物的种子等，直到可以食用；另一种则称为采食者（forager），即人们花更多时间去收集可以直接食用的食物[18]。两种策略的不同偏重会导致不同的流动性。当狩猎采集者更多采用"处理者"策略时，就需要在一个地方居住更长的时间处理食物，从而降低了流动性。

但是，当食物资源斑块变得更稀疏的时候，狩猎采集者就不得不提高流动性，包括斑块间的流动与斑块内的流动（参见第一章）。流动性的增加不是无止境的，如果没有动物如马、舟楫的帮助，人凭借自身行走速度与搬运能力，每天寻找食物所能覆盖的范围是有限的。这也就意味着斑块间的流动不可能无限扩大。按希格斯（E. S. Higgs）的说法，一个狩猎采集群体通常能够利用的资源域以两小时行走距离为半径[19]。当资源稀疏程度进一步扩大，超过了狩猎采集者利用的范围，那么就不如选择在斑块内流动，但是它同样难以持久，没有一个斑块内自然食物资源能够长期持续被利用；要在一个资源斑块中居住更长的时间，要么扩大食谱，利用平时不利用的食物资源，要么强化利用某些资源，即采用"处理者"策略，把难以直接食用的食物转化成可以食用的。按照最佳采食理论，狩猎采集者应该在优质的资源斑块中居住更长时间，除非整体资源条件都不理想的话，或者了解整体资源的分布状况，他们就不会选择迁离优质资源斑块。

只要有部分群体选择停留，那么狩猎采集者的整体流动性都可能受到影响。这里我用一个"舞池模型"来解释。人们在跳舞时，虽然地方不大，却很少碰撞，因为大家都在转动，能够及时躲避。但是，如果舞池中某个人因为某种原因突然停了下来，那么情况会怎样呢？我们可以预测三种可能性。一是与人碰撞，造成不愉快，他与她就必须离开舞池，从而不妨碍其他人。第二种可能性是，停下来的人没有选择离开，导致紧邻的跳舞者不得不放慢速度，以避免碰撞。他们速度降低，就会连带其他人速度也都降下来。如果这种情况持续，就会有更多的人选择停下来。停下来的人越多，舞池中跳舞的可能性就越小，最后所有人只好都停下来。第三种可能性是采取分化策略，即停下来的人留在舞池中心，想继续跳舞的人在舞池的边缘转动，不再进入中心区域，二者之间保持一定距离（图2.1）。

这个模型可以解释流动性丧失所造成的影响，当某些狩猎采集者群体由于某种原因降低流动性或开始定居，我们可以预测三种情况：①定居群体与流动群体之间冲突增加；②定居生活扩张，即便定居生活没有特殊的吸引力，也会导致如此；③希望继续保持流动同时又避免与定居者冲突的狩猎采集者必须迁移到边缘地区。最不可能发生的事情是定居者迁出，同样不可能的是所有狩猎群体都变成定居者。一旦定居群体与流动群体之间发生冲突，由于流动群体处于更有利的机动位置，定居群体为了更安全，就需要发展更大的群体。如保证相安无事，就必须在两者之间保持一个缓冲空间。但是，如果定居者的规模越来越大，流动者的选择就会减小。流动的狩猎采集者要么变为定居者，要么继续往边缘环境迁移。就像我们在民族志材料中看到的一样，狩猎采集群体常常生活在边缘环境中，而没有一个狩猎采集群体能够生活在定居群体之间，两者无法共享同一块地域。而这些环境往往是生物生产力很低的极端环境如沙漠，或者是不适合人类生存的环境如热带雨林。在这里生存，人们需要更高的流动性——这是与农业起源相反的道路。

　　简言之，流动是狩猎采集者最基本的生存策略，定居与狩猎采集无疑是矛盾的（只是在特定的情况下，才可能共存，下面将会谈到），丧失了流动性的狩猎采集者就不可能继续采取狩猎采集的生计策略，为了在有限的生存空间中获得必要的生活资料，农业是不得不进行的选择，无论是何种形式。如果不选择农业，就必须离开适于农业的土地，迁往生存条件较为恶劣的环境中，为了生存，而不得不继续提高流动性，从而与农业起源渐行渐远。

四　适应的历史：要素禀赋结构

　　我把农业起源与工业革命相提并论，并不只有前言部分所说的原因，还有一个重要的理由是它们可以用同一理论来解释。农业起源与工业革命所产生的巨大历史意义是毋庸置疑的，不仅仅是生计方式的巨变，同时是居住方式、社会组织乃至意识形态的变化，是文化系统的整体变迁。这种内在一致性让我们不得不追问，为什么有的狩猎采集社会没有发明或采用农业，就像我们追问为什么有的社会没有发生工业革命一样。当代世界中，发展中国家如何现代化，赶上发达国家是现代经济学的核心问题之一。所有经济学家都注意到，发达国家的发达都在于其先进的工业，尤其是高技术产业。过去半个多世纪中，经济学家提出了众多发展策略，使发展中国家赶超发达国家。这些赶超战略大多以失败而告终，只在少数国家和地区取得成功；南美国家20世纪70年代的实验开局良好，最终却带来灾难性的后果，经济长期停滞不前。为什么两者结局迥然不同呢？

林毅夫等从经济学的"比较优势"理论来解释这种差异，强调"要素禀赋结构"的不同导致了发展道路的分化。它包括经济学的三大要素：资源、劳力与资本。所有发展中国家都缺乏资本与熟练的劳动力，而这些要素需要长期发展积累才可能获得。西方发达国家经历了数百年的资本原始积累与社会发展，而这个过程是发展中国家所不具备的。当时南美国家为了实现赶超，不惜举债来筹措发展资本与技术密集型的先进工业（当时是重工业），其资本的成本较之西方发达国家更高；同时由于熟练工人的缺乏，生产出来的产品严重缺乏市场竞争力，从而导致赶超计划失败，留下巨额的债务，拖累了后来的发展。与之相反，"亚洲四小龙"从自己的比较优势出发，利用丰富的劳动力资源，从来料加工到发展技术资本要求不高的轻工业，积累资本，培育熟练劳动力，待条件具备时，再向资本与技术密集型产业转型，成功实现了产业升级，实现了赶超战略。[20]

要素禀赋结构理论同样可以用于解释为什么农业起源在有

的地方出现早，有的地方出现晚，以及为什么有的群体即便周边尽是农业社会也没有采用农业。农业起源跟工业革命一样都不是人类头脑的顿悟，其形成需要充分的文化积累与合适的环境条件。基本要求包括适于驯化的物种、适宜的气候、土壤等；对于狩猎采集者本身而言，要走向农业起源，也需要一系列要素准备。宾福德将狩猎采集者的流动性分成两种类型：一种是集食者（collectors）策略，狩猎采集者有相对固定的中心营地，还有若干临时营地与其他有特殊功能的活动点，如屠宰场、储物点、狩猎掩蔽所等；另一种为采食者（foragers）策略，狩猎采集者没有上述分化的居址类型，他们在每一个地点居留的时间相差不多。[21]两者的差别，简言之，前者是让食物来就人，后者是人去就食物。宾福德认为这是流动性的两个极端，许多狩猎采集者处于二者之间，可能同时运用这两种策略。一般说来，资源分布比较均匀的地区，采食者策略即可以满足需要；而在资源高度斑块性分布的地区（即食物资源集中分布在某些区域，不同食物资源集中分布区域不同），集食者策略就更有利。也就是说，这两种策略其实也有地带性的差异（表 2.2）。

表 2.2　两种寻食策略的禀赋结构差异

策略	分布区域	居址结构	禀赋结构
采食者	资源分布较为均匀的地区，比如热带雨林	居址类型缺乏明显的分化，流动性强	多权宜性的工具，社会群体规模较小，流动性高，社会组织松散，时间深度考虑短，更低的生育率
集食者	资源呈斑块状分布的区域，不同资源集中分布的区域不同，温带环境较为常见	居址类型有明显分化，存在中心营地，在此人们可能居住较长时间	可能投资较为坚固的建筑、耐用的工具、储藏技术与设施等；发展更为细致的劳动分工与社会组织；时间深度考虑更长；更高的生育率，可能有更高的人口密度，更大的社会规模；更有可能获得生产剩余，以及更高的社会复杂性

　　不同的流动策略会影响许多其他因素，对于集食者而言，因为要在一个地方居住更长时间，也就值得在居所建筑上投入，值得制作一些耐用的工具，发展储藏技术与设施等。同时，资源的斑块性分布，也意味着资源只是在某些特定时间才能获取，这样的狩猎采集者群体需要更好的时间计划，进行更细致的劳动分工与组织，以避免错过获取资源的关键时间。如大马哈鱼每年洄游到内河有大致的时间，捕捉成功与否很大程度上依赖对时间的判断，太早去没有可捕捞的，太晚去又会错过机会[22]。这些适应方式对于农业的产生都是必要的。再者，相对稳定的居住与更精细的食物加工将可能导致更高的生育率，群体的人口规模可能更大[23]。而农业是劳力密集型的生计方式，需要更多的劳力投入，尤其是男性劳力的投入。人口规模更大、劳动组织更熟练的社会才可能做到这些。如果男性劳力更多投入到农业生产活动中，也就意味着他们狩猎的时间会减少，与之相应，整个群体的流动性还会降低。

　　比较而言，倾向于采食者策略的狩猎采集者离农业起源的门槛更远，他们缺乏集食者那样在居所、工具、储藏技术与设施上的投入，同样缺乏复杂的劳动分工与社会组织，还有群体的人口规模。其次，生活在资源分布高度斑块化地区的集食者通常重点利用种类有限但数量丰富的资源，如迁徙的动物群、成熟的果林、洄游的鱼群等，他们更容易掌握这些食物资源的生长规律，更容易进行人工干预，更可能得到无法一次消费完的收获，不论是植物果实，还是猎获的动物，这些剩余就为驯化提供了基础条件。再者，如前面（第一章第五节）所言，生产剩余也促进了社会复杂性的增长，社会复杂性的成长与生产剩余是相互促进的；缺乏剩余产品与平均社会也有相辅相成的关系，这种平衡如不打破，狩猎采集群体也就缺乏扩大生产的动力。

基于上面的分析，我们可以推断：当其他条件一致时，一个区域采用集食者策略越多，就越有可能采用农业；或者说，采用更多集食者策略的狩猎采集者比采用较少的狩猎采集者更可能接受农业生产这种生计方式。两种要素禀赋结构不同的流动策略都是长期文化适应过程的结果，而不是来自于某种设计。具有长时间尺度的过程研究是考古学研究的优势，我们可以运用这种理论比较不同文化生态区的文化系统，及其要素禀赋结构上的差异，从而判断不同地区农业出现的时间早晚。

五　新朋友：共生关系

如果狩猎采集者既不想丧失流动性，又希望拥有农业生产所带来的好处，那么他们应该怎么办呢？一个简单的方法就是交换，即拿狩猎采集的产品与周边农业社会进行交换。这样的关系使得狩猎采集者既可以继续保持其流动的生活方式，同时获得较为安全的食物保障，来自农业社会的耐储存谷物产品、纺织品、工具等增加了狩猎采集者抵抗适应风险的能力。而农业社会则可以从狩猎采集者手中获得动物皮毛、肉食和其他森林产品，这种交换也有助于农业群体专事农业生产，无须分散劳力。这是一种互惠互利的关系，我们把这种相互依存的关系称为共生关系。民族学材料中，狩猎采集者很少孤立生活，他们与周边农业社会或多或少有交换关系，从热带雨林地区到寒带地区都是如此，虽然这些狩猎采集者常常被认为是与世隔绝的群体，其实并非如此[24]。大兴安岭地区以狩猎为生的鄂伦春人，被称为"生活在山岭上的人"，他们与周边农业群体有着广泛的交换关系[25]。尤其是热带雨林地区，狩猎采集者通常与周边农牧民发展互惠的关系，他们在农忙季节到农业群体中来打工，或是交换森林产品[26]。考古材料中也可以见到类似现象，如北欧史前时代[27]。

这种互惠关系在资源分布不均匀的区域尤其适用，比如狩猎采集者可以利用山林地带进行狩猎，农业群体利用河谷地带农耕。热带雨林周边通常是疏林草原，农业群体难以利用热带雨林，狩猎采集者群体正好弥补了这一不足。中欧新石器时代就保留了类似互惠关系，农业群体在山坡的黄土地带从事农业，而河谷沼泽区域还生活着类似于中石器时代的狩猎采集者[28]。他们比邻而居，互通有无。早期农业系统还不完善，谷物种植与畜牧之间还没有形成良好的合作关系，如不能利用畜力来耕作、运输，也不能很好地利用奶、毛、皮甚至粪便等畜牧产品。而对狩猎采集者而言，他们的生活空间受到农业群体的不断侵蚀与分割，同样难以保持完整独立的生计方式，来自农业群体的产品也就成了生活中不可或缺的东西。这种互动可以部分解释人类在热带雨林地区的成功适应[29]，从前不适于人生活的区域因为有农业群体的支持，部分群体因此能够以狩猎采集的方式开拓热带雨林这个新的生境。

一般说来，两种群体之间的互动更有利于农业群体，而非狩猎采集者。农业群体有更高的人口密度，单位土地面积上更高的食物产出，狩猎采集者的人口则不断流失到农业群体中（以出嫁、入赘、打工、收养等方式）。随着农业群体人口的增加、技术的提高，他们逐渐扩展到从前难以利用的区域，如他们可以排干沼泽，进行耕作，或是培育出适合山区种植的品种。狩猎采集者的生存空间进一步被侵吞，他们要么选择加入农业社会，要么再往更边缘的环境迁移。双方的互惠关系随着农业社会的发展最终瓦解，但在农业起源的最初阶段，这种互惠关系既保证了早期农业者维持脆弱的生产方式，同时使部分狩猎采集者的生活方式能够持续下去，而不必采用农业。

六 狩猎采集的伊甸园：水生资源利用

前文指出流动是狩猎采集者最基本的适应方式，如不流动，狩猎采集的生计就难以为继，这个论断成立也是有条件的，那就是狩猎采集者主要利用的是陆生资源。民族学与考古学材料都表明，水生资源依赖者存在着较高程度的定居（即在一个地方连续居住的时间超过一年）、一定程度的社会分层（即不再是均等社会）以及接近农业群体的人口密度。[30]水生资源的依赖者不事农业生产，纯粹依赖自然资源，而他们的文化适应方式显然不同于其他狩猎采集者，挑战了前文所说的狩猎采集者的文化适应机制。

导致这种明显例外的原因在于水生资源依赖者所获取资源的范围远远大于陆生资源依赖者，比如海洋鱼类活动并不像陆地动物那样受到制约，狩猎采集者不可能轻易耗尽某个水域的资源，因为水生资源是流动的，水生资源的来源范围较陆地资源广阔，像大马哈鱼虽然在繁殖季节集中洄游到内河，但它们的生活区域则是海洋。狩猎采集者虽然利用的只是一个地点上的资源，但其资源域（catchment）要包括大马哈鱼生活的难以确定边界的海洋。相对而言，陆生资源，无论是动物群还是植物，分布范围要局限得多，山脉、河流、沙漠等都可能构成生物流动的障碍。因此，在一个确定的资源采集点上，陆生资源由于缺乏持续的补给，所能支持狩猎采集者生计的程度就不如水生资源。

其次，水生资源的季节变化也不同于陆地资源，它可以弥补陆生资源的季节性短缺，所以提高水生资源利用可以减小狩猎采集者的季节风险，它的优势近似于农业。在可以狩猎的动物资源比较缺乏的地区，如北美的西北海岸地区，十分潮湿的气候也不利于植物性食物的储备，水生资源成了良好的选择[31]。在北极地区，植物性食物非常缺乏，陆地动物也少[32]，依赖海洋资源也就成为最佳选择。

再者，水生资源，如鱼类、贝类、水生植物或是海洋哺乳类动物等能够提供丰富的蛋白质、脂肪、矿物质和碳水化合物来源，甚至可以提供皮服[33]、工具原料等，基本可以替代动物狩猎和部分植物采集。有些资源的获取如贝类采集完全可以由妇女、老人、儿童来承担，比狩猎获取动物蛋白质更容易，这等于扩充了实际劳动力人口，有利于群体的生存。

当然，水生资源利用需要一些前提条件，通常是更复杂的技术准备，如舟楫、渔网、鱼叉、投枪等。复杂的技术可以提高获取资源的可靠性，在缺乏其他可替代资源的地区，如果没有稳定可靠的技术保障，生存就会受到威胁。这也是北极地区的狩猎采集者拥有最复杂技术的原因；同样，我们可以说，技术也是限制人们利用水生资源的约束条件之一。以埃及境内的尼罗河史前狩猎采集者为例，能够捕捞深水区鱼类的时间晚至后旧石器时代（Epipaleolithic）[34]，更早时候的狩猎采集者只能捕捞浅水区的鱼类。

除了民族学材料中北美西北海岸的印第安人和阿拉斯加的爱斯基摩人，日本绳文时代与欧洲中石器时代也是考古学中依赖水生资源的典型例子[35]。它们的共同特征是持续时间长，同时已经拥有若干新石器时代常见的特征，如陶质容器、固定的居所、磨制的石器等，只是没有农业生产的迹象。直到相当成熟的农业系统形成之后（改良的驯化物种，更有效的工具如犁耕、铁制工具等），这些地区才逐渐接受农业。

对所有狩猎采集者来说，水生资源利用也许并不都是保持既有生活方式的伊甸园，但是这种特殊资源的利用方式的确不同于绝大多数纯粹依赖陆生资源的狩猎采集者，成为一般狩猎采集者文化适应之外需要考虑的因素，也是农业为什么在某些地方不能发生的另一原因。

七　小　结

作为中国人我们会问："假如没有西方的侵略，我们会不会自行发展出工业革命呢？"这完全是有可能的，明末，中国东南部已经有了相当程度的资本主义萌芽，在思想文化领域，已经出现一批具有启蒙色彩的先驱人物。即便是在走回头路的清朝，市场经济也在向前缓慢推进，钱庄的繁荣就是见证。只是未等到中国市场经济成熟，西方的坚船利炮已经打开了国门。

同样的问题存在于农业起源研究中："假如有足够长的时间，并且没有农业社会的干扰，那些民族学材料中坚持狩猎采集的群体会不会有农业起源呢？"农业是一种被反复发明的生计技术，我们至少可以确信新旧大陆在互相没有影响的情况下各自形成了自己的农业。其实，即便是在旧大陆，农业也是在不同地区、几乎相互隔绝的情况下各自形成的，如中国、西亚、新几内亚、西非，目前并没有证据表明在农业起源阶段这些地区受到了外来影响。虽然农业的形成有利于人口增长，甚至刺激了人口增长，但是，无法否定的是农业可以解决人口危机，农业是人类解决自身生计问题的必然策略，甚至可以说是唯一真正有效的方法。在狩猎采集者应对适应压力的诸多策略中，只有强化利用某些资源，进而开始食物生产，最终形成农业，才能彻底地摆脱自然资源对人口的约束。

农业是人类社会内在需求的产物，是文化适应长期发展的结果，它同时也是狩猎采集者在生计压力下不得不采取的反应——并没有其他更合适的选择。所以"为什么农业不起源"问题的本质是"为什么农业没有在那个时候起源",而非绝对不会起源。简单归纳起来说,一是没有必要,二是有难以克服的环境约束,三是还没有足够的准备,四是还有其他的选择。在没有人口压力的地方,农业起源是缺乏动力的。农业是劳动密集型的生产活动,狩猎采集者在能够利用自然资源生存的情况下,没有理由选择更多的劳作。人口危机不仅表现在食物资源的短缺方面,还表现在分配上的竞争——它促进了社会的复杂性的发展,构成另一种发展农业生产的推动力。有了动力,如果不能克服环境约束,缺乏相应的技术与社会组织准备,即前面所说的要素禀赋结构,农业同样难以起源。最后,狩猎采集者面临的适应压力如果通过其他渠道,即成本更低的渠道,如依赖其他农业群体或水生资源利用,农业对他们来说就没有吸引力。

"为什么农业不起源"的问题仍然是农业起源问题的一部分,不过是为什么更晚的问题。下一章所要回答的就是在理想条件下,哪些地区最早出现农业,而哪些地区更晚。

第三章

中国狩猎采集者的模拟研究

天地不仁，以万物为刍狗。

——《老子》

一　前　言

工业化时代的人似乎都已经忘记，人从自然中来，受自然的制约，自然并不额外眷顾人类。人类在超过 99% 的进化史中都以狩猎采集为生，狩猎采集的生计模式甚至在一些边缘的环境如极地、热带丛林、沙漠中持续到近现代。狩猎采集者所有的食物资源都来自自然生长的动植物，他们的生存机会也依赖于此，除却工具行为，人类与动物觅食行为并无本质差别。然而，到晚更新世之末至全新世之初，这种模式在我国华北和长江中下游地区逐步被农业生产所取代，人类开始不依赖自然条件下生长的动植物生存，开始人工控制动植物的生长，我们称之为驯化、食物生产，人类开始摆脱自然状态的食物约束。其后，在不大适合谷物农业的长城以北地区出现了畜牧业——另一种类型的食物生产。只在一些特殊生态环境中还残存着少量狩猎采集群体。而今，当我们想了解史前的狩猎采集者时，最常用的途径便是依赖考古学的发现与研究。

随着考古学的不断发展，我们对于人类过去的知识探索也从单纯的器物研究进入人类文化行为的解释领域。然而，从考古发现的材料到人类文化行为的解释之间还有一段不小的距离，这期间需要推理的过程。考古学家可以凭借考古学理论演绎结构的推理、多学科分析归纳结构的推理，以及民族考古学和实验考古学类比结构的推理来跨越从材料到解释的鸿沟[1]。其中，从民族考古学出发的研究经常面临一个困境，即单个例子缺乏足够的说服力。这与丰富的民族学材料所应有的贡献不相称，于是，考古学家就努力从这些丰富的材料中提炼可以用来参考的框架，目前创建参考框架的工作主要是结合生态模拟与民族学材料的综合分析来进行，宾福德的尝试即是一项开创性的工作[2]。本项模拟研究也是在此基础上进行的。

模拟研究的好处就是让研究变得简单。这种方法在自然科学中运用得十分普及，在社会科学如经济学中也经常得到运用。对于我们不能直接观察到的现象，特别是对于人类过去这种已消失的过程，模拟研究是一个很好的方式。模拟研究的目的并不是寻求百分之百地重现过程，按照罗伯特·凯利（Robert L. Kelly）的说法，模拟狩猎采集者的行为并不是复制所有的真实情形，而是模拟狩猎采集者按照一个模型设定的目标和条件行动时在某一特定性上的真实情形[3]。模拟能启发进一步研究，在情况不清楚时，故意设计某些不准确的模型，然后从期望值的偏离中发现我们未知的东西，并寻找下一步研究方向[4]。狩猎采集者的模拟研究大多是从环境变量出发，模拟狩猎采集者的生计行为方式[5]与居住形态[6]，或者是运用经济、文化、环境等多变量模拟，然后比较它们在解释中的有效性[7]。宾福德的模拟方法不仅利用环境变量，而且参考丰富的民族学材料，使模拟更接近真实。这个方法对于我们理解史前人类的适应行为有很好的参考作用。

二　狩猎采集者的生态模拟方法

所有狩猎采集者都生活于一定的生态环境之中，都占据着一定的地域范围，并依赖这一范围内的食物资源为生，他们的适应行为模式深受生态环境的特征及其变化的影响。生态模拟就是通过模拟计算出狩猎采集者赖以生存的生态环境的环境特征、食物资源状况等变量来建立一个狩猎采集者的生计模型，然后在这个生计模型的基础上推导和预测狩猎采集者在遇到资源条件发生变化时的反应。

我们知道地球生物圈中存在着惊人的地区差别和物种多样性，贯穿这些变化中的是能量和物质的循环，而能量更具有共通性，进而使不同的生态系统的比较成为可能。这就像货币在经济学中的作用一样，通过它来比较不同的经济活动的价值，能量就是生态系统比较研究中的通货（currency）。生物的能量首先是植物通过光合作用从太阳光中获得的，然后是能量的生态循环过程，如从以植物为食的动物到以食草动物为生的食肉类，再到以分解为生的微生物。

生态学通常用两个概念来表述能量：生产和生产力。生产又包括初级生产（Primary Production）和次级生产（Secondary Production）。初级生产指生态系统中的植物将来自太阳的光能转化为化学能，成为其他消费者和分解者能够利用的有机物形态。次级生产主要指动物利用初级生产的有机物进行同化作用的再生产。生产力，即对生产量的表示，指单位面积和单位时间所生产有机物的量，也即生产的速率，以每平方米每年产生新细胞的质量克数来计算。比如在本模拟研究中运用的"地表净生产力"（Net Above Ground Productivity，NAGP）这个概念，它由迈克尔·罗森茨维格（Michael L. Rosenzweig）发展而来[8]，宾福德进行了补正：

$$\log_{10}\text{NAGP}=\{[1.0+(1.66\pm0.27)]\times[\log_{10}\text{AE}]\}-(1.66\pm0.07)$$

其中 AE＝年实际蒸发率（毫米）。

年实际蒸发率不仅与水资源条件有关，而且与太阳辐射能量有关。我们都知道影响植物光合作用的因素包括太阳辐射、水和二氧化碳。二氧化碳基本是常量，所以我们在模拟研究中只考虑水和热量两个条件。

有关模拟方法的详细过程，宾福德有全面的介绍，在此不做赘述。我利用 431 个中国气象站月均气温、月均降水量、经纬度、海拔、离海洋的距离等变量来模拟生态系统特征对狩猎采集者的影响[9]。

三 中国狩猎采集者生态系统的基本特征

毋庸置疑，人类的行为特征深受生态系统特征的影响。我国领土幅员辽阔，地形复杂。由经纬度决定的水平分布与由高度决定的垂直分布以及欧亚大陆的海陆分布深刻影响了我国人类生态系统的结构与分布。

生态系统的生产力主要取决于生长季节的长度和质量，如温度的高低。贝里（H. P. Bailey）将 8℃作为生长季节开始和终止的常数[10]。在我国，以生长季节的长度而论（图 3.1），全年植物都能生长的地区只见于北回归线以南，这里食物全年都可以找到。在我国四川盆地，由于四周有高山阻隔，寒流不易深入，其生长季节长度与华南相若；另外，秦岭－伏牛山－大别山一线生长季节的长度要大于长江中下游平原地区，可能与更加丰沛的降水有关。而我国的西北、西南和东北地区受海拔高度和大陆性气候的影响，生长季节的长度向高海拔、高纬度、深内陆方向递减。在青藏高原的腹地，生长季节的长度趋于零，这里几乎没有植物生长。

　　植物生长还需要水，真正的生态系统的生产力要综合考虑水热条件。从图 3.2 可以看到，净地表生产力的分布不完全同于生长季节长度的分布，主要表现在西北地区的净地表生产力非常贫乏。但是，净地表生产力高并不意味着狩猎采集者的食物必然丰足，在高净地表生产力的地区，植物常常是尽力长高去竞争阳光，大部分能量都投资到枝干上，这些部位都是不能食用的或者是很难采摘的（在树巅和树枝的尽头）。相反，在净地表生产力较低的地区，植物把更多的能量投向繁殖的组织如种子；此外，在干旱与半干旱地区，植物常见发达的根茎以适应频繁的干旱与野火。所以，对狩猎采集者而言，陆生植物性食物最丰富的地区是在相对较干旱的地区（利用水生资源例外），而非植物丰茂的热带和亚热带的森林地区，当然也不是植物生长贫乏的沙漠戈壁。这些地区的狩猎采集者如果完全以陆生植物为生，要获得足够的能量，就必须搜索更大的范围，也就是说，他们的流动性会更高。

　　与净地表生产力相对应，次级生产力也呈现类似的特征，即净地表生产力高的地区，由于可食用的植物部分少，而且难以获取，所以动物的个体多比较小（以便于获得林冠层上的食物）；如果动物个体比较大的话，数量往往比较少而且分布很稀疏，如大象。在岭南和长江中下游地区，动物资源就相对周边地区较为贫乏。相比较而言，在半干旱的草原森林地区，可以见到大群体的大型草食动物。从图 3.3 来看，动物资源最丰富的地区分布在内蒙古大草原与华北、辽宁温带落叶阔叶林接壤的地带（与 400 毫米等量降水线一致），还有青藏高原的东部边缘地带（也是草原与森林的接壤地带），以及西南的局部地区。此外，有一个让人不解的高丰度的地带分布在横断山区，这种分布有可能与这里气象站的布局高低差异极为显著有关。广大的西北地区的动物资源则非常稀疏，尽管我们现在偶尔也能看到成群的野生食草动物，但是它们的活动范围非常大，资源的实际密度非常低。

四　最少陆地资源模型
（Minimalist Terrestrial Model）

这个模型不考虑河流、湖泊、海岸在狩猎采集者生息环境中的作用，假定人类一般只利用陆地资源，也就是说他们只利用陆地上所能生产的植物和动物作为食物资源。这个模型就像一把尺子上的零点，通过它来观察现实世界偏离模型的程度。

模拟可食的植物量　前文已提及，对狩猎采集者而言，并非净地表生产力越高可食用的食物就越多，因为其能量大多用以生长植物的组织结构以竞争阳光，所以在模拟可食用的植物量时，这部分的能量必须扣除。这里不考虑利用途径，只考虑总量的问题，诸如在净地表生产力高的地方，可食用的食物大部分生长在树冠层次，实际利用比较困难；因此净地表生产力高的地方，尽管扣除了不可食用的部分能量，剩余的部分仍然比较高（图3.4）。从图中来看，可食用植物量最高的地方在西南的南部和四川盆地以及华南的局部地区，最低的地区在青藏高原，华北和长江中下游地区的可食用植物量中等，值得注意的是华北要高于长江中下游地区，尽管长江中下游地区的净地表生产力更高。

模拟可食用的动物量　狩猎采集者经常狩猎的动物基本都是有蹄类动物（这要将缺乏哺乳动物的大洋洲除外），所以宾福德发展了另一个变量（RXPREY）来模拟有蹄类动物量，同时以它作

为可食用动物量的代表值。从图3.5来看，从东北到西南的自然
过渡带和西南的局部地区，可食用动物量比较高，长江中下游地
区和华南地区比较低，广大的西北地区和大部分青藏高原更低。
这里的有蹄类动物成群分布，流动性非常强，即流动速度大大超
过狩猎采集者依靠步行所能达到的速度，若非有马匹和远射武器
的帮助，狩猎这种动物是不现实的。狩猎采集者捕杀的常常是林
缘动物而非草原动物，因为这个区域食物资源更丰富多样，这类
动物大多有比较强的领域，不随便迁徙。这也就是为什么最高的
可食用动物量来自草原和森林交界的地带，而非纯草原或纯森林
区域的原因。

狩猎采集者人口密度的模拟　按照生物的最小耐受力原则，
即只有当所有条件都得到满足，有机体才会生存下去，一个狩猎
采集者生息的环境所能支持的人口由一年中食物最贫乏的时段决
定。如果只是依赖植物性食物，狩猎采集者的人口密度分布高峰
就会位于西南与华南部分地区；如果只依赖动物性食物，人口密
度的高峰就会限于从东北到西南的自然过渡带。当然，狩猎采集
者不可能只依赖植物性或者动物性食物，综合两者，我们可以得
到完全依赖陆生动植物性食物的人口密度模型（图3.6）。从这个
模型我们可以看到，如果完全以狩猎采集而不是农业生产作为生
计方式，那么，在中国这块土地上、在现在的气候条件下，最高
的人口密度应该分布在从东北到西南的过渡带的北段地区与我国
的西南地区，而我国现今人口最密集的长江中下游地区、环渤海
地区反而都是人口相对稀疏的地方。换句话说，这些地区能支持
的人口密度要小得多，比如每百平方公里人口密度达到5人时，
狩猎采集的生活方式在燕山以北一线、西南地区照样可以进行下
去，但是在长江中下游和环渤海地区就无法支撑。

生计的多样性模拟　把陆生植物支持的人口密度除以总人口

密度即得到狩猎采集者依赖植物性食物的比例，也就是采集经济的比例。同理可以得到依赖狩猎和捕鱼的比例。采集经济最发达的地区应该在包括四川盆地在内的我国西南部，次之在南方的山地区域；最不发达的采集经济见于我国东北和青藏高原中心区。相比而言，发达的狩猎经济主要见于东北、西北、内蒙古这三个地区的北部。而以捕鱼为生的经济主要见于沿海地区，另外我国东北和华北大部分地区以捕鱼为生的可能性并不小，历史上华北也是沼泽遍野的地方，它们的消失和气候关系不大，而与农业活动有关。还有一个可以捕鱼的地区在青藏高原，这里湖泊众多，鱼类资源比较丰富，但当地人并不食鱼，这又另当别论了。捕鱼为生的经济最不发达的地区在我国的西南与西北地区，西南河流大多滩多流急，西北水源匮乏，不能捕鱼为生也理所当然。综合三者，可以得到生计的多样性分布（图3.7）。

生计的多样性一定意义上代表狩猎采集者的食谱宽度。从图3.7来看，生计多样性最高的地区分布在我国华南，次之居然在新疆和西藏的西部地区；而多样性最小的地区在我国东北的北部，还有青藏高原的东部。我国大部分地区处于中等生计多样性之中，值得注意的是长江中游地区的生计多样性比较低。生计的多样性愈低，意味着生计的弹性愈小，也就是更容易受到生计危机的压力。同样值得注意的是北方环渤海地区的生计多样性也比较小。

我们已经看到生计多样性的模拟存在着一个比较大的不足，那就是它不区分青藏高原和西北地区特殊的地理环境。宾福德发展另一个变量 SUPSPX 来表示生计的主要形态（图3.8）。从图中我们发现新疆和青藏高原的大部分地区对狩猎采集者而言是不能生存的。采集为主的生计方式主要见于华南、西南的南部、四川盆地、江淮和长江中下游地区。东北、西北、华北、青藏高原的东部以及我国南方的山区以狩猎为主。在以狩猎、采集为主的过渡地带有一些混合型的生计模式。

模拟狩猎采集者的文化生态分区　在此基础上，我们可以建立中国狩猎采集者生态系统的基本分区（图3.9），在各个环境近似的生态系统中狩猎采集者会面临相似的资源状况，他们面临的环境挑战也类似，这个分区还可以作为我们以后分析、比较史前狩猎采集者时参考的框架。值得指出的是，模拟中的生态环境都是处在现代气候条件下但未经农业和工业扰动的状态。

（1）东北森林带。这是个森林植被为主的地带，生长季节的长度少于六个月，河流中鱼类资源较为丰富。

（2）内蒙古草原带。这个地带的动物资源最为丰富，尤其在与华北温带落叶阔叶林相毗邻的区域。在这个过渡区域，可利用的植物资源也比较丰富。

（3）西北沙漠戈壁带。这一地带无论是植物资源还是动物资源都非常稀疏，同时水资源十分缺乏，人类依赖狩猎采集不易生存。

（4）青藏高原高寒带。无论是初级生产力还是次级生产力都很低，只是在东部边缘地区环境对狩猎采集者而言较为适宜。

（5）华北落叶阔叶林带。有较丰富的动物资源和可食用的植物资源，在偏干燥的北部、西部地区更适合于狩猎采集者。

（6）长江中下游亚热带常绿阔叶林带。尽管这个地带的初级生产力比较高，但实际可用的陆地食物资源并不丰富，动物资源更显得贫乏。当然这个地带河湖密布，水生资源可以弥补陆地资源的不足，不过要利用水生资源必须具备一定的技术条件才行。

（7）西南山谷盆地带。这个地带最鲜明的特征就是在有限空间内生态系统的多样性，由于受地形的分隔以及垂直分布的影响，这里形成许多相对独立的小生态系统，也就为丰富多彩的地方文化创造了条件。

（8）华南热带季雨林带。这是个初级生产力很高、实际可食用植物资源很有限的地带，动物资源更是有限。这个地带的疾病压力也很大，对于狩猎采集者是个挑战，而对于食物生产者而言，这个挑战就更为严峻。

还有三个过渡带特别值得关注，即从东北到西南的东西过渡带、秦岭－淮河一线的南北过渡带和沿海岸地带与岛屿。从东北到西南的过渡带大致在 400 毫米降水等量线左右，尤其是北段，传统上就是牧区与农业区的分界线。其南段受青藏高原高海拔的影响，位置偏向东。这个地带的新石器时代晚期和历史时期的考古学文化有相当的共同点[11]。秦岭－淮河一线的南北过渡带的特征也非常明显，这个过渡带的地形较复杂，生态系统对于气候的变化更加敏感。尽管本模拟研究并不涉及滨海地带，但在狩猎采集者的生态系统的区分中必须将它提出来，因为这个地带的人类生态系统有着非同寻常的稳定性。

五　推导与预测

在完成最少陆地资源模型之后，可以根据已有的知识和模型来推导、预测狩猎采集者可能的适应变迁。通常来说，狩猎采集者在不同生息环境中的适应形式是非常多样的，但并不是说没有共同性。一个例子是北美大平原上的印第安人，在欧洲殖民者来到之前，他们有的狩猎采集，有的已经从事农业生产，但是当欧洲殖民者把马带入北美大平原之后，这里的印第安人建立了一种共同的适应方式——骑在马背上的狩猎采集。为什么背景不同的印第安人会在马的引入之后形成相似的适应呢？这种趋同性必定与文化适应系统的关键变量有关，从而导致变化的发生。对狩猎采集者而言，这个变量就是流动性。马的引入极大地提高了狩猎采集者的流动能力，也就是说凭借马的速度和负荷能力，狩猎采集者利用资源的范围急剧扩充了，一些已经放弃狩猎采集的人群重新恢复流动采食生活。

狩猎采集者的适应形式可以按不同标准划分成许多种，但是，针对生计的主要形式为什么发生变迁这个问题时，不是所有划分都有同等意义。一些史前狩猎采集者发明了食物生产，有的则没有。在这些没有发明食物生产的狩猎采集者中，有些人群迅速从相邻的从事食物生产的人群中学会了这种新的生计方式，另外一些在知道周围有食物生产者的情况下仍然保持他们原来的生计方式，还有一些从来就不知道食物生产为何物。形成这种差异的原因不能简单归结为某个人群的人有更高的智力或是天赋等流行于大众的观念。实际上，一个狩猎采集群体，比如群体甲没有发明或是采用食物生产，不是因为它是甲的缘故，而是因为像甲这样一类的群体都不能发明或采用食物生产，这也就是我们要探索的狩猎采集者适应的规律，也就是适应中本质的东西。这里我强调流动性、人口和环境特征三个要素。

在资源压力下，无论压力来自人口增长、资源变化或其他原因，我们首先能看到的狩猎采集者适应的变化应该是流动性的变化，因为流动采食是狩猎采集者解决资源供给的根本途径。在以步行作为流动方式时，一个群体每天的流动性是有限的，流动性的提高主要表现于迁移频率的提高，即在一个采食地点停留时间的缩短。但是，如果同时人口增长，每个群体的领域缩小，狩猎采集者将不得不在有限的领域里寻找食物，一些他们平时不经常食用的食物就会进入食谱，也就是常说的"广谱适应"[12]。与此同时，还可能进行包括采用人为干预使某些有增产潜力的物种提高自然生长的密度和产量，这就是强化。根据这个模型，我们可以推测在晚更新世之末，狩猎采集者如果遇到较长期的资源压力，他们的生计策略就会向一个方向持续进化。

　　从生态学的角度考察，资源一般都呈斑块状分布。在资源条件较好的情况下，各个资源斑块之间的距离比较近；而在资源条件不好的情况下，资源斑块之间的距离会提高，于狩猎采集者而言，他们必须走更多的路才能获得必要的食物，这也就是斑块间的流动性。但是，狩猎采集者是能够积累和交流信息的，他们对自己生活的领域非常熟悉；另外，一旦资源紧缺，群体之间的竞争就会加剧。在这种情况下，狩猎采集者会选择一些资源条件比较好的斑块停留更长的时间。另外，当资源斑块间距离扩大到收益不能抵消成本时，狩猎采集者同样会选择留在一个资源斑块中，并扩大可利用资源的种类和数量，这就是斑块内的流动性。作为考古学家，我们将可以看到：①在一个有限的区域频繁活动的证据，如地点群；②方便携行的工具组合；③小动物的利用；④更多种类的食物，特别是水生资源；⑤某一类食物开始在狩猎采集者的食谱中占优势地位；⑥在一些遗址中将会发现丰富多样的遗存；⑦狩猎采集者的体形将会缩小[13]。

　　如前文所述，狩猎采集者的流动性可以分成两种类型：采食者和集食者。典型的采食者流动性高，居址分化不明显，很少会在一个地方长期停留，因此遗址结构比较简单，通常由营地和野外活动的地点组成，又由于居留时间短，遗存种类相对简单。集食者至少要在一年的某个时段中储存食物，与此同时，常常以一个居留营地为中心，然后派出小组去一些资源富集的地方一次采集大量食物回来。他们的遗址结构比较复杂，因为有相对固定的营地，因此也就有值得花费工夫建设的居所、储存食物的设施、大型的耐用工具（暂时不需要搬动）和更多样的遗存。从已知的395个狩猎采集者的民族学材料分析来看，在所有比亚热带寒冷的地区，依赖水生资源的狩猎采集者运用集食者策略（Generalization 8.17）。在极地和北方森林气候区动物资源的依赖者也常常采用集食者策略。集食者策略也常见于温带的植物资源依赖者中。相反，寒温带和更温暖地带的动物资源依赖者和其他所有环境中的植物资源依赖者都采用采食者策略（Generalization 8.15 & 16）。所以，如果华北和长江中下游地区的狩猎采集者是动物资源依赖者的话，那么他们可能主要采用采食者策略；如果他们是植物资源依赖者的话，他们更可能采用集食者策略。

宾福德提出人口密度对于生计类型的基本限制：如果以狩猎陆生动物为主要生计方式，当人口密度达到每百平方公里 1.57 人时，就会产生人口拥挤的压力（packing pressure）；当人口密度继续提高，狩猎在生计中的比重就会下降；当人口密度达到每百平方公里 9.098 人时，主要的食物资源应该转向陆生植物或水生资源，究竟依赖哪一种，要看当地的环境情况（Proposition 10.14）。人口增长并不自动导致适应的改变，但是这个转变如果没有发生，那么人口注定会因与营养和疾病相关的压力而减少。根据这个模型，我们可以推测从前依赖动物资源的狩猎采集群体在人口密度超越一定极限之后，就会转向陆生植物或水生资源（主要指海岸的水生资源，因为陆生的水生资源和陆生植物资源受到同样的气候约束，比如干旱；而海洋资源相对稳定得多）。中国南北方除去海岸带外的狩猎采集者在人口饱和之后，都应该转向植物依赖。针对考古遗存而言，我们有可能发现所依赖资源重心的转变，即从狩猎为主的经济转向植物采集为主的经济。

不仅人口增长对狩猎采集者的生计类型有影响，他们所生息的环境对生计类型也有一些基本限制。宾福德归纳了四个适应经常发生改变的阈值（图 3.10）：①生长季节阈（growing season threshold），即有效温度 18℃，也就是 12 个月的生长季节，超过这个温度意味着全年植物都能够生长，低于这个温度就不能全年生长；②储备阈（storage threshold），在纬度 35° 以上或者有效温度15.25℃以下，储备是生存所必需的；③陆生植物利用阈（terrestrial plant threshold），在有效温度12.75℃以上，如果有效温度低于这个值，那么依赖植物为生的生计策略就不可行，除非这里四季气候很均匀；④亚极地瓶颈（subpolar bottleneck），在有效温度11.43℃以上，它对应着全球净地表生产力生长的基本要求（Generalization 8.12）。如果狩猎采集者生活在比亚极地瓶颈更冷的地区，他们能得到的植物性食物会非常有限，他们必须依赖大型食草动物的狩猎或水生资源，比如狩猎北美驯鹿的印第安人和以捕猎海洋动物为生的爱斯基摩人。

而对于模拟的中国狩猎采集者而言，几乎整个青藏高原都处在亚极地瓶颈有效温度以下，另一个地区就是东北北部地区。对这两个地区而言，利用植物资源和水生资源都不可行，狩猎是唯一可行的生计策略。一个民族学的例子就是生活在大兴安岭的鄂伦春人，他们长期以狩猎为生。而在青藏高原，狩猎对于徒步的狩猎采集者而言几乎是不可能的，不仅因为这里动物稀少、流动性极快，而且人类在高原上也受到氧气稀薄的制约。对于西北沙漠地区而言，水资源缺乏，这些地区只有从事农业或畜牧业的人群利用其中一些绿洲。宾福德总结世界狩猎采集者的民族学材料发现，在真正的沙漠和高山苔原地带没有狩猎采集者的记载；同样，在世界第二干旱的半沙漠灌丛地区也很少有狩猎采集者的踪迹。利用这些贫瘠地区的往往都是从事农业或畜牧业的人群。所以，我把青藏高原和西北沙漠、半沙漠地区列为狩猎采集者无法居住的地区。如果史前的气候同样如此的话，那么这些地区就是无人区。

于陆生植物利用阈（有效温度12.75℃）而言，在华北正好就是长城以外的地区，在南方与青藏高原的东缘重合，也就是说以植物为生的狩猎采集者只可能在华北和我国南方地区生存，广大的西北和东北大陆性气候特征鲜明，都无法支持以植物为主的生计，而只支持以狩猎为主的生计方式。另外一个界限是储备阈（有效温度 15.25℃），这条分界线以北意味着每年都需要为冬天储备食物，以南这种需要则不强烈。与此同时，储备是集食者的基本特征，储备对于驯化一年生的植物是必不可少的。如果没有种子的储备，来年是无法播种的。所以，我们可以推断以谷物驯化为核心的农业只可能在这两个阈之间的地区，即华北与长江中下游地区。

第四章

农业起源区的资源禀赋积累

——旧石器时代晚期的适应

> 合抱之木，生于毫末；
>
> 九层之台，起于累土；
>
> 千里之行，始于足下。
>
> ——《老子》

一　前　言

前面三章分别做了理论的探讨与模拟的研究，对可能发生农业起源的情形和区域进行了预测。当然，这些观点还需要考古材料的检验，从这一章开始，考古材料将成为主要研究对象。考古材料本身并不会说话，它需要我们的整理研究，排除那些无关紧要的信息，把相关信息缀合起来，构成一段完整的考古推理。考古材料无疑是具有多重性质的，它除了提供时空框架信息之外，还是古人行为的结果，其中包含着古人行为的结构与社会背景，这就使得考古学家可以去探索史前人类文化演化机制与基本过程。

在中国考古学领域，农业起源通常由新石器时代考古方向的学者来研究，然而农业起源的根源在旧石器时代，所以脱离了旧石器时代，就不可能了解中国农业起源的完整过程与形成机制。

旧石器时代晚期究竟发生了什么才导致某些地区的狩猎采集者走上农业起源的道路？为什么其他地区的狩猎采集者没有选择这条路？农业起源作为狩猎采集者文化适应系统的整体变迁，就像工业革命的起源一样，需要资源禀赋的积累，而这些因素都形成于旧石器时代。在目前农业起源研究中，这方面的探究还十分缺乏，也是这一章研究的意义所在。

按照理论与模拟研究的预测以及现有考古发现的状况，我将华北与长江中下游地区视为农业起源的核心区域，首先加以分析。当然，在讨论其他地区的时候，旧石器时代晚期的研究仍将被提及，只是不像本章这样专门讨论。这两个地区现有的旧石器考古材料最为丰富，研究历史也最长，也就为本章对旧石器时代晚期狩猎采集者适应变迁的讨论提供了重要基础。

二　华北旧石器时代晚期早段的适应变迁

（一）全球旧石器时代晚期文化适应的演化

晚更新世以来，现代人（anatomically modern human）逐渐在地球生态系统中建立起绝对的优势地位，扩散至除南极洲之外的所有大陆，从高原到海岛、从赤道到亚北极，在差异显著的生境中都出现了人类的足迹。现代人的成功指示着人类在生物与文化行为上可能发生了关键变化。玛丽·斯蒂纳曾分析过人类文化适应的整个演化过程，她从捕猎效率、消费效率、捕猎的类型等8个维度出发，指出人类的生态空间在距今50万年、25万年各出现一次拓展，主要表现为用火的成功和可能存在的狩猎较大动物以及利用滨水资源，而在距今5万—1万年出现数次迅速飞跃[1]，但是考古证据还不那么清楚。

目前我们比较清楚的是，在距今 5 万—1 万年，人类的行为适应至少发生了两次革命性的变化：一个是旧石器晚期革命（Upper Paleolithic Revolution）[2]，人类创造出一系列新的文化技术特征，理查德·克莱因（Richard Klein）因此相信现代人必定在此时发生了生物基因突变，产生了前所未有的竞争优势如语言能力，随即走出非洲，占领了全世界[3]；另一个是食物生产革命（Food Production Revolution），晚更新世的最后阶段，世界至少有两个地区（西亚和中国）有了食物生产的雏形。在此基础上，人类不仅开始了作物的种植、动物的驯化，而且发展出全新的居住方式（定居）和社会组织形态，从而奠定了后来国家文明的基础（文字、城市与国家）。

晚更新世的早段（即早于距今 5 万年），新的文化特征主要发现于非洲大陆，属于非洲中石器时代（Middle Stone Age，MSA）阶段，如霍维森斯门（Howiesons Poort）、布隆博斯（Blombos）的骨角工具[4]，卡坦达（Katanda）发现的鱼叉[5]，但是，非洲大陆的这类发现并未见于所有同时代的遗址，且对其年代还有不少争议。到晚更新世的晚段，特别是旧石器时代晚期（晚于距今 4 万年），欧洲的记录最为丰富，东南、西南欧在保持一定地区文化连续性的同时，大约同时出现了一些旧石器时代晚期的特征[6]。其他地区的旧石器时代晚期都是依据欧洲的年表建立起来的文化体系，西亚如此[7]，中国也是如此。西亚的旧石器时代晚期的特征最早出现于波克塔克提克遗址（Boker Tachtit），距今 4.7 万—4.6 万年，和卡萨阿科尔遗址（Ksar' Akil），距今 4.5 万—4.3 万年，比欧洲早 7000—10000 年[8]。

约翰·霍菲克（John Hoffecker）将欧洲旧石器时代晚期分成早、中、晚三个阶段，即旧石器时代晚期早段（Early Upper Paleolithic，EUP），旧石器时代晚期中段（Middle Upper Paleolithic，MUP）和旧石器时代晚期晚段（Late Upper Paleolithic，LUP）[9]。EUP 与 MUP 的分界以尼安德特人（以下简称"尼人"）的消失为界。欧洲旧石器晚期的技术发明在旧石器中期文化中找不到，而在非洲的 MSA 阶段[10]常见，非洲的证据要早 3 万—4 万年。这个从非洲传入的组合至少包括磨制的骨尖状器、骨锥和穿孔贝壳。尼人和现代人的区别可能来自于头脑的突变（Brain Mutation），这种突变在头骨的解剖特征上是看不出来的[11]，同时，解剖特征也无法解释人类行为的改变。此外，尽管尼人和现代人可能使用同样的旧石器时代中期石器组合，但是，在使用方式上可能有重大的区别[12]，即只有现代人才具有使用绑柄（hafting）复合工具的能力和狩猎大型动物所需要的社会凝聚力[13]。也有学者认为绑柄技术可能并不为现代人所独有，但现代人在使用频率和精准程度上有明显的优势[14]。

　　晚更新世人类文化从旧石器时代中期发展到晚期，巴尔‐优素福把这种发展称为"旧石器晚期革命"，革命由核心区（core areas）向外扩散，启动因素可以是生物进化或者是社会经济（技术文化）的突变[15]；也有考古学家认为根本就没有什么革命，而是文化发展的积累导致了新特征的形成[16]；还有一派学者认为旧石器晚期文化在西亚、中亚、欧洲大体同步出现，其中一部分人认为是当地人群创造的[17]，其他人则认为是由扩散到这里的现代人所为。

　　旧石器晚期革命的实质意义还是要回归到生计方式这个基本层面上来看。就人类的整体进化趋势而言，包括不断提高大型有蹄类的狩猎成功率[18]、扩大食谱的宽度（如利用小动物）以及通过技术不断进步来提高捕猎和处理食物的效率，并将之扩充到人类的社会（象征）行为领域[19]。旧石器时代中期及以前，尽管在考古遗址中发现了不少大动物遗存，但是很少发现能称得上是狩猎工具的器物。少数例外如德国发现的旧石器早期木标枪[20]，但它和旧石器时代晚期石制矛头标枪相比，也很难说是有效的狩猎较大动物的工具。大动物的狩猎常常被视为旧石器时代晚期的现象[21]，当然不是所有考古学家都这么认为。巴尔 - 优素福指出，从旧石器时代中期到晚期，尚无动物考古学证据支持适应策略的改变，两个时代石器组合代表的狩猎采集策略都是由当时当地所拥有的资源决定的[22]，如在西亚黎凡特地区，尼人与旧石器晚期现代人的狩猎策略根本无法区分[23]。

从理论上说，解剖学上的现代人走出非洲，占领了除南极洲之外的所有大陆，扩散到欧亚大陆东西两侧的时间与当地旧石器时代晚期的开端基本同时。我们由此可以推断，当文化适应能力更强的现代人到来时，这里的大型哺乳动物对他们还是陌生的，还不适应现代人的狩猎，尤其是人类进入美洲大陆的时候——这里的动物从来没有被人类狩猎过。没有理由认为人类会平均狩猎不同大小的动物，他们的行动机制与利益回报都支持大动物狩猎，格里姆斯泰德（D. N. Grimstead）运用昂贵信号理论与中心地采食原理证明狩猎大动物很划算，即使是长距离搬运也值得[24]。旧石器时代晚期，人类已经有了长程狩猎工具，还可以利用一些设施如陷阱、绳套等进行捕猎，通过烟熏、晒干等方法储藏食物，所以唯一能够限制人类捕猎大动物的因素就是大动物资源是否足够，是否经得起消耗。我们甚至可以推断，农业起源地带一定是大动物狩猎流行但猎物资源容易耗尽且具有农业资源条件的区域。

总体而论，应该说旧石器时代晚期人类的狩猎能力有了关键的发展（表4.1），在石器组合包括精致的石质矛头、箭头、尖状器、镶嵌规整石片或石叶的木质和骨质标枪（用以狩猎），端刮器（处理皮毛），雕刻器（加工骨角工具）等；器物形制更规整，分工更加专业明确，质料也更精良。不过，旧石器时代晚期人类狩猎能力飞跃发展更本质的表现可能是社会的组织、计划与合作的加强，以及狩猎信息的交流，这些都依赖于语言的发展，也许可以称之为"第一次信息革命"。同时，旧石器晚期人类狩猎能力的大幅提高可以解释人类在此时大规模的人口扩散，也可部分解释晚更新世之末的动物灭绝现象。

表 4.1 旧石器时代晚期人类狩猎能力进步的表现与考古记录的对应

人类狩猎能力进步的表现	考古记录
投射工具射击距离的延长，射击准确性的提高，如使用投掷器、弓箭	石箭头、矛头、规整的石片、石叶、细石叶、尖状器
投射工具的致死性（或称有效停止性）加强，包括更有杀伤力的箭头、枪头、毒药等；处理猎物和制作以及维护工具的效率都相应提高	复合工具，更优质的石料，有机材料，器物形制更加规整；具体器型：雕刻器（复合工具的开槽）、端刮器（处理皮毛）、锥钻、研磨器
狩猎技巧、知识、经验的增长，依赖于更长的青少年成长期（更晚的性成熟年龄），更长的寿命（知识的积累）	死亡年龄更大，性成熟期更晚；更佳的健康状况
非实时性的设施（untended facilities）的发明，如陷阱、鹿窖、鱼窖、伏箭等，依赖于群体的组织与合作	设施；更大的遗址规模；更复杂的遗址布局，包括居址、火塘、墓葬、屠宰场、石器制造场等；更明显的季节性利用资源
食物储藏技术，包括熏制、晒干、风干油浸等，以及建筑储藏所	储藏坑
狩猎信息的交流，这对于季节性的动物群的截猎十分必要	装饰品、艺术品；象征符号；外来的物品

（二）华北旧石器时代晚期文化分界：年代与材料

就整个中国而言，华北拥有最为丰富的考古发现，其研究历史也最悠久。自 20 世纪 20 年代萨拉乌苏遗址发现以来，在华北地区发现的旧石器晚期重要遗址还包括山顶洞、小南海、峙峪、下川等。华北的旧石器时代石器工业传统上分为大石片砍斫器 -

三棱大尖状器传统（或称"匼河－丁村系"）与船底形刮削器－雕刻器传统（或称"周口店第1地点－峙峪系"）这两种技术工艺类型[25]。旧石器时代中期（大约二三十万年前到4万年前）材料少而且测年颇有问题，有鉴于此，高星建议取消旧石器时代中期阶段[26]。目前在华北地区材料状况最好的是许家窑遗址[27]，石器组合显著的特征包括：大量石球，大部分石制品细小，有一些新的器型如拇指盖状刮削器、圆头刮削器、凹缺刮削器、原始棱柱状石核等，还可能存在角工具（动物的角柄被有意切割过），此外遗址的规模也相当大。这些特征具有比较典型的旧石器时代晚期文化面貌，但是人化石材料的研究显示出其类似欧洲尼安德特人的特征，同时具有一些类似北京人的原始特征[28]。贾兰坡、卫奇估计的年代在距今6万—3万年前[29]，后来的铀系测年将其年代推至距今12万—10万年前[30]，有测年数据晚到距今5万年[31]。中国旧石器时代中期文化特征的模糊反过来彰显了华北旧石器晚期的文化特征——一种近乎涌现式的变化。

华北旧石器时代晚期也是以欧洲为模本建立起来的，起始年代定在距今4万年前[32]。在1989年出版的《中国远古人类》中，萨拉乌苏遗址被视为是华北小石器传统的代表，年代可能最早，并且可能存在石器压制修理技术[33]，红外热释光的年代将其提前到旧石器中期，即不晚于距今7万年前[34]，大大早于 ^{14}C 测年数据的距今3.5万年[35]和铀系测年数据的距今5万—3.7万年[36]，但这一年代晚于热释光年代的距今12.4万—9.3万年[37]。被作为华北旧石器时代晚期起始代表的另两个遗址[38]：刘家岔[39]和下川富益河[40]缺乏年代测定。目前年代比较可靠的要算山顶洞和水洞沟遗址，前者做过最系统的测年工作[41]：运用加速器质谱仪（AMS）测定的年代达到距今2.8万年（以5730作为半衰期），其下窨的年代为距今3.4万年，这和动物群组成更为一致[42]。水洞沟遗址研究历史最为长久，近年运用新的方法和国际合作进行了更深入的研究，其年代定在距今 2.9 万—2.4 万年[43]。另一处华北旧石器时代晚期代表峙峪遗址新的 AMS 年代达到距今 3.2 万年[44]。从目前的材料来看，把华北旧石器时代晚期的起始年代定在距今 3 万—3.5 万年比较合宜[45]。

华北旧石器时代晚期的石器工业常分为"小石器为主的文化传统"与"长石片 - 细石器[46] 为主的文化传统"[47]，或者是"小石器传统""石叶工业"和"细石器工业"[48]，或者分为"以石叶为主要特征的文化系列""以细石叶为主要特征的文化系列""以石片为主要特征的文化系列"[49]；林圣龙[50]还引入格雷汉姆·克拉克（Grahame Clark）的石器工业技术 5 个模式的分类法[51]，由此可归纳出华北旧石器时代晚期至少拥有石片工业、石叶工业和细石叶工业 3 个类型。但是，现有的划分是建立在相对有限的材料基础上，没有足够的理论与相关学科研究的支持。即这种分类与环境的特征和变化过程有没有关系呢？这种分类又意味着怎样的适应行为模式呢？再者，如果说存在行为适应模式的区别，它们之间的关系又如何呢？

从细石叶的工艺特征、扩散的过程和特定的生态联系分析来看，细石叶工艺的起源时间在距今 2.4 万—2.1 万年，它是末次盛冰期来临的产物（参见下一节）。而以水洞沟遗址为代表的石叶工业分布范围可能局限于宁夏盆地和河套地区，辽宁本溪一带调查也有发现[52]。流行于华北的主要是石片工业或者说是"小石器传统"，它和细石叶为主的工业有相互衔接的关系。石片工业逐渐为细石叶为主的工业所替代，石片工业最晚存在的年代大约在距今 1.8 万年（不平衡铀系测年），即西白马营遗址[53]，有可能更早。至于有更晚年代数据的山顶洞遗址年代已被更正，另一处小南海遗址上面（2—3 层）的石器组合，距今 1.1 万 ±0.5 万年，据安志敏研究，上面的石器组合与下面（6层）的石器组合，距今2.4万—1.9万年，没有什么区别，所以放在一起了[54]；反过来说，小南海上面的石器组合很有可能是下面扰动上来的。由此，我们可以把华北晚更新世的考古文化序列厘清出来（表4.2）。

表 4.2 华北晚更新世的考古文化序列与典型遗址

时间（万年）	阶段	典型的遗址
约 2—1	旧石器时代晚期晚段（LUP）	**细石叶工艺**：下川、柿子滩[55]、灵井[56]、大岗[57]、籍箕滩[58]、虎头梁[59]、淳泗洞[60]、于家沟、薛关[61]、柴寺[62]、大贤庄[63]、黑龙潭[64]、昂昂溪[65]
约 3.5—2	旧石器时代晚期早段（EUP）	**石叶工业**：水洞沟[66] **石片工业**：峙峪[67]、山顶洞[68]、王府井[69]、小南海、小孤山[70]、刘家岔、小空山上洞[71]、织机洞[72]、塔水河[73]、西白马营、孟家泉[74]
约 12—3.5	旧石器时代中期	许家窑、西沟[75]、龙牙洞[76]、鸽子洞[77]、萨拉乌苏

（三）华北旧石器晚期革命

从模糊不清的旧石器时代中期到风格分明的旧石器时代晚期，华北古人类的文化面貌发生了革命性的变化，一系列新特征涌现出来。这次变化和欧亚大陆西侧的西亚和欧洲的旧石器时代晚期具有一定的同步性（表4.3）。相对于欧亚大陆西侧的旧石器时代晚期革命，华北的旧石器时代晚期革命显得更加突然，但石器工业技术来得更晚，主要的革新发生于旧石器时代晚期晚段。

表 4.3 华北旧石器时代晚期的革新与欧亚大陆西侧的对比

欧亚大陆西侧[78]	华北
间接打击的石叶与细小石叶技术	工具普遍缩小，原料精细化，出现石叶工艺（EUP），如水洞沟遗址

续表

欧亚大陆西侧	华北
新型的端刮器和雕刻器	新器型如端刮器、拇指甲状刮削器、雕刻器、琢背石刀等
标准化、时代地域特征化的器物出现	细石叶工艺（LUP）产品
复杂、高度成形的骨、角、象牙工具	如小孤山的鱼叉、水洞沟的骨锥、山顶洞的骨针
个人装饰品的出现如钻孔牙齿、海贝，打磨的石饰、象牙珠等	华北有 9 处，如山顶洞、小南海、峙峪等；赤铁矿粉（王府井东方广场、山顶洞、水洞沟等）
丰富的艺术品如雕塑、壁画等	山顶洞的鹿角棒，柿子滩的岩画
象征符号系统的出现	东方广场带刻划标本，峙峪有刻划痕迹的标本数百片（是否为象征符号还有待进一步研究）
乐器（如鸟骨笛）	
长距离的物品交换网络	如山顶洞的海贝
长距离的投射技术	如峙峪的箭头、修制精美的尖状器
技术模式的迅速改变	压制修理；间接打击，如细石叶工艺的出现
人口密度的提高	更大规模遗址，更多的地点群
结构更清楚的居址	如水洞沟遗址，包括石器制造场所、居住所；LUP 的遗址如泥河湾盆地的马鞍山遗址
更特化动物利用	如峙峪遗址大量的羊骨

　　相对于更容易保存证据的石器技术而言，旧石器时代晚期还可能有这样一些技术，只是尚无考古证据，比如陷阱、渔网、用毒药狩猎捕鱼等。旧石器时代晚期的技术革新中，复合工具的发展是一项重要的飞跃。复合工具把有机材料如骨、角、木的韧性和石材的刚性结合起来，并且形成模块式的组合（切割、刮削、雕刻、投掷、挖掘），通过更换石刃或矛头来达到更广泛的适应性和更高的效率。在旧石器时代晚期晚段，可以确定华北的狩猎采集者已经开始驯化狗，古 DNA 的研究显示狗的驯化可能早到 1.5

万年前的东亚地区，人类利用狗的祖先的历史还要更早[79]。另外，旧石器时代晚期骨角工具开始繁荣，如水洞沟遗址的骨锥、山顶洞遗址的骨针，明确反映出这一时期人类已开始制作皮服；再如小孤山遗址发现鱼叉，清楚表明人类开始利用水生资源。

在欧亚大陆的西侧旧石器时代晚期的遗址中，经常可以看到史前人类利用更广谱的食物资源，其中包括利用小动物如兔子，同时开始利用水生资源，如捕鱼、采集软体动物[80]。在华北的旧石器时代晚期的遗址中，可以看到一个大致趋势，即从早到晚的遗址中动物个体趋小，动物骨骼的破碎程度加大，动物的种类也趋减。比较旧石器时代晚期早段遗址如峙峪、山顶洞、小南海和晚期晚段遗址，这种趋势还是比较明显的。

除了从技术层面上分析之外，如果进一步从文化系统的整体效率来比较，旧石器时代晚期的革命性变化更加显著。文化系统整体效率由 4 个层面组成：技术、社会组织、信息传递和信仰。社会组织对于旧石器时代晚期的人类来说，主要表现于个体身份的明确、自我意识的发展和社会交换网络的形成，广泛出现的装饰品和外来物品表明这一时期人类社会组织上的进步；在信息传递层面上来说，主要是语言的发展，它的物化证据是象征符号（symbolic notation），这个方面在中国华北还不是很清楚，在王府井东方广场、小孤山、峙峪等遗址发现的动物骨骼上的刻划痕迹只可能与象征符号有关；而信仰层面的内容，考古学的证据表现于艺术品，目前旧石器时代晚期艺术品最发达的地区在西欧，特别是法国，欧洲发达的旧石器艺术随着最后冰期的结束而消失，它是特定环境的产物[81]，中国华北目前只有山顶洞的鹿角棒和柿子滩的岩画，而对其功能和年代还不能确定。

华北的旧石器时代晚期早段人类并非只有一个适应模式，我们可以看到至少 4 个地区适应模式：水洞沟模式、峙峪模式、山顶洞－东方广场－小南海模式和小孤山模式（图4.1）。其划分标准是生态环境的特征和技术文化的构成。水洞沟模式是一种草原、森林和沙漠交界的环境，生态系统的生产力相对较低，人类的生计完全以狩猎为主，植物性食物相对有限，相对应的石器组合是强调高流动性的石叶工业；峙峪模式对应的环境生产力要更高，基本是草原与森林的交界地带，以草原为主，狩猎资源丰富，采集资源较水洞沟更多，其石器组合更多样；而山顶洞－东方广场－小南海模式是对温带森林环境的适应，其石器组合比峙峪组合还要多样，更不规整，这可能与更多的有机工具选择有关；相比较而言，小孤山模式体现出一种对滨水环境的适应，工具组合出现鱼叉这样的器物，具有更好的稳定性，即在一个区域可以居留更长时间[82]。从4种模式的分布来看，随着环境趋向湿润，生计内容由以动物狩猎为主逐步过渡到多元的狩猎采集（峙峪模式更强调狩猎），再到利用水生资源的狩猎采集。

三　细石叶工艺的起源与旧石器时代晚期晚段的适应

（一）中国细石叶工艺的时空分布特征

在讨论中国细石叶工艺产品的分布时必须区分不同的视角。从宏观的角度考虑细石叶工艺产品的分布，如与古自然地理带的关系、与人类生计策略的关系；从中观的角度考虑它在一个地区的分布规律，比如在苏北、鲁西南、山西、河北不同的分布特征；从微观的角度来看细石叶工艺产品在遗址中的分布特征，特别是一个遗址群中不同遗址之间的差异。这里我主要用宏观角度。

了解细石叶工艺产品分布的另一个维度是时间。一般来说，细石叶工艺产品很容易区分出两个阶段：旧石器时代和新石器时代。

细石叶工艺产品进入新石器时代后在华北地区迅速消失，分布限于长城以外的地区。或者将近似细石叶工艺萌芽状态的阶段如许家窑、峙峪遗址单列为早期阶段[83]，这就形成三个阶段，不过严格说来，许家窑、峙峪石制品组合中还不能说拥有上面所定义的细石叶工艺。单纯对于旧石器时代的细石叶工艺论，陈淳和王向前认为还存在着下川和薛关两个阶段，锥形石核较之楔形石核早[84]。实际上从泥河湾盆地（如头马坊遗址）和西伯利亚（如 Sumnagin 文化）的材料来看[85]，真正的锥形石核（常称为"铅笔头细石核"）出现于全新世中。目前中国细石叶工艺最常引用的最早年代来自于下川遗址，6 个 ^{14}C 年代数据范围处在 23900±1000 BP—16400±900 BP[86]，更早的材料如山西襄汾柴寺（或称丁家沟）77: 01 地点，^{14}C 年代达到 26400±800 BP[87]。最近河南与山西的发现也超过了 2 万年[88]。

有关晚更新世细石叶工艺产品在华北的分布，谢飞提出一个马蹄形的分布带：从燕山向西再向南沿太行山抵伏牛山，再折向东直达苏北鲁西南的马陵山；共分成五个亚区，其中东面的两个亚区，燕山一线与苏北鲁西南地区，以船形石核（广义上仍可以认为是楔形石核，不过台面更宽，剥片面更短）技术类型为主[89]，西面的三个亚区则以楔形石核为主[90]。在这个区域划分中，陕西大荔沙苑的材料未被考虑进去[91]，它的半锥形石核与下川[92]、楔形石核与虎头梁[93]都很相似，可以归于西面的三个亚区中。值得注意的是泥河湾盆地诸遗址的发现与下川相比可谓泾渭分明，下川以精美的柱锥形细石核为特征，泥河湾盆地则以楔形石核为主[94]。所以这五个亚区的划分，尤其是东西两侧尚需更多材料来证实。特别是这种区分的意义，更需要进一步发掘。我曾注意到东西两面细石核的大小有所区别，西面诸区域发现的细石核要普遍大于东面，尤其是涛泗涧、马陵山发现的细石核，确实达到了细石核技术的极限。当然，下川遗址也发现了一些特别细小的细石核，但远不及东面普遍（图 4.2）。

至于细石叶工艺产品与小石器共存的问题还值得商榷。我认为华北旧石器晚期并没有确实的证据表明细石叶工艺与小石器工业长期共存。华北代表典型小石器工业的山顶洞遗址年代超出了细石叶工艺起源的年代（距今 2.1 万年前后）；安阳小南海遗址的年代跨越数万年，按报告人的说法，石制品没有明显变化，所以都放在一起研究了[95]。试想高度流动的史前狩猎采集者反复利用一个遗址数万年而无变化，是不可思议的事情。另外需要强调一点，史前狩猎采集者并不限于只使用细石叶工艺产品，所以，在华北不同地区的细石叶组合中包含着从加工精致的琢背石刀、有肩尖状器到普通的刮削器等不同的组分；细石叶工艺的使用者们还会根据石料不同的性质区别利用，如利用质量较差的石料生产一些临时用的工具（expedient tools）；再者，作为流动的狩猎采集者，细石叶工艺使用者们季节性地利用资源，他们并不必然地在每一个居留地都使用细石叶工艺产品，这样就会在一些遗址中发现所谓的小石器工业。所以，认为在一个细石叶工艺流行的盆地环境中，同时还存在小石器工业，是值得重新考虑的。在细石叶工艺产生之初，存在一些与小石器工业并存的现象是可能的；在使用细石叶工艺的石制品组合中发现小石器成分也很正常（如玉田孟家泉遗址[96]），从来就没有仅用细石叶工艺产品满足一切工具需求的石制品组合。

（二）细石叶工艺是一种什么性质的石器技术？

1. 分析的理论框架

建立理论解释和扩充研究材料、发展研究方法一样，是任何一门学科研究的必要手段，然而，在我们过去对细石叶工艺起源研究中，发展理论解释是非常罕见的，研究的基础完全依赖于考古材料的发现，很显然这是不够的。相对而言，西方旧石器考古研究领域在这方面做了比较多的尝试。比如：①肖特（M. Shott）运用民族学材料分析石器技术与居址流动性之间的关系，强调居址流动性的变化会影响器物组合的构成。[97]②尼尔森（M. C. Nelson）强调通过器物形态分析器物的设计，通过器物分布分析活动区的特征，然后进一步探讨技术使用的策略，进而讨论一个人群的社会和经济策略以及他们对于环境的适应。[98]③扬（D. E. Young）等试图发展一套认知的方法，从石器技术的研究中找到更多有关人类行为的信息；[99]海登（B. Hayden）则发展出特别详尽的评估石器设计和使用策略的标准。[100]④布里德（P. Bleed）分析可靠性（reliability）和可维护性（maintainability）对于石器技术的影响；[101]库恩（S. Kuhn）则从成本受益分析重量与功能对石器技术的影响，[102]他们都是单从一个角度发展出各自的理论视角。⑤温特哈尔德（B. P. Winterhalder）等在"最佳觅食理论"（optimal foraging theory）基础上发展出来的理论解释。[103]

以上的研究都离不开一个关键因素，即狩猎采集者的流动性（mobility），流动性是以狩猎与采集作为主要生计方式的人群适应环境的重要策略[104]，或者说他们就是在进行"流动生产"[105]。通过流动，他们把某些可食用的植物果实扔到居址的周围，其他的废弃物则作为肥料，砍伐居址周围的树木给这些种子带来阳光，狩猎采集者于是不知不觉地改造了环境，"生产"了他们的食物；狩猎采集者还通过流动去发现潜在的食物资源，以保证不时之需，就像是"信息银行"[106]。流动性对他们的意义就像食物生产对于农业社会，市场经济对于近现代社会一样，是解决食物资源来源的关键手段。

对于狩猎采集者而言，技术特征必须适合他们流动的生活方式；不同于游牧社会有驯化的马、牛拉车的帮助，狩猎采集者基本只能依靠人力的背负（北极人群利用雪橇和沿河海湖泊的人群利用舟船除外）。与此同时，他们需要一套功能多样的工具去解决流动生活中多变的任务，所以，狩猎采集者面临着一个两难的选择，即尽可能减少搬运成本与尽可能增加工具的耐用性与功能。

当然，人类狩猎采集生计中流动工具组合（mobile toolkits）只是他们全部工具组合的一部分，流动工具组合在他们生计中的作用也是变化的。一般而言，狩猎采集者的工具组合可以由三种成分构成：随用随弃工具，如一些砍砸器、使用石片等；耐用工具（durable tools），如磨盘、磨棒等，有时称之为"遗址的家具"（site furniture），偶尔如手斧毛坯也可以归为此类；再就是流动工具，也就是人类会携行的工具，细石叶工艺产品就是最典型的有利于流动的工具成分。所以，要理解细石叶工艺的产生必须先了解狩猎采集者流动性的时空特征。凯利、宾福德对于狩猎采集的流动性都进行了详细的讨论，狩猎采集者的流动性与资源的环境特征密切相关，宾福德进一步强调他们的流动性与资源利用的种类如动物狩猎、植物采集，水生资源利用，还有人口密度关联，这些都会导致不同的流动性和技术复杂程度[107]。

在确定了分析与细石叶工艺相关的关键变量——狩猎采集者的流动性后，下一步可以考虑建立一个石器分析的理论框架，来确定细石叶工艺在石器制造技术中的位置。细石叶工艺也是一个历史阶段的产物，它有相关的历史渊源。库恩的成本与效用模型，设想存在最佳的设计（optimal design），这在理论上可以成立，但是无法恰当地估计非实用的效用，比如手斧的制作还有性别选择的作用；再如中美洲压制极为精致的石器是作为礼器之用，所以这个模型对于石器技术的分析不大适用。扬、海登的分析框架极细致，但是可操作性差，缺乏简约性，尤其是和早期石器工业比较时。布里德的思路非常值得借鉴，但还不够系统；此外，可靠性与可维护性并不完全构成矛盾性的一对，而且，运用效率或者说致死性（lethality）这个概念似乎更为明确具体。更关键的问题在于，他忽略了狩猎采集者技术组织中两个关键的变量，即流动性与耐用性。它们可以构成一组矛盾，因为耐用的工具往往不易携行，耐用工具多的组合指示的是狩猎采集人群流动性的减小。此外，工具的适应宽度也可以作为一个指标来比较不同石器技术。

　　如果用以上五个指标来衡量人类曾拥有的主要石器技术模式（表4.4），可以看出一些基本趋势。克拉克曾归纳了五种技术模式[108]，国内考古学界常常引用，虽然这个分类被认为只适用于西半球[109]，不过，在广义上进行纯技术的分析倒并无不可。此处还可以添加一个技术模式，即磨制技术，它代表最典型的耐用性提高、流动性减小的设计；实际上，磨制技术对于石器完成的任务而言是一种冗余设计，在定居状态下，这种技术的搬运成本很小，效用相对大大增加。

表 4.4　人类六种石器技术模式的比较

	流动性	适应性	可维护性	效率	耐用性
模式 I 砍砸器	低	中	中	最低	中
模式 II 手斧	低	中	中	中	中
模式 III 石片	高	中	中	中	低
模式 IV 石叶	高	高	高	高	低
模式 V 细石叶	最高	最高	最高	最高	最低
模式 VI 磨制石器	最低	最低	最低	高	最高

　　从人类狩猎采集的适应历史来看，可以归纳出两个基本趋势：一是能量的最大化策略，它指在同等的寻食时间内，狩猎采集者希望找到能量最高的食物。当然，人类和所有生物一样也要

考虑营养的均衡问题，他们也会有意采集一些低能量的食物，但这不是狩猎采集经济的主要矛盾。与植物性食物的采集相比，狩猎就是能量最大化的策略，同样，动植物的驯化也是这样一种策略。对于狩猎采集者而言，他们希望扩大狩猎经济的比重，也就是说，他们追求更有效率的狩猎工具，细石叶工艺可以说代表着打制石器技术的顶峰，也是旧石器时代一种最先进的石器制作技术。另一个趋势是流动性的最大化策略，它指狩猎采集者希望在寻食过程中，在同等时间内尽可能覆盖更大的面积；更大的面积就意味着更多的狩猎机会和其他的食物信息，也意味着更安全的食物保障，所以扩大流动性是狩猎采集者追求的另一个目标。而要提高流动能力，就必须减轻携带的工具负荷，细石叶工艺正好满足这个目的（图4.3）。

从模式Ⅰ至模式Ⅴ，下一模式对上一模式有一定的包容性，如同软件升级，对于会制造手斧的狩猎采集者而言，制作砍砸器是不在话下的；对于会制作细石叶的狩猎采集者而言，制作石叶是道理之中的事。从流动性这个角度来看，从模式Ⅰ到模式Ⅴ，狩猎采集者的石器技术是愈来愈有利于提高流动性的，运用细石器技术代表流动性的顶峰，但是，当磨制技术流行之后，石器技术代表的流动性迅速降到最低。细石器技术不仅代表流动性的最高峰，而且代表最宽的适应面、最高的可维护性、最高的致死性（或效率）。特别值得注意的是细石器技术的耐用性却是最低的，这跟这种技术所用的细小而锋利的刃口有关。与细石器技术对比最鲜明的是磨制石器技术，前者寻求高的流动性、宽的适应面、良好的可维护性；而后者是以耐用性优先，定居者无须寻求高流动性与宽适应面，并通过发展石器耐用性来减少在维护上的消耗。从模式Ⅰ到模式Ⅴ，反映人类不断努力提高资源的利用范围，既包括寻食面积的扩大，也包括食物资源种类的增加，还包括人类不断追求食物资源能量的最大化（即追求高能量的食物）。但是，人类在没有快速交通工具（如马）之前，流动性就必然有一个极限。

另外值得注意的是，技术的系统状态（system state）不同，直接使用打制石器作为一种系统状态，而制成复合工具则属于另一个更高层次的状态。也就是说，在打制石器上投入劳动再多，并不会使石器的效用成比例地提高，而只有当系统状态提升到另一个层次之后，效用才会迅速提高。与此同时，当一个系统状态达到极限之后，就有可能发生系统状态随之跃变，比如从细石器技术到磨制技术，人类无法再提高流动性以获得必需资源，那么，他们只能变化生计方式，从狩猎采集走向食物生产。此外，石器技术只是人类群体所有工具技术中的一个部分，如果一个群体运用大量的非石器技术，就会导致技术系统性质的差异。比如，中国南方和东南亚石器技术长期以砍砸器为主，可能与非石器技术有关。

在了解细石叶工艺是一种什么性质的技术之后，必须强调细石叶工艺建立在已有的石器技术传统上，模式Ⅰ、Ⅱ、Ⅲ、Ⅳ都可以为之所用。与细石叶工艺伴生的石器组合，还应有随用随弃的工具，如砍砸的功能就可以用这类工具来解决，所以在包含细石叶工艺产品的石器组合中，发现少量粗大的砍砸工具、一些石片工具和石叶工具是很正常的；还有可能发现有修理痕迹的毛坯，作为储备的石料。如果孤立地将细石叶工艺产品当成一个石器组合来看待，那么就无法解释伴生的粗大石制品，同样也不能解释狩猎采集者多样的生计活动，最终将含细石叶工艺产品的一个完整石器组合看成几个石器组合，甚至是若干个工业传统。

最后，必须强调的一点是细石叶工艺不仅仅是对传统技术要素的继承，它代表的是一种新的技术发明、一种全新的工具使用方式。目前还没有确凿的考古证据来证明弓箭出现于旧石器时代晚期的较早阶段，细石叶工艺的出现间接地显示弓箭技术与细石叶工艺密不可分。弓箭技术的使用使得细小轻微的石叶能够发挥出巨大的杀伤力，能够进行大动物的狩猎。当然，细石叶工艺的产品并不限于用作箭头的镶嵌刃口，只是弓箭的发明可能是细石叶工艺产生的一个重要前提条件。

2. 工艺元素分析

要了解细石叶工艺起源，首先必须了解细石叶工艺本身，包括它的构成要素、技术渊源、技术类型等，然后追根溯源，探讨它的起源原因与过程。而要了解细石叶工艺的构成，就要从考古遗存着手。目前，与典型细石叶工艺相关的遗存至少可以归纳为十类：两面器石核、除皮石片、两面器修理石片、热处理后的光泽、打制削片前的摩擦痕迹、加工台面的削片（ski spall）、第一剥片（lame à crête）、修理台面的石碴、细石叶与细石核。当然，生产细石叶的细石核可以用典型的两面器作为毛坯，通过削片或者修理来获得台面；还有一种方法是利用原料的天然平面或者平坦的劈裂面作为台面，但是，这件毛坯本身仍要像典型的两面器一样修理加工，这种工艺本身也可能是从利用典型两面器毛坯，通过削片预制石核简化而来[110]。所以说细石叶工艺一个主要的构成要素就是制作两面器的技术。

两面器技术本身就是代表一种追求器物标准化和多功能的技术，特别适合于流动的狩猎采集者[111]。两面器既可以作为石核、使用寿命长的多用途工具，还可能作为尖状器加工过程中的副产品[112]。它在用途上的弹性、形态上的标准化与细石叶工艺的目标是一致的。从技术渊源上来说，两面器技术是细石叶工艺的源头之一。其另一个源头是雕刻器技术，削片就是通过这种技术产生的。安德烈·托巴列夫（Andrei Tabarev）也认为细石叶工艺结合了两面器和雕刻器技术[113]。另外，软锤修理、压制修理、热处理和摩擦技术也是细石叶工艺中的重要组分（表4.5）。其中压制技术可以用于生产第一剥片之前的边缘修理，也可以用于生产石叶，它同样体现出细石叶工艺的一个源头。麦迪森（Madsen）等认为的两极技术（bipolar technology）和细石叶工艺渊源很深[114]，实际上，从构成细石叶工艺的要素来看，两极技术并不是细石叶工艺中必不可少的技术要素。

表 4.5　细石叶工艺的工艺要素

细石叶工艺的工艺要素
➢ 两面器技术 - 石核的预制
➢ 雕刻器技术 - 削片的打制
➢ 棱柱状石核技术 - 石核的预制
➢ 压制技术 - 修理石核、剥制石叶
➢ 软锤修理 - 修理石核
➢ 热处理 - 处理石核
➢ 摩擦技术 - 加工台面

特别有意思的是，在细石叶工艺产生之前与同时，存在着"棱柱状石核技术"（prismatic blade technology），北方旧石器晚期水洞沟遗址的石核技术中就存在着这种技术类型，它也是北美古印第安人的石叶生产技术[115]。在华北地区，原始棱柱状石核技术甚至可以溯源至泥河湾盆地早更新世的遗存中[116]，它也见于晚更新世早期的许家窑遗址[117]。这种技术和细石叶工艺中"船形石核技术"关系如何呢？细石叶工艺的实施过程可以分为两种（图4.4）：一种就是前面谈到的通过加工两面器毛坯，然后生产细石叶；另一种是修理块状的石核毛坯，然后剥制细石叶[118]。典型的船形石核毛坯尽管采用两面器的修理技术，但其形态和原始棱柱状石核更相近。棱柱状石核技术也是石叶剥制技术的前身，其衍生形态有双台面的石叶剥制技术，如水洞沟遗址[119]。细石叶工艺是在石叶技术基础上发展起来的，在使用细石叶工艺的石

制品组合中常常能够见到石叶就是一个例证，因此可以说棱柱状石核技术是细石叶工艺的另一个源头。

　　细石叶工艺的一个显著特征就是它有明确的实现目标，即制作两面器或者船形石核毛坯，然后剥制细石叶。小林（Kobayashi）认为这来源于人类头脑中既有的模板（mental template），即人类头脑中已有细石核、细石叶的形态和工艺的过程，制作的过程是为了达到既有的目标。弗兰尼肯（J. J. Flanniken）则认为是由文化的类型（cultural type）所决定的（另一个决定因素是原料的性质）[120]，细石叶工艺是文化类型的表现形式，这种形式并不完全由功能所决定。那么，细石叶工艺中的技法是否能代表文化类型的地方形态呢？回答是肯定的。

　　就这一点而言，细石叶工艺和模式Ⅱ的手斧技术相同，都超越功能寻求形式的一致，而且制作工艺上更加复杂多样。前文已经提到两面器技术本身就是一种具有标准化和多功能特征的技术，再把两面器加工成细石核，然后剥制细石叶，这是一种工艺的特殊延伸，仅在功能上解释还不足以说明问题。按弗兰尼肯的研究，从两面器上打下的石片边刃长度总和要大于剥制细石叶的边刃长度总和。与两面器的生产相比，细石叶的生产更节省原料，但要花两倍的时间；此外，如果把废片也考虑进去，生产细石叶在提供切割刃方面并不如两面器，其主要意义在于提供标准产品。两面器尽管还可以作为多用途的长使用寿命的工具，但是两面器的形态并不是生产细石叶所必需的。两面器技术更有可能是和一种石叶生产技术结合起来后形成了典型的细石叶工艺，而这种石叶生产技术有可能就是棱柱状石核技术。

（三）细石叶工艺产生的原因

　　技术的目的是要解决一定的问题。细石叶工艺出现于旧石器时代晚期，这个时期狩猎采集者面临的问题和更早时期并没有本质上的不同，即都要解决资源的不确定性和风险问题，而生计的稳定性并不是由资源丰度最大的季节，而是由最小的季节所决定的，这也就是生物的"最小耐受度法则"。问题虽然没有改变，但是狩猎采集者解决问题的初始条件改变了。首先是人口的增加，持续的人口增长对于资源的需求相应增加，而自然资源的生产并没有同步提速，更严重的是自然的生态过程一旦被破坏之后，资源的生产力反而会下降，这是非常不利的一面。其次，人类的文化是累积发展的，这就非常有利于狩猎采集者进一步通过文化方面的革新来解决现实的问题。最后，自然环境的变化，对适应而言都是挑战。旧石器时代晚期，气候进入末次盛冰期，在高纬度地区人类的生存空间减少，但是，在中低纬度地区因为海平面的下降、热带气候区的缩小，人类的生存空间反而有所扩大。所以说末次盛冰期并不意味着人类生存环境的恶化，倒是末次盛冰期的迅速结束以及气候的波动对于人类适应的挑战更大。

旧石器时代晚期，在欧亚大陆的狩猎采集适应中可以看到一些新的特征：首先是小动物的狩猎，如在西亚旧石器时代晚期中段发现人类开始狩猎兔子这类小动物[121]，可能与大动物的减少有关，与之相应，猎杀动物的工具也可以缩小；次之，稳定同位素人骨分析显示在欧洲格里夫丁（Gravettian）阶段，包括西伯利亚地区在内，人类在利用比较宽的陆生和淡水食物资源[122]，资源利用宽度的扩大就要求更加灵活多样的工具；其三，人类迅速地扩张并占领除南极洲之外的所有大陆，甚至深入极地[123]，人类在这个阶段的迁移速度是前所未有的，表明此时人类具有高度的流动性，他们需要一套适合流动的工具，人类的石器工具缩小是全球性的趋势，细石叶工艺只是其中的一种形态；最后，前文已提及人类适应的一个基本趋势就是寻求能量的最大化，与此同时，人类还寻求资源最大的稳定和最小的风险，在狩猎采集阶段，就是去发现更多可用的资源，然后狩猎那些回报率最高的猎物，主要是大中型的食草类动物，特别是鹿类，所以说提高流动能力也可以说是狩猎采集阶段人类适应的基本趋势。

当然，还要考虑到细石叶工艺建立在旧石器时代晚期及以前的技术基础上，除了前文所提及的砍砸器技术、石片技术、石叶技术之外，其技术基础至少还应该包括：一是人类对于优质石料的认识与利用；二是运用机械如弓、投掷器或是吹筒来增加投射的距离和准确性；三可能是利用化学毒物的帮助来增加杀伤力。同时，还有其他的技术相辅助，包括各种有人照看和无人照看的设施（tended and untended facilities），如陷阱、罗网等。在这些技术的基础上，细石叶技术充分发挥它适合制作流动工具的特点，而不必考虑临时性的砍砸、切割等任务要求，这些任务都可以通过制作随用随弃的工具来解决。也正因为有这些技术的帮助，细石叶工艺的产品才可以惊人地细小。

细石叶工艺以生产复合工具镶嵌用的石刃为目的，但是考古学家很少知道它们具体的用途。目前考古发现所见主要是新石器时代遗址嵌刃石刀，多选用动物的扁骨，在其一侧开槽，然后镶嵌石刃，这里工具可以用作匕首、随身携带的小刀；而嵌刃的标枪非常少见，西伯利亚有发现[124]（图4.5），嵌刃石刀仍是主要器型。是否细石叶主要用于制作嵌刃石刀，而非用于标枪呢？从澳大利亚土著的石器技术中发现用普通石片镶嵌的标枪极具杀伤力，因为其边刃不齐，一旦刺中猎物，创口更大[125]。那么，为什么还有专门生产细石叶用作标枪的镶嵌石刃呢？嵌刃标枪的少见也表明细石叶工艺的产品主要不是为了制作标枪这类狩猎工具，而是为了制作嵌刃石刀，因为只有这类工具才需要平整的刃口。另一个证据是，即使在含细石叶工艺产品的石制品组合中，也有经过专门压制修理的标枪头（projectile points），泥河湾盆地诸地点、东北新石器时代含细石叶工艺的地点，还有西伯利亚都是如此。也就是说这些组合中有专用的狩猎大动物的工具。埃尔斯顿（R. G. Elston）和班廷汉姆（P. J. Brantingham）认为，这种设计和嵌刃标枪相比，一旦损坏，不能维护，只能废弃，所以嵌刃工具更有优势[126]。实际上，对绑柄（hafting）的工具而言，民族学材料显示最费劲的不是制作箭头，而是箭杆[127]。总之，对于狩猎大动物而言，嵌刃标枪并不是必要的，也不是最经济的。

虽然细石叶更有可能被用于制作嵌刃石刀，然而迄今为止，在中国还没有发现旧石器时代晚期的嵌刃石刀。西伯利亚此一时期的发现可以作为参考。用于嵌刃石刀的细石叶一般宽度都不能小于5毫米，长度不小于20毫米，否则根本无法用于镶嵌。但是，在华北旧石器时代晚期的细石叶，特别是淳泗涧、苏北鲁西南一带的材料，还有部分下川的材料，都十分细小，和通常所说的用于嵌刃石刀的细石叶并不一样，这样的细石叶显然是不能作为嵌刃石刀的切割刃使用，它更适合用作某些射弋工具的倒刺，当然这只是一个近似合理的推测，还需要考古证据来证明。

值得注意的是，无论是旧石器时代晚期还是新石器时代的遗址，骨角工具都很普遍，尤其是新石器时代遗址中，嵌刃复合工具在磨制技术盛行的华北地区已经消失，而只见于长城以外的地带[128]。在华北取而代之的是大量磨制的骨镞，这可能与狩猎对象的区别有关。近现代狩猎采集群体在狩猎不同的猎物时常用不同的箭头。所以，可以说细石叶工艺既没有取代骨角工具，也没有取代纯粹的石制工具如标枪头，反过来，细石叶工艺在华北新石器时代被磨制技术取而代之。这种工艺可以说是为了满足特定的任务需要所产生的，这种特定的需求一旦消失，细石叶工艺也就失去了它的优势。细石叶工艺所满足的特定需要就是它的轻便，也就是它的流动性，以及它较好的适应性，既可以用于嵌刃石刀，也可以用于嵌刃的标枪，还可以用作射弋工具的倒刺（图4.5）。镶嵌细石叶工具的残留物分析表明它们曾经接触过鲟鱼、鹿、熊、猫科动物、啮齿类、还有人的血液[129]。

细石叶工艺的目的是尽可能运用最少的石料生产最多标准化的锋利刃口。在这个意义上说，细石叶工艺是一种优质石料利用最大化的技术方式，或者说携带原料最小化的技术方式，废弃从技术上是可以很少的，弗兰尼肯所谓的无法夹持是废弃的原因，这是现代复制者们遇到的困难，在实际的考古材料中可以发现，台面的更新，转向产生新台面，以及如淳泗涧、马陵山一带极小的细石核都表明并不存在夹持的问题。

对于高度流动的狩猎采集者而言，他们随身的工具必须尽可能轻便、有效。细石叶工艺正好能够满足。了解细石叶工艺的目的之后，就是要寻找何时何地人类对这种工艺有强烈的需要，也就彻底解释了细石叶工艺产生的原因。

还需要指出的是，细石叶工艺作为一种技术可以从成本功用的角度出发来考虑，但是同时必须指出细石叶工艺也作为一种文化的形式而存在，它的出现有随机性。尤其当这种技术开始广泛流行之时，它作为文化形式的意义就会逐渐增强，它的功用意义会有所减弱。就像陶器最开始只是作为盛器和炊器使用，逐渐有文化形式的意义，而且成为不同考古学文化的标志，尽管陶器的功用意义并没有消失。细石叶工艺同样如此。一个典型的例子就是日本列岛的细石叶工艺，这里并不缺乏优质的石器原料，适合制作细石叶的黑曜石在火山活动活跃的日本列岛并不罕见；而且这里狩猎采集者的生计也并不以狩猎为特色，岛屿上缺乏欧亚大陆那些栖息于草原的大群食草动物；再者，这里具有丰富的水生资源以及对它的利用有利于狩猎采集者降低流动性，也就是说，细石叶工艺并不是日本列岛狩猎采集者生计的必需要素，而是作为一种文化被吸收进来的。然而，在追溯细石叶工艺起源之时，必须从功用的角度出发，这种工艺必然出现在最需要它的地方，出现在相关技术基础最成熟的地方。

（四）细石叶工艺起源区域与年代

安志敏列举了细石叶工艺起源四种假说：欧洲说、西伯利亚说、蒙古说和华北说，他认为细石叶工艺起源于华北，主要证据是华北有峙峪、小南海这样类似细石叶工艺的旧石器时代晚期遗址，另一个证据是宁夏水洞沟遗址发现了被认为是细石叶工艺前身的石叶工艺[130]。但是峙峪和小南海的石器技术中并没有细石叶工艺要素的关键内容，也就是两面器技术。此外，小南海石制品组合早晚混合在一起，年代测定没有更新的工作，已有年代数据难以确信。水洞沟石制品组合中同样缺乏两面器技术。杜水生主张下川遗址代表的细石叶工艺起源于华北，虎头梁遗址代表的细石叶工艺起源于西伯利亚[131]，但是，就其工艺要素而言，这两种技术类型并没有本质的区别。

小林认为日本旧石器时代晚期早段也有类似小南海这样的"似细石叶"，但他认为与细石叶没有关系；他主张日本的细石叶工艺是独立起源的；在细石叶工艺出现之前，日本列岛有一种琢背石叶工业（backed blade industry），这种石叶的宽度常常超过 11 毫米，但是细石叶并非这种小石叶的缩小版，而是当地石叶工业在"接受"新的刺激后形成的，小石叶后来消失了。实际上，如果"接受"就是细石叶工艺的影响，就很难说日本的细石叶工艺是本土起源的，前文也论及日本列岛细石叶工艺存在的特殊性，它独立起源的可能性不大。

托巴列夫（A. V. Tabarev）认为细石叶工艺的核心区是西泛贝加

尔湖地区、上阿穆尔盆地和蒙古东北部，也应起源于这些地区[132]。
戈贝尔（T. Goebel）同样认为细石叶工艺可能起源于中、东部的
蒙古[133]，主要考虑因素是目前细石叶工艺比较确凿的年代都是
在 17500 BP，早于 18000 BP 的材料不大可靠；而且人类在西伯
利亚末次盛冰期时撤离了这一地区，西伯利亚旧石器时代晚期早
段的石器技术中具有细石叶工艺关键的工艺要素即两面器技术，
欧亚大陆西侧更早的旧石器文化中就有这种技术。

单纯从考古发现来判断细石叶工艺起源的年代与地域是不够
的，将细石叶工艺已有的分布中心区当成起源区也失之简单。前
文已经讨论了细石叶工艺的性质，它是一种有利于高度流动生计
的技术；这种有利于高度流动狩猎采集的石器技术本身还说不上
是风险最小化策略，对于狩猎采集者而言，风险最小化策略就是
提高流动性，细石叶技术是手段。在民族学材料中，流动性最大
的往往是以狩猎为主要生计方式的群体，而完全在草原环境或者
接近荒漠的地带，猎物资源的密度并不高，对于徒步的狩猎采集
者而言是难以生存的，即使是对于近现代被排挤到边缘地区的狩
猎采集者而言，也没有完全在草原地带生存的[134]，他们必须生
活在草原与森林结合地带，这样才能避免过度依赖一个地带资源
的风险，而且在寒冷的、冰雪覆盖的季节可以在森林中狩猎和躲
避寒风。草原与森林的结合地带也是以狩猎为主生计的最佳地带。
利用现代气象材料建立的狩猎采集者的模型发现（图 4.6），在中
国现有气候条件下，如果人类使用狩猎采集经济，那么最适合狩
猎为主的地区就是从东北到西南的森林草原自然过渡带，向北还
可以延伸至现在蒙古东部和俄罗斯贝加尔湖以东地区（主要是根
据生物圈初级生产力的分布来确定[135]）。或者可以这么说，如果
细石叶工艺在现代气候条件下起源的话，那么它应该起源于这个
地区。这也解释了为什么细石叶工艺在这个地带一直使用到历史

时期。但是，细石叶起源之时正值末次盛冰期前后，北半球的气候带普遍南移了3—5个纬度[136]，在中高纬度的变化幅度更大。所以，如果细石叶工艺在末次盛冰期起源的话，那么它应该起源于华北腹地，而不是这个从东北到西南的交接地带，更不可能是有些学者认为的泛贝加尔湖地区或者蒙古东部[137]。

末次盛冰期前后环境变化的主要特征是原有资源的分布斑块化，而且斑块之间的距离不断扩大，直到彻底被新的环境取代。随着距离的扩大，狩猎采集者必须提高他们的流动性，以获得已经习惯利用的资源（图4.7）。当他们的流动性达到极限之后，他们只有去开发利用新的资源、利用更多种类的资源（也就是所谓的广谱适应），以及强化利用一些以前不会使用的资源（如加工有毒的植物使其失去毒性）。

末次盛冰期时，苔原在中国东北延伸至北纬45°，而现在中国境内没有苔原分布，针叶林的分布南界从北纬50°移到北纬23°左右。现在从东北到西南的森林－草原交接带在那个阶段出现于华北腹地，广袤的西北、青藏和内蒙古是干草原（图4.8、图4.9）[138]。末次盛冰期时的西伯利亚西北部为冰盖所覆盖，另外，西伯利亚高原、阿尔丹山原、贝加尔湖东部山区以及西部阿尔泰山脉一带都有冰川分布，剩下的地区大部分又是苔原和猛犸象草原（mammoth-steppe）[139]。但是戈贝尔的古环境复原认为西伯利亚南部边缘地区是松林－草原（pine forest-steppe）地带，也有研究认为与之接壤的中国东北北部是苔原地带，更可能的是在西伯利亚南缘只是局部地区存在森林－草原，因为这一地区还有大面积的山岳冰川，然后是大面积作为过渡地带的苔原、干草原。因此可以说，在末次盛冰期时大面积的森林－草原交接地带分布于以华北腹地为中心的区域，这个区域最有可能是从西伯利亚南撤的狩猎采集者的生存地带。在历史时期，每当气候变冷时，都会出现北方人群南侵现象。这个森林 – 草原交接带的南界在北纬33°左右，而细石叶工艺的分布南界也在这里，同时与猛犸象 – 披毛犀动物群的分布一致，即不超过北纬33°，这个巧合值得关注，它显示出细石叶工艺是对一种特定环境的适应。

如今西伯利亚的环境是自北向南，由苔原、泰加林向草原再向沙漠过渡，草原分布于北纬52°—53°（300公里宽），森林草原交界带动物资源丰富，最适合人类生存。人类可能在晚更新世早期（120000—110000 BP）生活于南西伯利亚资源多样的山区，人类在旧石器时代晚期早段已到达这一地带，即北纬55°，在旧石器时代晚期中段到达北纬60°[140]。但是，在旧石器时代晚期晚段，随着末次盛冰期的到来，人类离开西伯利亚，少量留在南西伯利亚的山区，大部分进入华北地区。

现在可以确定细石叶工艺起源地是一个生态过渡带，也是一个文化过渡带。西伯利亚旧石器文化南侵在末次盛冰期之前就已发生，如宁夏的水洞沟文化。埃尔斯顿等也认为欧亚石叶技术的传播是从北向南的，年代确定在29000—24000 BP，遗址中发现小的似细石叶的两极小石叶甚至可能是细石叶技术的前身[141]。不过它们更有可能是修理所致，水洞沟2005年发掘季度在第二地点第一发掘区发现许多似细石叶的小石片；另外，技术要素分析也表明两极技术（bipolar technology）并不是细石叶工艺的技术要素。在末次盛冰期，这个文化过渡带随着人类南迁进一步南移，在西部可以看到甘宁和山西南部地区所有旧石器文化面貌发生了很大的改变[142]。一般而言，文化接触更容易促生新的文化因素出现。很显然，细石叶工艺不同于流行于北非、西亚和欧洲的几何形细石器技术，它强调两面器石核预制和棱柱状石核技术，本身就是一种文化交流的结果，因为棱柱状石核技术在华北的出现甚至可以追溯至早更新世（图4.9）。

在知道细石叶工艺起源于文化－生态过渡带之后，就可以去追溯这个过渡带的年代，它也就是细石叶工艺可能产生的最早年代。弗兰尼肯认为久克台的细石叶工艺可以早到36000 BP，最晚到11000 BP，其中四个遗址超过20000 BP。后来那些早期遗址年代都被否定。托巴列夫认为细石叶工艺起源于25000—22700 BP，而目前俄罗斯境内年代确凿的细石叶工艺仅在17500 BP左右，发现于南贝加尔湖地区[143]。华北地区原来最早的细石叶工艺年代来自下川遗址与丁村77: 01地点，然而年代也有争议，而且缺乏新的测年工作。河南新密西施遗址、山西柿子滩遗址细致的发掘工作与新的测年都把细石叶工艺的最早年代推到了距今2万年前[144]。

我们还可以从另外一个角度来看。内蒙古东部金斯太遗址是近年来发现的含细石叶工艺最为丰富的旧石器遗址，共有三个文化层，年代分别为距今大约3万、2万与1万年[145]，前两个文化层都没有细石叶工艺。中间文化层是类似于水洞沟的石叶工业，包含有典型的勒瓦娄哇技术。最晚的层位中才有细石叶工艺。如果细石叶工艺起源于蒙古东部地区，那么它的年代不应该晚于华北地区。

细石叶工艺的起源涉及人类何时进入美洲这个大问题。反过来，最早的美洲人肯定来自亚洲，这个问题可以反证细石叶的起源年代。分子生物学分析显示，人类第一次迁往美洲最早在距今2万年前，是沿海路迁入的，来自中南西伯利亚地区；稍后人类通过内陆到达美洲，来自同一地区，影响了北美和中美的基因；第三次更晚，影响的是阿留申群岛人、爱斯基摩人和纳得勒（Na-Dené）印第安人[146]。还有一项研究表明，美洲土著与东南和东北西伯利亚土著的基因距离最近[147]。如果人类在移入美洲之前就已经熟练使用细石叶工艺，那么，他们到达美洲后还可能使用细石叶工艺。从细石叶工艺到克洛维斯尖状器技术（Clovis point）

是不可能在极短的时间内完成的。实际上，细石叶工艺传播到北美是在人类第三次移入北美之时。很有可能细石叶工艺成熟于最早的亚洲人口迁入北美之后，而且它的传播是从南向北，从西向东进行的。也就是说，细石叶工艺起源的年代可能是末次盛冰期来临之时，与人类首次进入美洲差不多同时。气候显著变冷之后，森林 - 草原带南移，原有适应的资源斑块日益稀疏，同时白令陆桥开始形成。人类开始离开西伯利亚寒冷的腹地，向南和向东迁移——向南能够找到原来已适应的资源种类，向东则可以找到从未利用过的资源，所以人类只能在这两个方向上迁移，而不是向北和向西。因此，理论上可以把细石叶工艺起源的年代定在末次盛冰期来临之时，即大约 24000—21000 BP。

（五）细石叶工艺所代表的旧石器时代晚期晚段适应

综上所述，我们可以得出以下结论：①细石叶工艺是一种有利于狩猎采集者高度流动的石器技术；②是两面器技术传统和棱柱状石核技术传统相结合的产物；③是狩猎采集者对于末次盛冰期前后资源变化的适应；④是流动性狩猎采集生计发展的顶峰；⑤产生于末次盛冰期前后华北腹地。

旧石器时代晚期晚段华北的技术特征是以细石叶工艺为主，这个阶段目前大致可以看出两种生计模式：一种是生产较大细石叶的模式，以下川、虎头梁为代表；一种是生产较小的细石叶的模式，以淳泗涧、马陵山地带的遗址为代表。前者大抵相当于谢飞所提到的"以楔形石核技术类型为主的分布区"，后者相当于"以船形石核技术类型为主的分布区"[148]。这种区分意义在于它们可能加工不同资源种类，即前者更强调狩猎和植物性食物的采集，后者更可能与水生资源的利用有关。当然这种区分并不是截然对立的，它反映的只是一种宏观区别。

与旧石器时代早中期的技术相比，晚期的技术文化组合（techno-cultural complex）更加丰富、复杂。通过流动性、效率、可维护性、适应性和耐用性五个维度的比较，细石叶工业产品显示出良好的流动性，即便于携带；使用效率高；具有非常好的可维护性，随时可以更换刃口；可以用作多种工具，适应面广。从技术的成本和效益的角度进行分析，就会发现细石叶工艺的高效益是以耐用程度较低为成本的。它也反映旧石器时代晚期晚段的人类更加强调工具的可携带性、效用、可维护性和广泛的适应性。简言之，在华北旧石器时代晚期的生计技术中，可以看到一些基本趋势：①狩猎采集者的流动性前所未有地提高，人们追求尽可能大的采食地理范围或利用频率，反映在资源密度、人口压力以及人们对资源的确定性的需求（避免一下子找不到食物）上出现了问题；②他们采用标准化的工艺，追求对多种任务的适应性，一方面人们采食的范围扩大，需要从事更多种类的任务，另一方面反映资源的不确定性更高，人们出发采食时可能无法准确预知所能采食的对象，所以只好准备适应面更宽的工具，这也与高的流动性相适应；③追求器物更高的可维护性，这与工具标准化、多功能的特点一致；④采用最优质的石器原料，这反映人们对器物效率的追求，可能与资源的季节性、偶然性增强相关，人们需要在有限的时间窗口内尽可能获取更多的资源；⑤相对而言，不优先考虑器物的耐用性，这也因为当时人们流动性强，轻便的小工具必然在耐用程度上逊色于精细磨制的大工具。

石叶和细石叶工艺的产品是为制作复合工具而生产的。细石叶工艺产品于旧石器时代晚期晚段迅速在华北流行，并且扩散到日本列岛和北美的阿拉斯加，这与它使用上的优势是分不开的。以细石叶工艺为主的工业的产生表明人类生存环境的扩大，以致开始利用更加边缘的环境。这种工业在我国从东北到西南自然过渡带的长期存在也表明其对于边缘环境的适应，以及对高度流动的狩猎采集生活的高度适应。

（六）细石叶工艺与农业起源

在详细讨论了细石叶工艺的性质、起源等问题之后，农业起源跟它们有什么关系呢？第一章我们谈到狩猎采集者的压力应对机制，包括增加流动性、扩大食谱、控制人口增长、增强竞争或合作、技术革新等方面，其中增加流动性是最基本、最简捷的方式，它的成本最低。无须扩大食谱、改变早已习惯的食谱，或增加大量的劳动、发展相应的技术以处理难以加工的食物（如加工坚果或其他细小的植物种子，需要磨盘、杵臼或过滤沉淀工具等）；控制人口增长对于狩猎采集者来说是难以做到且痛苦的；增强竞争也一样，求助于人只能偶一为之，因为如果适应压力是大范围的，就很难找到可以求助的对象，而且求助也不是没有成本的，这意味着群体整体社会地位的下降；技术革新则需要更多的条件，也是一个长期的过程。

细石叶工艺是一项石器技术的革新，它满足了狩猎采集者携带最小重量的工具、实现最多功能的目的，在这个意义上，细石叶工艺就是末次盛冰期以来狩猎采集者应对适应压力的基本措施！它是农业起源过程的第一步！表面上看，增加的流动性与需要定居的农业生产相互矛盾。农业生产是狩猎采集者应对适应压力的全系统的文化反应，它的第一步就是需要狩猎采集者开始强化利用生境中的资源。加强流动性是这一策略的第一步，狩猎采集者更加熟悉自己生境中的资源种类、分布、数量，并强化所有权观念。从加强流动性到强化利用某些食物资源，最后形成物种驯化，农业形成。没有这第一步，也就没有后来的农业。

当然，流动性不是可以无限提高的。增加对生境内资源的搜寻频率一开始当然可以增加资源的收获量，然而持续增加就会造成边际收益递减，一个生境内初级生产力取决于太阳辐射量（温度）与降水，虽有年度波动，但它有上限，依赖它而生存的次级生产力（动物）也有上限。也就是说，无论狩猎采集者流动性有多高，他们能够获取的资源并不是无限提高的，而且，一旦狩猎采集者破坏了生态平衡，整个生境的生产力可能迅速恶化。从另外一个角度来说，依赖陆生资源的狩猎采集者通过步行狩猎采集，每天能够覆盖的范围也有上限，当技术手段一定的时候，并不可能无限增加资源的获取量。

　　单纯就流动性而言，狩猎采集者只有两种选择。一是继续保持高度流动的生计，为了实现整个目标，他们可以：①找到可以利用的工具，如舟楫、马匹，提高牛境覆盖的范围；②控制流动的资源，如驯化食草动物，形成畜牧经济；③与农业群体共生，通过交换获得农业产品；④发展多元经济，群体内发展分工，部分成员去狩猎采集，其余人则放弃之。归纳起来说，在物种驯化之前，唯一能够利用的只有舟楫，通过水运提高流动性。另外一种选择就是降低流动性，直到完全定居，这就需要在有限面积的生境内获得必要的资源。如果没有可供持续利用的自然资源，那么食物生产就是唯一可行的策略。在缺乏水生资源与水运条件的区域，狩猎采集者一旦形成了适应压力，走向某些资源强化利用就是必然的。

　　现有考古学与民族学材料告诉我们，采用细石叶工艺的狩猎采集者群体并没有都走向农业生产，不仅从中国东北到西南的自然过渡带地区是这样，东北、西北、蒙古高原、广大的西伯利亚地区、日本列岛等也是如此。这些地区的狩猎采集者运用细石叶工艺能够获取必要的生活资源。这里存在一个明显的分化过程：采用细石叶工艺的狩猎采集者走上了不同的发展道路，一部分如中国华北地区的狩猎采集者因为更高的人口压力与特殊的资源条件（参考下一章），选择了降低流动性，开始走向资源强化利用；另一部分狩猎采集者利用细石叶工艺有利于流动的优势不断拓展边缘生境，如西伯利亚、北美西北部、蒙古高原等地区，或是发展水生资源如日本列岛，因而长期没有形成适应压力，保持了狩猎采集的生计方式。

前面将旧石器时代晚期早段中国华北地区狩猎采集者的适应模式大致分为水洞沟、峙峪、山顶洞－东方广场－小南海、小孤山四种模式，晚期晚段只有细石叶工艺一种模式。这种静态的划分实际上并不能充分体现史前人类适应策略的变化，晚期晚段与新石器时代之间要划出一条分界线是困难的，其间有个过渡期。当前的断代方法是把更新世与全新世的分界也视为旧石器时代与新石器时代的分界，然而地质学上的分期与史前人类文化分期并不能绝对等同。目前的断代体系反映的是中国史前史研究传统——旧石器时代考古研究由具有地质学背景的学者开创，而新石器时代考古是由具有历史学背景的学者创建的。从晚期晚段最后阶段到新石器时代典型特征（农业的建立），即从距今 1.5 万年到距今 8000 年，经历了将近 7000 年的过渡期。细石叶工艺在中国华北地区也由极盛变为完全衰落，在中原地区则完全消失。

中国华北地区现有的考古发现很清楚地显示出含细石叶工艺的考古遗存特征的变化。从器物组合上来看，最重要的变化是耐用工具的出现，如锛形器，还有石磨盘这样的"遗址家具"（site furniture）。越是接近全新世的遗址，这种器物就越丰富。后来又出现了陶器、磨制石器，一个新的时代开始了。从遗址结构上来看，含细石叶工艺的遗址通常表现为地点群（或称遗址群），它反映的是狩猎采集群体在生境内流动性的加强，人们在有限区域内搜寻食物资源的频率明显提高。但是到了旧石器时代晚期晚段的最后阶段（即1.5万年后），地点群内部出现了引人瞩目的分化，有些遗址包含有特别丰富的遗存类型，通常意味着更长的居留时间，比遗存的数量更有说服力。一个群体在某个地方居留时间越长，所要从事的活动种类越多，留下的遗物类型也越丰富。我将在第六章第二节详细讨论具体的考古材料，在此先略过。

简言之，我们现在比较明确的是中国华北地区旧石器时代晚期早段就已经出现了适应方式的地区分化。随着末次盛冰期到来，气候日趋寒冷干燥，地表生产力降低，晚期晚段华北地区普遍流行细石叶工艺，狩猎采集者大幅度提高流动性来应对分布稀疏与流动的食物资源。末次盛冰期的结束，人类生境与资源分布又发生了重大的变化，细石叶工艺在华北地区达到巅峰。随着气候进一步回暖，细石叶工艺开始衰落，新的适应方式出现。现有的考古材料记录了变化的基本过程。

四　长江中下游地区旧石器时代晚期的适应变迁

（一）材料与研究

1989年《中国远古人类》出版的时候，整个长江中下游地区还没有发现真正有意义的旧石器时代晚期的考古材料。20世纪90年代以来，湖南、湖北、安徽、江苏等地相继发现了数以百计的旧石器时代遗址或地点，连长期空白的江西、浙江也有所突破。尤其是长江三峡工程、南水北调工程所带来的大规模文物调查与发掘，更是导致湖北西部及周边地区考古材料的集中发现。然而，除了少数热点地区外，长江中下游地区旧石器时代晚期的发现与研究依旧非常有限，材料零碎，最为困难的是绝对年代的缺乏，由于土壤保存有机质的条件差，通常不容易找到可以测年的材料，造成年代框架难以建立起来。又由于缺乏对典型遗址长期系统的研究工作，所以我们难以全面把握旧石器时代晚期的文化面貌。最后，以石器技术类型学为中心的研究方法造成考古材料的信息含量的不平衡，对我们探讨古人文化适应方式的变迁相当不利。

就目前已有的考古材料看，湖南地区因有较为持续的工作，材料相对更丰富、更系统，构成了长江中下游地区的基本文化框架。200 余处旧石器地点，分布于湘、资、沅、澧四个流域，其中沅、澧流域尤为丰富。目前的年代主要根据阶地年代，一级阶地为旧石器时代晚期，二级阶地为中期，三、四级阶地为早期。其基本的前提是古人为了取水、捕猎（动物要到水边来饮水）方便，必须近水而居。旧石器时代晚期的堆积还见于表层地层网纹退化的风化壳，它可能是末次冰期的产物。综观湖南旧石器的风格，整体上属于南方砾石石器工业，其内在变化首先表现为地区差异。相对而言，湖南东部的湘、资流域发现较少，特点尚不清晰；湖南西部的沅水中游与澧水流域各自形成了风格独特的文化区域，被称为"潕水文化类群"与"澧水文化类群"。它们各自有不同阶段的发展历程：潕水文化类群从早到晚分别以二卵石、岩屋滩、长坪等遗存为代表，澧水文化类群从早到晚则有虎爪山、鸡公垱、乌鸦山、十里岗等典型遗存。燕耳洞、十里岗的细小燧石石器工业，与澧阳平原新石器时代早中期文化中细小燧石石器工业一脉相承。潕水文化类群与贵州、岭南地区的旧石器工业更接近，是一个小区域的地方文化变体，其晚期没有出现石器的小型化现象，不同于澧水流域[149]。

澧水文化类群主要分布于澧水流域和洞庭湖西岸，包括沅水下游的丘陵平原地区。不完全统计的地点就超过 100 处，经过发掘的有津市虎爪山、澧县鸡公垱、乌鸦山、石门燕耳洞、大圣庙、石家坪、胡家堡、谢家堡、王家山、临澧竹马等地点。它明显存在两个阶段，早期是典型砾石石器工业，晚期[150]出现细小燧石石器。后者还可以进一步分成两个阶段：前一阶段以乌鸦山为代表，石器工业出现小型化趋势；后一阶段包括燕耳洞、十里岗、竹马等地点（表4.6）。

表 4.6　长江中下游地区旧石器时代文化序列[151]

时间（万年）	阶段	典型的遗址	
		长江中游地区	长江下游地区
约 3.5—1	**旧石器时代晚期** 旧石器时代晚期晚段（LUP）	竹马、燕耳洞、十里岗、樟脑洞	三山岛、仙人洞
	旧石器时代晚期早段（EUP）	乌鸦山、鸡公山上层、张家营	打鼓岭
早于 3.5	**旧石器时代早中期**	石龙头、九道河、鸡公山下层等	毛竹山、水阳江、官山等

湖北材料最好的要数鸡公山遗址，上、下两个文化层清晰地显示出两个文化阶段不同的石器工业特征，下文化层是典型的砾石石器工业，上文化层出现石器工业的小型化[152]。湖北西北部的樟脑洞遗址 ^{14}C 测定年代为距今 13490±150 年[153]，为旧石器时代的最后阶段。配合南水北调工程的旧石器调查与发掘揭示汉江流域存在早晚两期风格差异明显的石器工业：早期为砾石石器工业，晚期出现石器的小型化，以石片石器为主，如石鼓后山坡[154]、余嘴[155]等地点。早晚两期的明确区分与湖南地区是一致的。只是目前材料仍然有限，无法确定晚期与早期石器工业区分的准确年代，暂且将之视为晚期石器工业，为旧石器时代晚期。

长江下游地区旧石器时代晚期文化遗存的发现更加贫乏。江西新余袁河流域的打鼓岭地带可能处在旧石器时代晚期。房迎三等运用光释光法试测打鼓岭中、上部两个沉积物样品，所得年代分别为距今36100±2600年和64200±4900年[156]。石器组合已经小型化，以石片石器为主。更晚阶段的考古材料只有溧水的神仙洞，其绝对年代仅为距今11200±1000年[157]，加之可能出土陶片，实际可能如万年仙人洞、道县玉蟾岩一样，属于最早期的新石器时代（或新旧石器时代过渡期）的遗存。倒是万年仙人洞、吊桶环超过1.5万年的下部地层更接近旧石器时代晚期[158]，也属于小型石片石器工业。浙江长兴七里亭遗址上层可能属于旧石器时代晚期，其石器工业出现小型化[159]。类似的遗址还有安徽东至的华龙洞[160]。

（二）旧石器时代晚期文化特征

由于材料的限制，我们目前对于长江中下游地区旧石器时代晚期的文化特征主要是通过石器材料获得的，了解相当有限。一个最为明显的特征是石器的小型化，旧石器时代早中期流动的砾石工业传统中出现了石片工业，石器的尺寸明显缩小。这里还需要强调的是长江中下游地区的西部，也就是与西南地区接壤的地区，如三峡地区、澧水流域。这里山高林密，地形复杂，其石器文化特征更接近西南地区，具有明显的地域特色，没有出现如长江中下游地区那样的小型化现象。神农架地区的犀牛洞遗址出土化石，铀系测年的年代约为10万年，石器以大中型为主，90%为燧石原料[161]。研究者认为与贵州观音洞的石器特征较为相似，而不同于典型的华南旧石器工业[162]。澧水文化类群石器以砍砸器（或称砍斫器）为主，少量刮削器，少有尖状器。制作技术以锤击法为主，兼有见于西南地区的锐棱砸击法。

另一个值得注意的现象是石器的小型化还影响到了同时存在的砾石石器，湖南诸遗址以小型石器为主的石器组合中也包含大型石器，乌鸦山遗址中大型石器的比例已不到30%，十里岗遗址中仅占10%，即便是砾石石器，其大小也同步小型化了。因此，我们不难发现长江中下游地区旧石器时代晚期石器文化具有独立的发展特征，既不同于西南地区，也不同于华南地区（参考第八章），这两个地区没有石器小型化的趋向。长江中下游地区倒是与华北地区有相似的趋势，在旧石器时代晚期出现了更为细小、精致的细石叶工艺。

与石器的小型化相辅相成的是石器原料的变化，在长江中下游地区，旧石器时代晚期的石器原料更多选择硅质岩，如乌鸦山、燕耳洞、十里岗、樟脑洞、华龙洞等遗址以燧石为主；打鼓岭、汉江中游诸遗址采用质地较好的石英；鸡公山上层则兼而有之，燧石占20%[163]。部分优质原料并不产于当地，可能需要长距离的交换或搬运才能获得。原料精细的直接结果就是产生了更锋利的切割刃缘。

从石器组合的角度来看，长江中下游地区旧石器时代早期属于南方砾石石器工业传统，但不同区域有所变化，比如同属长江中游地区的湖北汉水流域与湖南澧水流域，但基本上大同小异。形式各样的砍砸器是代表性器物，大三棱尖状器[164]（汉水流域表现为手镐）、原手斧（或称类手斧）、薄刃斧（主要发现于汉水流域）、石球[165]（主要发现于澧水流域）、大石片等成为其石器组合的核心，多以粗大的砾石为毛坯直接打击而成。石器组合中也包括刮削器、尖状器等小型器物，但所占比例小。旧石器时代晚期的代表性石器组合则颠倒了两种组分的比重，刮削器占据绝对优势，尖状器、砍砸器次之。即便同是砍砸器，晚期的也明显小于早期的。石器的加工技术也更加精致，十里岗遗址发现部分细小石器刃部加工疤痕小而浅，可能采用了压制的加工方法[166]。

与石器大小、原料、类型组合相关联的是使用功能的差异。以粗大砾石为原料制作的砍砸器、大三棱尖状器、薄刃斧等工具显然更有利于砍伐、敲砸、挖掘，而不利于切割、剔刮[167]。而以燧石等精细原料制作的旧石器时代晚期组合以刮削器为主，更有利于切割、剔刮活动。与石器重量相关的是那些粗大的工具不利于携带，人们只能在有限的范围内使用它们；相反，精细原料制作的细小石器非常便于携带，人们可以在更广大范围内使用。此外，这些细小的工具更可能与其他材料结合，成为复合工具，发挥更大的使用效率，如装柄使用、镶嵌使用等。

除了石器组合上体现的差异，旧石器时代晚期的遗址结构与位置也发生了相当大的变化。一般说来，石器组合的丰富程度代表人类活动的类型；而人们在一地居留时间越长，所从事的活动类型也就越多，所以石器组合的丰富程度通常也用来指示人们在一地居留时间的长短。与旧石器时代早期石器组合相比，晚期组合不仅包含了砾石石器的内容，还有形式各异的刮削器，遗存的丰富程度远大于早期遗址，显示出人们在一地的居留时间的延长。旧石器时代晚期的遗址以湖南地区为例，典型遗址乌鸦山、十里岗都在河流左岸，也就是阳面；而早期的典型遗址虎爪山、鸡公垱则在河流右岸，也就是阴面[168]。这种差别可能反映的是不同气候条件下的适应策略。更为有意义的差别在于旧石器时代晚期的遗址能够超越阶地的约束，分散到了不同阶地上，不像早期遗址那样近水而居。这一方面反映当时人类生境的拓展，另一方面反映人们利用的资源类型更加宽广。旧石器时代早、晚期的差别可以归纳为下表（表 4.7）。

表 4.7　长江中下游地区旧石器时代早期和晚期文化特征对比

	旧石器时代早期	旧石器时代晚期
石器大小	较粗大的砾石石器	出现明显的细小化趋向
原料选择	河流砾石，原料选择不严格	燧石、优质石英等，更精细

续表

	旧石器时代早期	旧石器时代晚期
工具组合	砍砸器、手镐、薄刃斧、石球等粗大石器为主	刮削器、尖状器等石片石器为主
使用功能	更适于砍伐、敲砸、挖掘等采食加工植物的活动	更适于切割、剔刮等加工动物产品的活动
遗存结构	相对简单，砾石石器为主	考古遗存类型更丰富多样
遗址位置	洞穴、近水阶地，位置较为固定	生境类型更多样

（三）旧石器时代晚期狩猎采集者适应方式的变迁

长江中下游地区旧石器时代晚期人类的适应方式发生了重大的变化，石器材料很清楚地显示了这一点，石器大小、原料、类型、功能等方面都反映出适应方式的变迁。旧石器时代早中期人类可能更多依赖植物性的食物，更强调采集；而晚期更多强调狩猎，切割、剔刮工具的发达印证了这一点。末次冰期时，北方动植物群向南迁移，部分地区开阔的草原取代了茂密的丛林（参考第五章），新的环境吸引了食草动物的到来，也使得狩猎成为一种可能的生计重心。当然，我们必须注意到长江中下游地区是北方动物群的边缘地带，就像我们前面所说的生态交错带，具有资源多样性与不稳定性的双重特点，以狩猎为重心的生计具有更高的风险性。一旦气候改变，北方动物群回撤，这里就会面临猎物资源枯竭的困境。此外，我们还需要了解，以动物狩猎为主的适应方式所能支撑的人口密度要小于以植物采集为主的适应方式。道理很简单，动物是次级消费者，人类实际只能捕获到动物所获得能量的一部分，作为捕猎者的人类就像虎、狮这样的顶级消费者一样，需要非常大的生活区域才能满足生存。因此，我们可以从中推知，同样的人口密度对于依赖植物采集的群体来说，可能并不构成人口压力；但对于依赖狩猎为生的群体来说，早已超越了人口极限（可以参考第三章），他们就不得不转换生计方式，这是早期农业为什么会在长江中下游地区首先出现的重要原因之一。

从遗址的分布中我们可以看到末次冰期的影响，为了温暖，人们选择了河流阳面（北岸或左岸）居住，与早期遗址有明显的差别。又由于草原的增多，狩猎经济的比重加大，人们的活动范围加大，长距离的流动性加强，细小的石器工业也应时而生。旧石器时代晚期遗存超越了阶地限制，拓展生境，利用更宽广的资源类型，这反映在石器工业丰富的类型与多变的刃部形态上。为了应对生态交错带高风险的环境，古人需要采取更为弹性的适应方式。他们保留了长江中下游地区从前强调植物采集的生计因素（砾石工业传统继续存在），同时添加了狩猎经济的成分。即便是狩猎，跟华北地区旧石器时代晚期晚段标准化、专业化的工具组合相比，长江中下游地区狩猎比重可能稍弱。这种混合策略是应对多变环境的适应方式，它不是一种特化适应方式，也不是一种进化稳定性策略[169]，其脆弱的平衡很容易被打破，原因很简单，因为这个地区的狩猎资源并不稳定。

长江中下游地区旧石器时代早中期的遗址或地点多是广泛而零星地分布的。袁家荣在澧水流域的系统调查表明，这里的旧石器时代地点分布密度相当大，沿河的网纹红土阶地上几乎都可以发现石器材料（现已发现 70 余处）。但是面积稍大、石器集中的地层罕见[170]。由于砾石石器粗大笨重，不便携带，加之原料便利，因此许多石器就地制作，即用即弃。遗址石器组合类型简单，即使是数量大（可能与反复光顾这一地点有关），也可能反映人类在遗址中活动类型少，居留时间比较短。相对而言，旧石器时代晚期的遗址器物组合类型丰富，则反映着更长久的居留时间。根据宾福德对狩猎采集者流动性的研究[171]，长江中下游地区旧石器时代早中期狩猎采集者的生计策略非常接近采食者（foragers），他们没有明显的中心营地，遗址之间很少有功能上的区分，人们随食物的分布、流动而迁徙。相反，旧石器时代晚期，当时的狩猎采集者更可能采取的是集食者（collectors）策略，出现了中心营地，不同遗址之间可能存在功能上的区别，如乌鸦山、十里岗遗址，遗存丰富，还有一些遗址或地点只是短时间的临时利用，人们可能把部分食物尤其是需要储备的食物带回中心营地。我们知道在末次冰期，长江中下游地区平均温度有明显下降，生长季节缩短，人们必须更加依赖食物储备才可能度过食物短缺的冬春季节。正如前文所言（参考第一、二章），集食者策略是走向农业起源的狩猎采集者必须采用的适应策略，唯有如此，才有可能发展出农业生产所必需的耐用工具、建筑设施、储备技术，乃至社会组织等。旧石器时代晚期长江中下游地区人类适应策略的变迁，从采食者策略向集食者策略的转变，是农业起源的重要前提条件，也就是我们前面所说的资源禀赋的积累。

五 小 结

农业起源的根源需要到旧石器时代晚期寻找，这是一项重要的研究方向，但是由于研究体制与理论研究的局限，此课题一直没有充分展开。这一章比较详细地分析了华北与长江中下游地区的旧石器时代晚期的材料，探索农业起源前的两地所发生的人类适应变迁，以及它们与农业起源的关联。华北地区有中国境内最丰富的考古材料，现有材料分析表明华北旧石器时代至少可以分为两个阶段，较早的旧石器时代晚期早段人类适应方式至少可以区分出四种模式：水洞沟、峙峪、山顶洞-东方广场-小南海、小孤山。而到了晚期晚段，也就是末次盛冰期以来，开始流行细石叶工艺，它是史前狩猎采集者开始强化利用资源的第一步，即提高流动性。大约在距今 1.5 万年前后，细石叶工艺达到巅峰，同时也是华北地区旧石器时代文化产生分岔的奇点，一部分狩猎采集者的适应方式发生了急剧的变化，从高度流动的生计走向定居（流动性逆转，开始降低），一种新的适应方式开始出现。与华北地区丰富的材料相比，长江中下游地区的考古材料极为贫乏，但有限的材料却非常清楚地显示旧石器时代晚期此地区人类适应方式与旧石器时代早期相比发生了重大变化，从植物依赖的采集经济转向强调动物狩猎，从典型的采食者策略转向了集食者策略，从稳定单一的适应策略转向弹性多元的适应策略，为农业的起源积累了资源禀赋。

第五章
中国农业起源的环境初始条件

且夫水之积也不厚，则其负大舟也无力。

——《庄子》

一　前　言

自然环境条件及其变化对依赖自然资源为生的狩猎采集者而言无疑是极其重要的。成功的适应取决于能否准确判断自然食物资源的来源，知道如何去发现、有效获取它们。自然环境条件及其变化决定了食物资源在时间与空间上的分布特征，狩猎采集者文化系统的适应机制不得不随资源条件的变化而调整。在狩猎采集文化系统向农业转型的过程中，自然环境条件的变化是必须考虑的重要因素。

但是，这不意味着自然环境条件的变化直接导致了农业起源的产生，环境决定论者视文化系统如有机体——自动发生变化且不需要解释的系统，完全忽视其内在的变化机制，而将外在环境条件的改变看作最根本的动因。植物的生长固然需要温度、阳光与降水，但并不是说就不需要探讨植物本身生长的机制了。考古学家不是地学家，我们研究的是远古人类的文化，文化变化的机制是我们关注的问题。对于狩猎采集者的文化系统而言，自然环境及其变化是系统发生变化前的初始条件。考古学家关注外在条件的变化对于文化系统的影响，尤其是文化的反应机制与环境影响文化的作用过程。

前文中我们已经在理论上看到了自然环境条件对狩猎采集者文化适应机制的影响，下面需要回到具体材料层面上来研究中国农业起源问题。作为初始条件的自然环境在中国农业起源前后发生了怎样的变化呢？我将从三个层面来讨论，一是讨论狩猎采集者的最佳栖居地，二是讨论对狩猎采集者适应至关重要的生境——生态交错带。从这两个理论层面讨论狩猎采集者文化适应的区域特征，将有助于我们理解最早农业的发生地带。第三个层面将讨论中国农业起源前后阶段狩猎采集者生境的变化。

二　狩猎采集者的最佳栖居地

在考古学研究中，最容易犯的错误是把今天对环境的认识当成古人的认识。生活在工业时代的研究者，把现今富庶的地方当成自古以来环境优越的地方，认为石器时代的狩猎采集者也这么认为，或是把农业时代的认识用于判断狩猎采集时代。工业时代，市场决定资源的配置，所以交通便利的地方成为聚居的中心。海洋运输因为成本最低，所以现代发达的城市多分布在海岸地带。而农业时代，吸引人们的地方是气候适宜地区的土地，最肥沃的耕地在地形平坦、土层深厚、灌溉便利的地方，比如中国的中原地区，文明的中心就在这里形成。

对于石器时代的狩猎采集者而言，最不便于搬运的东西是水、石料与燃料（民族学上的狩猎采集者也是如此），这是他们选择栖居地的重要因素；另外就是要遮风避雨，防寒保暖，如果能够利用天然的洞穴、岩厦，则可以省去在居所建筑上的投入；最后就是接近食物资源。栖居地的选择通常是以上诸种条件综合考量的结果，其中水是首先需要考虑的因素。除去缺乏地表径流的沙漠、戈壁地区外，狩猎采集者的栖居地必须与河流相关。

　　任何一条河流都发源于地势较高的地区，上游往往是高山峡谷或是高原，地形逼仄，河流动力充足，砾石巨大。这里地形崎岖，河流湍急，不利于人类的行动，所以并不适合狩猎采集者的流动生计。而在下游地区，河流流动缓慢，泥沙沉积，河湖纵横，如果狩猎采集者没有舟楫之利，也难以行动；同时，静水环境滋生蚊虫，水体流动缓慢，缺乏洁净饮用水（除非打井）；再者，由于河流的分选作用，下游砾石尺寸小，缺乏可以制作大型石器的石材。从一条河流流域的角度来讲，河流中游是狩猎采集者生存的最佳地带[1]，这里的宽谷、盆地构成活动的开阔空间，河流的小支流与泉水出露的地方提供较安全的饮水，大小合适的砾石提供便利的石器原料（图5.1）。

　　在中国境内，这种地带主要指大江大河（如长江、黄河等）的支流流域，如汉江、湘江等。大江大河是这些支流的汇入地，更在其下游之下。所以即便是大江大河的中游，也往往是水网密布，湖泊纵横，比支流的下游地区更不适合狩猎采集者生存。我们有理由认为，中国大江大河支流流域才是史前狩猎采集者的最佳栖居地带，更吸引人类在此生活，也更有利于人类生存，其人口密度理所当然更高。

　　当狩猎采集者从最佳栖居地带向周边地区拓展的时候，向河流上游发展就会进入一些边缘环境，这里缺乏发展农业所需的开阔土地与灌溉条件。向河流的下游扩张，这里土地开阔，灌溉便利，倒是有利于发展农业。当然，人类还需要克服开阔地带频繁的洪水、黏重的土壤、繁茂的野草等不利条件。狩猎采集者需要有更大的劳动投入与更好的劳动组织，还需要更复杂的技术。

狩猎采集者的最佳栖居地带对农业起源有着怎样的影响呢？根据这个理论，我们可以认为农业起源之前狩猎采集者生存的核心地带在大江大河的支流流域。这些流域因为最受狩猎采集者的青睐，最有可能首先达到狩猎采集的人口极限阈值。单纯从最佳栖居地理论来看，农业应该首先出现在这些支流盆地、宽谷与山麓地带。随着人口的进一步增加，人类向上下游地区扩张。下游区域开阔平坦的地形，肥沃的土地，便利的灌溉条件极其有利于农业的发展，其不利的方面如洪水、清洁饮水、蚊虫滋生等问题，随着文化的发展而逐渐被克服。也就是说，从早到晚，我们应该看到这样一个过程：农业人口不断地向河流下游地区扩张；与之相应地，狩猎采集与农业群体人口也在往河流上游地区扩张，这里边缘的生境条件对人类生存是严峻的挑战，无论是狩猎采集还是农业都不易生存，于前者这个地带不利于流动，于后者这里缺乏可耕地与灌溉用水。

三　生态交错带

在第一章中，我曾介绍过生态交错带这个概念，它是两个生态地带的交汇地带，较之单个生态地带，其资源更加多样，但是它的问题是对环境变化更加敏感。典型的生态交错带是森林草原交错带，海洋与陆地的交接地带等。宏观上看，温带环境也是一种生态交错带，处在热带与寒带两极之间，华北与长江中下游地区都属于温带地区。由于大陆性气候的影响，长江中下游地区冬季的气温可以达到0℃以下，低于其他同纬度地区。冬季的低温有利于控制传染性疾病，同时，温带地区的物种种类不如热带多样，但它们往往形成大的群体或群落，如北美草原的野牛群、西亚的野生小麦草原，这种资源分布特征有利于人类利用与控制。

它又不像寒带环境那样过于单一、贫瘠，使得依赖步行的狩猎采集者难以利用。

除了纬度因素，海拔也影响人口分布[2]。海拔一方面影响气温，即每上升100米，温度降低0.6℃，所以海拔也可以控制某些传染病的分布；另外，海拔控制自然资源的分布，动植物呈现出垂直分布的地带性，比如在一定高度上，森林将不得不让位于草原，形成草原与森林的生态交错带。类似的交错带还有山地与平原的交汇带，如盆地的边缘、山麓地带。

狩猎采集者的最佳栖居地与盆地边缘、山麓地带有关，这里往往也是森林与草地（草原或草甸）的交错地带。在东北地区，河谷地带由于积水的原因，形成草甸，而山坡上，尤其是阴面的山坡上树木茂盛（阳面因为蒸发量大，大兴安岭地区也多为草坡）。与此类似，在黄土高原地区，山坡因为黄土较薄，地下水浅，可以生长森林；而在黄土深厚的塬峁上，地下水深，树根难以触及，所以形成草原[3]。盆地边缘、山麓作为森林与草地生态交错地带为狩猎采集者提供多样化的资源选择。它们与其最佳栖居地带优良的原料、水源、地形等优势结合起来就构成了双重有利条件。

以上是一种比较微观的视角，宏观的生态交错地带是从东北向西南贯穿中国的森林－草原交错带，它也是区分现代中国人口分布的黑河－腾冲线，东部密集，西部稀少。这个从东北到西南的漫长的地带跨越了不同高度的地形与干湿不同的气候带，但是，历史考古阶段的材料表明这个地带的文化存在着明显的相似性[4]，这个生态交错带是一个吸引狩猎采集者的地带，尤其是偏重于狩猎的狩猎采集者。史前的材料，包括旧石器时代考古材料表明如此，如带有莫斯特工业的石器技术就见于从内蒙古东部的金斯太到云南富源大河遗址的广大区域[5]。就这个地带的东部地区，即燕山南北地区而言，这里是古长城的分布地带，历代农耕与游牧民族在此厮杀争夺。就狩猎采集者与早期的农业者而言，这里也是一个反复波动的地区（参见第七章），其变化引人瞩目。

中国经典生态交错带还有两个。一个是秦岭 - 伏牛山 - 淮河过渡带，这里是温带落叶林与南部常绿阔叶林带分界线，也是传统北方旱作与南方稻作的分界线，还是文化地理意义上北方与南方的分界线。另一个是南岭过渡带，这里是亚热带与热带地区的分界线。二者加上燕山南北地区，这三个过渡带把中国东部地区分成四个主要的区域：蒙古高原、温带华北、亚热带的长江中下游与热带的华南。

特别值得注意的是，这些现在以山脉为界线的生态交错带是来回波动的，尤其是从末次盛冰期结束以来，气温上升明显。我们不难看到生态交错带从南向北的迁移过程，同时也包括被它们分割开来的四个主要生态地带。这种变化对史前狩猎采集者有着怎样的影响呢？相关环境研究很丰富，但有关它们是如何作用于人类的研究却不多，狩猎采集者文化生态学方面的研究尤为缺乏。

生态交错带是狩猎采集者偏好的栖居地，它以资源的多样性吸引着狩猎采集者，狩猎采集者在此发展出较为弹性的生计策略，以利用多样而变化的资源。因为生态交错带对环境变化敏感，狩猎采集者在获得资源多样性的同时，也要付出相应的机会成本，所以这一地带的适应风险比较高。较高的风险也促使他们采取更宽、更有弹性的适应策略，以应付难以预期的变化，比如采取食谱更宽的生计策略，更有流动性的采食策略，以及根据资源条件及时改变主要生计方式，等等。于是，生态交错带的整体迁移与反复波动让考古学家看到更多的文化适应策略的变迁。农业起源涉及文化适应策略的变化，它必然起源于对环境变化更敏感的适应策略中，这也正是在农业起源研究中探讨生态交错带的意义所在。

四　新的生境

末次盛冰期以来，由于一系列因素的影响（如米兰科维奇力、北大西洋深海通气等原因），气温上升，冰期结束，冰川开始融化，海平面上升。同时发生的还有大动物绝灭、季节性的增强、更小波动的稳定气候等。显然，并非所有变化都会直接影响狩猎采集者的栖居地，在更新世之末、全新世之初这段时间内，对狩猎采集者生计有直接影响作用的因素，我将其归纳为海平面上升、动物绝灭、季节性增强与稳定的气候等若干方面，下面分别加以讨论。

（一）海平面上升

末次盛冰期结束对狩猎采集者栖居地一个至为明显的影响就是海平面上升，从前的陆地被淹没，狩猎采集者的栖居地范围缩小。通过海洋钻探和国际合作研究，我们现在不仅知道末次盛冰期时海平面的最低水平，而且知道海平面上升的大致速率。运用这些材料，可以计算出不同阶段陆地所损失的面积，进而评估这个时期狩猎采集者栖居地所受到的影响。当然，海平面上升的影响还取决于地区的地理特征。一般说来，大陆架越宽，所受影响就越大。如非洲与南美洲西海岸大陆架狭窄，海平面上升淹没的陆地面积有限，对狩猎采集者的影响基本可以忽略不计。欧洲与北美洲大陆架跟东亚一样宽阔，但是这两个大陆的北部在末次盛冰期为巨大的冰盖所覆盖，狩猎采集者本来就无法居住。末次盛冰期后冰盖融化，形成了新的生境，弥补了海平面上升部分大陆架被淹没的面积损失。亚洲的情况则完全不同，即使是在末次盛冰期，内陆地区也没有形成大的冰盖，所以大陆架被淹没的损失是生存空间的纯赤字。其影响在内陆地区较小，实际上这里融化的冰川、更温暖湿润的气候扩大了狩猎采集者的生境；而在离海岸较近的地带影响则比较大。

末次盛冰期时，整个黄海、渤海完全变成了陆地，总面积超过45.7万平方公里，大约一半的东海面积也变成了陆地，面积接近35万平方公里，海岸线最远向东延伸了1000多公里[6]。加上南海暴露的面积，总的成陆面积接近160万平方公里，占现在大陆架面积的三分之一（表5.1、图5.2）。中国东部与朝鲜半岛、日本列岛通过陆地连接起来。暴露出来的大陆架在距今2.4万—1.8万年经历过一次沙漠化过程之后为植被覆盖，类似华北平原[7]。

表 5.1　末次盛冰期被淹没的大陆架面积[8]（单位：平方公里）

近海名称	现有面积	末次盛冰期面积	淹没面积	淹没比例
南海	3500000	280000	700000	20%
东海	770000	350000	420000	55%
黄海	380000	0	380000	100%
渤海	77000	0	77000	100%
总计	4727000	3150000	1577000	33%

海平面上升的过程相当迅速，距今1.5万—1万年，平均每年上升2.4厘米，海岸线向陆地方向前进大约100米[9]。当然，上升的速度并不均匀，如距今11050—10900年，可能受到新仙女木事件（Younger Dryas）的影响，海平面重又下降[10]。在距今约7000年前全新世大暖期时海平面的高度达到最高点，大约比现在的海平面高出4—5米（表5.2）。

表 5.2　末次盛冰期到全新世海平面上升的幅度[11]

时间（距今）	相对现在海平面水平（米）
8000—7000	+4—+5
9000	?

续表

时间（距今）	相对现在海平面水平（米）
10000	−20—−30
11050—10900	−33
11600	−26
12400 ± 200	−35—−50
13000	−70
13500	−83
14400 ± 750	−115
14780 ± 500	−154
18000	−185

　　在此基础上，我们可以评估海平面上升对中国东部地区的影响程度。由于海平面上升，大陆架被淹没，所有陆生动物与狩猎采集者都不得不向西、沿着大致相同的纬度迁移，这样可以在类似生境中生存。就华北地区而论，平原面积为38.7万平方公里，包括黄河、淮河、海河三个流域。这个面积还小于末次盛冰期时暴露出来的大陆架的面积。也就是说，生活在这一区域的狩猎采集者即使没有人口增长，到距今1万年前后时，人口密度至少也要翻一倍。随着海平面的上升，撤退的人口一拨一拨地向内陆地区迁移，他们在山麓地带很可能停留下来，因为再向内陆迁移，就意味着完全不同的生境了。狩猎采集者就像海岸边的沙子堆积成沙堤一样，在山前地带形成一个人口密度较高的区域。这个区域本来就是生态交错带，吸引狩猎采集者，而且也接近狩猎采集者的最佳栖居地。这样的话，累积的人口无疑会形成一个高密度地带，导致人口压力提前形成。

　　与此类似，不断的海进淹没了东海35万平方公里暴露的大陆架，相比而言，整个长江中下游平原的面积也不过20万平方公里，还包括湖泊在内。末次盛冰期时，由于海平面降低，河床更陡，长江干流溯源侵蚀切入平原，两岸很少有湖泊。海平面上升导致溯源堆积，可以到达距现在的河口三角洲1750公里的上游，影响到海拔超过40米的区域，形成湖泊。现有证据表明，长江中下游的湖泊都非常年轻，仅仅距今7000—2000年（表5.3）。湖盆通常并不封闭，或是由长江的自然堤封闭，湖泊的水位由长江干流来控制，因此当长江干流在枯水季节时，两岸的湖泊也几乎干涸。在更新世全新世过渡期内，长江中下游地区并没有形成大的湖泊，而是季节性的洪水[12]。撤退到这一区域的狩猎采集者损失的生境不仅包括暴露的大陆架，还包括季节性洪水淹没区域。当然，湖泊的形成也产生了新的生境，即有部分水生资源可以利用。

表 5.3　长江中下游流域主要湖泊的形成年代[13]

湖泊名称	湖面海拔（米）	形成年代（距今）
太湖	-1	2300
彭蠡泽	-4	>4000
鄱阳湖	6	3000
云梦泽	9	7000
洪湖	19.5	350
洞庭湖	12	2500

简言之，海平面上升对中国东部，尤其是华北与长江中下游地区狩猎采集者的生境影响是非常明显的。相对而言，南海因为暴露面积的比例较低，而且华南海岸地带以山区为主，影响相对比较小。当然，撤退的人口停留在狩猎采集者偏好的生态交错带以及最佳栖居地附近，形成明显的人口中心，也容易导致人口压力。

（二）古季风

现代气候研究把亚洲季风系统分成三个相对独立的子系统：

印度季风、东亚季风与高原季风。亚洲季风系统是在新生代形成的[14]，随着地球轨道变化、海陆分布的格局，以及青藏高原的隆起而波动[15]。对中国东南部分而言，东亚季风的作用举足轻重，深刻影响到这里的气候与环境，使得它与同纬度地区（北纬30°附近）沙漠为主的景观相比差异显著，季风带来了丰沛的降水，形成了亚热带常绿阔叶林景观，现在是中国主要的稻作农业地区[16]。当然，季风带来的夏季强降水常常又导致洪水与土壤的侵蚀，成为地区适应的挑战。

东亚季风的降水来自向北移动的潮湿夏季风与北方冷气团的相互作用。雨带随着夏季风锋面的前进而北移。5 月初，锋面暂停于华南沿海地区，6 月中下旬停留于长江与黄河之间，7 月中到达华北北部和东北。如果雨带停留的时间超长，洪水就会形成；如果停留时间太短或是来得太晚，则又会导致干旱，华北地区尤其常见。相比而言，印度季风仅影响中国西南部，对中国东部地区的影响相对有限。

全新世大暖期通常被视为降水高峰期（或称湿润期），它也是一个末次盛冰期以来逐渐升温的巅峰[17]。季风所带来的降水与有效湿度（与降水、蒸发和温度有关）很大程度上决定生物生产力，尤其是对干旱、半干旱半湿润地区而言，这些地区对于雨量的变化更为敏感。现有的气候资料表明，末次盛冰期之后，最大降水（有效降水）在距今 1.2 万—1 万年出现于东北地区，距今 10000—7000 年出现于华北地区，距今 8000—7000 年出现于长江中下游地区，而在我国西南地区由于受西南季风的影响，降水最大期出现于约距今 1.2 万年[18]。丰富的降水正是有利于食物生产起源与发展的条件。降水/有效湿度越往南时间越晚，而此时东亚夏季风不断加强，范围不断向北扩张，距今 6000 年前，达到最北边界，季风的加强促成温暖湿润的夏季气候（图 5.3）。

季风是规律的气候现象,但现有气候材料同时表明,东亚季风系统存在着千年尺度的变化频率,还可能有更小尺度的变化,季风系统也有不稳定的一面[19]。季风长短不一的周期性变化都会影响植被更替、动物群迁徙,进而影响狩猎采集者生存。还有一类非周期性变化,比如偶发性洪水,尤其是在长江中下游地区,很可能淹没栖居地,导致季节性的资源贫乏。

简言之,温暖湿润的东亚夏季风带来诸多有利条件,它提高了其影响区的生物生产力,带来了雨热同季的气候模式,非常有利于植物的生长。假如没有季风,喜高温喜湿的水稻是不可能生长到长江中下游地区的,同样北方的粟作农业也会因为干旱而失败。同时必须特别强调指出,季风强化了季节性,周期与非周期的变化提高了这一地带狩猎采集者适应的季节风险。

(三)植被的变化

植被更替与农作物的驯化密切相关,是必须考虑的初始条件。现有孢粉学研究已经构建了末次盛冰期以来植被变化的基本框架。当然,必须指出某些地区存在着与主要变化趋势不一致的特征,比如四川盆地,由于相对封闭的环境,其气候比同一纬度其他地区温暖,末次盛冰期时所受影响也小。广义的中国西南部(包括四川盆地在内)山地、高原、盆地交错,植被的垂直分布特征比水平分布特征更加显著。相比而言,华北与长江中下游地区的植被以纬度性变化为主。

孢粉学证据清楚显示出植被类型更替,尤其是在华北地区[20]。距今 1.8 万年的末次盛冰期,中国大部分地区冷且干燥,一种冷水有孔虫(Bucella frigida)的分布区向南扩张 5 个纬度,云杉与冷杉生长的海拔比现在低 1200 米,整个华北地区是寒冷的矮草原,永冻土的南界向南推进了 11 个纬度[21]。由于海平面降低,陆地面积扩大,气候的大陆性更强。北京西面的分庄剖面显示，距今 1.7 万—1.3 万年，很少有树木花粉，90% 为艾属植物，指示一种类似苔原的植被类型。距今 1.3 万—1.1 万年，针叶植物花粉增加，并且出现少量落叶阔叶树种，类似于北京地区现在生长在海拔 1800 米以上的植物类型，代表一种冷湿气候，温度比现在要低 6—9℃ [22]。值得注意的是，距今 11400—11000 年存在着另一个艾属植物占主导地位的时期，显示短期是气候恶化，与欧洲的新仙女木事件对应。孢粉资料还显示，华北平原的草本植物花粉比例比西部山区更高。

距今 9000 年前后，中国范围内的冰期气候基本结束，温度跟现在相近，同时更加湿润，但是华北地区仍然要比现在冷。孢粉资料显示，距今 12000—9000 年，植被的变化迅速且显著。华北地区落叶阔叶林替代白桦、冷杉 / 云杉为主针叶林的过程可能少于 500 年，与此类似，常绿阔叶林也迅速取代了从前的植被。

这种迅速的植被更替毫无疑问将会影响狩猎采集者的食物资源，从数量到类型都发生了变化。尤其是在植被类型的交错地带即生态交错带，挑战更加明显。狩猎采集者可能需要"追逐"不断变迁中的资源带，这些食物资源是他们已经习惯利用的，同时他们将不得不适应新的资源类型。植被类型的更替为强化利用某些物种提供了条件，如果给予合适的干涉，它们具有迅速提高产量的潜力，即农作物的前身。在这一阶段，中东的新月形沃地地带野生的淀粉 - 蛋白质来源植物如小麦，数量大大增加，吸引了狩猎采集者的强化利用 [23]。类似的变化也见于华北与长江中下游地区。野生水稻（*Oryza rufipogon*）原本生活在热带环境中，亚热带地区罕见。其分布北界与 1 月份 4℃ 平均温度线重合。随着末次盛冰期的升温过程，野生水稻的分布区持续向北扩张，这就为人们利用它提供了条件。华北地区的情况也差不多，粟的野生祖本随着落叶阔叶植被的扩张逐渐占领末次盛冰期的草原。总之，华北与长江中下游地区的植被更替是农业起源不可或缺的初始条件。

(四) 动物群的变化

与植被的变化相似，动物群的变化决定动物驯化物种的可能性。它对于狩猎采集者的影响在于动物群的分布、迁徙与绝灭。迄今为止，动物群的研究仍侧重于代表性物种。晚更新世以来，华北地区分布着赤鹿 - 最后鬣狗动物群，包括王氏水牛（*Bubalus wanjocki*）、原始野牛（*Bos primigenius*）、鄂尔多斯大角鹿（*Megaloceros ordosianus*）等灭绝种属。东北地区广泛分布着披毛犀 - 猛犸象动物群；猛犸象在黄海也有发现，发现地点位于辽东半岛以南100公里，北纬38.5°的地方[24]。猛犸象还发现于甘肃的通渭（东经103°，北纬35°），研究者认为可能是地方亚种[25]。末次冰期时这个物种渗透到了华北地区的北部。比较而言，披毛犀并不是一种如猛犸象那样严格的苔原动物，它在华北地区均有分布。末次盛冰期时，随着披毛犀 - 猛犸象动物群南进，赤鹿 - 最后鬣狗动物群也向南迁移，于是长江中下游地区发现南北动物群的混合。此前整个南方分布着一种非常古老的动物群，即大熊猫 - 剑齿象动物群，从早更新世开始就存在。更新世全新世之交时为现代动物群所逐渐取代，没有明显的时间间断。

上一章讨论细石叶工艺起源时曾经提及披毛犀 - 猛犸象动物群南进的意义，它吸引大动物狩猎者在华北地区生活，华北地区旧石器时代晚期的狩猎采集者与更北地区的群体建立了文化联系，技术上互相影响，形成了细石器工艺。另一个动物群边界，北方的赤鹿 - 最后鬣狗动物群与南方的大熊猫 - 剑齿象动物群，对狩猎采集者也可能产生类似的影响。目前，长江中下游地区旧石器时代晚期的材料还比较贫乏，尤其是年代尺度比较粗。我们只知道此时这里发生了石器技术的小型化，以石片工业为主导，燧石、石英石片石器居多，与华北地区一直流行的小型石片工业较为一致[26]。这种变化可能与末次冰期华北动物群南迁有关。

更新世之末的动物群灭绝是一个非常引人注目又充满争议的问题[27]。北美与澳大利亚的大动物绝灭被归因于人类的捕猎[28]。这个假说受到许多研究者的批评，因为它不能解释为什么动物灭绝止于 1 万年前，而不是更早或更晚[29]。中国旧石器时代晚期的材料表明，统计到的 40 种食草动物（人类主要的狩猎对象）中，14 种灭绝，约占 35%。但是，如果考虑整个更新世的情况，不难发现绝灭是一种正常现象，动物群年代越早，绝灭的比例就越高。当然，更新世之末也可能存在绝灭比例的突然提高。从考古材料来看，旧石器时代晚期早段常见的大型食草类动物到了晚段明显减少了，尤其是在华北地区。这是不是人类过度捕猎的结果呢？实际上，新石器时代早中期遗址中，野生动物仍在出土动物遗存中占有相当大的比重。也就是说，此时狩猎对于新石器时代的农业生产者而言，仍然是重要的生计组成部分。这是否不正常呢？过度捕猎某种程度上的确可以解释动物绝灭，但是不一定在更新世之末，它完全可能发生在更早的阶段，如旧石器时代晚期早段。末次盛冰期之后环境剧变改变了动物的栖居地，动物不得不改变食性，动物的数量与大小都呈现下降趋势[30]。人类的捕猎只是压死骆驼的最后一根稻草。

但是无论怎么说，在中国农业起源开始之前，动物大规模绝灭都是不争的事实，问题在于早晚与原因。以狩猎为主狩猎采集者面临的挑战是显而易见的，捕猎大型食草动物为生的时代一去不返了，生计压力因此提高。

（五）新仙女木事件

新仙女木事件作为一个短时间段的气候事件突然出现，通常被认为是中东食物生产起源的主要推手之一[31]。尽管新仙女木事件是一个全球性的气候变化，但是不同地区的反应也有不小的差别。南美地区并没有像许多地区一样变得更冷更干，而是变得更加湿润了[32]。格陵兰岛冰芯材料提供了高精度的气候记录，显示中纬度地区气候指标的变化要比更北方的地区早大约15年[33]。冰芯记录还显示新仙女木事件发生在几十年间，并持续了大约1500年（从距今11700年到10200年），然后进入典型的全新世气候[34]。格陵兰顶点的冰芯提供了接近年份精度的气候记录，它显示新仙女木事件由一系列大约以5年为周期的变化阶梯组成。新仙女木事件因此可以准确定格在距今11645年（高纬度地区），北极以外的地区发生于距今11660年[35]。新仙女木事件的结束就像它的开始一样突然，大约在50年的时期内，因此它所带来的环境变化应该是迅速与剧烈的。

以北京地区为例，这里是最早期新石器时代遗址的主要分布地，湖泊资料显示存在两个向冷干气候过渡短期事件，分别是距今11600—11300年与距今10950—10480年，其间是相对温暖湿润的时期[36]。这与冰芯记录基本一致，气候改善与恶化交替。新仙女木事件在中国的表现是普遍的，不仅见于北方，长江中下游地区、南岭、西南乃至热带地区都有表现，不过程度不一，反应形式有别[37]。北黄海地区泥炭沉积显示当时为冷湿而非干冷气候[38]。沙漠/黄土过渡带湖沼沉积资料则显示从早到晚存在干冷、湿凉和干冷的颤动特征[39]。在西南地区，由于有青藏高原阻隔以及当地地形的原因，降温幅度不如北方地区。在南岭地区则表现为冷湿的气候，与北方地区冷干的变化趋势有所不同，而在青藏地区的影响被放大[40]。

西北与华北边缘地带的新仙女木事件表现为冷干气候所带来的风成堆积，在这里，新仙女木事件前后气候的迅速变迁同时反映在石器技术的变化上，石器技术更加精湛，并且可能开始使用部分磨制工具[41]。新仙女木事件所带来的气候突然变化毫无疑问会加剧生计压力，频繁与剧烈的气候波动导致狩猎采集者食物资源的稳定性缺乏。稳定性成为稀缺资源，可能会成为狩猎采集者最优先追求的目标，这也正是农业生产的优势所在。狩猎采集者的文化适应系统在生计压力与食物生产的吸引力这一推—拉两种作用的影响下进行调整，小规模的调整包括技术的革新，大规模的调整就是整个食物获取方式的改变。

（六）气候的季节性与稳定性

气候的季节性是一系列环境因素的整体反应，它表现于生长期长短、年度的干湿和冷热等。对于狩猎采集者而言，它意味着食物资源时空上的分布差异。季节性越强，资源的时空分布差异越明显；季节性弱，资源分布就相对平均。

热带雨林与极地地区都只有一个季节（四季如夏或如冬），季节性弱，虽然热带雨林地区物种极其丰富，但对狩猎采集者来说，资源没有多少时空的差异，极地地区同样如此。从工具技术准备的角度来说，一套工具组合足以应付整个年度的生计问题。季节性强的地区主要分布在温带地区，四季分明，某些资源只见于一年中特定的时间；而且资源的分布有明显斑块，即某些资源只能在某些地区找到。温带地区资源的特点还包括物种的多样性不如热带雨林地区丰富，但是每个种类的数量都非常惊人，尤其是草原地区。因此，在这一地区生活的狩猎采集者需要适应性更广的工具组合，以利用季节性的资源。

距今12000—8000年，冬夏之间的太阳辐射差比现在大[42]，对于四季本来就很分明的我国北方和长江中下游流域，其季节性进一步加强。冬春之间狩猎采集者也需要依赖储备才能生存，季节性的增强也提高了对储备的要求。

有趣的是，在气候季节性增强的同时，稳定性也大大提高。理查森等人提出气候稳定性的加强、空气中二氧化碳浓度提高以及降水量增加是农业起源开始的根本条件，认为更新世极不稳定的气候阻碍了植物强化利用的可能，他们发现民族学材料中即使文化演化速度最慢的群体也有某种形式的植物强化利用，但在更新世狩猎采集者中却见不到相关证据[43]。这种观点有点过于强调环境条件的重要性，强化利用的证据实际上在旧石器时代晚期晚段是可以见到的，至少是在华北地区。而且他们也很难排除所谓文化演化最慢的狩猎采集者没有受到周边农业群体的影响。

五　小　结

晚更新世之末的环境变化无疑是急剧且波动的，与全新世的环境有很大的不同，海陆面积、古季风格局，尤其是动植物群的变化。基本的气候格局如温度、降水出现纬向和经向上数度的变动，在北方，暖温带的边界有五个纬度左右的迁移。在晚更新世的最后阶段，特别是新仙女木事件前后，气候及环境变化又出现了反复。这些都可能导致狩猎采集者的生存危机，但是"危机"一词本身就是辩证的，在压力的同时又有新机遇。狩猎采集者在最佳栖居地以及山前地带的聚集，古季风带来的丰沛降水，动植物群更替带来新的可强化利用的物种，还有稳定的气候机制等，又为农业起源提供了重要的环境条件。环境变化的一推一拉作用是明显的，构成了双重推动力。

环境关联作用是多方面的，这里不仅有更新世动荡气候的结束、农业发展的硬性约束解除，还有不同环境所影响的文化适应模式，它们构成农业发展的资源禀赋条件。此外，生态交错带适应所需要的弹性适应策略、更宽广的资源利用模式在适应方式向农业发展的过程中都是重要的基础条件。中纬度地区季节性的加强进一步提高了对弹性适应策略的需要。最佳栖居地范围内人口的累积则提供了农业发展所需要的人口基础。与此同时，末次盛冰期以来的环境变迁对不同区域的影响程度不同，华北与长江中下游地区由于海拔较低，受到海平面上升，以及动植物纬度方向上迁移的影响最大，相对而言，热带、山地、盆地区域所受到的影响要小得多。

对环境关联作用的追溯很容易产生环境决定论的观点，然而过分强调环境条件及其变化的作用则会忽视对狩猎采集者适应文化机制的探索，忽视人类自身的作用。宛如设定了一个至高无上的主宰——环境，决定了人类的命运，这实际上是一种宗教，而非科学研究。环境条件与其变化并不必然导致农业起源的产生，它是农业起源的必要条件，而非充分条件，这也就是环境决定论存在偏颇的原因。

第六章
中国农业起源的基本模式

是故法象莫大乎天地，变通莫大乎四时。

——《周易》

一　前　言

前面五章已经从理论上讨论了为什么农业会起源以及为什么不会起源，从生态模拟的角度预测了中国哪些地区可能会发生农业起源，从环境变迁与旧石器时代晚期适应两个角度讨论中国农业起源的初始条件。这一章将从考古材料角度讨论中国主要农业起源中心的形成过程，通过对材料的分析、归纳与比较，了解中国史前农业的形成过程与特征。

有关中国农业起源的研究虽然起步比较晚，但由于问题重大，牵涉学科多，相关研究就比较丰富，主要以考古材料为中心。从狩猎采集者文化适应机制出发的理论研究，以及从旧石器时代考古出发的追溯一直比较缺乏，前面章节主要是弥补这些不足。进入新石器时代考古的范畴之内，现有研究的主要成绩在于获取了一批重要的考古资料，以及在植物考古、动物考古方面认识到驯化发生的证据。对农业形成过程的研究并不多，即农业是如何从简单到复杂，如何与物种特征、环境条件相结合发展成为农业生态系统；对农业作为影响文化系统的序参量如何影响其他社会因子，以及其他因子如何反映农业的形成过程，也缺乏足够的关注。这一章虽然不能贡献新的材料或找到新的驯化证据，但是通过系统整合既有材料与研究，从文化生态的角度加以考察，或许可以让我们在诸多遗址你追我赶"最早新石器时代文化特征"竞赛中得到一些新的认识。

我将从新石器时代文化特征最确凿的材料出发，向更古老而模糊的时代追溯，把新石器时代与旧石器时代连接起来。这里把新石器时代的文化特征定义为陶质容器、磨制石质工具、定居的聚落、驯化的物种等，毫无疑问，这些特征并不是同时出现的。此外，在定义这些特征时往往存在着相当大的争议（这正表明它们都有其发展形成的过程），但是无论如何，它们都与新石器时代密不可分。为了描述这个时间阶段，我采用了大多数国内学者采用的概念：新旧石器时代过渡。它所对应的绝对年代为距今15000—8500年，这不是一个精确的年代区间，只是一个大致的估计，随着最早新石器时代文化特征不断提前，它的下限也越来越古老；同样，随着我们对旧石器时代最后阶段的了解增多，它的上限也在波动。在厘清史前文化的时间序列之后，我将讨论华北与长江中下游两个地区农业的形成过程，探讨人类、动植物、环境条件之间的相互关系。然后与世界其他农业起源中心比较，最后总结归纳出中国农业起源的基本模式。

二　从新石器时代早期文化发展看
"新石器时代革命"的实质

新石器时代的肇始是开放的，随着新材料的发现不断更新。近些年来，新旧石器时代过渡阶段频有重大发现。但我们需要明白的是，经过近百年的考古工作，新石器时代年代框架已经构成了比较完整的体系，尤其是在华北与长江中下游地区。当前新石器时代的考古发现虽然日新月异，但主要仍在充实既有体系，而非颠覆。或者可以说，新石器时代的基石已经奠定，这构成我们探讨农业起源问题的立足点与出发点。我们可以从已知向未知，追溯农业起源的文化历程。

新石器时代的划分经历过许多变化，早、中、晚三期分类方案早已深入人心，仅对各阶段起始年代还有不同看法。这里采用的分类方案是将"新旧石器时代过渡阶段"（距今1.5万年到距今八九千年）独立出去[1]。因为这个阶段材料还不够丰富，文化特征带有明显的过渡性质，代表一个关键的文化变迁阶段。新石器时代早期，大致为距今8500—7000年（或公元前7000—前5500年），这是新石器时代建立的阶段，也是原始农业初步形成的时期。新石器时代中期是其文化特征的鼎盛时期，这个阶段原始农业完全建立。新石器时代晚期古代社会开始复杂化，走向文明起源。这个划分方案主要考虑既有考古材料的状况，因为原来已发表的考古材料中一直把这一阶段考古学文化称为新石器时代早期文化，我们无法更改从前的认识，不如把新旧石器时代过渡阶段独立出来。同时，这个方案也考虑到史前农业的发展阶段，新石器时代早期具有一些独特的性质与新旧石器时代过渡阶段区分开来，而且这种区分具有文化发展阶段性的意义，而不纯粹是一种主观的文化年代划分。

跟新旧石器时代过渡阶段零星的发现相比，新石器时代早期的材料表现出一种"涌现性"，新石器时代早期文化似乎突然繁荣起来，出现了成规模的聚落，具有完整的村落结构，除了成片的房址，还有储藏用的窖穴、壕沟、墓地等。遗址的数量、文化堆积的厚度、遗物的丰富程度等都有飞跃性的增加。这种"涌现性"

毫无疑问需要解释，而不能将之简单视为文化的"自然"发展。它跟新旧石器时代过渡阶段的发展有着怎样的联系呢？为什么它会出现呢？与哪些因素有关呢？我们需要带着这些问题去考察新石器时代早期的考古材料。

关于新石器时代早期文化的时空框架，已有若干研究[2]，在前人基础上，根据现有材料，现将华北与长江中下游地区新石器时代早期文化分为八个文化区，诸文化的年代区间参见表 6.1。

表 6.1　华北与长江中下游地区新石器时代早期文化及其年代

文化区	考古学文化	年代（BP）	校正年代 （Cal BC）	年代区间 （BC）
中原	磁山	7355±100（ZK0439） —7060±100（BK78029）	6100-5960 —5820-5630	ca.6100— 5600
	裴李岗	7455±110（ZK0754） —6855±110（ZK0747）	6230-5589 —5640-5480	ca.6200— 5500
关中	老官台	7150±90（BK80025） —6465±120（ZK0159）	5960-5720 —5340-5083	ca.6000— 5000
山东	后李	7675±90（BK91037） —6966±70（BK91036）	6384-6179 —5680-5582	ca.6300— 5600
	北辛 *	6725±200（ZK0632） —5645±140（ZK0640）	5630-5243 —4470-4167	ca.5600— 4100
陇东	大地湾	7150±90（ZK2138） —6245±90（ZK1267）	5960-5720 —5203-4864	ca.5900— 5000
辽西	兴隆洼 #	6925±95（BK80025） —5660±170（ZK1389）	5712-5530 —4510-4159	ca.6000— 5300
两湖	彭头山	8200±200（BK87050） —7745±90（BK89017）	7195-6548 —6424-6219	ca.7200— 6200
	皂市下层 *	7210±110（BK87046） —6405±90（OXA2218）	5961-5713 —5256-5050	ca.5960— 5050
	城背溪 *	6970±127（ZK2645） —6800±80（BK84028）	5740-5540 —5619-5477	ca.5740— 5400

续表

文化区	考古学文化	年代（BP）	校正年代 （Cal BC）	年代区间 （BC）
长江下游	上山 [&]	9610±160（BA02236） —8180±35（BA06137）	9220-8790 —7190-7070	ca.8000— 6500
	跨湖桥 [*]	7595±242（HL91002） —6180±90（BK200170）	6700-6050 —5480-5230	ca.6000— 5400

* 部分在新石器时代早期时间范围内；# 兴隆洼文化跨域燕山南北，处在华北地区、东北地区与蒙古草原地区的交汇地带，具有明显的过渡色彩，第七章有专门讨论；& 上山文化的年代在新旧石器时代过渡阶段，但文化面貌属于新石器时代早期，其年代问题后文有专门讨论。BK/BA：北京大学考古学系/文博学院；ZK：中国社会科学院考古研究所；OXA：牛津大学考古学系；HL：国家海洋局第二研究所。BP：始于 1950 年。半衰期：上山与跨湖桥为 5568 年，其余为 5730 年。

（一）华北地区

华北地区新石器时代早期文化格局非常多样，从北往南，辽西地区有兴隆洼文化[3]；华北平原的北部有磁山文化，中间是裴李岗文化，南部则是裴李岗文化的贾湖类型[4]；淮河流域还有小山口一期文化。从东往西看，山东地区有后李文化，中间是裴李岗文化，往西关中地区有老官台文化，可能还包括李家村类型，再往西陇东地区有大地湾文化，可能要包括北首岭下层。从文化风格模糊的新旧石器时代过渡阶段到新石器时代早期，华北地区突然之间出现了众多地方风格鲜明的新石器时代早期考古学文化，这个现象引人注目，它属于文化爆发式的增长。

遗址数量的暴增是一个显而易见的现象，尤其值得关注的是遗址分布范围的变化，这更有说服力。跟旧石器时代晚期晚段以及新旧石器时代过渡阶段的遗址相比，新石器时代早期文化遗址主要分布在华北平原与山区的交界地带，更靠近平原地区。新旧石器时代过渡阶段的遗址较之旧石器时代晚期晚段的遗址也在向平原方向前进，它们主要分布在盆地边缘与山麓地带。新石器时代早期文化的遗址则又向平原地区前进了一步，当然跟新石器时代中期全面扩散的新石器文化相比有所不如。以后李文化为例，已发现的 10 多处遗址分布范围相对有限，仅见于济南以南的长清、万德，东至章丘、淄博、青州一带，为泰山、鲁山余脉丘陵地带。裴李岗文化遗址超过 100 处，分布更广泛，主要是在河南省境内沿着京广线两侧，即从太行山、豫西山区、大别山向华北平原的过渡地带[5]。再如分布在辽西山区的兴隆洼文化，它跟较晚阶段的红山文化相比，遗址的海拔更高，离河谷平原更远[6]。

　　另一个有趣的特征是，迄今为止，旧石器时代晚期晚段遗址丰富的山西很少有新石器时代早期遗存发现[7]，这种鲜明的对照似乎可以说明早期的农业生产者选择了华北的山前丘陵与平原地带，而不是在黄土高原上。山西新石器时代早期遗存的贫乏不能简单以考古发现不够来解释，这里已经发现了中国最为丰富的旧石器时代遗存以及大量新石器时代中晚期的遗存。同样，黄土高原的埋藏环境也不是新石器时代早期遗存贫乏的理由，同属黄土高原地区的陇东、关中都发现了相当多的新石器时代早期遗存，如大地湾一期、李家村、老官台、白家等文化类型。一个合理的解释是新石器时代早期的山西还不适合或是不需要原始农业，尽管这个地区发现了材料丰富的细石叶工艺遗存，如下川、薛关、丁村、柿子滩等。更谨慎的说法是，山西地区新石器时代的步伐要比周边地区（除了西北）慢一些。

　　早在 1986 年，石兴邦先生就注意到前仰韶文化（即新石器时代早期文化）遗址的分布规律，他将其划分为四种类型。第一类遗址位于盆地边缘的山坡上，离河道稍远，位置较高，这样的遗址通常只有一个文化层。第二类为山前遗址，通常附近有河流流过，平缓的山坡与山前平原相连。第三类是河流阶地遗址，尤其是两河交汇处的三角地带。最后一类是平原上的河边遗址，就像现代的村落。他认为这些遗址的分布中存在着一个普遍的趋势，即前两类遗址的放射性碳测年年代要早于后两类遗址[8]。新石器时代早期文化遗址的这种分布规律显示出，即便在新石器时代早期文化阶段，古代群体还在向平原地区拓展，以获得更平坦（更有利于搬运收获）、更利于灌溉、更肥沃的土地。实际上，平原地区土壤中黏土成分更高，更加黏重，加之植物生长茂盛，耕作的难度要大于山坡地带。向平原地带的扩充本身就反映了农业生产的发展。因此，通过遗址分布的地理位置，我们也可以大致判断出农业生产发展的程度，前提很简单，最好的耕地在平原上，农业生产者必须就近居住。如果一地的新石器时代遗址大多分布在山坡上，我们就可以说其农业还处在起步阶段。农业起源改变了人与环境的关系，人选择环境的标准改变，人同时改变环境，新特征的出现反映的正是一种新的生活与生产方式的产生。

农业的出现还改变了人的身体，从骨骼的形态、生物化学构成到基因的选择都发生了重要变化[9]。中国考古学研究应用了古食谱分析，其中包括人骨与动物骨骼的微量元素分析与稳定同位素分析。最早蔡莲珍与仇士华利用 ^{13}C 研究华北地区史前居民的古食谱，证明仰韶文化时期（约 5000 BC—3000 BC）的食物来自于 C_4 植物的比例为 48%，粟、黍就是典型的 C_4 植物，到陶寺文化阶段（约 3000 BC—2000 BC）这个比例上升到了 67%[10]。设若对植物的依赖每一百年上升一个百分点，那么在 7000 BC 前后其比例大致为 30%。考虑到从新石器时代早期向中期的发展是一个逐渐与稳定的过程，没有明显的文化间断式发展，这样的估计有一定可行性。近年来古食谱的研究逐渐流行，后李文化小荆山遗址人骨材料与月庄遗址动物骨骼的碳同位素分析显示 C_4 植物（粟）只占 25%[11]，与前面的推测大致相符。大地湾遗址的稳定同位素（$\delta^{13}C$ 和 $\delta^{15}N$）分析显示动植物驯化与利用存在两个明显的阶段：第一个阶段（5900 BC—5200 BC）农业的强度稍低，其间人们种植与储备黍，全年不仅自己吃，还用米喂狗[12]；第二个阶段的强度更高（约 3900 BC 前后），不仅有黍，还有粟，人们饲养猪与狗。这一地区新石器时代早期是一种低强度的旱作农业，后来中原仰韶文化带来了更为发达的原始农业[13]。其他新石器时代早期文化遗址如兴隆洼[14]、贾湖人骨材料[15]的同位素分析也都显示人类在利用农作物的同时，兼有采集、狩猎或渔猎，是一种混合的经济形式。更晚的新石器时代遗址如姜寨、西坡等人骨与动物骨骼同位素分析显示粟不仅是人的主要食物，也是驯化动物如猪、狗、鸡的饲料[16]。

古食谱的研究一方面直接证明了人类最终消费了农作物；另一方面，或者说更有文化意义的方面，是它清楚显示出农业是一个渐进式的发展过程。从后李文化 25% 的依存比例，我们可以继续推测更古老的年代，如果速率是恒定的，那么在距今1 万年前后，人类开始食用粟（开始提高依赖程度的历程）。显然，年代越古老，这种推测就越有问题。旧石器时代晚期的人们很可能偶尔会食用粟的野生祖先（作为广谱的食物），只是在新旧石器时代过渡阶段的某个时期，人类开始了持续的强化利用，这就是物种驯化的开端。至于这种利用方式形成的文化机制与有关动因，自然还要早于驯化开始的年代。生物学家关注的是前者，即物种的驯化；考古学家关注的是后者，即导致人类走向物种驯化的文化过程。古食谱研究的意义在于说明农业最早的萌芽虽是微不足道的，但是它不断发展，影响不断放大，最终形成了农业生态系统，形成了农业社会，并在此基础上形成了农业文明。

农业起源最直接的证据还是动植物遗存本身，植物考古通过研究微体化石（如植硅石）与大化石（如植物的种子）来寻找驯化的证据。近年来相关研究进一步验证了前人的观点，吕厚远等通过植硅石分析与分子生物学分析，在磁山遗址古老的灰坑中发现少量的粟，年代早到约 8300 BC—6700 BC，证明粟可能是最早驯化的农作物[17]。植物微体化石的研究还可以用来揭示地区的植物驯化序列。伊洛河流域 26 个遗址植物遗存研究与 10 个加速质谱仪（AMS）测年年代数据显示新石器时代早期这一地区的主要驯化作物为粟，黍次之，新石器时代晚期（约 3000 BC）出现水稻，商代开始有了小麦[18]。

　　还有一类有力证据来自考古遗址本身，尤其是那些保存较好的遗址。比如磁山遗址，三个发掘区共发掘了 2579 平方米[19]，其中有粮食堆积的窖穴 80 个，粮食堆积厚度从 0.3 米到 2 米不等，10 个灰坑的堆积厚度超过 2 米[20]。部分谷物的形状在刚发掘出来时清晰可辨，可以确认是粟，另有胡桃、榛子、小叶朴等。石器工具丰富（表 6.2），上下两个文化层的差异值得关注。上文化层的磨制石器比例提高，打制石器明显减少，反映磨制技术更受重视。单就石斧而言，第一文化层中占 53%，第二文化层中占 48%，反映磁山文化早晚两段砍伐活动差别不大，早期略多。如果将石铲视为挖掘工具，第一文化层的比例为 10.8%，第二文化层为 8.4%，差别更小。但是收割与粮食加工工具差别非常明显，第一文化层没有石镰，第二文化层有 6 件；第一文化层磨盘、磨棒各 4 件，均残破，第二文化层分别达到 52 件与 50 件。这种选择性的差异反映出晚期文化可能有更多的收割与粮食加工活动，否则无法解释为什么石铲、石斧的比例相差不大，而石镰、磨盘、磨棒却相差悬殊。磁山遗址早晚两个文化层的差别显示，在新石器时代早期这个阶段内原始农业也有明显的发展。

表 6.2   磁山遗址两个文化层出土石器工具比较

	第二文化层（上文化层）	第一文化层（下文化层）
数量	687 件	193 件
制作技术	打制 21.8%，磨制 65.4%，打磨兼制 8.8%	打制 34.2%，磨制 57%，打磨兼制 12.8%
打制石器	144 件，包括铲 10、斧 107、刀 3、砺石 24	56 件，包括铲 2、斧 48、敲砸器 4、刮削器 2
打磨兼制	94 件，包括铲 18、斧 56、凿 7、锛 2、器盖 5、弹丸 6	17 件，包括铲 2、斧 10、凿 5
磨制石器	443 件，包括铲 30、斧 167、镰 6、锛 8、凿 13、球 105、锤 10、磨盘 52、磨棒 50、研磨器 2	109 件，包括铲 17、斧 45、锤 3、锛 2、凿 3、球 27、残磨盘和磨棒各 4 件、弹丸 4
相关遗存	灰坑 282，其中有粮食堆积 18 个、树籽堆积 2 个，骨器 128 件，陶器 321 件	灰坑 186 个，其中粮食堆积 62 个，另骨角牙蚌器 343 件，陶器 156 件

　　对于磁山遗址的研究，一个有趣但是长期被忽视的现象就是废弃过程，为什么磁山遗址有如此丰富的粮食遗存和文化遗物呢？尤其是许多完整无损的遗物组合摆放在灰坑中，三个发掘区的第二文化层中共发现石磨盘、磨棒和陶盂、支架等成组器物出土点 45 处[21]。显然都是有意摆放且还可以使用的器物（即谢弗所言的 de facto refuse[22]），而不是损坏不能使用的废弃物。说明古代居民考虑还会回到这个地方，他们只是暂时离开这里。如果这些还不足以证明储备，那么粮食窖穴还可以补充说明，古人如果废弃一个遗址，是不可能把粮食留在原地的。磁山遗址发现大量灰坑，却只有两座房址，从平面图上来看，有些大型灰坑完全可能就是房址，不过没有门道、灶址而已。同一时代的贾湖遗址也发现过这种情况，一开始把一些房址划成了灰坑，好在重新整理、出版报告时发现刚开始的划分并不正确[23]。房址与灰坑容易混淆的状况实际上反映了新石器时代早期人类的文化定居能力还

不强，人们可能时常离开定居地，去采食某些季节性的资源。新石器时代早期文化遗址中常常能够发现非常完整的陶器与工具，这种情况反而在更晚近的遗址中看不到，导致这种反差的原因是什么呢？如果从废弃过程研究的角度来理解，就会发现更晚近的遗址通常是有计划的、跨越长时间段的缓慢废弃，而新石器时代早期遗址的废弃通常是一种迅速的废弃，即人们本没有打算废弃这些居址，而是计划某个时间返回的，但是因为某种特殊的原因，他们没有如期返回[24]，所以这些遗址保存完好，让考古学家得以看到较为完整的史前文化面貌。

磁山遗址早晚两个文化层说明了早期农业社会的发展过程，第一文化层的打制、磨制与打磨兼有的石器比例分别为34.2%、57%与12.8%，第二文化层比例变成21.8%、65.4%和8.8%，打制器物明显减少，磨制工具的比例提高。磨制石器的好处是提高耐用性，它本身也是流动性下降的指标之一，因为没有群体愿意在随用随弃的工具上费工夫，磨制石器是一种冗余设计，尤其整体磨光的石器。为了提高效率，打制成形，然后磨出刃口即可，通体磨光对于提高使用效率帮助有限，但它提高了工具的耐用程度（更不容易折断）。所以，从磁山遗址出土材料一方面我们可以看到史前居民还保持着一定的流动性，定居能力不如更晚的新石器时代居民；另一方面，我们又看到他们的流动性在下降，定居能力在进一步提高。

(二) 长江中下游地区

相对华北地区而言，长江中下游地区的新石器时代早期文化格局更模糊，也更复杂。大致说来，它可以分为两个大的文化区：长江中游与长江下游，有时也称为环洞庭湖与环太湖文化区。或把鄱阳湖平原与洞庭湖平原合成两湖地区[25]，或认为鄱阳湖平原与"珠三角"构成东南地区新石器时代的中轴线[26]。近年来，随着长江下游地区上山文化的发现，新石器时代早期文化格局明显清楚了许多。基于现有的材料，我们大致可以确认长江中下游地区有两个次级中心区：环洞庭湖地区与环太湖地区，这两个区域的史前农业文化构成了后来地区文明中心的基础[27]，中间的鄱阳湖地区更近似于一个中下游地区的过渡地带，同时也是长江中下游地区与岭南地区和东南沿海地区的过渡地带。

目前，环洞庭湖地区具有长江中下游地区最为丰富的新石器时代早期文化遗存，文化序列包括彭头山文化（约 7000 BC—5600 BC）、皂市下层文化或类型（约 5500 BC—5000 BC）、城背溪文化或类型（约 6500 BC—5000 BC）[28]。彭头山文化以彭头山和八十垱遗址为代表，出土了丰富的文化遗存，包括大量水稻遗存。彭头山文化的年代共有 29 个放射性碳测年年代数据，分别由三个年代学实验室测定，其中一个为牛津大学考古艺术史实验室。有 13 个年代数据为常规法测年，14 个为 AMS 断代，剩下 2 个采用"穆斯堡尔法"。年代学者特别注意到，南方地区土壤与淤泥中粗基质炭如果混入陶土中，会使陶器测定年代偏早[29]，所以需要剔除。大部分 AMS 年代采用的材料是水稻谷壳与稻草，综合的测年手段保证彭头山文化有了较为可信的年代数据。

彭头山文化遗址主要分布于澧水下游的澧阳平原，介于武陵山余脉与洞庭湖盆地之间。东连湖区，西北临近山地，为过渡地带[30]。有趣的是，彭头山文化现有十余处遗址多位于澧水北岸，这种分布特征可能与科里奥利力有关，河流的南岸遭受到更大的侵蚀[31]。为了避免洪水的袭扰，古人选择了北岸居住，这一方面反映彭头山文化时期人们近水而居，同时表明季节性洪水的存在。到皂市下层文化时期，遗址的分布范围较之彭头山文化又有所扩展，更靠近洞庭湖盆地边缘。值得注意的是洞庭湖的年代不过距今 2500 年[32]，甚至可能更晚；洞庭湖形成前的主要景观为小池塘、季节性的洪水泛滥与冲积平原。彭头山遗址孢粉分析显示缺乏水生类植物，多杉木和湿生蕨类孢子，属暖性针叶林为主的森林-草原环境[33]。进入新石器时代中期，大溪文化的遗址完全进入湖区。如果回顾一下这一地区旧石器时代晚期晚段遗址的分布，如燕耳洞、十里岗、竹马等，不难发现史前人类遗址的分布规律：从河流中游的宽谷、下游的山麓地带逐渐向平原地区过渡，也就是从狩猎采集者的最佳栖居地走向农业生产者的最佳栖居地。栖居中心地的变化无疑是一个逐渐的过程，同时也反映了人类主要生计方式的变迁。

稻作遗存是彭头山文化最为重要的发现，八十垱遗址发现了 1.5 万粒稻谷和稻米（实物统计总数 9800 粒）[34]，以及大量动物骨骼、竹木器、骨器、编织物等。彭头山文化时期水稻种植已并无太大争议，争论的焦点是彭头山文化种植的水稻是否已经驯化[35]，以及稻作在原始经济中所占的比重。彭头山遗址的稻作遗存见于陶器胎内以及红烧土中，文化堆积层中并未发现稻作实物，稻壳可能是有意作为掺和料加入陶土中的，红烧土中很容易观察到稻秆和稻叶的印痕[36]。八十垱遗址中所发现的丰富实物证据表明古人濒水而居，当时人们的生计包括狩猎、捕鱼，同时采集菱角、芡实、莲藕与莲子。这些植物相当容易驯化，也很高产，籽实干燥后，磨成粉末，便于储备，莲藕一年中 11 个月都可以利用。彭头山文化时期，稻作与植物采集并重，如果此时的农作物利用程度与华北地区类似的话，那么稻作在当时生计中的比重还相当有限，不超过四分之一，所以彭头山遗址没有发现大量稻作遗存也很正常。

从动物遗存的构成来看，彭头山遗址仅发现两类：牛牙碎片 5 件与 2 件鸟类小碎骨。八十垱遗址动物遗骸较多，总数千余件。可鉴定标本中有哺乳类、鸟类、鱼类及其他水生动物。哺乳类中有牛（19件）、猪（仅3件）、鹿、水鹿、黑鼠。动物骨骼残破，没有证据表明猪、牛为驯化动物。对小型动物包括鸟类和水生动物的利用可以说明两方面的问题，一是狩猎经济在其生计中地位的下降；另一方面是定居的增强，这些小型动物都是居址附近可以捕获的物种。这两个方面是相互关联的，定居意味着不可能经常捕到大型动物，狩猎地位的下降就要求更大程度上依赖种植或动物饲养。到了更晚的皂市下层文化时期，狩猎并没有消失，但同样重视利用水生资源。皂市遗址发现大量的动物残骨，多为牙齿与颈椎，动物组合包括梅花鹿、水牛、羊、猪、麂、豪猪、龟等，尤以鹿、猪、水牛的牙齿居多，尚不知是否驯化[37]。而从同一文化的胡家屋场遗址来看，发掘者注意到越早的地层动物骨骼与牙齿越丰富，骨骼很破碎，可能与充分利用食物资源有关[38]。动物种类类似于皂市，不过有更多水生动物。发掘者认为从猪、牛、羊的骨骼丰富程度推测，可能系人工饲养[39]。显然，从现有证据来看，直到新石器时代中期，驯化才有一些迹象，所以，即便动物驯化在彭头山文化时期存在，所占的比重也是很低的。

工具组合也可以反映适应方式的转变。彭头山遗址出土石制品分两类，一类为工具及废品（1406件），另一类为装饰品（62件）。第一类石制品中燧石制品有344件，约占四分之一。磨制工具25件，仅占该类总数的2%。其余为砾石制品。磨制石器中有斧（11件）、锛（7件）、铲（2件）、凿（1件）、砺石、磨石等。燧石制品形体细小，最长径一般2—5厘米，其中石器58件，以刮削器为主，另有钻、雕刻器等。砾石石器81件，以砍砸器、刮削器为主。石器装饰品成品47件，磨制精细。八十垱遗址的情况基本相同，第一类石制品2070件，燧石制品比例为23%，磨制石器比例仍不足2%；第二类装饰品167件[40]。两个遗址近乎相同的特征表明，彭头山文化时期磨制技术已经出现，斧、锛、凿等工具用于木材加工，遗址出土的木构件也证明如此。由于燧石易碎，用它制作的石器与废品都非常细小，这样大大扩充了统计样本总数，磨制工具在日常活动中的比例绝不止 2%。打制石器用于日常的切割、简单的砍砸等活动，工具的使用寿命短，相对而言，耐用的磨制工具（刃部还可以反复磨制）在实际生活中发挥的作用要远大于它所占的比例。当然，不可否认，彭头山文化石器磨制技术首先运用在了装饰品的制作上，几乎所有的石质装饰品都使用了磨制技术，而在石器工具制作上则有所保留。到皂市下层文化时期，胡家屋场遗址出土石器组合中打制石器依旧占到 89.77%，磨制石器的比例较之彭头山文化时期有明显提高。其打制石器组合与彭头山文化相同，包括燧石细小石器与砾石制品，它还有一种类似贵州地区锐棱砸击石片[41]。到了皂市下层晚期，磨制石器的比例提高到 30%[42]。不过无论是彭头山还是皂市下层文化，其打制石器组合与该地区旧石器时代晚期，尤其是旧石器时代晚期晚段的特征一脉相承。磨制技术是新出现的文化因素，尤其是在砍伐、木作工具上应用，配合榫卯结构、木板等建筑材料，以及多种居址类型的发现，反映出当时定居生活已经出现。

　　八十垱遗址共发现四种居址类型：地面式、半地穴式、干栏式、高台式。其中高台式建筑的垫土纯净，无包含物，可能是特意从遗址周围搬运过来的[43]。更能体现古人在聚落建筑上投入的是八十垱遗址围墙与沟壕的发现。它们包围了一片面积约 16500平方米的范围，围墙残高 0.5—1 米，基础宽 6 米。沟壕在使用期间至少清理过三次淤泥。有关其功能，洪水季节防洪、平时用以排水的解释更可信一些。与新石器时代晚期屈家岭文化的城头山城址比较，八十垱遗址不仅规模小，墙体结构简单，而且看不出明显的规划。它更像是围堰与排水沟。建筑围堰需要较大规模的劳动投入，不可能用在一个仅用于短时间逗留的居址上。聚落建筑上的投入也反映了彭头山文化时期定居的存在。

如前文所说，新石器时代早期的主要特征就是其文化的"涌现性"，新石器时代早期考古学文化开始在某些区域成片分布，形成考古学研究可以定义的"考古学文化"——具有明确时空特征的器物组合（尤其是陶器组合）。拿这个标准来衡量长江下游地区的考古材料，上山文化遗址只有浦江上山与嵊州小黄山遗址为相同类型的遗存，都位于向杭州湾汇聚的两条河流的上游河谷地带，二者相距 70 余公里，我们有理由相信还会发现更多的材料。上山文化 ^{14}C 年代为距今 9600—8100 年，与长江中下游地区新旧石器时代过渡阶段的道县玉蟾岩、万年仙人洞、吊桶环相当，但文化面貌成熟得多，考古学界对其 ^{14}C 年代多持怀疑态度[44]。已发表的 6 个上山遗址放射性碳测年的材料中，最古老的 5 个数据都采用的是夹炭陶[45]，测年材料中是否混入粗基质炭，值得质疑。只有 1 个数据超过 9000 年，超过其他年代 1200 年之多。除去这个突兀的数据，上山文化的年代范围在 8250 BC—7310 BC。如果有粗基质炭的干扰，按照彭头山遗址的情况，会比实际年代偏早 1000 年左右，扣除这个影响，上山文化的年代与彭头山文化相差无几。

将上山文化确定为类同彭头山文化的新石器时代早期文化，立足点是其文化面貌。上山文化陶器组合以大敞口盆为代表，还有双耳罐、大平底盘、镂空圈足盘等。陶器多为夹炭质，少量夹砂，晚期夹砂陶逐渐增多。多厚胎，超过 2 厘米者不鲜见；烧制温度低（经检测，约 800℃），火候不均，器表似有红衣；陶胎破裂面常见片状层理现象，胎体中可见明显的稻谷壳粒。初步统计，85% 为平底器，另有圈足、圜底、锯齿或乳丁状足。器物多素面，偶见绳纹、戳印纹。此外，还发现多角沿器[46]。尽管陶器制作技术原始，但其功能与形制已经分化，有炊器、水器、存储器等，同一类陶器中还有多种器型，圜底器、圈足器、平底器等都已出现；器物造型上开始有了颈、器耳、圈足，而万年仙人洞与道县玉蟾岩只有圜底罐、釜[47]，其他遗址只有少量陶片出土。并没有特殊证据证明长江下游地区新石器文化起源更早、发展更快，所以将上山文化暂时视为一支新石器时代早期文化。

上山遗址面积 2 万余平方米，小黄山遗址面积 5 万平方米，如此规模的遗址与新旧石器时代过渡阶段的遗址迥异，比早一阶段的河北阳原马鞍山，北京东胡林、转年，长江中游地区的万年仙人洞，道县玉蟾岩等遗址都要大得多。上山遗址发现有排柱式房基和沟槽形式的建筑遗迹。发现于南区 4 层下的房址（F1）具有明确的结构单元[48]，总长 14 米，总宽约 6 米，建筑面积将近90 平方米，布列呈西北－东南向。排柱式房基遗存以木柱腐朽后遗留的柱洞遗迹作为判断的依据[49]，柱洞分三列，柱洞形状均为直壁圜底，直径 27—50 厘米，深 70—90 厘米，个别底部有小石块。发掘者认为这是类似于河姆渡遗址的干栏式建筑。如此建筑规模与建筑技术都是新旧石器时代过渡阶段的遗址所不具备的。

上山遗址发现有三种类型的灰坑（按包含物分）：第一种内部多有完整、近完整的 1 件或多件陶器，发掘者认为可能与祭祀有关；第二种内含碎散的陶片、石器、炭屑、骨屑等，壁陡直，平底，深度一般超过 70 厘米，形状较规则，发掘者认为是储物坑；第三种包含物或多或少，分布无规律，形状也不规则，但有的灰坑出土物丰富。小黄山遗址第一阶段，以 B 区 5、6 层及相关遗迹单元为代表，发现了大量可能用于储藏的土坑，多为方形或圆形，坑壁陡直规整，坑底平整，直径（边长）1 米左右，如 BH12 直径1.9 米，深 1 米左右，容积近 3 立方米，周围发现分布比较有规则的柱坑类遗迹，推测当时储藏坑上可能覆盖有棚篷建筑。部分储藏坑上口为长方形，下部圆形，坑底置放石磨盘；个别土坑口小底大略呈袋状；部分储藏坑存在类似台阶现象，可能为了存放取用上下方便。如前文所言，新石器时代早期文化遗址通常多储备设施，尤其多有保存完好、依旧可以使用的器物。这种遗存特征与新石器时代早期定居能力不够强有关，史前农业生产者周期性地需要离开固定居址去利用某些季节性的资源。在离开期间，他们将一些不易携带的器物、工具甚至粮食（如磁山遗址）储备起来，以便返回后利用。上山遗址的三类灰坑可能都是储物坑，小黄山遗址也是如此。

上山文化显得较为原始的是石器组合，以磨盘、磨棒、石球、穿孔器与少量磨制的锛、凿为代表。磨盘较大，磨面凹弧、底面未经加工；磨棒多呈有多面磨痕的条块状，碎块的比例较高；还有一种研磨工具为底面磨平的自然卵石。石球中不少标本的浑圆程度很高。磨制加工的工具很少，有锛、凿等，还有用两面琢穿法成孔的穿孔器、砺石以及砾石石器等。从报道的材料来看，似没有长江中游地区常见的燧石质细小的打制石器。石器多以粉砂岩为原料，实验研究表明这种材料并不适合制作砍砸器[50]。上山遗址的石器组合主要表现为研磨、敲砸等食物加工功能，还有少量精细木作活动（锛、凿为代表），与狩猎相关切割、刮剔功能少见。与之相比，彭头山文化缺乏石质的研磨工具，而用木质工具替代（如八十垱发现有木杵）。不同的加工工具一方面反映不同的文化习惯，另一方面可能与所利用资源差别有关。一般说来，加工工具的强度与加工对象的强度是一致的，如美国西南部加工玉米的石磨盘就非常厚重，这与玉米皮壳坚硬密切相关，加工粟的磁山文化石磨盘相比就轻薄得多，若是加工稻米，用木杵、木臼就可胜任。上山文化厚重的石质研磨工具显示，这里的人们似乎更多地利用植物坚果。农业工具方面，穿孔石按民族学的类比可以用作点种的加重石。由于南方地区可能采用较多的竹、木、骨等有机材料制作的工具，如河姆渡遗址用骨耜，八十垱遗址出土木末、木铲（耜），上山文化可能也如此。石器组合的有限材料所表现的特征与长江中游地区新石器时代早期遗存的共性大于差异。

新石器时代早期较晚阶段跨湖桥文化（6200 BC—5000 BC），石器大多经过磨制，以锛最多，另有斧、凿、镞等。骨制工具组合包括农耕、渔猎、生活用具等，如骨耜、锥、镞、针、匕等。陶器更匀薄、精致，陶器的制作工艺比上山文化有显著提高，但烧成温度在750—850℃，两者差别不大[51]。跨湖桥遗址还出土菱角、核桃、毛桃、梅、杏、松果、芡实、南酸枣等可食用的野生果实，尤其值得注意的是，还曾经发现满坑橡子[52]，这在河姆渡遗址也曾经发现过[53]。橡子有硬壳，耐储备，但是其中含有单宁酸，需要加工处理之后才能食用，研磨之后过滤沉淀是必不可少的环节，同样把芡实加工成芡粉，把莲藕加工成藕粉等都需要沉淀过滤。这些活动与研磨工具相匹配，也与陶器相匹配，如上山文化常见的敞口平底盆（图6.1），并不适合当炊器，研究者也没有在上面发现烟炱，于是有推测是"烧石法"烹煮，但是遗址出土材料中又没有提及烧石。这种器物最适合用于过滤沉淀，多角沿设计的由来可能就与反复过滤，需要倾倒流质有关。跨湖桥各种坚果的发现间接证明上山文化时期人们也可能利用这些资源，各种工具的形态支持此种假说。跨湖桥遗址中发现木杵，还有骨耜、木铲，以及上千粒稻米与谷粒，甚至还有可能是南方地区最早的家猪骨骸。这些证据与彭头山文化稍晚阶段八十垱遗址较为类似，有理由相信这一时段人们饮食中摄入水稻的比例有明显提高。

上文花了很大篇幅扫描了华北与长江中下游地区新石器时代

早期文化的发展序列，说明了什么问题呢？对农业起源问题有何启示呢？从已知向未知探索的好处是我们有一些比较扎实的立足点，而不是基于想当然。总结两个地区新石器时代早期文化的材料，不难发现即便在新石器时代已经完全确立的时候（按有的分类方案，或称为新石器时代中期），主要粮食作物在饮食中所占的比例并不高，已有的古食谱生化分析表明，也就是四分之一左右。毫无疑问，更早的时代，这个比例还要低。与之相应，人类主要栖居地逐渐从山谷、盆地，向山麓、山前平原、河网地带不断扩展，这是一个渐进的过程。同样，新石器时代早期石器组合中，尤其是长江中下游地区，还保留着大量打制石器，与旧石器时代晚期的石器组合非常相似。磨制石器的比例是逐渐增加的。也许正因为这种明显的过渡性，所以现代学者反对柴尔德"新石器革命"的说法，也就是说农业是逐渐发生，缓慢发展而来的，逐渐用"新石器时代过渡"（Neolithic transition）或"向农业过渡"（Transition to agriculture）取而代之。

在强调农业渐进、过渡的同时，我们还需要强调新石器时代早期文化的"涌现性"。农业的确是逐渐发展而来，但是它存在明显的阶段性，阶段之间存在着较快的发展速度，就像一个人的成长，是一天一天地长大的，但其间存在着若干个成长较快的时期。新石器时代早期就是这样一个时期，考古学文化序列如雨后春笋般涌现出来，遗址的数量、规模迅速增加，结构更加复杂（包括房址、壕沟、堤坝、储物坑、墓地等），陶器形成体系，磨制石器开始发挥不可替代的作用。这都与旧石器时代晚期，以及新旧石器时代过渡阶段（参见下一节）有明显的差别。这种差别是如此地显著，很难将之解释成一个完全主观的考古学断代，即考古学材料支持"新石器时代早期"这样一个阶段的划分，它的存在具有客观实在性。

　　另一个特别引人注意的现象就是新石器时代早期文化对储藏设施非同寻常的强调，磁山、上山文化都可以看到大量的储藏设施。为什么此时如此强调储备呢？人类在温带乃至寒带地区生活都有数万年的历史，储备不会仅仅是新石器时代的产物。对于温带、寒带的狩猎采集者而言，储备是必需的。在自然状态下，狩猎采集者的食物都储备于自然界中，随用随取（狩猎或是采集）。当然，不是所有的食物都同样有利于自然状态下的"储存"，动物非常适合，活体就是最好的储备，胜过任何冷冻设施；植物性食物则有所不同，如新鲜水果类，不及时食用就会迅速腐烂；坚果类自然状态下也不易储备，因为其他动物会争食。另外，这些果实不晒干，就容易腐烂，所以收集处理工作必不可少。如野生粟、稻一类的植物，分布范围大，可收获量大，非常适合储备。此外，它们一年一生，比坚果类树木容易控制得多。不过狩猎采集者或可以利用动物资源——一种自然的"储备"，冬季植物性食物匮乏，却是狩猎的好季节，树叶枯落，视野开阔，动物正肥。但是如果冬季动物性食物匮乏，那就不得不储备植物性食物了。更新世之末大动物普遍绝灭和遗址中极为细碎的动物骨骼（显示充分的利用），都表明动物性食物在新旧石器时代过渡阶段已经开始匮乏。储备的发展还有一层意义就是与定居（或称流动性降低）有密切的关系，广泛储备是定居后的适应，群体定居之后，获取食物的范围大大减小，储备变得十分必要。储备的发展也指示着定居能力的提高。

　　然而，新石器时代早期还没有达到完全定居。新石器时代早期遗址的废弃过程研究显示，这一时期遗址中保留了许多还可以使用的完整器物，甚至是粮食，遗存大多保留在原来位置，反映出古人原打算返回居址，即古人还会周期性离开定居地去利用某些季节性的资源。遗址中众多储备设施中近乎完整的器物组合，如磁山、上山遗址，反映的就是这种行为。这一时期的石器组合中还保留着部分适于流动、适合狩猎的工具，典型的如兴隆洼文化的细石叶工艺产品，以及彭头山文化的燧石细小石制品，都说明狩猎、流动采食在当时的生计方式中占有相当的比例。农业并没有全面、迅速地取代其他生计方式。认为新石器时代的开端必定就是全面取代旧石器时代的生计方式是不切实际的，同时，把残余当成新石器时代还没有开始的标志，甚至怀疑农业在其生计中的重要意义的观点同样是错误的，因为它忽略了农业作为"序参量"对于社会发展的巨大制约性与推动力，最早期的农业可能在生计中微不足道，但是，它能够促使其他文化与社会因素随之改变，最终形成新石器时代早期"涌现性"的文化特征。

三　探索新旧石器时代的过渡

中国旧石器时代到新石器时代，究竟发生了什么转变呢？是如何发生的？为什么会发生呢？这些都是悬而未决的问题，很多学者参与了探讨。毫无疑问的是，从旧石器时代到新石器时代，史前文化面貌发生了巨大的改变，但变化是突然发生的，还是逐渐变化的？新石器时代的典型特征是从何时出现的？是同时出现的，还是先后出现的？是否所有的旧石器时代最晚阶段的文化都走向了新石器时代？如果没有，分岔点又在哪里？所谓新石器时代的典型特征在史前文化系统中有着怎样的意义？它们为什么会出现呢？如此等等问题深深吸引着考古学家以及对史前人类文化变迁感兴趣的学者。

（一）为什么是新旧石器时代过渡阶段，而不是"中石器时代"？

前文我极力主张保持"新石器时代早期"原来的年代范围，

与已发表材料中的说法保持一致，我把新石器时代早期以前与旧石器时代晚期晚段之间的阶段单独定义为"新旧石器时代过渡阶段"。这个阶段有时也被称为"中石器时代"。就其合理性，国内外学者有非常多的讨论[54]。基本观点分成两种：一种认为中石器时代是处在旧石器时代与新石器时代之间的普遍存在的过渡阶段，就是一个时代范围而已，无须附加过多阐释；另一种观点认为中石器时代指代一种特殊的适应方式，也就是突出地利用水生资源。任何概念的提出都有材料的支持，考古学是一门有地域性的学科，即便采用最为广泛的旧石器时代、新石器时代的划分也没有被非洲史前考古学所接纳。在殖民与后殖民的时代，被迫或主动追求与主导文化（即欧美文化）一致是非西方学术研究的重要特征之一，考古学研究只是其中一小部分而已。中石器时代的概念是一个发源于欧洲，更明确地说，是西欧地区的概念。在中石器时代概念的形成过程中，长期的考古实践（考古发现与研究）已经赋予了这个概念特定的意义，经过不同研究范式的阐释，它从文化历史考古的文化演化阶段的概念，演变成了过程考古学范式中特定适应方式的概念。而后过程考古学的范式质疑这两者所包含的殖民、后殖民的文化背景，以及科学主义（即认为存在普遍的文化发展规律，一切都可以像自然科学那样精确）的内涵。

在反思三种不同范式的思想背景之后，我倾向于在中国考古学的农业起源研究中避免采用中石器时代这个概念。不仅仅因为后过程考古的批判，还因为这个概念本身所包含的作为特定适应的意义，同时基于对研究历史与地区特殊性的考虑。中石器时代的概念存在的背景有一点经常被忽略，即它是欧洲考古学家对自身材料特殊性的定义，与西亚核心地区相比，西欧具有漫长的从旧石器时代向新石器时代过渡的历史，这种独特的地域特征构成了中石器时代概念存在的基础。从这个角度来看，即便强调中石器时代作为普适的文化演化阶段的文化历史考古学，也同样包含着材料地域性的内核。

否定中石器时代在中国农业起源问题上的适用性并不是说这个概念一无是处，它对于研究华南、东北地区史前文化的史前变迁（参见第七、八章）有着难以替代的作用。这两个地区从旧石器时代到新石器时代的过渡持续时间长，适应形态与西欧中石器时代有非常好的可比性，都强调水生资源的利用。西欧长期的研究历史与丰富的研究经验完全可以借鉴，总之，批判性地吸收西方考古学是中国考古学应有的基本态度。

（二）年代与材料：为什么中国新旧石器时代过渡阶段开始于1.5 万年前？

新旧石器时代过渡阶段的结束就是新石器时代早期的开始，一系列新石器时代文化特征的涌现印证了新时代的开始。相比而言，新旧石器时代过渡阶段的开始并没有这么明朗。把起始年代设定在距今 1.5 万年前后是基于现有考古材料的特征，以及古环境的变化——末次盛冰期的巅峰已经结束，全球回暖、海平面上升、动植物群迁徙等都正在途中。从考古材料上来说，1.5 万年前后是一个极为关键的阶段，细石叶工艺达到了巅峰[55]，华北地区这一时期几乎所有遗址都为细石叶工艺所主导；同时，盛极而衰，它也标志着细石叶工艺在华北地区开始衰落。1.5 万年前也是狗驯化的年代，DNA 研究将狗的驯化推到东亚某地的这个年代[56]。也就是说，驯化一个物种，让它的行为或生长过程为人类所控制的观念与方法已经开始被人们掌握，剩下的工作是将这种观念与方法推广到其他物种上，此时，作为农业基本要素之一的物种驯化已经出现。1.5 万年前也是其他新石器时代典型特征出现的时代，陶器[57]尤其是陶容器是新石器时代的典型特征之一，中国境内年代最早的陶器发现于桂林庙岩遗址，两个测年数据都在 1.5 万年左右，万年仙人洞遗址与陶器同层位的 ^{14}C 年代甚至超过距今 1.5 万年，学界都认为可能偏早。玉蟾岩遗址出土陶片有 3 个年代数据，也在 1.5 万年前后[58]。

　　除了陶器之外，还发现了石磨盘、磨棒、修理加工精制甚至磨刃的锛状器。这些工具主要发现于华北地区，如河北玉田孟家泉遗址出土的锛状器一面磨光，手感光滑，并保留细微的纵向擦痕。孟家泉遗址的年代，按谢飞先生介绍，为距今 2.4 万—1.7 万年（实测年代）[59]。陕西宜川龙王辿遗址出土磨制石铲与石磨盘，发掘者称第一地点绝对年代应为距今 2 万—1.5 万年前后[60]。但是都没有见到 ^{14}C 测年的数据，年代问题姑且存疑。山西柿子滩遗址第 9 地点在"厚度 0.5 米的地层中相继出土了使用过的石磨盘与石磨棒各 2 件，研磨石和颜料各 1 块，且分布在平面直径 2 米的方位之内。测年数据稍早一点的柿子滩遗址 S1 地点（20000—10000 BP）也出土了 2 件石磨盘"。S9 地点 2002 年的 ^{14}C 测年数据仅为 8340±130 BP（选送标本为 S9DH 01 用火遗址中心的炭块）[61]，并不古老。下川遗址也出土过锛状器与（研）磨盘，年代范围在距今 2.4 万—1.6 万年[62]。下川遗址的年代还有争议。总的说来，磨制石器出现的年代还不是很确定，更可能早于陶器的出现。将其出现的年代设定在 1.5 万年前后是一个中位数的推测。

　　新旧石器时代过渡阶段成为研究对象的历史并不长，也就是最近二十年的事，因为一直没有相关资料，或是即使发现了也没有认识到。后来随着新发现不断增加，尤其是植物考古学和 AMS 断代的运用，考古学家能够直接了解到植物遗存与陶器的年代与特征，这个阶段的轮廓逐渐清晰。最近几年来，又有一些重要的遗址被发现，如李家沟[63]、柿子滩[64]、扁扁洞[65]等；还有一些从前发现的材料逐渐整理发表出来，如南庄头[66]，使得总的材料数量有了飞跃（表6.3）。特别值得指出的是，由于新旧石器时代过渡阶段成为一个学术热点问题，加上研究方法的进步，新近发现材料的精细程度较从前有了很大的提高，这就为深入分析这个阶段的特征提供了重要的条件。与新旧石器时代前后相连的旧石器时代晚期、新石器时代早期材料的发现也是日渐增加，有的遗址甚至发现了三个时代连续的文化序列，如大地湾[67]。不过这个阶段的考古材料的丰富程度与新石器时代早期相比还是非常稀少而零碎的，甚至也不能与旧石器时代晚期相提并论。有限的材料仍旧是制约研究的主要因素之一。

表6.3　新旧石器时代过渡阶段的典型遗址

时间 （距今）	阶段	典型的遗址			
		长江中下游地区		华北地区	
约15000—8500年	新旧石器时代过渡阶段	玉蟾岩、仙人洞与吊桶环	甑皮岩、庙岩、大岩	转年、东胡林、南庄头、于家沟、马鞍山、扁扁洞、李家沟、大地湾	柿子滩、下川、薛关
早于15000年	旧石器时代晚期晚段	八十垱下层、十里岗、燕耳洞等		柿子滩、下川、淬泗涧、灵井、大岗等	

对比表6.3与表6.4就会发现，从华北地区材料来看，在年代清楚的典型遗址之外，还在一批考古遗址中发现了若干新石器时代特征，但由于年代以及材料精细程度的原因，所以没有被列为新旧石器时代过渡阶段的典型遗址。如河南淅川坑南遗址[68]，据报道其上文化层（第2、3层）发现了汉水流域最早的陶器、石磨盘与研磨球，发掘者通过陶片特征的比较，认为坑南遗址出土陶片的年代可能稍晚于李家沟遗址，处在新旧石器时代过渡阶段。

但是由于缺乏 ^{14}C 年代，尚不能确定。现在可以确信的是，在典型新旧石器时代过渡阶段遗址之外，还有更多遗址具有新石器时代的某些特征，这也就为我们分别探讨不同特征的起源及其在文化适应上的意义提供了条件。

细心的读者不难发现，我把广西的甑皮岩、庙岩与大岩等遗址罗列在了长江中下游地区。从现代自然地理的角度，上述遗址属于珠江流域，也就是华南地区。但是长江支流湘江流域与珠江支流漓江流域之间并没有大的地理阻隔，因此秦代能够开凿灵渠，沟通两大水系。属于长江中下游地区的道县玉蟾岩遗址与广西诸遗址几乎处在同一纬度上，直线距离不过 120 公里，自然地理环境并无大的差异。新旧石器时代过渡阶段，即距今 1.5 万年到 8500 年之间，开始时的气温要低于现在，到距今 1.2 万年前后，这一带还是温带森林环境，相当于距今 9000 年前后的华北地区（跟现在的气候环境已经非常接近），所以在研究长江中下游地区农业起源时把这些遗址放在一起考虑，我还会在华南地区谈到它们。与此同时，必须强调指出的是，进入全新世之后，珠江流域的史前文化发展进程与长江中下游地区分道扬镳，因此又必须在讨论华南地区史前文化变迁中再次谈到桂东北诸遗址。

（三）新特征的归纳与分析：新旧石器时代过渡阶段究竟发生了哪些变化？

1. 特征的选择

不依赖狩猎采集者的理论研究，而是单纯从考古材料形态特征、时空特征出发是当前研究普遍存在的问题；或者，在此基础上对文化适应方式进行发挥（农业是一种文化适应方式，不是器物特征的总和），但是立足的逻辑往往是当代生活的常识，把当代社会的知识应用于旧石器时代的狩猎采集者，这种研究方式无疑是有问题的。所以，要了解旧石器时代人类文化适应的机制，离开狩猎采集者研究几乎是不可能的。考古材料本身不会说话，不能自动显示其所有意义，时空特征、形态特征的归纳也不可能直接告诉我们古人的行为方式，从静态的材料到动态的行为，推理过程必不可少。但是，任何推理都需要一定的理论依据，狩猎采集者的文化生态学与行为生态学提供的就是这样的参考框架。

新旧石器时代的过渡就是从狩猎采集者向农业生产者的过渡，我们需要归纳与分析的特征必定要与之相关。任何物品的特征都是无穷无尽的，作为考古学研究者，我们只可能选择与我们的研究主旨相关的特征。所以，一方面，特征的选择首先需要反映狩猎采集者与农业生产者的区别，要具有文化适应上的意义；另一方面，这些特征得是考古材料中可见的。前者是主要的，如果考古学研究者不知道所研究特征的文化意义，那么他所做的工作就是仅仅汇集材料，而不知道材料能够说明什么问题。因此，在归纳与分析材料之前，必须先弄清楚我们所研究特征的意义。

狩猎采集者与农业生产者最大的区别：一个是流动采食，一个是食物生产[69]，其中最为显著的方面就是流动性的差异（第一章对此有详细的论述）。他们各自采用不同的工具技术，利用不同种类的资源，利用不同的生态空间，这也就决定了两者的考古材料至少存在三个方面的差异：①器物组合，包括使用新的器物，如陶器，以及新的工具（如研磨谷物的工具、磨制石器等），此外还要强调工具组合的某些特征；②存在不同的遗址结构形态，这不仅表现于遗址的分布形态，而且表现于遗址内部的结构，流动采食的狩猎采集者与定居的食物生产者在居址的选择与使用上有着不同的需求；③所利用资源的区别，狩猎采集者利用的资源更加多样，农业生产者则利用驯化的物种。

由于这里研究的是新旧石器时代过渡阶段，即从狩猎采集生计向农业的过渡阶段，它具有过渡性，因而包含两种文化适应方式的某些特征，或者说，旧石器时代的典型特征在衰落，而新石器时代的特征在成长。在物种利用方面，会看到驯化物种过渡状态的存在。然而，我们研究诸多过渡性特征时，必须注意新特征的出现是关键，这是需要重点关注的。

2. 新特征归纳

按照三个方面，表 6.4 对不同遗址所表现出的新特征进行了归纳，不难发现所谓新特征不仅出现于典型的新旧石器时代过渡遗址，也见于某些被视为旧石器时代晚期的遗址中。这反映新旧石器时代过渡阶段的开始要比我们理解的更复杂，我们对某些非典型遗址的研究亟待加强；如果能够确定没有新的发现，同样具有重要的意义，那就是说，在新旧石器时代过渡阶段，即使是在同一地区，不同遗址之间已存在分化。新特征的出现就像星星之火，是逐渐扩散，然后形成燎原之势的。

与之相应，新特征出现的时间有所差异，有的早，有的晚，这一方面反映在文化适应方式变迁中，不同特征之间存在着变化程度的差异，比如说，某种新技术的出现与遗址结构的重大变化相比，后者程度更深，它的出现也必定要晚于那些程度较浅的因素。另一方面是，不同特征的变化显现在考古材料上所需要的时间不同，如驯化物种，驯化的行为可能很早，但物种可识别的驯化特征一定出现在驯化行为之后。时间长短与驯化的强度有关，有意识的持续强化利用，可能会导致物种在较短的时间内驯化；若是无意识、非持续、程度较低的强化利用，那么物种表现出驯化特征的时间就可能很长。所以，这种差异就会导致，同一时间存在的特征不一定具有同时性，并非同时出现的特征倒可能同时。总之，具体特征需要具体分析，简单从考古材料的测定年代出发是不行的。

表 6.4　新旧石器时代过渡阶段的新特征

		华北地区														长江中下游地区*								
		南庄头	转年	东胡林	李家沟	扁扁洞	坑南	马鞍山	虎头梁	孟家泉	籍箕滩	薛关	柿子滩	下川	龙王辿	玉蟾岩	华挡	采家岗	竹马	仙人洞	神仙洞	瓢皮岩	庙岩	大岩
器物	陶容器	√	√	√	√	√	√	√	?		×					√	√	√	√	√	√	√	√	√
	石磨盘	√	√	√	√	√	√						√		√									
	石磨棒	√	√	√		√			√				√		√									
	锛状器				√																	√		
	石容器		√	√					√		√			√								√		
	磨制石器	√	√	√	√	√	√	√	√	√					√									
	多样性	√	√	√	√	√	√	√	√	√		?	√	√	√		√	√				√		
遗址结构	灶坑	√	√	√	?	√	√	√	√				√	√	?							?		
	遗存多样	√	√	?	?	?									√				√					
	建筑遗存	?		?	?	?													√					
	墓葬			√	√																	√		
	中心居址	√	√	√	√																	?		
	灰沟	√	√	√																				
	灰坑	√				√																		

续表

	华北地区														长江中下游地区*							
	南庄头	转年	东胡林	李家沟	扁扁洞	坑南	于家沟	马鞍山	虎头梁	孟家泉	籍箕滩	薛关	柿子滩	龙王辿	玉蟾岩	宋家岗	竹马	仙人洞	神仙洞	甑皮岩	庙岩	大岩
粟			?																			
黍			?																			
稻															√		√	√				
狗	√																					
（野）猪	√																		√	?	√	
（原）鸡																				√	√	

动植物遗存

* 注：长江中下游地区包括广西北部若干遗址，用以对比；柿子滩以第9、29地点为代表；√表示有；×表示没有；?表示可能存在，遗址发现相关的遗存，但不能肯定。玉蟾岩包括三角岩在内，万年仙人洞遗址包括附近的吊桶环

还值得注意的是，华北与长江中下游地区在新特征的表现上有差异，也有共性。比如，磨制石器在华北出现很早，在长江中下游地区比较晚（基于对当前材料的认识）。还有，目前长江中下游地区发现的都是洞穴遗址，还看不出如华北地区所见的新的遗址结构。另一方面，我们可以看到两个地区都出现了陶器、处在驯化阶段的物种等，表现出相当的同步性。在差异性与共性之中，有些差异性并不必然反映差异，比如华北的石磨盘、磨棒不见于长江中下游地区，这不意味着长江中下游地区就没有谷物加工工具，史前时代这一地区一直以木杵与木臼来加工稻谷，相对石磨盘等，木制工具难以保存（除非遗址坐落在滨水沼泽一类的环境中，如八十垱、跨湖桥、河姆渡遗址等，能够保存下来大量的有机质）。同样，有些共性并不必然反映相同的适应，以陶器为例，华北地区的陶器可能用来烹煮野生或是驯化中的谷物，而长江中下游地区的状况可能有所不同，可能煮食植物根茎、水产品等，当然也可能煮食稻米。但不是说，有陶器就必然是煮食驯化谷物的。

3. 器物组合与石器组合分析

器物组合的分析大体可以分为三个层面：首先是陶器的出现，次之是其他新的器物类型，最后是打制石器组合特征的变化。三个层面的特征反映的仍是史前人类群体文化适应方式中最核心的变量——流动性。在不能生产食物的时代，人们只能去自然界中寻找食物，没有流动性，也就等于不能去寻找食物，而自然界中，只有极少数环境带（如大西洋暖流通过的西北欧地区、秘鲁寒流通过的太平洋沿岸、日本暖流通过的日本列岛沿岸等）能够提供丰富的食物资源，让狩猎采集者无须长距离流动，就能获得必要的生活资源。正是基于流动性的悬殊差异，狩猎采集者区别于农业生产者。狩猎采集者也正因为流动性的降低乃至丧失，不得不成为农业生产者。

陶器的出现可视为判断流动性大幅度降低的"拇指法则"，因为陶器在搬运中极易损坏，而且制作成本高，需要经过处理陶土、揉捏拍打成形、烧制硬化等程序，不是即用即弃的用具。即便到了陶器已成体系的新石器时代早期，破损的陶器上仍然常见修补钻孔的痕迹，表明古人对陶器的珍惜。陶器或是说陶容器，很少会为经常流动的群体所生产[70]。在中国考古学研究中，陶器的出现也被视为新旧石器时代过渡阶段最重要的特征，在华北与长江中下游地区，这一阶段的典型遗址也都因为出土陶器而受到关注。虽然陶器的出现不一定指向农业，如日本绳文时代早到距今12800 年前就有陶器[71]，但是日本列岛的农业晚至中国汉代才真正建立起来，没有农业的俄罗斯远东地区也报道过 1 万年前的陶器出土[72]。同样，没有农业的欧洲中石器时代较晚阶段也有了陶器。即便如此，以陶器出现指示流动性的降低仍然是一个合适的指标。无论是绳文时代还是欧洲有陶中石器时代都出现类似定居的生活方式。

流动性的丧失必然导致文化的适应变迁，狩猎采集者中除了水生资源利用者可以在定居的情况下不从事农业外，目前还没有发现其他特例。在没有水生资源可利用的地区，陶器的出现很可能与利用植物有关。狩猎的群体加工肉食完全可以不用陶器，除了烤食外，他们还可以利用动物的胃煮汤烧水，如鄂伦春猎人所用的方法[73]，或可以用动物的皮。而要利用野生粟、稻的种子，或橡子一类的坚果，陶器就不可或缺了。陶器不仅可以用来煮食，还可以用来过滤沉淀（如上山文化的敞口平底盆），且可以反复使用，在植物加工利用中，其作用不可替代。有关陶器起源的原因解释非常之多，普登斯·莱斯（Prudence Rice）曾系统总结过现有观点[74]，这些理论或是从实用功能出发，或是受到海登宴飨理论的影响，认为陶器的发明是出于展示（display）的目的^[75]，但这些理论都承认陶器起源与资源强化利用有关。至于为什么会出现资源强化利用，从社会经济原因（社会不平等分化，群体内社会地位、威望竞争）到环境变迁、人口增加等原因，众说纷纭。陶器起源于展示，然后转向实用，这是基于欧洲材料分析所得的结论。从中国的材料来看，旧石器时代晚期并没有陶质艺术品。有一点我们可以推论的是，如果陶器首先基于展示，那么墓葬中首先应该随葬陶器，以实现展示的目的。然而，目前东胡林遗址所发现的新旧石器时代过渡阶段的完整墓葬材料显示，随葬的是装饰品、磨制的小石斧等，并没有陶器，随葬陶器是新石器时代早期才开始的习俗。所以，至少从华北的材料来看，国内陶器起源的原因首先还是基于实用，后来才转向非实用的方面。

有意思的是，柿子滩遗址没有发现陶器，出土石磨盘、磨棒的下川遗址也没有发现陶器。把这个特征跟前文总结的山西贫乏的新石器时代早期文化结合起来看，似可以说，这一地区新旧石器时代过渡阶段的发展路径不同于华北山前地带（包括燕山、太行山、豫西山区的山麓、丘陵与山前平原地带）。当然，仅凭陶器的有无还不足以得出这个结论，下文还会从石器、遗址结构、动植物的遗存等角度进行分析，以论证华北地区新旧石器时代过渡阶段是否存在这一分化。

除了陶质容器，转年遗址还出土了石质容器^[76]，类似的发现曾经见于新石器时代早期的兴隆洼文化白音长汗遗址^[77]，相对于陶质容器，石质容器更结实，不过制作起来要远费功夫。转年遗址出土的石质容器要大于一般研磨颜料所用的钵，选用的是石质硬度较低的材料琢磨而成。容器的发展有利于加工淀粉类食物，还更结实，有利于搬运，这与新旧石器时代过渡阶段既有植物强化利用，又保持着一定流动性的生计方式相一致。强化利用即把从前不易利用的食物资源加工成可以食用的东西，通过耐心收集、晒干、研磨、除壳，乃至过滤沉淀，然后烹煮，强化利用意味着人们在处理食物方面需要投入大量的劳动。强化往往跟广谱的食物利用密切相关，广谱利用就是指食用一些从前很少食用的东西。狩猎采集者通常都知道许多可以食用的食物资源，但是经常利用的种类相对有限，当遇到食物危机的时候，就会利用这些食物资源，就像农业社会的"救荒本草"。强化是在广谱的基础上集中利用那些数量大、易于获取，但需要费劲加工的食物资源。强化是广谱的补充，同时，强化与广谱是矛盾的，在食物加工上花费的劳动越多，就意味着寻找食物的时间越少，也就是流动性的降低。表面上食谱的宽度依旧很大，但是除了强化利用的资源外，其他食物资源的所占比例已经大幅度下降，尤其是猎获的大型食草动物。好比从前每隔几天能够捕到一头鹿，现在几个月才能捕到一头，虽然食谱中依旧有鹿，但实际意义已经大大缩水。陶器与石质容器的发展表现出流动性降低，究其深层的原因，则与食物资源的强化利用有关。

在新旧石器时代过渡阶段，陶器从无到有，数量逐渐增加，类型逐渐丰富，到新石器时代早期陶器组合形成体系。河南新密李家沟遗址包含三个连续的文化层，距今 10500—8600 年，其难得的变化序列，让我们看到文化逐渐发展的过程。下层为以细叶工艺为主的遗存，出有局部磨光的石锛与素面夹砂陶片，中层含普遍施压印纹的粗夹砂陶及石磨盘等，上层为裴李岗文化层。下层木炭样品测年为距今 10500—10300 年。中层为距今 10000—9000 年。下层先后发现 2 片陶片，中层两次发掘所获已超过 200 片，数量明显增加，陶片质地较坚硬，显示烧成温度较高。有多件不同陶器的口沿，均属直口筒形器物。绝大部分陶片都有纹饰，包括间断似绳纹，似绳纹与间断似绳纹的组合纹以及刻划纹等，丰富的纹饰常常可能与女性制陶有关[78]，同时也说明此时男性在植物采集、加工与利用上参与程度比较低，他们可能继续从事以狩猎为主的活动。

长江中下游地区以及毗邻的岭南地区新旧石器时代过渡阶段普遍发现陶器，这是一个很突出的特征，尤其在缺乏其他新石器时代特征的情况下，陶器几乎成了唯一标志。次之，从现有的材料来看，所出土早期陶器的烧成温度很低，如甑皮岩遗址出土陶片烧成温度不超过250℃[79]，玉蟾岩遗址出土陶片也是如此，非常疏松，好似泥团捏成，一碰即碎[80]，与上山文化陶片750—850℃烧成温度相差悬殊（反证上山文化不属于新旧石器时代过渡阶段）。另一个特征就是两个地区出土陶器的年代都非常早，以至于不少考古学家难以接受，万年仙人洞与吊桶环出土陶片由中美双方利用 AMS 技术测量了 34 个数据，有好几个年代数据早到距今 19780±360—15050±60 年，最晚的数据也达到距今12430±80 年，来自仙人洞较上部层位（3B1）。玉蟾岩、庙岩的陶片的年代也都在距今 1.5 万年上下，同样出土陶片的柳州大龙潭鲤鱼嘴下层螺壳测年超过 2 万年。我们目前还不能确定究竟长江中下游以及毗邻岭南地区的陶器出现年代是否就真的早于华北地区，不过即便如此，也不能说明这一地区就比华北更早出现植物强化利用的证据，因为陶器并不是唯一的指标，虽然它是最重要的指标。

与植物资源强化利用直接相关的还有植物研磨工具，也就是石磨盘、石磨棒。研磨加工植物无疑是费时耗力的，不仅需要花大量劳动琢制加工工具，而且需要将植物磨碎，准备再进一步加工，这比直接食用增加了若干道程序。除非不得已，狩猎采集者没有理由选择这种成本更高的食物加工方式。石磨盘、磨棒的出现是强化的标志之一。目前在新旧石器时代过渡阶段的遗址中，这类器物仅见于华北地区，东胡林遗址出土数量较多，其磨盘平面一般呈椭圆形；磨棒分为两种，一种剖面呈圆角方形，另一种剖面呈圆形，后者比前者制作更精致。不仅太行山以东区域的南庄头、转年、扁扁洞、李家沟（发表材料中没有提及石磨棒）、坑南[81]等遗址发现了石磨盘、石磨棒，太行山以西的下川、柿子滩、龙王辿等遗址也有发现。下川遗址出土研磨盘3件，圆盘状，由于多次旋转式研磨中间呈下凹形成圆坑，形制不同于新石器时代的石磨盘[82]，这种磨盘更像加工颜料的工具，当然也可以用来加工坚果。柿子滩第9地点第4层出土磨盘、磨棒，其下的第5层不见。第29地点第4文化层在用火遗迹旁发现有石磨盘、研磨石、颜料块以及蚌壳与鸵鸟蛋壳穿孔装饰品。"在柿子滩遗址距今2万年以前地层中发现有石磨盘，研究者已从其表面提取出植物淀粉遗存"[83]，目前还不知道结果，不过这已经说明石磨盘可能已经用来处理淀粉类的植物。如果柿子滩的年代与地层没有问题，那么就可以说植物强化利用的年代可能始于旧石器时代晚期晚段，与长江中下游及岭南地区的最早陶器年代同样古老。

如上文所强调，强化与流动性的降低相互关联，流动性降低意味着狩猎采集者在一个地方居留时间的延长，这同时也意味着投资居所建筑与耐用工具是值得的。短期停留就不值得，即用即弃意味着从前投入的劳动浪费了。磨制石器的耐用程度好于打制石器，但是制作起来比较费事。石磨盘、石磨棒也属于耐用工具。这样的工具，人们会反复使用，所以有时也被称为"遗址家具"（site furniture）。同时，为了建筑相对固定的居所，就需要较为坚固的建筑材料，如大一点的树木、石块等，此时就需要较为耐用的砍伐工具、挖掘工具等。迄今为止，磨制工具的发现较少，东胡林遗址出土局部磨光的小型石斧、锛；转年遗址出土少量磨制石斧；龙王辿遗址出土一件磨制石铲，顶端的两面磨制而成弧形刃；孟家泉遗址出土的锛形器有的腹面经过磨光；薛关遗址发现似石斧，与新石器时代打制石斧、石锛一致[84]，可能系打制毛坯。相对而言，锛形器的发现稍多，泥河湾盆地诸遗址如于家沟、马鞍山、虎头梁、籍箕滩，山西的下川（出土锛状器 7 件）以及南方的甑皮岩遗址都有发现。最近的微痕分析与实验研究确认虎头梁出土的锛形器的主要功能是加工木材[85]。砍伐加工木材一方面可以制作复合工具的柄，如南庄头发现人工凿孔的木棒（柄）段；另一方面可以砍伐加工树木，兴建能够较长时间居住的建筑。除去砍伐工具，挖掘工具的发展也引人注目，如玉蟾岩遗址出土的扁长的锄形器，就较为适合掘土；另外出土刃部磨蚀光滑的骨铲，也是在长期挖掘中形成的[86]。这些无疑都与流动性的降低有关联。

除了陶器、石磨盘与磨棒这样的食物加工工具、磨制的砍伐与挖掘工具等明显的标志性器物之外，还有一类经常被忽视的材料，那就是打制石器器物组合。通常而言，如果没有陶器，新旧石器时代过渡阶段的遗址就会被视为旧石器时代晚期遗址。然而，无论是否有陶器，这一阶段遗址的器物组合中的主体都是打制石器，遗憾的是，这类器物通常被视为旧石器时代的残留，其研究价值往往得不到应有的重视。其实打制石器器物组合本身也可以反映古代人群流动性的变化。对它的分析可以从另外一个层面，更全面地反映人类适应方式的变化。当然，值得注意的是打制石器的原料供给状况对石器组合特征的影响也非常大，有时甚至大于流动性对石器组合的影响，所以，在选择比较对象时最好选择原料供给状况相似的材料。遗憾的是，目前已发表的全面报道所发现打制石器器物组合的材料实属凤毛麟角，我们只能从有限的材料中提取有用的信息。表 6.5 归纳了若干从打制石器角度对流动性（定居）水平的研究途径，从基本原理、衡量方法与期望结

表 6.5 定居对手打制石器组合的影响

	石核	修理	废品	原料	工具
预设	相对而言，定居更多非正式的工具，定居更会有更多的石核，因此会产更多的石片；流动的群体更多正式的工具，更多标准化的器物	流动的群体会花更多的时间修理石器，以使工具更完备；面修理比边缘修理更耗时间	更多的两面器修理石片代表正式工具的生产；有修理台面的石片也意味着在工具上花了更多的时间生产	居留时间短，原料变化小；反之则大；短期居址更可能有外来优质原料与成品；超大的标本更可能是本地的	低流动倾向使用即用即弃的工具以及耐用工具，高流动倾向使用标准正式的工具
衡量方法	标准化器物与石核的比例（细石核除外）	面修理与边缘修理的比例	两面器修理石片的比例、修理台面石片与其他石片的比例	外来原料材料比例；样性程度；无天然石皮的标本比例；超大标本存在与否	两类工具的比例，耐用工具存在与否
期望结果	比例逐步下降，标准化器物减少	比例递减，面修理更少，即修理更加草率	比例递减，更少两面器修理石片与修理台面的石片	更多本地原料，原料类型丰富，但优质原料较少，超大标本少，无天然石皮石制品比例低	有耐用工具的同时，非正式工具的比例提高

果三个层面提出了分析石核、修理方式、废品比例、原料状况与工具特征的可能性，然后再与考古出土材料进行对比，以便观察我们的材料能够反映何种文化适应变迁。这里我选取柿子滩第9地点与李家沟遗址分别作为太行山东、西地区的代表进行分析，这两个遗址的材料报道相对比较详细，都有两个以上的新旧石器时代过渡阶段的文化层位，为遗址内与遗址间的比较提供了非常难得的分析材料。

狩猎采集者流动采食，与流动性小的农业生产所需要的工具特征是不同的。流动采食面临资源的不确定性更高，同时需要携带工具行走，所以工具的适应面要更宽、更轻便。通过标准化的加工修理，如制作两面器、采用细石叶工艺都可以获得适应面更宽的多功能工具，如同"瑞士军刀"一般。为了减小采食的风险，使用者尽可能采用质料优良的工具，并进行细致的修理加工，都是可以预见的行为。相反，流动性小的农业生产者因为长期居留在一个地方，他们需要一些耐用的工具；同时，由于在居址范围内，没有如狩猎采集者那样的采食风险，他们在使用打制石器时更可能采用一些即用即弃的技术，因为废弃的石片尚留在活动范围内，下次还可以使用，用不着刻意修理加工石核或是工具；而且原料也相对充裕，没有必要精细加工打制石器。再者，定居使得标准化的多用途技术的价值大大降低，就像我们居家之时，很少会使用瑞士军刀一样，因为家里有更多专业的大型工具。流动性的差异使得我们可以对石器工具技术与可能的器物组合特征进行预测，尽管我们并不知道农业生产是否已经在新旧石器时代过渡阶段开始，但是，通过流动性高低程度的分析，我们可以推测这个阶段人类文化适应所发生的变化。

李家沟遗址有上、中、下三个文化层，其中上文化层属于裴李岗文化时期，在此不予考虑。中文化层（报告中称为早期新石器遗存）出土石制品组合特征，报告说"细石核数量不多，且以宽台面者为主；细石叶数量明显少于早期的细石器阶段。普通石器数量较多，但多为权宜性工具，原料多为石英砂岩与石英等，主要是石锤直接打击制成，亦可见应用砸击技术。工具主要有边刮器与砍砸器，形态多样"[87]。相比而言，下文化层的石器组合中，石器"工具所使用的原料也多是不见于当地的优质燧石，应是远距离采集运输的结果。中层，虽然还有少量的燧石与石英类制品发现，但基本不见刻意修整的精制品。砂岩或石英砂岩加工的权宜性石制品数量则较多。这类石制品的形态多较粗大……本阶段发现的石磨盘残段观察，部分扁平砂岩石块应是加工这类石制品的原料或荒坯"[88]。从原料分析的角度来看，不难看出中文化层时期古代人群的流动性要小于下文化层时期。这一时期，外来原料更少，更多使用本地原料，更多权宜性的工具，器物形态更加多样，标准化的器物（细石叶工艺产品是典型的标准化器物）简化，等等，都清晰地反映了人类流动性的降低。

下面我们利用打制石制品组合分析柿子滩第9地点所代表的流动性。这个地点包含4个文化层，其中第1、3两个文化层出土物较少，没有比较的价值。第4、5文化层出土物相对较丰富，分别出土石制品1119件与439件。按照预设，定居者（或者说流动性更低的群体）应该更多地在遗址中制作石器，流动群体则可能携带半成品或成品，因此石核与其产品的比例，在定居者中应该更低，因为石核所生产的各类产品更多留在遗址中了。统计柿子滩两个文化层所出土石核（石核与细石核）与其产品（石片、细石叶、断块、断片、使用石片）的比例，第4层约为0.032，第5层反而更低——0.024。统计中排除了碎屑，因为它们可能更多与修理有关。如果将碎屑视为边缘修理的产物，将石片与断片视为面修理的产物，第 4 层的比例为 2.64（石片加上断片之和除以碎屑数量），第 5 层为 1.74，也就是说第 4 层可能有更多的面修理。跟石核与其产品的比例比较的结果一致。从柿子滩第 9 地点来看，第 4、5 两个文化层所代表的流动性，晚期的反而更高，虽然第 4 层出土了石磨盘与磨盘。至少现有材料不支持柿子滩第 9 地点两个文化层存在明显的流动性降低趋势，反而是流动性有可能提高了。

李家沟与柿子滩遗址所体现出来的差别，一种可能的解释是年代上的，即柿子滩第 9 地点更早，但是现有 ¹⁴C 测年材料并不支持这样的判断，柿子滩第 9 地点第 3 层用火遗迹的年代仅距今 8300 余年，第 4、5 层的年代究竟有多早，还不得而知。另外一种可能是地域性差别，这种差别得到了更晚的新石器时代早期材料的支持，迄今为止，山西地区新石器时代早期文化发现还相当有限，现有材料状况至少可以说明，山西地区新石器时代进程要稍晚于太行山以东地区。柿子滩遗址与李家沟遗址的差别进一步支持这种判断，山西地区新旧石器时代过渡阶段的狩猎采集者可能依旧保持着较高的流动性，这与农业起源所需要的前提——降低流动性，正好相反。

4. 遗址结构分析

流动性降低不等于定居，它表现为人们活动范围的缩小与搬迁频率的降低，即人们限定在某个更小的范围内流动，在同一时间范围内，利用居址数量降低，甚至可能出现一些居住时间接近一年的中心化营地（超过一年可以称之为定居）。表现在考古材料上，首先是对一个区域的频繁光顾，留下许多类似的遗存；更进一步就是出现中心居址，遗址中包含多种多样的遗存，尤其是反映长期居住的遗迹与遗物，前者如建筑结构、灰坑、灶址[89]等，后者则包括前面讨论的反映流动性降低的遗物。从反复光顾某个区域到中心居址的形成体现出流动性逐渐降低的过程。如果狩猎采集者群体经常准备返回中心居住地，就会考虑留下一些耐用的器物与设施，便于返回后使用。还有一种情况，就是狩猎采集者群体把妇幼老弱留在中心居住地，在居住地附近采集、强化利用某些资源，捕猎小动物，成年男性则外出打猎，民族志中经常看到这样的分工。这种做法是在流动与定居之间寻求一种平衡，直到最后流动狩猎难以为继，完全定居下来为止。对遗址结构特征的分析，可以进一步了解史前人类流动性的变化状况。

新旧石器时代过渡阶段遗址中，李家沟遗址揭露出两个文化层的活动面，下文化层活动面的中心部分为石制品与人工搬运石块形成的椭圆形石圈，东西长约 3.5 米，南北宽约 2.5 米。石圈东侧主要是动物骨骼遗存，多为大型食草动物的肢骨、角类等，多较破碎。中文化层明显增厚，也发现石块聚集区，东西长约 3 米，南北宽约 2 米。遗迹中心由磨盘、石砧与多块扁平的石块构成，夹杂着较多的烧石碎块、陶片以及动物骨骼碎片等。这些石块多呈扁平块状，以砂岩与石英砂岩为主，可能来自遗址附近的原生岩层。在遗址中留下石磨盘这类耐用器物，以及从遗址之外搬运石块陈放在遗址之中，这些反映了古人在居住地建设上更大的投资，投入与居住时间成正比。李家沟遗址还出土磨刃石锛以及数量较多的陶片，已经显现出中心居住地的特征。

相比而言，柿子滩遗址还处在反复利用一个地方的阶段。柿子滩第 29 地点有 8 个文化层，总共发现 232 处用火遗迹，从上到下，分别发现 4 处（第 1 文化层，0.3 米厚）、75 处（第 2 文化层，1 米厚）、17 处（第 3 文化层，0.5 米厚）、94 处（第 4 文化层，1.7 米厚）、54 处（第 5 文化层，1 米厚）、38 处（第 6 文化层，0.8 米厚）、3 处（第 7 文化层，3.5 米厚），第 8 层未见，但有零星炭屑分布。密集的用火遗迹反映古人反复光顾这里，但此时还没有中心化的居住地。

最能代表居住地中心化的新旧石器时代过渡遗址要数南庄头与东胡林遗址（图 6.2），两个遗址出土非常多样的考古遗存，如墓葬、灰坑、灰沟甚至建筑遗存。南庄头遗址发现有灰坑、沟、灶，1992 年报道中 H1 内出土鹿角三支，其中一支较完整，呈垂直方向放置，似为有意掩埋，柄部有人工切割痕迹。1997 年发掘中发现两个灶；还发现有条状木板，上有人工凿刻的凹槽（[14]C 年代为距今 9875±160 年），似是建筑的残留。东胡林遗址发现火塘10 余座，其中 HD3 范围约 80 厘米 ×60 厘米，深约 30 厘米，中心区域有大量的黑色灰烬，包含数量较多的有烧烤痕迹的砾石块和动物骨骼（以鹿为主）。上部的砾石块堆积较乱，下部的石块大致堆积如环状，排列整齐，应是有意为之[90]。东胡林遗址发现完整的墓葬，均为土坑竖穴墓，葬式分仰身直肢和仰身屈肢两种，随葬磨光小石斧、装饰品等。这样的遗存常常是新石器时代遗址的特征，而与旧石器时代遗址通常散乱无序的遗存特征有所不同。

泥河湾盆地的马鞍山遗址似乎处在柿子滩与南庄头、东胡林这两类状态之间。马鞍山遗址发掘 50 平方米，第 3 层发现用火遗迹 34 处，包括灶、火塘和火堆。一方面，它像柿子滩遗址一样具有反复光顾的特征；另一方面，它的灶为挖制而成，平面近椭圆形，深 15—18 厘米，壁与底红烧土厚 1.5—3 厘米，AMS 断代为距今 13080±120 年[91]，具有新石器时代灶的特征[92]。其石制品组合也是如此，这里出土各类石制品近 2 万件，原料以石英岩为主，燧石、玛瑙、硅质泥岩占一定比例，偶见凝灰岩、角页岩和灰岩等，以本地原料为主（石英岩[93]），也有外来原料如玛瑙。石制品组合包括从毛坯到剥片最后阶段的楔形石核近 300 件，以及大量细石叶、削片等，还有边刮器、矛头、雕刻器、凹缺刮器、端刮器、尖状器和锛状器等，类型稳定，修制规整精美。标准化工具通常反映的是更高的流动性，而完整的石制品制作序列与锛状器反映的则是相反趋势。它似乎说明古人群体中一部分依旧保持着高度流动的生计方式（如狩猎的男性），另一部分则比以前在居住地停留的时间更长。

类似的还有扁扁洞遗址，在第4层、3A层和2层表面上，都发现了明确的活动面，其中4层层面上发现多处烧土面，附近堆积有灰烬，夹杂很多兽骨，十分破碎，部分骨骼有火烧痕迹。在一处烧土面旁边，发现一个石磨盘与两个磨棒。3A层表面有厚约3厘米的沙土层，呈灰褐色，厚度均匀而平整，显然是经过特意整治的平面。发现的遗迹除烧土面外，还有4个灰坑（未报道开口层位），均为近圆形锅底状。其中一个已经被扰动，当地村民介绍说有人头骨与肢骨出土，可能是墓葬。还有一个在坑壁斜坡上发现烧土面，坑底堆积着灰烬，可能为废弃后的灶坑[94]。单纯从遗址结构来看，完全具有新石器时代遗址的特征，如人工加工的居住面、灶、灰坑、墓葬（尚存疑）、石磨盘与磨棒等；但另一方面，遗址坐落在天然洞穴中，虽然洞穴的位置很低，离河流不远，但是它朝北，并不是一个理想的栖身之所。古人宁可选择不甚合适的洞穴，反映了它具有临时性的特征。

旧石器时代的狩猎采集者与新石器时代的农业生产者在选择居址上具有不同的文化生态特征。农业生产者需要靠近耕地，狩猎采集者需要靠近动物迁移路线；农业生产者营建长期居住的聚落，狩猎采集者偏好临时性利用天然洞穴。新旧石器时代过渡阶段的遗址具有明显过渡的性质，一方面有类似新石器时代遗址的结构与遗物，另一方面有旧石器时代遗址位置特征。遗址的地理位置可以反映农业发展的程度，西亚地区正是通过遗址地理位置的调查，确认纳吐芬文化时期还没有农业[95]，仍处在强化利用自然资源阶段。考察新旧石器时代过渡遗址的地理分布，不难发现大部分遗址还残留有旧石器时代遗址分布的特征，如沂源扁扁洞、道县玉蟾岩、万年仙人洞、吊桶环以及岭南洞穴遗址，都是借助天然洞穴，与新石器时代早期遗址的分布有很大区别。即便是旷野遗址，所分布的位置与后来新石器文化的分布位置也有区别。如下川遗址，发掘者指出："我们在下川工作数度，无论在地层，抑或地表，始终没有见到新石器时代及其以后的磨光石器和陶片等混杂物。但在距下川区仅十几公里的中村一带和数十里之外的沁河流经地区，则有新石器时代之遗存，而不见下川文化的踪迹。由此看来，新石器时代的人类，似乎没有在下川定居过。"[96]

从另一角度看，新旧石器时代过渡阶段的遗址分布比旧石器时代晚期的遗址更接近山前地带，如东胡林、转年遗址，或是在低山丘陵区如李家沟遗址，还有如南庄头已经分布到了山前平原地带。在长江中下游地区，如临澧竹马遗址还发现高台建筑遗迹[97]。数量虽然比较少，但反映的是一种发展趋势，与新石器时代早期文化的遗址分布特征一脉相承，也就是所利用资源分布区域的变化。遗址地理位置逐步迁移强烈地暗示了新旧石器时代之间所存在的渐进性质。

5. 动植物遗存

讨论新旧石器时代过渡而不讨论动植物遗存就像研究工业革命不谈及商品，动植物遗存是考古材料的重要组成部分，它们不仅反映史前狩猎采集者的流动性，而且直接反映农业处在萌芽状态中的基本形态。然而，在讨论动植物遗存之前，我们还需要思考一下考古材料真实性的问题。考古材料作为真实的存在，这一点无须质疑（即便是质疑，也不是考古学所讨论的范畴）。考古学家关心的是考古材料能否充分反映古人的生活方式，即从动植物遗存出发是否能够得到古人的生计模式。动植物遗存的保存取决于诸多条件，自然状况如土壤酸碱度、动植物标本暴露在地表的时间、地下水的活动状况等都会影响保存状况。不区分保存条件的比较，显然是没有说服力的。所以，考古学家在选择比较对象时，对同一遗址不同层位之间的比较，要好于同一地区不同遗址之间的比较（如都属于华北地区黄土地带的遗址），更要好于不同地区遗址之间的比较（比较华北与南方地区的遗址）。次之，需要考虑遗址的功能，尤其是旧石器时代的遗址，不同功能的遗址所具有的动植物遗存特征差异非常显著，比如石器制造场遗址与屠宰场遗址。如果是一次大规模猎杀某种成群的动物，就会留下极为丰富的动物遗存。新旧石器时代过渡阶段的遗址大多具有中心居住地性质，或是人类反复光顾的地方，所以前面所说的极端状况存在的可能性并不大。研究新旧石器时代过渡阶段遗址特别需要了解史前狩猎采集者流动性的变化，不同的流动方式直接影响动植物遗存的存留状况。对于高度流动的群体而言，把任何捕猎到的动物全部运回中心居住地是不现实的，他们会选择就地消费。即便是相对定居的群体，所有的捕猎行为也不可能都在中心居住地附近进行，长距离搬运一头超过 500 公斤的野牛非常不经济，真正能够进入中心居住地的只是少量带肉多的骨头。所以，我们可以说高度流动群体的居址中会留下更多大型动物的骨骼，尤其是肉少的骨骼，它们是就地消费的产物；而流动性较小的群体，会把整个的小型动物以及大型动物肉多的部分带回中心居住地中。最后，遗址中动植物遗存与人们的生计方式相关，对于新旧石器时代过渡阶段的遗址而言，我们希望找到驯化的证据，希望看到广谱适应，或是发现强化利用某类资源的迹象。简而言之，我们希望在动植物遗存中看到流动性的变化，看到动植物利用方式的转变。

　　这里还需要补充说明一点，在狩猎采集者的适应中，利用水生资源如贝类、鱼类，以及生活在此处的鸟类、两栖类、哺乳类动物等，反映出一种适应强化，这可以有效缓冲单纯依赖陆生资源的生计压力，能够支持超越依赖陆生资源的人口密度门槛（参见第三章）。利用水生资源通常需要更复杂的技术，从舟楫、弓箭到各种各样的捕鱼工具等。从旧石器时代晚期，利用水生资源就已经开始，如小孤山遗址就发现了鱼叉。我们需要关注的问题是水生资源利用的可能性与强度。如在晚更新世之末的长江中下游与华北地区，海平面还没有上升到现在的高度，长江中下游与华北平原上的湖泊与泛滥区还没有形成，水生资源并不是普遍可以利用的资源。即使具备利用的条件，也难以与海洋资源的持续供给能力相提并论。水生资源的利用在甑皮岩遗址留下了较为丰富的材料，螺壳与炭化植物遗存重量统计在一、二期时相差并不明显，而在四、五期变得非常悬殊[98]。同一遗址不同地层的对比很清晰地反映出在较晚阶段，人类增强了对水生资源的利用。这显然与全新世更为温暖湿润的气候有关，它所造成的结果就是对适应压力的缓冲，走向劳动密集型的农业生产的动力降低。即使是在水生资源并不丰富的华北地区，也存在利用的证据，如东胡林遗址发现软体动物如螺、蚌、蜗牛等的骸壳很多，且种类丰富，最大的蚌壳直径达20厘米以上[99]。徐水南庄头遗址出土动物标本中就包括蚌、鱼、鳖、鸟等。

　　华北地区的遗址除南庄头外（实际已部分破坏），动物遗存的发现并不丰富，而且存在一个普遍的特征，即骨骼十分破碎。没有理由认为这完全是自然原因造成的，因为旧石器时代晚期的遗址如峙峪、小南海等都保存有很多动物骨骼化石，所以发掘与研究者普遍认为这可能与人类的充分利用有关。即动物资源比以前更加罕见，捕猎的难度加大，而且捕猎大动物的机会越来越少。虽然狩猎一直到新石器时代早期依旧是一个重要的生计组成部分，但这无疑是一个基本的趋势，尽管不同遗址可能有所差别。李家沟下文化层发现较多动物遗存，包括大型食草动物马、牛，大型、中型和小型的鹿，杂食类的猪，还有食肉类、啮齿类与鸟类等。按照最小个体数来统计，牛、马与大型鹿类等大型食草类的比例占半数以上。大部分骨骼破碎严重，部分标本表面有轻度的风化与磨蚀迹象，研究者认为可能与当时人类敲骨吸髓或加工骨制品等有关。中文化层动物骨骼以小型鹿类等较小的动物为主[100]。大型食草类仅见零星的牛类与马类的骨骼碎片，还有少量的羊、猪以及食肉类的骨骼遗存[101]。两个新旧石器时代过渡阶段的文化层所表现出来的变化特征，跟前面所说的趋势是一致的，大动物狩猎是在逐渐萎缩的。

当大动物减少的时候，人们就不得不捕猎小型动物，甚至是一些非常灵巧敏捷的动物，如兔类、小型食肉类等。柿子滩第9地点出土动物骨骼标本695件，72.2%的标本为烧骨，长度多为1—2厘米，非常破碎。根据牙齿与关节初步鉴定有啮齿类、兔类、食肉类、偶蹄类（羚羊属）、鸟类（包括鸵鸟）。柿子滩第9地点的动物骨骼组合显示出狩猎范围的扩充，其中缺乏狩猎者偏好狩猎的大型食草动物。在食草动物中，鹿类通常是华北地区新旧石器时代过渡阶段偏好捕猎的物种。徐水南庄头遗址出土脊椎动物骨骼1068件，均出自第5层及5层下遗迹中。整理发现有雉、鸟、鼠、兔、狗、梅花鹿、小型鹿科动物、水牛等12种，以哺乳动物居多，其中又以鹿类为主[102]。东胡林遗址也出土种类较多的动物骨骼，初步鉴定也是以鹿类为主，另有猪、獾等动物的骨骼与牙齿。类似的发现还包括万年的仙人洞遗址，这个长江中下游地区遗址的主要狩猎对象也是鹿[103]。鹿类通常是林缘动物，与当时森林的扩张有关。草原动物常常具有群体性，温带地区尤其如此，物种不丰富，但每个物种的数量惊人，就像北美大陆上在大规模商业狩猎之前就生活着超过2000万头野牛[104]。东胡林遗址孢粉分析显示，在全新世早期（10000—8200 年前）木本植物花粉明显增多，高达 55%，包括喜温的松、杉、云杉、铁杉（个别发现，现在生活在亚热带）、栎属、胡桃等。与更新世晚期比，草本植物明显减少，表明这一时期气温大幅度上升，当时的年平均气温可能与现在相近或略高，东胡林人生活时期的主要植被类型为针阔叶混交林[105]。森林的扩张或许可以解释大型食草动物的减少，但令人惊奇的一点是缺乏森林植被的柿子滩一带居然也缺乏大型食草动物，这种状况或许只能归因于人类的过度捕猎。

相比而言，发现陶片的岭南诸遗址与玉蟾岩遗址都发现了丰富的动物骨骼。玉蟾岩遗址发现哺乳动物 28 种，数量最多的还是鹿类动物，还有小食肉类（至少 11 种）。鸟类骨骼数量也非常多，其个体数量占到动物骨骼的 30%，已鉴定出 27 个种属，其中与水泊环境相关的种类有 18 种（占鸟类的 67%）。水生资源还有贝类、鱼类、龟鳖类等。其中数量最大的是螺蚌，已鉴定螺类 26 种，蚌类 7 种，均为淡水湖泊、河流、河滨池塘生活的种属。玉蟾岩的动物组合有明显的水生资源利用特征。甑皮岩遗址出土动物遗存更加丰富，仅在 2001 年出土材料中就发现贝类 81233 个，动物骨骼 27211 块，保存状况良好。其中包括贝壳类 47 种，鸟类 20 种，哺乳类 37 种，另有螃蟹、鱼类、爬行类各一，共计 108 种[106]。这一遗址包含如此丰富的动物遗存，带有明显的广谱适应色彩。同一地区的庙岩遗址出土哺乳动物 17 种，贝壳类 15 种，未见鱼类与鸟类[107]。大岩三期遗存也是以螺壳为主堆积[108]。这种螺壳为主的堆积还见于同一时期的柳州白莲洞、鲤鱼嘴、封开黄岩洞等遗址；进入全新世之后，发现更加普及，如顶蛳山、甑皮岩与大岩晚期遗存、豹子头遗址群等。可以说利用贝类是岭南地区从新旧石器时代过渡阶段开始的重要文化适应，且在整个新石器时代持续存在。

同比长江中下游地区利用贝类遗址较少，万年仙人洞发现较多动物遗存，早期的发掘材料未鉴定，1993 年发掘所得 1672 件动物骨骼中没有贝类，近 82% 的标本为鹿类[109]。进入新石器时代保存条件较好的跨湖桥遗址，出土动物骨骼 5000 余件，也没有发现贝类遗存[110]。更晚的河姆渡遗址出土非常丰富的动物遗存，其中贝类也只有 3 种[111]。长江中游的诸遗址中八十垱的动物骨骼材料最丰富，贝类只有一些极为破碎无法鉴定的标本。利用贝类程度的差异是区别长江中下游地区与岭南地区遗址的主要标志之一，它反映的是水生资源丰富程度与利用水生资源强度上的差异。贝类采集是男女老幼都可以参与的活动，不像狩猎那样需要技巧，以及捕鱼所需的复杂工具。通过贝类采集获取蛋白质，可以弥补狩猎资源的不足，进而降低对动物驯养的需求。水生资源依赖（而不仅仅是利用）是新旧石器时代过渡阶段的产物，它本身就是资源强化利用的标志之一。

这个阶段一方面是大型食草动物，尤其是草原动物减少，利用猎物更充分；另一方面是转向利用水生资源，在有条件的地方产生依赖。除此之外，驯化已经开始，南庄头遗址发现一件犬科动物的左下颌的齿列长度为 79.4 毫米，小于现生狼（平均 90 毫米），因此被认为是狗，已经驯化，与 mtDNA 的证据一致[112]。庞俊峰等人研究认为在距今 16300 年左右，狗已经在中国长江南部被驯化[113]。万年仙人洞遗址也曾发现犬科标本。南庄头遗址中还发现猪的骨骼，但没有证据表明已被驯化[114]。甑皮岩的猪骨骼较多，年龄结构的研究更支持是野猪的结论[115]；仙人洞上部地层发现鸡，可能已经驯化，不过年代也许已经进入新石器时代中晚期。现有材料似乎支持主要家养动物如猪、鸡、牛等是植物驯化之后产生的，人们利用植物加工的废料如谷壳、禾茎等喂养它们。所以即使是在新石器时代早期遗址中，仍然可以见到大量野生动物，同时发现人类无法建立稳定定居的证据，动物狩猎始终是当时生活获取肉食、皮毛等不可或缺的手段。

植物遗存的发现与研究方面较好的材料有玉蟾岩、甑皮岩与东胡林遗址。在玉蟾岩遗址文化堆积中筛选、漂洗收集到大量的植物果核，初步分选有40多种，能鉴定出种属的有17种，朴树籽最为丰富。东胡林遗址4号墓葬及其填土中发现数十枚大叶朴（相似种）果核。考古遗址中朴树籽的发现最早追溯到北京周口店遗址，兴隆洼、班村、半坡、龙岗寺等新石器时代遗址都有发现。郝守刚等参照印第安人食用朴树果肉，又将果核研成粉末当作调料与肉类或玉米同食的习惯[116]，推测东胡林遗址发现的石磨盘可能用来研磨朴树的果核[117]。朴树籽可以直接食用，果核只是用作调料，谈不上强化利用。强化利用的对象是需要投入相当多的劳动才能最终食用的东西，典型物种包括橡子和野生的粟、稻、麦等，这些果实都不能直接食用，需要繁琐的加工。

玉蟾岩遗址曾经出土水稻11粒，研究发现它们兼具野生稻、籼稻与粳稻的综合特征，尚处在分化阶段[118]。万年仙人洞与吊桶环遗址主要通过水稻植硅石来研究水稻强化利用的起源。按赵志军对吊桶环稻属植硅石的研究，从B层到O层（从上到下排列）采集了14份土样，除F层外，G层以上（B、C、D、E层）都发现了丰富的稻属植硅石，尤其是G层，不到10克土样中就发现了近100个稻属植硅石个体。G层的年代为距今17040±270年，没有稻属植硅石的F层距今15180±90年。研究显示G层出土的稻属植硅石还属于野生稻，E、D两层野生与栽培稻的可能性均等，到了更晚的C层，栽培稻的比例大于野生稻，所以可以将栽培稻的历史定在E层，估计的年代为距今11900年[119]。为什么F层没有发现水稻呢？假如这时正好是新仙女木事件时期（新仙女木事件距今 13900—12800 年，考虑到仙人洞、吊桶环 [14]C 年代比实际年代偏早，故做此推测），当地气温下降，野生水稻分布南移，所以未能利用野生水稻。吊桶环与玉蟾岩遗址出土不同水稻遗存所得出的研究结论大体一致，即水稻的栽培可能在距今 12000 年前后，而人类开始利用水稻则可能早得多。

甑皮岩遗址曾进行过系统的植物遗存收集与分析，通过浮选收集炭化的植物遗存，炭化物的重量、植物种子数量以及根块茎重量的对比研究显示，甑皮岩三期到五期之间发生了重要的变化，其中根块茎重量越晚数量越大。甑皮岩遗址没有发现炭化稻谷或野生稻遗存，植硅石的抽样分析也没有稻属植硅石，这说明甑皮岩人从事稻作农业的可能性极小[120]。他们转向了根茎类依赖（可能包括采集与种植）与水生资源的利用，形成一种史密斯所说的"低水平食物生产"，使得甑皮岩人无须依赖物种驯化依旧可以维持生计，即使流动性下降，也暂时不必担心当地资源的枯竭。即便到了新石器时代，驯化物种在生计方式中的地位长期显得无足轻重。另外，无性繁殖的根块茎植物栽培容易，即使驯化了，也不容易发现。从这个角度说，甑皮岩遗址可能代表着另一种食物生产类型（参见第八章），而与玉蟾岩、仙人洞、吊桶环走向稻作农业的发展道路不同。

6. 文化的分支发展

史前文化的发展过程是一个不断分化与融合、产生与消亡的过程。文化不仅作为人类适应环境的手段，同时也是人类自身（社会与个体）发展的途径。分化与融合都是解决现实问题的方式；或是新的文化的某些要素不断涌现，或是旧的文化的某些要素走向衰落。问题并不在于是否了解这一不言而喻的宏观文化发展规律，而在于认识到文化变化所发生的时空条件，在于在表象之外认识到文化发展的结构差异，在于认识到文化演进的内在机制。

对于新旧石器时代的过渡方式，当前中国考古学界已经注意到华北与华南两个不同的发展模式，认为这个阶段华北地区流行以细石叶工艺生产的复合工具，进而认为农业起源之前的北方地区存在一个盛行细石叶工艺的"中石器时代"。华南地区尽管也有细小的燧石石器，但没有使用细石叶工艺，而是延续了该地区旧石器时代晚期的砾石工业传统，并出现了磨制骨锥、穿孔蚌器以及烧制的非容器陶土块等[121]。现有观点中没有考虑到长江中下游地区，也没有注意到区域内的文化分化现象。

实际上，中国新旧石器时代过渡阶段远不止华北与华南两个模式，除了农业起源核心区域内的分化外，还有燕山南北、东北、西南、青藏等模式。在农业起源的核心区域，华北地区与长江中下游地区毫无疑问有着不同的发展轨迹，但同时我们还应该注意到两个区域的内部存在着更为重要的分化。华北与长江中下游地区看似两种模式，但实质性差别并不大，它们最终几乎同步进入了新石器时代；倒是华北内部的若干地域，长江中下游与毗邻岭南地区存在较为实质性的区别，在新旧石器时代过渡的关键阶段，分别选择不同的发展道路，成为新石器时代丰富多彩的地方文化的基础。

华北地区　前文我已经分析过华北地区旧石器时代晚期早段人类适应的主要方式，仅就目前材料而言，至少可以看出四种方式：水洞沟模式、峙峪模式、山顶洞－东方广场－小南海模式、小孤山模式。华北旧石器时代晚期早段是一个文化分化的时期，人类成功地辐射到世界各地，社会发展进一步分化，逐渐限定的互惠关系促使群体地域观念加强，形成各具地方特征的文化。当末次盛冰期到来的时候，华北地区的旧石器文化又出现融合的趋势，细石叶工艺在广大区域内流行，一直扩散到整个东北亚，乃至北美的部分地区。新旧石器时代过渡阶段又是一个文化分化的时期，现有材料支持几乎同步出现的资源强化利用现象，从水洞沟 12 地点、鸽子山到柿子滩、下川、薛关，以及东胡林、转年、李家沟，某些新石器时代标志性的特征开始出现；但是，进入新石器时代早期，我们看到的是华北地区山前丘陵与平原地带新石器文化涌现性的繁荣，而其他地区至今还没有找到有力的考古证据。

上文以柿子滩与李家沟为例分析了华北地区太行山以西和以东地区存在的分化。太行山以西地区并没有像以东地区那样迅速进入新石器时代，而是直到新石器时代中期，当地的新石器文化才开始繁荣。而更西的地区，依旧流行细石叶工艺。在小孤山之后的东北地区南部（自然地理上仍属于华北地区）目前还没有发现新旧石器时代过渡阶段的材料，但是兴隆洼文化、新乐下层文化，以及某些可能更早的文化（如小河西文化），显示出这个地区的转化几乎跟中原地区一样迅速，但是这里流行的是一种比中原地区更加混合多元的经济形态。华北地区新旧石器时代过渡阶段分化又与旧石器时代晚期早段联系起来，并没有一个统一的华北新旧石器时代过渡模式存在，华北地区内部存在着形态多样的分化。在太行山以东、豫西山地、燕山以及山东山地边缘的山前丘陵与平原地带形成了最早的农业起源区域，而在更边缘的区域则继续保持狩猎采集，或是一种"低水平的食物生产"，直到原始农业较为成熟，扩散到这个区域之后，才发展出当地的新石器时代文化。

在华北地区农业起源过程中，我们可以看到新石器文化特征在地域上的过渡，从西向东，新特征的比重逐渐加大，最后集中到山前地带。而当原始农业萌芽开始粗具规模之后，人们便开始迅速扩张生存空间，这也就是我们看到的新石器时代早期繁荣的文化（图 6.3）。农业建立的一个重要标志就是新的生存空间的形成（new niche），一种不同于狩猎采集者的文化生态关系开始形成，平原地区的定居生活不是狩猎采集者所能立足的生活方式，它的意义比驯化野生动植物更有说服力。文化适应中心从狩猎采集者的最佳栖居地带（河流中游宽谷、盆地边缘、山麓等）逐渐转向农业生产者的最佳地带——平原。华北地区新旧石器时代过渡阶段正好体现出过渡性质，人们处在山前地带，在山区与平原之间，一方面利用既有的狩猎采集资源，另一方面尝试新的生计方式。

长江中下游地区　旧石器时代晚期，长江中下游地区发生明显的分化，西部地区依旧保持砾石工业，东部则开始出现石器的小型化，出现燧石细小石器组合。可惜目前年代学的框架还没有完全建立起来，我们还不是很清楚长江中下游地区旧石器时代晚期开始的准确年代，也不能确知燧石细小石器的年代，上一章按照地层与文化面貌建立的长江中下游地区旧石器时代晚期的早晚两个阶段，带有一定的推测性质。

在讨论这一地区新旧石器时代过渡阶段的时候，我同时考虑了岭南地区的状况，因为这一阶段在这两个地区几乎同时开始。同时，因为末次盛冰期结束到全新世开始之间，岭南地区气候虽然处在升温过程中，却不如全新世温暖湿润，其气候环境更接近现在的长江中下游地区。所以，我把这个阶段的长江中下游与岭南地区放在一起考虑。此时，新石器时代的一些典型特征开始出现，典型遗址如前面讨论过的庙岩、大岩（三期）、甑皮岩、顶蛳山（一期）。更早的如大岩二期出现过烧制陶土块，白莲洞二期出土的磨刃石器与穿孔砾石，还有一些遗址发现了丰富的燧石细小石器，这种过渡形态延续的时间大约距今 1.6 万—1.1 万年[122]。类似发现还有阳春独石仔、封开黄岩洞、英德牛栏洞等。岭南地区与长江中下游地区的同步发展是整个南方地区新旧石器时代过渡阶段最重要的特征，就像华北地区普遍流行细石叶工艺一样。

　　然而，随后的发展又见证了这两个地区至关重要的分化，长江中下游地区走向了稻作农业，而岭南地区形成了一种偏重于根块茎种植与水生资源利用的"低水平食物生产"，直到新石器时代中晚期长江中下游地区稻作农业成熟后扩张到这一区域。两个地区走向分化的关键点发生在距今 1.1 万年前后，长江中下游地区新石器时代早期文化萌芽，而岭南地区继续保持着新旧石器时代过渡阶段形成的适应方式。

　　无论是华北地区还是长江中下游地区都不是铁板一块，以统一的模式进入新石器时代。史前文化的分化与融合、革新与衰落，互相交织，形成了新旧石器时代过渡阶段丰富多彩的变化格局。单线条的认识无疑过于简单化了，我们需要结合旧石器时代晚期文化发展与新石器时代早期较为清晰的文化格局来考虑两个阶段的过渡问题，同时需要了解狩猎采集者文化适应的机制，以及文化系统变化的一般规律，然后把零碎的考古材料连缀起来，以得到更加完整的认识。

（四）变化的解释：这些变化意味着什么？为什么会发生？

　　新旧石器时代过渡阶段所发生的变化包括两个方面的内容：一是新文化元素的出现，这些经常被视为新石器时代典型特征的元素在新旧石器时代过渡阶段已经出现或是萌芽；二是文化的分化，新旧石器时代过渡阶段是一个主要的文化分化时期，并不是所有出现新特征的地区都同步进入了新石器时代。认识到这两方面的内容都很重要。忽视了新特征，或是以为有限的新特征微不足道，就会忽视文化系统正在发生的关键变化，忽视文化系统在临界状态所出现的"序参量"。忽视了文化的分化，就难以解释考古材料中存在的差异，难以理解农业起源的过程。

从旧石器时代的狩猎采集者到新石器时代的定居农业生产者，人类的流动性在不断丧失，我们不妨将之分为四个阶段：首先是形成集食者策略，有相对稳定的中心营地；次之，是对一个区域的反复利用，逐步形成一些中心区域；然后是初步具有新石器时代特征的中心居住地；最后形成新石器时代的聚落。新旧石器时代过渡阶段的代表性遗存是中心区域与中心居住地，柿子滩是前者的代表，后者有东胡林、转年、南庄头、李家沟等遗址。中心居住地遗址以其丰富遗存如多样的石器组合以及其他代表新石器时代特征的遗迹与遗物，显示与旧石器时代遗址不同的特征。流动性的丧失不仅表现于遗址结构上，还表现在器物遗存方面，如易碎不利于搬运的陶器，耐用但耗费劳动的磨制石器，经常用作"遗址家具"的石磨盘、磨棒等。流动性的丧失对狩猎采集者来说是根本的，就像传统社会农业生产让位于工商业一样，整个文化系统因此发生质变。

流动性的丧失，或者说定居的开始[123]，决定了狩猎采集文化系统必须采取新的文化适应方式以应对所出现的资源短缺问题。所谓新的文化适应方式并不是一个固定的概念，它是一个发展的过程，包括一系列适应策略，这些策略的实质都是强化利用，即尽可能在有限区域内获得更多的资源。最终，在这些策略基础上发展出来的新的获取资源方式——食物生产，或称原始农业（书中时常简称为农业）。从现有考古材料中可以看到强化策略包括以下四个方面。

第一，对一个区域的反复利用。这实际上是从旧石器时代晚期晚段开始的文化发展趋势，在华北地区表现尤为充分。柿子滩遗址、泥河湾盆地诸遗址都清楚显示当时的人们在反复利用某个区域。目前我们还不可能知道利用频率有多高，但是，对狩猎采集这种获取资源的方式而言，过于频繁利用一个区域将会耗尽那里的资源，或是导致资源环境的恶化。这一点跟当代农业问题的本质是一样的。竭泽而渔，必然难以维持。史前狩猎采集者遇到资源压力的第一反应就是加强流动性，尽可能多地搜集资源，但是，这不是一种稳定的适应策略，随着资源环境品质的下降，这一方式越来越难以持续。

第二，动物资源利用的广谱化。在华北新旧石器时代过渡阶段遗址中，一方面可以看到大型食草动物骨骼的减少，另一方面是动物猎物的利用程度提高，动物骨骼都非常破碎。食草动物的减少与末次盛冰期结束后不断的升温过程有关，草原为森林所取代；但是在缺乏森林植被的太行山西侧的柿子滩遗址同样少有大型食草动物骨骼遗存，不能不说人类过度捕猎是一个重要因素。在南方动物骨骼保存良好的遗址中，我们看到狩猎的对象包括小型食肉类、兔类等灵巧敏捷的动物，这些动物体形小，捕猎难度大。此外还有鸟类、两栖类与各种水生动物。这说明动物资源利用的范围较之旧石器时代晚期明显扩大，一个遗址利用的动物资源的范围几乎跟华北或是南方（包括长江中下游与岭南地区）旧石器时代晚期整个区域所利用的范围相当。

第三，强化利用某些植物资源。宾福德对当代近400个狩猎采集者群体的研究显示，当以狩猎为生难以为继的时候，走向植物强化利用是不可避免的[124]。石磨盘、磨棒无疑是植物强化利用的证据，虽然目前我们还不知道它们加工的究竟是什么植物，但至少知道它加工的是植物。发展耐用工具加工植物，尤其是在流动性下降的背景下，植物强化利用为农业发生提供了条件。陶（容）器的出现首先表明的是流动性的降低，其次是植物资源的利用。陶器并不必定只用来加工植物，它也可以用来加工水生资源或其他东西。但是无论是功能的还是象征的观点，都不否认陶器的产生是强化的产物。

　　第四，利用水生资源。水生资源不同于陆生资源的时间规律，其丰富程度也远高于陆生资源（资源是流动补充的，可以在同一地点反复利用，这是陆生资源所不具备的）。而且水生资源利用可以使群体内不能参与狩猎的个体如老人、孩子等都参与到蛋白质的获取活动（采集贝类）中，它在狩猎采集者丧失流动性的时候，可以支持没有农业生产的定居生活。而且，水生资源利用并不必然要求定居，这一点不同于农业生产，比如人类可以沿河流、海岸线流动。所以说是流动性的丧失导致水生资源利用，而不是相反。水生资源利用是强化的重要途径，它跟农业生产一样是一种比较有效的缓解陆生资源压力的手段。在新旧石器时代过渡阶段，岭南地区的遗址中可以见到广泛的水生资源利用证据，长江中下游地区次之，即使是在水生资源相对有限的华北地区，在某些条件具备的地方如南庄头遗址，水生资源也是利用的对象。从中也可以看出，水生资源利用在岭南地区可以成为生计的重要部分，而在华北地区只是有限的补充而已。

　　下面需要回答的问题是为什么流动性会丧失，为什么流动性在新旧石器时代过渡阶段丧失，而不是更早？尤其是在旧石器时代晚期早段，农业起源之前，狩猎采集者的流动性非但没有降低，而是提高了，仿佛黎明前的黑暗一般，这都需要解释。

　　我们从旧石器时代晚期的开端说起，因为当时现代人（解剖学上的现代人）已经跟我们在体质上一样，且具备了基本技术，至少在3万年前就可以发展出农业来，为什么那个时候没有呢？是什么因素阻碍了人类采用农业生产呢？有人将之归因于更新世不稳定的气候环境，农业无法成功[125]。这种假说是难以验证的，也没有考古材料证明人类曾经尝试过农业生产，而且失败了。我们从考古材料中看到，从旧石器时代晚期开始的文化的地域化趋势，即形成了许多器物风格独特的地域文化，它们是地域观念加强的产物。所谓地域观念就是一种排他性的资源利用方式，即为一个群体利用的区域不能由其他群体无条件地利用。马丁·沃布斯特从限定的惠予关系角度来解释，即人口增加，群体不能承受无限制的惠予，而必须限定惠予关系的范围，所以形成了地域文化[126]。他注意到人口增长的重要影响。旧石器时代晚期，人类大规模扩散，占据了除南极洲之外的所有大陆。如果人类还有扩散的区域，就不可能形成足够高的人口密度，导致普遍惠予关系难以承受。人类最晚在1.5万年前后扩散到了美洲大陆，几乎所有能够为狩猎采集者利用的区域都已经被利用，这是农业起源的一个重要背景。

　　除人口增加外，更重要的是人口无法再进一步扩散，导致人口密度提高。与人口密度提高相应的是社会复杂性的发展，资源的竞争加剧，不仅仅普遍的惠予无法进行，而且地域观念也加强了。人们只能在自己领域范围内更加频繁地流动，以获取足够的资源，旧石器时代晚期晚段的考古材料（华北的细石叶工艺与南方的燧石细小石器）就已经说明这一点。进入新旧石器时代过渡阶段以后，趋势更加明显。人口密度的提高与社会复杂性的发展结合起来，导致群体之间地域观念的加强，也强化了群体之间的竞争。同时，社会复杂性除了影响不同群体外，也提高了群体内成员之间的竞争，所以有学者认为陶器产生的原因就是为了展示，以获得认同或威望[127]，甚至认为农业生产的发展并不是为了解决温饱问题，而是为了在社会竞争中获胜。人口的增长和密度的提高构成了农业起源的初始条件之一，即过剩的人口向新的栖居地扩散已不可能，也就是宾福德所说的"挤住了"（packed）[128]，同时它也构成了推动因素，因为基于人口的社会复杂性增长是农业起源的动力之一。

　　人口是初始条件之一，但并非人口的增长必然会导致农业起源的产生。前面已经详细讨论过狩猎采集者文化系统资源禀赋结构上的差异。当前已发现的考古材料都将农业起源发生地指向华北地区与长江中下游地区。第四章分析了两个地区旧石器时代晚期的资源禀赋结构，尤其是长江中下游地区所见明显的适应策略变迁，狩猎采集者从以采食者策略为主转向以集食者策略为主，从稳定单一的适应策略转向弹性多元的适应策略。到了新旧石器时代过渡阶段，资源禀赋结构的积累及其影响更加明显，和周边地区相比，华北地区出现了若干新石器时代文化元素，它们的形成又与旧石器时代晚期的发展密不可分。具有新元素的地区都是旧石器时代晚期狩猎、采集经济混合地区，或稍偏重于狩猎，或偏重于采集，而不是依赖狩猎的地区与具有水生资源利用机会的地区，最终是偏重于采集的区域产生了最早的农业。

作为初始条件的古环境变迁，是文化发展的硬约束，在新旧石器时代过渡阶段，它对于文化的同步与分化有重大影响。末次盛冰期的出现催生了华北地区的细石叶工艺。随着末次盛冰期的结束，气温不断上升，冰期植被为新的植被更替，动物群也受到影响。文化适应中的资源强化利用开始出现，一系列考古发现已经印证了这一点。有意思的是，岭南地区（甚至可能包括部分西南地区）也同步响应了古环境的变化，其年代甚至有可能更早。从图6.4来看，距今1.2万年前后，温带森林植被的覆盖范围正好在长江中下游地区的南部，而岭南地区还是亚热带植被，这都是需要储备的区域（参考第三章），因为生产季节还不足以支持全年的食物供给。这个区域也是植物资源利用的主要地区。更有意思的是，随着全新世的到来，热带气候带的恢复，岭南地区没有进一步去发展谷物农业，而是走向结合根块茎与水生资源利用为主的"低水平食物生产"（参考第八章）。华北地区在全新世到来前后，也发生了分化，在山前丘陵与平原地带发展出农业生产，而在边缘地区继续狩猎采集，或是采用混合的经济方式。

在分化过程中，环境条件硬约束的影响非常明显，热带地区土壤有机质含量少，非常贫瘠，加之与谷物竞争的植物生长茂盛，病虫害严重，热带地区发展原始农业面临的困难远大于温带地区。同时，热带地区提供的可供采集的植物资源以及更丰富的水生资源条件也可以替代原始农业。硬约束与新的机会，一推一拉，使得岭南地区与长江中下游地区分化发展，走上了不同的发展道路。在华北地区内部，太行山以西与以东地区，水热条件相差较大，太行山以西地区的农业到新石器时代早期或是没有建立起来，或是不稳定，其在生计中的地位远不如华北平原地区。同样，随着末次冰期后的升温，这些地区重新成为森林与草原的交错地带，具有狩猎的天然有利条件，所以狩猎在其生计中依旧是主要部分。基于与岭南地区相同的原理，这些地区与华北平原地区产生了分化。

最早期农业可能始于对当时生计风险的缓冲，尤其是在资源短缺的季节。生计的风险不仅仅包括资源短缺，还包括资源的不确定性。农业生产的对象基本都是有利于储备的粮食作物，新石器时代早期普遍的储备设施也支持这一观点。在农业还没有形成的时候，采集、强化利用野生资源是必须经历的过程，新旧石器时代过渡阶段体现的就是这一过程。追根溯源，既有当时环境的原因，也与文化发展的复杂性有关，它包括技术的进步与社会组织的复杂化。最早期的农业只是强化的一种方式，并不是唯一的方式，新旧石器时代过渡阶段的文化分化过程见证了不同地区各有特色的发展轨迹。

（五）总结：革命性的过渡

中国农业起源核心区在新旧石器时代过渡阶段所发生的变化本质上是革命性的，而从进程上看又是过渡的，持续了至少五千年以上（从新特征的出现到全新世之交的文化分化），所以我用了革命性的过渡这个看似自相矛盾的词来描述。即便是发生在数十年之间的工业革命，现在也有人认为是一次过渡，而非革命。这里涉及时间尺度的问题，考古学擅长从长时间尺度看问题，五千年固然不短，但跟人类数百万年的狩猎采集生活历史相比，仍然是相对短暂的片段；另一方面是文化发展所带来的影响深度的理解，农业全方位地改变了狩猎采集者文化系统，它不是局部的影响，而是改变了人类社会结构，改变了人类的文化生态关系，这种深刻的变化在人类历史上屈指可数。所以，不能不将之视为革命性的变化。虽然中国现有的考古材料无论是在数量，还是在材料精细度上还相当有限，但这些材料足以肯定中国"新旧石器时代过渡阶段"的存在，且能说明其基本特征与文化进程。也许我们还不可能像了解农业社会向工业社会转型那样了解狩猎采集社会向农业社会的转型，但我们同样知道在这个转型中，有的地区快，有的地区慢，有的地区几乎没有受到影响。我们同样也知道，决定不同文化进程的因素不仅包括环境、人口，还涉及文化发展积累等因素。

四　比较的视角：中国农业起源的基本特征

为什么要比较呢？由于学术环境与教育背景的原因，中国考古学研究很少把中国农业起源问题放在世界框架中来考虑。关注中国农业起源的中国考古学家，即便想关心世界农业起源问题，也往往会因为资料不足，或是缺乏相关学术背景而难于进行。然而，孤立地看中国农业起源现象显然不足以让我们深入了解农业起源的文化机制。于是，从世界背景研究中国农业起源问题成为国外学者的专利。近些年情况有所改观，但是国内学者所进行的研究依旧有限，仍需要与国外学者合作，独立的研究尚付诸阙如。问题的另一个层面是，无论是国内学者，还是国外学者，目前关注的中心还是中国的农业起源，很大程度上忽略了与中国农业起源同时的其他文化的变迁。似乎只有农业，尤其是谷物农业的起源才是真正值得研究的问题，剩下的文化变迁都是落后的、保守的、无足轻重的，因此也是不值得关注的。就像研究现代社会的起源，仅仅关注英、法等几个主要国家工业革命一样，是偏颇的，也是不合理的。

从世界整体格局来考察，中国并不是唯一有农业起源的地方；从中国范围内来看，农业起源也不是当时唯一的文化变迁。比较是我们了解文化发展的统一性与多样性的基本途径，有助于我们探索文化变化的机制与发生条件，实现考古学家理解与解释考古材料的目的。要了解中国农业起源的基本特征，比较必不可少，特征本来也只有通过比较才可能了解。没有全面了解世界农业起源的格局，就无所谓中国农业起源的特征。比较毫无疑问是重要的，但是比较什么同样重要，按照考古学研究的顺序，首先是时空框架的比较，即发生的年代与区域，由此衍生出环境条件问题，即当时发生了怎样的气候变化，农业发生区域有着怎样特殊的自然条件，气候的变化对这个区域产生了怎样的影响等；次之是驯化的物种，哪些物种被驯化，这些物种有着怎样的特征，经历了怎样的过程等；最后，是文化变化的深度问题，驯化物种与当时的社会结合，社会发生了怎样的变化，形成了怎样的结构，有着怎样的历史意义等。通过这些方面的比较，可以让我们更好地了解中国农业起源的过程与意义。

（一）世界主要农业起源中心

世界农业起源的研究极其丰富，即便最简单地描述当前的研究状况都令人望而却步，所以这里所进行的扫描无疑是宏观与粗线条的。当前考古学研究发现，全世界至少有七个地区曾经独立驯化过植物或动物：西亚、中国华北和长江中下游地区、非洲的萨赫尔地带（Sachel zone）、北美东南部、中美洲墨西哥高原以及南美安第斯高原，还有更多地方宣称存在独立的驯化事件，如新几内亚高地地区、印度河流域、埃及的西部沙漠、埃塞俄比亚高原、南美热带丛林地区等。可以想见，将来可能还会有更多地区加入驯化序列中。

这里实际上存在着一个研究视角区别的问题，当前研究农业起源的学者主要有两个群体。一个是生物学家群体，他们关注驯化物种的起源与生物机制。早在 19 世纪达尔文就通过人工驯化动植物研究进化的机制。瑞士植物学家康德尔（A. de Candolle）出版《栽培植物的起源》（1882），提出判断作物起源的主要标准。后来苏联学者瓦维洛夫（Vavilov）确定了"作物八大起源中心"以及三个亚中心[129]。美国遗传学家杰克·哈兰（Jack Harlan）则在瓦维洛夫研究的基础上认识到起源中心与扩散区域的区分，提出"作物扩散理论"，根据时空分布特征区分不同类型的驯化物种[130]。霍克斯（Hawkes）再进一步，认识到作物起源中心与农业起源地不同，把农业起源地区称为核心中心，而把作物从核心中心传播出去所形成丰富品类的地区称为多样性地区；同时，他还区分出"小中心"，用以描述那些只有少数几种作物起源的地方[131]。中国学者归纳了五个主要作物驯化中心：中国、近东[132]、中南美、南亚与非洲[133]。

另一个群体是考古学家，他们主要关注文化变化，即驯化何时开始，并在史前文化中起到怎样的作用，对人类历史产生了怎样的影响。考古学家的视角如前面所言，一是长时间尺度，不仅考察农业起源的萌芽与发展过程，还要考察其最终的历史影响；

另一个角度是从文化系统上来看，考察农业起源对文化系统影响的深度，作物种植是狩猎采集者群体的生活补充，还深刻地改变了狩猎采集者群体，使之成为农民与牧民。研究农业起源的考古学家所侧重的文化影响是有历史关键意义的，也就是它对社会复杂化进程或曰文明起源的影响。虽然有驯化物种的地区不少，但在此基础上建立起"文明"（国家组织、文字、城市作为标志物）的地区并不多。西亚、中国、中美洲、南美安第斯山区是四个主要的独立文明中心。考古学家与生物学家研究的关系是相互补充与印证的，只是关心的重点有所不同。实际研究中，两种视角时常互相交织在一起，难以区分，在科学占主导的现代研究中，考古学的视角更容易被忽视与边缘化。考古学家的角度是社会的角度，是文化的角度，是历史的角度（强调时空框架中的文化渊源与发展脉络）。将两者混为一谈，将会极大地忽视人类文化的作用，考古学家的工作也就无足轻重，变成纯粹的发掘者与分析材料的提供者。

　　认识农业起源的角度是多样的，除了学科的视角区分之外，对于农业发展水平的研究也是一个重要的角度。在认识世界农业起源丰富多样的形式之后，考古学家需要更进一步认识其结构特征，这里每一个角度就像 CT 断层扫描一样，有助于更细致深入地了解农业起源问题。从狩猎采集到农业形成是一个具有间断进化特征的连续序列（参考第一章），就世界农业起源的现有格局而言，史密斯区分出从低水平食物生产到高水平食物生产的发展阶段，即从有限农业到集约农业的若干阶段。这样的区分对于我们认识考古材料中形式多样的"农业"非常有意义。就中国材料而言，最早发展到集约农业程度的地区包括华北与长江中下游地区，而燕山以北的辽西地区是一种波动的混合经济，岭南地区则发展出另一种类型的低水平食物生产，东北地区、西南地区的形态又有所不同，青藏高原形成稳定的适应策略更晚。世界范围内，最早形成集约农业的是西亚与中国，稍后是埃及、印度河流域以及欧洲地区，然后是非洲、东南亚地区。新大陆地区的中美洲与安第斯山区虽然出现较晚，但也独立发展到集约农业程度。北美的东南部，非洲、东南亚地区就像中国的岭南地区一样，低水平的食物生产持续的时间比较长。

低水平与高水平食物生产的区别很大程度上是热带农业与温带农业的区别，中美洲与安第斯山区虽然在纬度上属于热带，但因为属于高原环境，具有垂直分布特征，环境上也类似于温带地区。类似的情况还有埃塞俄比亚高原。即使是宣称有驯化证据的新几内亚，也是在高地地区。低地热带地区从事集约农业有很强的硬约束：贫瘠的土壤条件、病虫害、清除丛林与垦荒除草的劳动强度、热带疾病对人口寿命的限制、农业所带来的负面效应（如水源的污染、植被破坏与水土流失等）都严重制约农业的发展。当前的考古证据似乎支持热带地区曾经存在过农业，如亚马孙丛林就发现人类干预的明显标志，部分地区曾经出现稠密的聚落，人口相当密集，表明农业曾经存在过[134]。类似的证据还发现于新几内亚地区，研究者认为上万年前就开始了植物强化利用与栽培，随后开始了土丘栽培（mounding cultivation）与开沟栽培（ditched cultivation），驯化了芋头（Colocasia esculenta）与香蕉，可能还有甘蔗[135]。通过孢粉与植硅石分析，还有驯化证据发现于厄瓜多尔地区[136]，虽然尚未发现其他类型的考古材料。当然必须注意的是，热带地区可以从事农业与热带地区的农业起源是两回事。热带地区利用若干驯化物种，补充狩猎采集为主的生计，社会结构层面的变化非常有限，这也正是低水平食物生产的特征。

就物种而论，世界范围的驯化大致可以分为谷物为主的农业、根块茎农业、动物驯化即畜牧业、栽培果木补充的生计以及其他驯化物作为补充的生计。低水平食物生产中把驯化物用作调料或其他非食物用途（如瓠子壳用作宗教礼仪用器、葫芦用作渔网的浮标），或是用作有限的食物补充（如北美的向日葵、苋）。海登正是注意到驯化物的非食物用途，所以强调农业起源的社会经济原因。果木驯化物直接用作主要食物的是香蕉，其他一般为食物补充。真正达到集约农业程度的只有根块茎农业与谷物农业，前者主要指南美安第斯山区，驯化了土豆，不过后来也引入玉米种植，这些成为南美文明的基础。简言之，谷物农业几乎是所有文明的基础，因为谷物多是一年生植物，有性繁殖，便于人工选择优良品种，而且相对于无性繁殖的根块茎作物的优良品种更加稳定，有利于推广。此外，谷物还有利于大面积地种植，种子耐储存。尤其是其在储存上的优势，反过来又促进了社会复杂性的发展[137]。从这个意义上说，各地域自然物种上的差异一定程度上决定了后来的文明进程。按戴蒙德的统计，西亚地区拥有世界上数量最多的大种子野生作物，全世界56种大种子作物中33种分布于西亚（32种分布于地中海地区），南美仅有2种，中美5种，都远少于西亚及其相邻地区[138]。

　　当然，无论物种条件如何，发挥驯化物的用途才是关键，东亚地区大种子植物也不过6种，但在此基础上形成了两个主要的农业起源中心。在这里，驯化不仅仅是有意识地栽培、选择与利用物种，还是文化系统革命性的变迁，如定居、陶器、磨制石器、建筑等，一种不同于狩猎采集生计的文化系统结构形成，我们称之为农业社会。类似于中国的是西亚，这一地区文化系统的变迁甚至出现于农业真正形成之前，也就是说文化系统的变化同时推动了驯化。与这种有意识的、系统的驯化不同，还有一种驯化只能称之为"共生驯化"，如厄瓜多尔对南瓜的驯化，以及北美东南部的驯化。这种驯化与人们的长期利用有关，驯化物在人们生计中所占的比例非常有限，更缺乏后期系统的发展。类似之，如埃及西部沙漠纳布塔（Nabta）遗址中曾经发现过牛[139]，这说明当代曾驯化过牛，因为没有人的照顾，牛在缺乏地表水的沙漠绿洲中是无法生存的，但是这个驯化事件没有延续下去，没有影响后来的历史。所以，形成农业的驯化是一个文化生态系统，包括一整套的文化观念、工具体系、社会组织等，而在低水平食物产生的地区，驯化仅仅是物种的驯化，特定的物种为人类使用，却没有全方位地影响文化系统的结构。

需要特别强调的是，驯化作为一种观念是可以迅速传播与继承的，因此，就存在驯化的中心区与辐射区、原生发展与次生发展。生物学家所说的驯化中心是包括整个历史时期运用驯化的观念去进一步发展物种驯化的总和，而不是指驯化最早发生的地方，不是指驯化的观念产生并对文化系统产生深刻影响的地方。整个旧大陆，埃及、欧洲、印度河流域等地区都与西亚农业的扩散有关，西非、东非的农业进程还要更晚，这两个地区农业的发生与古埃及关系密切；东亚地区的文明进程与中国农业扩散有关。归纳起来说，旧大陆上真正的农业与文明中心只有两个，即西亚与中国，这两个地区有最好的可比性。

（二）西亚农业起源与中国

当代西亚并不是一个非常适合农业的地区，大部分地区给人的印象是气候干旱、土壤贫瘠，部分地区只是因为饶有石油资源，所以生活富裕。这种常识性的印象毫无疑问是一种误解。新旧石器时代过渡阶段，这个地区在人类历史上可以说是一枝独秀。与此同时，这是一个考古材料最为完整、研究最为系统的区域。迄今为止，已发现超过200处距今20000—7000年（校正年代）属于狩猎采集者的遗址，近100处新石器时代遗址，获得超过800

个 ^{14}C 年代数据。世界十多个国家的学者及属于不同学科的研究者参与其中，在理论背景的丰富程度与多学科方法的应用上也走在世界前列，非常值得中国考古学研究借鉴。最初美国黄土学家庞佩利（Pumpelly）曾就西亚的农业起源提出一种解释，认为是干旱事件导致了农业起源，后来柴尔德在此基础上提出"绿洲"理论，完善了庞佩利的观点。20 世纪 50 年代，布莱德伍德提出"新月形沃地"理论，把农业视为人类文化进步的结果，认为与气候变化没有什么关系，它之所以首先出现在西亚地区，仅仅因为这里有可以驯化的动植物存在。宾福德则提出最佳地带的边缘地区起源理论，强调这里的适应压力导致了农业产生（参考第一章）。正是因为丰富的考古材料与开创性的理论研究，西亚地区成为农业起源研究的经典区域，是不可忽视的参考材料。

西亚地区并不是一个独立的地理单元，它至少可以分为安纳托利亚高原、两河平原与地中海气候带三个部分。两河之间，大部分地区为热带荒漠半荒漠气候，非常干燥，没有灌溉的话，难以耕作。安纳托利亚高原地区与之近似，高原内陆为大陆性干旱半干旱气候，年降水量小于 250 毫米。地中海气候带包括小亚细亚半岛沿海地区、黎凡特地区（地中海东岸）以及两河平原北部。布莱德伍德所说的新月形沃地，也就是 300 毫米降水线所包括的区域，它是许多植物生存的分界线，这条线沿山弧分布，从黎凡特高地、图鲁斯山一直延伸到扎格罗斯山区。这个区域最为富饶，其资源条件深刻影响到农业起源，戴蒙德对此有精彩的归纳[140]。

地中海气候带冬季温和湿润，夏季漫长，炎热干燥，具有"一岁一枯荣"的生长节律，这里生长了众多一年生谷物与豆类植物，这些植物具有大籽粒的种子，旱季休眠，雨季发芽，而不把能量浪费在木质部分与纤维茎秆上。这些作物的野生祖本本来就繁茂而高产，特别是在野生作物丰富的肥沃地带，每亩可以收获

130 多斤种子，不输于早期农业的产量。按照哈兰在土耳其进行的野生小麦收割实验，纯粹用手采集，每小时可以采集一公斤种子，花费一大卡劳动可以收获 50 大卡的食物能量；镰刀的效率更高，一家四口，三周之内可以收割全年用的麦子，而且野生小麦的营养更加丰富[141]，其蛋白质含量高达 8%—14%，营养价值高于水稻与玉米（玉米缺乏人类所需要的两种重要的氨基酸）。

新月形沃地拥有世界上最大的地中海气候带，气候变化最为明显，野生植物品种繁多，全世界最有价值的 56 种野生禾本科植物，33 种分布于新月形沃地。大麦与二粒小麦的种子大小方面分列第 3 位与第 13 位。巴尔－优素福等比较 23 种约旦河谷仍有生长的种子，以选出其中最大最好吃的禾本科植物，结果大麦与二粒小麦的许多指标都是最好的，二粒小麦的种子最大，大麦的种子次之，大麦易于驯化，二粒小麦容易采集，种子容易除壳。古代狩猎采集者以种子大小、好吃与否以及产量高低作为标准进行选择[142]。

新月形沃地的植物，雌雄同株自花授粉的植物比例很高，偶尔异花授粉，前者让驯化容易实现，后者则帮助人们选择新的植物品种，如面包小麦。单粒小麦、二粒小麦、大麦都是自花授粉的。一年生的植物驯化机制简单，可以观察过程，不断改进，而且需要改良的特性如落粒性，只是某一两个基因控制，易于驯化。希尔曼（Hillman）所进行的驯化实验表明，如果进行人工选择，两百年就可以将其驯化[143]；相比而言，橡树生长期长，控制其苦涩口味的基因有若干个，不易驯化。美洲玉米的祖先类蜀黍种子和花的结构与玉米皆不同，其野生状态的产量远不及小麦，种子小，还有一层硬壳，从野生种到现在的大小需要长时间的选择与演化。此外，这些一年生植物生长迅速，几个月后就可以收获，晒干后易于存储。

新月形沃地另一有利条件是它在短距离内高度与地形富于变

化，这意味着植物品种多，收获季节可以错开，便于收集，也便于移栽。新月形沃地还是许多野生大型哺乳动物的集中区，有特别适合驯化的山羊、绵羊、猪和牛，尤其前两者是群居性动物，控制头羊，就很容易控制整个种群。八大始祖作物，二粒小麦、单粒小麦、大麦、扁豆、豌豆、鹰嘴豆、荆豆（bitter vetch）以及纤维植物亚麻，除亚麻、大麦在其他地区也有野生祖本分布外，其余几种均限于新月形沃地，只能在此处驯化。由于动植物合适，这一地区可以迅速建立有效而平衡的生物组合，形成完整的农业文化生态系统：3 种可作为碳水化合物来源的作物，4 种作为蛋白质来源的豆类，还有 4 种家畜（山羊、绵羊、牛、猪）；此外，还有小麦的丰富蛋白质作为补充，以及纤维和油料作物的亚麻（含油量 40%）；最后，动物还可用来产奶、剪毛、役使，如此，农民便在作物与牲畜中获得了基本需要的满足。而且，驯化作物可为动物提供草料，形成互补的经济方式（在动物饲养数量不超过农作物所能提供草料时）。

从地理条件的另一方面来看，其他的狩猎采集资源类型比较少，缺乏水生资源，根茎植物极少，狩猎的主要猎物只有瞪羚，很容易被过度利用[144]，所以，以野生谷物采集加工为基础的定居村庄在粮食生产开始之前已经在这一地区出现了，这使得该地区的狩猎采集者转向农业生产比较容易，速度要快于中国。相比而言，中美洲的定居直到 1500BC 才得以实现，因为这里可以驯化的动物只有火鸡与狗，作物也只有玉米，定居难以实现。

驯化动植物资源方面的优势条件构成西亚农业起源重要的前提条件，但人口与文化的影响同样非常显著。安德鲁·谢拉特（Andrew Sharrat）就曾提出一个"瓶颈"理论[145]，西亚处在亚欧非三大洲的交汇处，被海洋与沙漠所包围，在没有航海船只之前，人口流动都必须经过这个区域，故形成人群迁移的瓶颈，使得人口密度更高，人口压力更大。与此同时，这个地区的资源分布高度斑块化，受水源约束大，有水的地方才可能形成人口的聚居区。而且，末次盛冰期开始之时，这里的人口增长已经开始，而且环境条件适宜的地方更加集中[146]。人口与农业起源有正面的相关性，人口并不必然会导致农业，但农业需要一定的人口密度。除了人口的影响外，作为三大洲的交汇处，这里也是史前文化的交汇地带，是现代人走出非洲最早到达的地区，也就是欧亚大陆最早接受现代人文化的区域，可以利用的文化资源比较丰富，这也是其有利条件之一。

这里发现了早在末次盛冰期期间的植物强化利用的证据。如距今 2.3 万年前的奥哈罗（Ohallo Ⅱ）遗址，发现超过 10 万份炭化的植物遗存以及带有淀粉残留物的石磨盘[147]。随着末次盛冰期的结束，温度上升，森林与草原的范围扩大，人类可以利用的植物资源更加丰富，新的自然生境形成，为进一步利用提供了机会。当然，这与农业所开辟的新生境还不同，它是由于气候改变所导致的。距今 14500—13000 年的几何形克巴兰文化（Geometric Kebaran）扩张到了从前的沙漠地带，此时这里已经变成草原。石磨盘、石碗等的出现表明植物处理行为的存在。流行的几何形细石叶，一般说来与水生资源利用，或是小动物的利用有关[148]，而在这里更可能与植物的收割处理有关。

随后流行的纳吐芬文化通常被认为是新旧石器时代过渡阶段的代表，属于典型的复杂狩猎采集者，且形成了最早的村落社会。虽然还有部分纳吐芬文化遗址还像旧石器时代的遗址一样，位于洞穴中，但是，部分遗址已经出现面积较大，有明显建筑结构的居址。以纳吐芬文化遗址安马拉哈（Ain Mallaha）为例，该遗址位于泉水边（Ain 即泉水的意思），面积超过 2000 平方米，当时生活在这里的有 200—300 人，遗址中分布着大量圆形建筑，建筑密集；同时，人类骨骸材料中已经发现有龋齿，表明有碳水化合物的摄入；另外，遗址还发现磨盘、磨棒，磨制的石碗、碟、臼、杵等。当时已经发展出野生植物收集、加工与储藏技术，燧石镰刀、篮子、石臼、杵、石磨盘、烘焙谷物的炉灶、储藏谷物的地窖等都充分说明了这一点[149]。纳吐芬文化的出土物与东胡林、转年等遗址的出土材料有很强的可比性，纳吐芬文化墓葬也出土了用贝壳制作的项链（如 El-Wad 洞与阶地遗址），与东胡林遗址墓葬所出非常相似，石容器在转年遗址也有发现，且都有石磨盘。主要的区别在于纳吐芬文化发现有明显聚落建筑，但是没有陶器，华北新旧石器时代过渡阶段遗址是有陶器，而尚未发现聚落建筑（表 6.6）。

表 6.6　西亚与华北地区新旧石器时代过渡阶段特征比较

特征	西亚	中国
年代分期	约距今 2 万—1 万年，后旧石器时代 早期：克巴兰文化 中期：几何形克巴兰文化 晚期：纳吐芬文化（新旧石器时代过渡阶段）	约距今 2.2 万—1.5 万年，旧石器时代晚期晚段 约距今 15000—8000 年，新旧石器时代过渡阶段，年代与西亚相当
自然条件	新月形地带，从黎凡特延伸到两河流域，地中海气候，半干旱	华北山前地带，温带气候，半干旱，自然条件相似
器物	除陶器外，工具技术相差不大，石容器更发达，研磨工具更多	有陶器，目前发现相对有限
研磨石器	有	有
石容器	有	有
陶器	无	有
磨制石器	少量	少量
打制石器	含细石器	含细石叶工艺石器

续表

特征	西亚	中国
遗址结构	西亚地区遗址规模与复杂程度令人印象深刻，已经出现定居村落，上百人可以聚居	遗址结构与旧石器时代晚期晚段区别明显，但规模与复杂程度不及西亚地区
聚落	面积超过千平方米，结构复杂	面积相对较小
建筑结构	清晰、复杂	尚不明显
储藏设施	有且复杂	少见
墓葬	有	有
动植物遗存	可驯化物种条件良好，八类驯化物种的野生种都分布于此，能够形成较为完整的文化生态系统	粟、黍野生祖本分布地，产量相对要小
可能驯化物种	山羊、绵羊、牛、猪	狗、猪、鸡
主要狩猎对象	羚羊	鹿
可能强化植物	麦类、豆类	粟类

巴尔－优素福认为纳吐芬文化是定居的狩猎采集者[150]，当然，他还认为当时的狩猎采集者可能同时运用采食者与集食者两种流动策略，以获得最大的适应性。也就是说，群体中某些群体如男性保持着较高的流动性。就定居而言，他指出，生物证据可以包括与定居相关的生物，如家鼠、麻雀，还包括不同季节动植物的证据，如冬季与夏季利用的物种共存于同一遗址中；考古证据主要包括储藏坑、房址以及耐用的工具如石磨盘、磨制石器等。遗址废弃过程研究也显示，纳吐芬文化时期并没有适应定居的生活，物品的废弃模式更接近流动的狩猎采集者，缺乏对遗址的维护，对物品的循环使用，而这些都是定居生活的典型特征。遗址中存留着大量食物残片、工具制作的废品，还可以使用的工具（de facto refuse）与装饰品，甚至还有重要的具有祭祀意义的人骨遗存，与新石器时代的废弃特征不同[151]。前陶新石器A阶

段开始，废弃模式发生改变，出现更多次生的废弃物（secondary refuse）[152]；到前陶新石器 B 阶段，更多废弃物的循环使用，真正显现出定居的特征。

　　哪一种说法更合理呢？也许争论的焦点又回到如何定义"定居"上。从新的器物特征、遗址结构等方面来看，纳吐芬文化时期的确不同于旧石器时代晚期，但并不等于说此时就已经能够定居（即稳定地在一个地方连续生活超过一年以上），如果说流动性大幅度降低，可能更合理一些。巴尔-优素福所说的定居的证据在一些"半定居"状态居址中也可能存在。而废弃方式的判断是基于最终废弃结果而言的，并与新石器时代的废弃特征相比较，是确定的证据。就这一点而言，西亚的情况与华北地区也基本相同，东胡林、转年、南庄头等遗址所代表的是一种整体流动性大幅降低的生计，群体中还有男性可能继续流动狩猎，细石叶工艺产品的存在就是证据之一，而且动物不可能总在居住地附近猎获。周期性或是偶然的迁居是必要的。于华北地区而言，即使到了新石器时代早期，如磁山遗址，定居也没有完全建立起来，边缘地区如兴隆洼文化的定居能力还要更差。定居能力是一个逐步发展的过程，其间也存在阶段性，新旧石器时代过渡阶段可能还没有实现定居，只是流动性大幅降低而已，相当于半定居状态。而在新石器时代早期，则实现了定居，但定居能力还不强，在一个地方连续居住的年份比较短。从野生资源供给来看，西亚地区有更丰富的供给，如有丰富的野生小麦，因此，新旧石器时代过渡阶段西亚狩猎采集者的流动性可能比华北地区更低；且其考古材料中有明显聚落结构的居址与大量密集的建筑，这都是华北地区所不具备的，进一步证明了其更低的流动性。

　　纳吐芬文化向新石器时代的转变受到新仙女木事件的明显影响，这个气候事件也被认为是农业起源的开启因素（triggering

factor）[153]。新仙女木事件以 10—20 年间隔发生，气温下降，季节性更强，夏季更干燥，对纳吐芬文化狩猎采集者适应提出了更严峻的挑战，尤其是在动物狩猎资源日渐枯竭的情况下，人们不得不提高了对植物资源的依赖，这一时期的野生谷物主要分布在从黎凡特、两河流域的上游到安纳托利亚高原的南缘。随着全新世的升温，森林与草原范围的扩张，发展农业有了更有利的条件。以阿布·休莱拉遗址为例，公元前 9000 年，80% 的动物遗存来自羚羊，10% 为山羊、绵羊，其余为野驴、野牛、野猪和鹿；到了公元前 6500 年，山羊、绵羊占到 80%。同时，旧石器时代之末食物构成中包括 160 多种植物，而到前陶新石器时代的较晚阶段，减少到八九种[154]。

新仙女木事件末期或是稍后（9700/9500 BC），最早的野生谷物栽培出现在黎凡特北部，稍晚出现在南部。最早的农耕聚落遗址面积明显扩大，为早先最大的纳吐芬文化遗址的 8—10 倍。典型遗址如耶利哥（Jericho）已经能够修筑石塔这样的公共工程。不过，这些早期作物栽培者还继续狩猎与采集野生植物。西亚地区动物驯化略晚于植物驯化，有证据显示山羊的驯化可能始于扎格罗斯山区，约为公元前 8000 年[155]。不过，后来的研究又表明动植物的驯化几乎是同时发生的，不同地点有所差别，驯化的发生可能有若干次[156]。西亚八大驯化作物与四种大动物形成较为平衡的结构，构成了一个完整的文化生态系统，到公元前 6500 年，陶器出现，储藏、煮食更加方便。公元前 6000 年，西亚新石器时代完全建立，与中国华北地区新石器时代的完全建立基本同步。所不同的是，西亚地区此时农业开始扩张，这个文化系统不仅包括驯化物种，还包括相应的技术组合，乃至社会组织等，这个"农业软件包"（agricultural package）首先向小亚细亚西部传播，然后进入欧洲地区，它还向西南传入埃及，向北、向东、向东南扩散。中国华北地区新石器时代早期就已经形成了若干不同的文化区系，由于考古工作的关系，各个地区更早的文化渊源还不清楚。目前已知的大规模扩散是在华北新石器时代中期，在长江中下游地区还要更晚一些。中国华北与长江中下游的农业进程伴随着人类居址从山麓向平原地区迁移，与西亚地区东部早期农业向两河平原的扩散类似，但地中海东部可扩散的平原面积非常有限。对两个地区而言，灌溉或是控制洪水都成了社会组织复杂化的动力[157]。

在西亚地区农业发展进程中，一个与中国几乎没有可比性的地方就是畜牧业的起源。前面说过西亚有八大农作物与四种大动物驯化，能够相互补充，形成较为完善的经济结构。西亚所驯化的禾本科植物同时也是食草动物的饲料，耕地上的农作物吸引食草动物，这既有利于狩猎，也有利于饲养动物，有利于驯化的发生；同时，家畜可以吃农作物的茎秆，从而形成良性生产循环。但随着饲养动物规模的扩大，就会出现问题。首先，农作物提供的草料根本不够，照顾动物群要占用人力；更难以处理的是动物放牧与耕作农业发生用地上的矛盾，难以两全；最后，放牧（尤其是山羊）破坏草地，会引起水土流失，导致生态环境恶化，社会竞争加剧。

华北地区的发展与西亚有很大的不同。华北最早驯化的动物是狗、猪、鸡，羊与牛的驯化要晚得多，狗、猪、鸡可以依赖谷物的废弃物如糠皮、茎叶生存，同位素分析也证明了这一点[158]；早期驯化的植物粟、黍都是通过掐谷穗来收获，作物大部分的茎叶都留在田地里，野生食草动物仍然可以食用，人兽争食不厉害。在长江中下游地区，人们近水而居，河湖纵横，有一定的水生资源可以作为蛋白质的补充。西亚因为饲养牛、山羊、绵羊等需要大片草地的动物，与农作物的耕作相矛盾，最后只能分化，畜牧群体利用山区的草原地带，与农作物耕种者发展交换，建立了一种共生的关系，但这同时也是一种竞争的关系。最终，畜牧群体占据了优势地位，为了避免农作物耕种者通过养猪建立自给自足的经济，这个地区后来让养猪成了禁忌[159]，故而畜牧者主导了西亚社会的文化发展。中国则不同，华北与长江中下游地区的农业发展成熟后扩散到周边地区，畜牧与农耕社会的竞争一直贯穿中国历史，但农耕社会占有主导地位。

在西亚地区农业起源过程中，定居的迅速发展是西亚地区的一个重要特点。长期以来，定居被视为西亚农业起源的前提条件，而驯化的发生要晚于定居大约 2000 年。相比而言，新大陆地区在最早的驯化发生后数千年，定居才得以实现[160]。当然，新大陆也有出现较早的定居，但那可能是秘鲁海岸地带的海洋哺乳动物狩猎者建立的，即他们利用了水生资源。埃及的尼罗河谷地在新旧石器时代过渡阶段也曾生活着定居的狩猎采集者，同样与水生资源的利用有关。西亚缺乏水生资源，能够建立定居是非常特殊的。前文已经提到通过废弃过程研究对纳吐芬文化时期定居的质疑。如果不用定居而选用流动性降低来衡量的话，比较西亚、新大陆与中国农业起源初期的流动性，西亚无疑是最低的，新大陆地区最高，中国次之。这可能基于两个原因：一是西亚自然条件与人口历史决定这里的人口很容易集中分布并达到"拥挤"（packed）的状态；二是西亚"农业软件包"的前身包括若干野生状态下就很丰茂高产的作物，有利于强化利用。这两个原因还决定了西亚地区对自然资源的竞争更加激烈，这种竞争不仅是人类群体之间争夺水源条件更好的居住地、野生谷物与动物更丰富的区域，同时人与动物也在争夺野生谷物；后来便发展为蓄养动物与农作物耕作之间的竞争，地域的控制权争夺也更加激烈。从这个意义上说，西亚地区聚落、建筑、祭祀或其他用途的公共建设的充分发展正体现了区域所有权观念的强化，这种观念反过来进一步促进了定居的发展，社会复杂化的加速，也可能是西亚与埃及率先建立起"文明"的主要原因。

除了在狩猎采集文化系统的关键变量——流动性上的差别，农业起源过程中的另一关键差别就是西亚新石器时代开始的数千年缺乏陶器，用"不需要"来解释是难以成立的。最早的小麦并不适合做面包，面包小麦是后来选择出来的，早期小麦磨成粉做成糕饼烤食或是煮成粥食用，是需要陶器的。纳吐芬文化与前陶新石器时代遗址中往往有磨制的石质容器，如石碗，还有用灰泥制作的（还包括用石膏制作的）容器如杯、盘、罐等，但都没有烧制。当时并非不具备烧制陶器的技术，如在陶容器出现之前，新石器时代的典型遗址就发现有陶雕像、封泥、陶轮、"陶币"（token）、陶珠及其他装饰品，但许多东西未经烧制，或是烧制程度很低。有可能一是陶器的起源首先就不是以实用为目的，而是更多与祭祀、展示等有关；还有一个原因是与社会变迁相关，陶容器的制作者是真正的定居者[161]，此前的新石器时代居民可能还没有达到完全的定居。陶器在西亚的产生是社会发生关键变化的产物，陶器的产生可能不仅仅与实用的功能有关，还可能与社会内部竞争有关。

（三）中国农业起源的内在差异性

从比较的视角看中国农业起源，首先要认识到文化生态区的存在（参考第三章），其次是要比较农业起源区与周边地区的差异，再次是比较农业起源中心内部的差别，最后是比较不同周边地区之间的差异。前文已区分过中国范围内存在的主要文化生态区，这里不再赘述。各个地区文化的发展有专门章节详细讨论，这里我所要做的是对各个地区进行比较，通过层层比较去认识中国农业起源的内在多样性，并澄清一些常识性的认识误区。

中国具有幅员辽阔、丰富多样的环境条件，将中国当成一个地理单元来讨论显然是不合适的。中国农业起源可以划分出中心区、过渡地带与影响地带。中心区就是我们通常所说的华北与长江中下游地区，而进一步细究下去，在中心区中还可以区分出农业最早的萌芽区域与发展区域。就华北地区而言，最早期的农业出现于太行山、燕山、豫西山地、齐鲁山地等山区的山麓与山前地带，然后向平原地区不断拓展；长江中下游地区存在着同样的发展规律，从支流中游盆地、宽谷不断向下游扩展，最后进入长江泛滥平原区域。而就过渡地带而论，存在着更加复杂的情况，岭南地区作为一个从温带向热带过渡的区域，是最早响应末次盛冰期结束环境变化的地区，但是，随着升温过程，它也完成了从末次盛冰期时的温带气候向热带气候的转变。有意思的是，它的农业起源进程也是先快后慢，走向了依赖根块茎与利用水生资源的低水平农业生产（参见第八章）。燕山南北地区是中国从东北到西南自然过渡带的东部区域，这个区域气候不稳定，人类的文化适应也是在农耕与狩猎采集生计之间波动，最终形成了旱作农业与游牧经济（参见第七章）。简言之，中国农业起源不只是粟作或稻作谷物农业起源，还包括根块茎农业这种更类似园圃农业（horticulture）的食物生产形式与游牧经济。同在华北地区，华北平原地区与边缘地区的形态也有所差异，前者更多依赖粟作，后者则选择生长期更短、更耐低温干旱的黍，并发展出一套与之相适应的旱作经济形式，比如进行多样的种植以分散风险，更多的狩猎经济成分，分化出来的畜牧群体等，以适应边缘环境。

有关中国农业起源中心的最大争论点是，中国有一个农业起源中心，还是两个中心，抑或是多个中心？存在多个中心的说法实际上是逐渐解构了起源中心的观点，前面所说的不同形态的农业形式都与不同物种驯化有关，岭南的根块茎独立驯化，稻作籼稻与粳稻在不同地区起源，北方粟、黍分别起源，再加上游牧经济起源，也就构成了中国农业起源的多中心论。它的终极版本就是农业起源是地带性的适应，或是流行传播的观念。多中心的说法对于农业形态多样化发展是合适的。但是追溯农业的渊源，目前的材料只支持两个中心：华北与长江中下游地区。除此之外，还存在单中心论的观点[162]，即长江中下游地区更早，华北农业起源是长江中下游农业扩展的产物。主要的证据是南方稻作利用可能超过 2 万年（如吊桶环遗址），陶器的年代更早，还有上万年的新石器早期稻作证据的发现（上山遗址）；与之对照，北方柿子滩遗址还看不出农业驯化的迹象，北方新石器时代早期的裴李岗文化，尤其是贾湖遗址显示出明显的南方影响，稻作已经开始，南北交流显然还可能早得多。然而，姑且不说南方的 ^{14}C 测年数据存在偏早的可能性，单单从新旧石器时代过渡阶段的文化发展而论（参考本章上一节），华北地区在农业起源前已经具备一系列新的特征，具备了发展农业的资源禀赋结构，其完备程度比长江中下游地区更高；而且作为比较对象的柿子滩遗址恰恰不在农业起源的核心地带，至于贾湖以及更晚时期稻作向北方地区的扩张跟全新世大暖期的到来，湖沼地区的拓展利用有关，并没有证据表明华北最早的驯化作物是水稻。华北与长江中下游地区文化进程的差异可以追溯到旧石器时代早期，南方普遍流行砾石工业，而北方以石片工业为主；在文化广泛融合的旧石器时代晚期晚段，两个地区所发生的文化变迁也有所差异，流行于华北乃至东北亚地区的细石叶工艺并没有扩展到长江中下游地区；新旧石器时代过渡阶段是一个文化分化时期，双中心的观点比单中心论更有说服力。

长期以来，考古学之外有关中国农业起源最流行的观点是将中国农业起源与黄土联系起来，进而得出"中国文明是黄土文明"的说法，形成将黄土高原塑造为中国文化发源地的刻板印象。从当前的考古材料来看，没有证据表明黄土高原是最早的农业起源地，旧石器时代晚期晚段以来，黄土高原上的柿子滩、下川、薛关等遗址有若干生计强化的证据，但它们与太行山东部东胡林、转年、南庄头、马鞍山、李家沟等遗址相比，无论是出土物还是遗址结构都有差异，最早的农业发生在山麓地带，是因为这里黄土较薄，地下水更浅，植被更好，能够利用的资源更多样。黄土因为疏松与较为肥沃，对于早期农业的发展确实有所帮助。但是，新石器时代早期之后，农业扩展到平原地区，这里土质黏土成分更高，植被繁盛，又需要控制季节性的洪水，潮湿黏重并含大量植物根茎的土壤并不容易耕作。从辽西地区来看，新石器时代中晚期遗址才逐渐开始利用河谷地带，早期更多利用山坡地。而长江中下游地区农业起源跟黄土并没有什么联系，土壤疏松与否并不是农业起源甚至史前农业发展的必要条件。所谓"中国文明是黄土文明"的观念是近现代中国社会在殖民时代所形成的，被历史学者不断复制，进而影响到社会一般阶层。当代考古学的研究不支持这样的观点。

当前研究支持一个复杂多样的史前适应方式，在农业起源中心与过渡地带之外，还存在若干独特的适应方式。东北地区是一种高度混合的生计方式，农业、畜牧、狩猎、采集、利用水生资源等（参见第九章），根据不同地方的资源条件有所偏重，在松嫩平原及其他河湖分布广阔的地方，水生资源利用成为重要的生计门类；农业在某些地方也占有较重要的比重，但总体说来，东北地区新旧石器时代过渡阶段持续的时间非常长，所以某种程度上，"中石器时代"适用于欧洲地区的术语也适用于中国东北地区。而在西南地区，文化形态更加复杂（参见第十章）。这里进入新石器时代的时间较晚，很重要的一个原因是这里适合狩猎采集的生计方式，而且由于地理单元的分割，文化交流比较困难。就青藏地区而言，我的观点似乎有点儿极端，即青藏高原腹地的成功适应是农业产生之后的产物（参见第十一章），狩猎采集者无法在青藏高原上建立起有效的适应方式，当前许多所谓的"旧石器"材料实际都是全新世的。在广袤的大西北，新石器时代的到来还相当模糊，人类在沙漠、戈壁、高山地带建立起成功的适应需要游牧的方式，这里也不适合狩猎采集者。新石器时代的到来，极大地拓展了人类可以利用的空间，青藏高原腹地与大西北就是农业时代人群扩散的结果。还有一个经常被忽视的地带，就是海岸（海岛）地区，它的面积不大，但是依托的是无边的海洋，海洋资源丰富的地带是狩猎采集者的天堂，它也是抵抗农业扩散最坚实的基础，一旦这个地区接受了农业，它也迅速成为农业向海洋地区扩散的先锋。简言之，一万年前，发生在中国广大区域内的文化适应变迁是丰富多彩的，农业起源只是一种方式而已，不过，随着农业的发展成熟，它以其更高的获取资源的效率、更复杂的社会结构，以及能够支持更高的人口密度等优势开始扩散，逐渐取代与融合了各地的本土文化。这个过程与近现代工业革命的崛起与扩张具有相当的可比性，差别也许是时间更加漫长，社会冲突的规模没有那么激烈。无论如何，农业起源开启了人类历史的新篇章。

（四）中国农业起源的基本特征：统一性与差异性

　　农业起源之前是狩猎采集者的时代，农业起源的机制研究必定涉及狩猎采集者的研究。狩猎采集者的文化适应机制具有统一性与多样性，第一章曾讨论过狩猎采集者适应的长期趋势，以及反复强调狩猎采集者文化系统的关键变量——流动性的意义。人类数百万年的狩猎采集历史并不是一个简单的重复过程，作为人类文化的组成部分，它具有累积发展的特点，与之相应的是人类技术文化的不断进步，还有社会组织的复杂化。在此基础上，人类社会追求能量最大化的适应策略，这个趋势至今依旧存在。它同时意味着人类的文化适应追求最佳适合度与最小化风险。布莱德伍德视农业为人类文化进步的产物，这种观点是有合理性的，虽然许多考古学家将之视为19世纪"斯宾塞式"的进步论。文化的累积发展创造了农业起源所需要的资源禀赋结构，包括一定的人口数量与密度——这也是长期发展的累积所致，还有人口增加所导致的一系列社会变化，如地域所有权的观念、限定的惠予范围、群体内部竞争加剧等。它们体现狩猎采集者适应长期的趋势，也就是我所说的统一性的一个方面。还有一个方面与历史趋势无关，但与狩猎采集作为获取基本生活资料的策略相关，无论是远古的狩猎采集者，还是近现代的狩猎采集者，只要他们不事农业生产，就需要去寻找自然资源，也很少能过上定居的生活。就像工业社会与城市的关系一样，不是说农业社会没有城市生活，但是城市成为主要居住形态，只能由工业社会来支撑。与此类似，狩猎采集者社会在特殊条件下，如水生资源利用者也可能形成定居社会，但是大规模的定居是农业社会的居住形态。从历时性和共时性两个角度来看狩猎采集者的文化适应机制，都可以发现统一性，于前者是一些发展趋势，于后者是流动采食。

在回顾华北与长江中下游地区旧石器时代晚期文化发展时，我们注意到人类栖居范围扩散到世界各地（人口的增长），石器技术的进步、原料精细化、石器地区风格形成（地域所有权观念与限定的惠予关系）；到新旧石器时代过渡阶段，我们可以看到新的技术发明如陶器、磨制石器以及食物研磨工具（植物强化利用也是能量最大化的策略[163]）的出现，还有装饰品的发展（社会内部竞争）等，这些都体现了狩猎采集者长期发展趋势上的累积增长。而像柿子滩、下川等地点群与东胡林、南庄头等遗址体现的不同流动性，又说明狩猎采集者文化系统发生了区域分化。只有能把流动性降低到足够程度的地区才可能有农业起源，这也是为什么最早的农业起源地带位于太行山以东地区的关键因素。当然，狩猎采集者的长期趋势像是"常量"，是不言而喻的存在；而地区之间的分化发展才是考古学家真正关心的对象，也就是说考古学家希望能够解释为什么农业会起源，他们更关注的是农业起源发生在某些地区，而非其他地区。实际上，长期趋势并不是每个地区都是均等发展的；在分化之时，又与环境条件的不同特征密切相关。

环境多样性对文化适应产生的是双重作用，一方面是硬约束，即由于环境的极端特征导致某些文化适应无法发挥作用，就像在内陆地区无法利用水生资源一样，茂密森林环境通常没有草原那样丰富的食草动物群。农业所要实施的条件至少需要包括合适的温度、降水，再者，土壤、病虫害、人口等也会有所限制，对于农业起源而言，必不可少的要素就是野生物种的存在，没有适合驯化的物种，就是掌握了驯化技术，也是没有意义的。美洲地区因为缺乏适合驯化的大型动物，所以农业系统始终是脆弱的，农耕群体始终需要抽出时间去狩猎，所以定居难以建立。即便建立了，也不稳定。连带建立在这种农业基础上的文明，也容易崩溃。由于缺乏大型驯化动物，即便他们知道轮子（玩具上就有发现），也没有作用，南美文明不得不建立在人力托运（羊驼托运能力非常有限）的基础上。当然，物种不是中国各文化生态区的制约因素，中国不同地域都有适合驯化的地方物种。东北地区的问题是低温，生长季节短。青藏高原是高寒的气候环境，比极地环境还要恶劣，不仅空气含氧量低，而且缺乏极地环境经常可以狩猎的海洋哺乳动物或是可以驯养的驯鹿群。大西北地区是水资源缺乏，没有地表水，大型食草动物就难以生存，也就没有狩猎采集者，更不会有农业起源这回事。当然，环境多样性还有另一方面的作用，它会提供机遇，提供某些优势资源，形成发展农业的软约束。利用水生资源就构成了农业的替代策略，水生资源来源域范围大，生产力高，季节性与陆生资源有互补性，资源稳定可靠，种类多样且质量高（多蛋白质，妇幼老弱都可以参与获取，如采集贝类），这些优势结合起来，适合劳动密集的农业就不具有选择优势。东北与岭南以及沿海地区都走向了水生资源利用，缓解了狩猎采集者所面临的适应压力。西南地区因为高度多样的环境，是最适合狩猎采集的区域（参考第三章）。文化是弹性的，根据不同地区的情况，人类发展出多样的适应方式。这与狩猎采集者文化适应的统一性并不矛盾，只是一个问题的两面而已。

抽象地讨论文化的统一性与多样性孰轻孰重并没有意义，对于农业起源的考古学研究而言，需要弄清楚的是文化适应发生变化的初始条件，然而具体情况需具体分析。农业起源的初始条件包括自然基础条件、自然条件所发生的变化、文化资源禀赋结构的积累等内容。中国农业起源的自然基础条件最主要的特点就是温带季风气候，四季分明，雨热同期，具有梯级特征的地形。与之相应，主要河流从西向东流，狩猎采集者向农业生产者转型时具有可以不断拓展的空间，这一点对于中国农业起源的萌芽、发展与最终建立世界上少有的完善农业系统至关重要。至于说黄土，它并不是中国农业起源与发达的充分条件。自然基础条件另一个要件是由于纬度分布、高度差异、海陆分布以及地形分割所形成的不同文化生态区，为文化多样性发展提供了基础条件。狩猎采集者的文化适应具有很好的弹性，但并不意味着他们没有最佳的栖居地带。这里值得注意的是狩猎采集者的最佳栖居地并非现代人口密集区，而是中国从东北到西南的自然过渡带以及从中国地形的二级阶梯向一级阶梯过渡的地带，这些地带不仅狩猎采集的资源多样、清洁饮水方便，而且容易获取合适的石器原料、充足的燃料。随着农业的起源与发展，人们逐渐向平原地区迁移。适宜农业的华北平原与长江中下游平原并不是狩猎采集者的最佳栖居地，同样适用于游牧经济的青藏也不适合狩猎采集者。不同的生计方式所依赖的地带是有区别的。

　　更新世与全新世之交，气候以及环境变化幅度相当大。末次盛冰期结束后，气温上升，冰川消融。更新世结束之际，对史前狩猎采集者的文化适应有重要影响的因素包括海平面上升、古季风机制恢复、植物更替、动物绝灭、新仙女木事件、气候的季节性与稳定性增强等（参考第五章）。气候环境变化导致狩猎采集者文化系统变化的初始条件发生改变，对人类文化系统而言，这些变化既有正面的作用，也有负面的作用，对不同地区的影响程度也不同。海平面的上升对于华北地区的影响最大，即使人口不增长，由于陆地淹没，这一地区人类的栖居地几乎丧失了一半面积，人口密度也会随之翻番。海平面上升对长江中下游地区也有明显影响。古季风、植物更替、气候稳定都有利于农业的发生，而动物绝灭、新仙女木事件、季节性加强等则是从反面推动农业起源，使得作物栽培的必要性大大增强，"一推一拉"机制促进了农业在更新世与全新世之交起源。气候环境变化的影响在不同地区的表现有早晚与程度强弱的区别，古季风的影响最早显现在西南与东北地区，植物更替、动物绝灭影响最强烈的要算华北，而对西南地区影响甚微。

　　从狩猎采集到农业生产转换的文化过程并不是黑箱，不是说在前面加上环境条件与合适的变化，就会导出农业起源。农业起源归根结底是一个文化事件，尽管结果中包括自然物种失去某些能力，被人类驯化。狩猎采集文化适应系统与农业的最大区别是流动性的差异，其他的变化如居住方式、工具技术、生计构成、社会结构，乃至意识形态都由此衍生。从旧石器时代晚期开始，华北与长江中下游地区的文化面貌都发生了明显的变化，显示出狩猎采集者适应策略的转换。到了新旧石器时代过渡阶段，新的变化主要表现为某些常见于新石器时代的特征开始出现，它们标志着人群流动性的明显降低。类似的变化广泛见于各个文化生态区，但程度差异明显，其中西南地区最弱。新旧石器时代过渡阶段见证了关键的文化分化，强度最强的华北与长江中下游地区出现了最早的农业。例外的情况是岭南与东北因为富有水生资源而转向了新的狩猎采集形态。

作为世界农业起源的一个部分，中国农业起源中心与其他地区尤其是西亚进行比较让我们更清楚地了解它的特征。同时，通过中国农业起源中心内部的比较，以及与周边地区的比较，进一步丰富了这些特征的含义。最后，我把中国农业起源的特征大致归纳为六个方面。

一、中国可以与西亚并称世界上最早与最重要的两个独立驯化中心。做出这种判断的理由不仅因其年代早，更因其影响深远。作为主要的驯化中心，中国具有长期的驯化历史，是世界上接近四分之一驯化植物的故乡。其影响范围遍及东亚、东南亚、南亚和太平洋地区。中国农业起源具有明显的自生性，从旧石器时代晚期经过新旧石器时代过渡阶段，缓慢成熟，在新石器时代早期开始形成涌现式的爆发，它的整个发展历程与西亚基本同步。中国农业起源属于温带谷物农业，最终达到了集约农业（intensive agriculture）发展程度，在周边过渡地带形成了若干"低水平的食物生产"。

二、中国农业起源中心由两个相对独立的中心构成，各自具有不同的旧石器时代文化背景，文化面貌差异显著，旧石器时代晚期华北地区是典型的细石叶工业；长江中下游地区则是在保持砾石工业传统的同时，增加了细小的燧石石器成分。在作物驯化方面，华北地区是以粟、黍为中心，长江中下游地区以水稻为中心，目前所见的交流发生在华北新石器时代早期，即稻作进入南北过渡地带。在新旧石器时代过渡阶段，两个地区几乎同时开始出现强化利用的证据，南方的陶器出现似乎更早（就当前的 ^{14}C 年代而言），华北则出现了石磨盘、磨棒、锛状器等工具，稍后也出现了陶器。没有证据表明长江中下游地区影响了华北，也没有相反的证据，它们各自是独立发展的。新旧石器时代过渡阶段的考古材料显示华北地区所发生的文化变化更为明显，速度也更快，到新石器时代早期已涌现出若干个考古学文化区；南方发展水平稍低，目前只有彭头山与上山文化的面貌比较清晰。新石器时代早期稻作从南往北传播，主要与全新世大暖期温暖湿润的气候有关，稻作更有利于江淮地区的人们利用水网地带。总的说来，目前没有证据表明华北地区与长江中下游地区在农业起源过程中是一体的，从旧石器时代早中期开始就存在差异的文化适应历史，尤其是旧石器时代晚期与新旧石器时代过渡阶段持续的差异性发展不支持它们属于单一农业起源中心的观点。

三、没有充分的证据表明黄土是中国农业起源的充分条件，如果不是黄土而是其他温带森林草原土壤，农业依旧会发生，华北农业起源的机制与初始条件并不需要依赖黄土。华北地区最早期农业并没有起源于黄土高原上，而是起源太行山以东、燕山以南、齐鲁山地、豫西山地的山麓地带。所谓黄土文明的认识与中古时代的中国历史、近现代中国的现实有关。

四、中国早期农业以作物农耕为中心，动物驯养服务于作物农耕，最早驯养的动物是狗、猪、鸡，与早期作物农业互补，而不是相互矛盾，作物加工残渣可以用来饲养动物，这一点与西亚是不同的。与西亚相比，中国农业起源地带陶器出现早，但定居发展稍慢，这可能与中国早期"农业软件包"的内容不如西亚丰富有关，但中国史前农业后期发展更加成熟，动物饲养与作物农业相互补充，形成了较好的农业生态系统，而不像西亚的畜牧与作物农业发生矛盾，进而不得不分化，而且畜牧对农业生态系统的破坏作用明显。

五、中国史前农业的发展过程从山麓向平原地区扩散，具有明显的地理指向性，而中国较大的腹地平原为农业的发达奠定了基础，为中国史前文明的崛起提供了较为雄厚的物质条件，而且南北两个中心互相补充，成为中国文明五千年连续发展的缓冲空间，在中原文明崩溃之后，能够在南方获得部分保留。

六、在中国农业起源的边缘地区还存在着其他农业生产形式与适应方式，如燕山以北地区发展出旱作农业以及游牧经济（参见第七章），岭南地区的根块茎农业，东北地区立足于水生资源利用的复杂狩猎采集社会，西南地区极其丰富多彩的地方风格，如此等等，周边地区发展出丰富的文化多样性，构成了后来中国文明群星璀璨式的起源模式的基础。

第七章

农业起源的十字路口：燕山南北地区

自天佑之，吉无不利。

——《周易》

一　前　言

燕山南北地区是在考古学研究上具有特殊意义的地区。从自然地理上来看，它是从蒙古高原到华北平原、东北平原的过渡地带；按流域来说指海河流域的北部、滦河下游，即燕山-长城以南的区域，以及滦河上游、大小凌河、辽河上游地区，即燕山-长城以北的区域。现今我国400毫米降水分界线位于此，也是北方干旱区与半干旱-半湿润区的过渡地带。就地貌来说，这个区域主要由黄土丘陵、黄土阶地和坡地组成，适合早期农业的发展[1]。从历史上来看，这个区域是农牧业分界区，农牧业交错带，也是民族交汇融合的地带、游牧民族与农耕民族的主要战场。而进一步追溯到史前时代，特别是在新石器时代，这里又是一个独立的文化区，苏秉琦先生称之为考古学文化上的辽西[2]。本项研究强调燕山南北地区处在一个生态交错带上，也就是温带森林与草原的交接地带。生态交错带不仅仅对动植物具有特定的影响，同样，对于以依赖动植物为生的史前人类也有特殊的意义；而且值得强调的是，这个生态交错带在时间进程中是波动的、迁移的，它的变化与考古学文化之间的关系是近来考古学研究的重点内容之一[3]。在这个意义上，燕山南北地区可以被称为一个文化生态区。远者上溯到旧石器时代晚期，石器组合的地域化特征明显加强，比如在华北地区旧石器时代晚期，至少可以区分出四种适应类型[4]；近者限定到先秦时期，在此期间，这里作为一个独特的文化生态区开始形成（它并不是从来就有的），最后形成三种不同的经济形态。

二 基本问题

就当前的研究基础而言，经过近一个世纪的田野工作与研究，这个地区考古学文化的谱系已经比较清楚了，考古材料的积累也相当丰富，这里无须赘言。在文化谱系的研究之外，对于聚落形态[5]、经济形态[6]甚至精神意识层面的研究[7]方兴未艾。但是，这种分门别类的研究立论的基础还需要进一步加强，因为考古学的材料通常是零碎的甚至是扭曲的。鉴于考古学材料的特殊属性，考古学家在判断古代人类生活方式与形态的时候不能依据单方面的材料，必须进行多途径的推理，就像刑侦人员破案一样，把各方面证据汇合起来形成可靠的判断。考古推理的基本途径可以分为宏观考古学和微观考古学，宏观考古学包括演绎、归纳、类比推理的运用，而微观考古学包括对考古遗存的细致观察、对参考知识库的利用、工作假说的提出和科学的分析[8]。本项研究综合运用这些推理的方式，比如运用演绎推理建立生态交错带文化适应模型，运用归纳推理对众多考古材料进行归纳，运用类比推理利用狩猎采集者民族学的研究成果。因为本文不侧重对某个遗址或某个遗迹现象来研究，因此对于微观考古学的运用只是局部的，比如对遗址废弃过程的考察、少数保存完好的遗存单位的研究等。研究的基本方法除多途径的推理之外，我们还可以利用另外两个方法：一是利用考古学特有的优势，即在漫长的时间进程中来考察所要研究的现象；二是运用比较的方法，比较是识别特征的最根本的方法，就这项研究而言，必须做的是和燕山－长城南北地区相毗邻的中原地区及东北地区的比较，很显然，中原地区在我们研究的时段中从狩猎采集到农业然后发展出了文明，而东北地区还保持着渔猎适应[9]。

　　之所以选择"适应方式"作为研究的出发点，正是鉴于单方面考古材料的欠缺与偏颇，它有助于我们统合各方面的材料与证据，通过多途径推理来说明古代人类的生活状况。生态交错带作为一个独特的环境条件与史前人类适应方式关系紧密，生态交错带的变化与人类适应方式的变迁之间的关系如何呢？简单地罗列环境气候变化与考古学文化序列之间的对应关系并不足以说明它们之间的关系，而且常常给人一种错觉，即环境变迁决定了人类适应方式的变迁，实际上，史前人类的适应方式不像气候那样循环，而是不断发展的，不断形成新的适应策略，甚至在同一文化生态区内也还存在着复杂的多样性，我们不仅要了解这些现象，还需要解释这些现象，它们是如何发生的？为什么会如此？为什么燕山－长城南北地区与中原地区和东北地区存在区别？

三　生态交错带适应的一般模式

　　生态交错带（ecotone），简而言之就是两个生态带的交汇地带（一个生态带就是气温、降雨量、生物学特征相似的区域），典型的生态交错带包括河流的入海口（淡水与海水交汇的地方）、海岸带（陆地与海洋交接的地方）、森林与草原交错的地带。生态交错带的一般特点是兼有两个生态带的生物类型，它们混合分布，因此物种的多样性更加丰富。当然，不是所有的生态交错带都意味着多样性的增加，比如从温带落叶林向针叶林逐渐过渡并不见得有更高的多样性[10]；但即便如此，对于有机体而言，生活在生态交错带中，也意味着它们可以很方便地向不同的生态带迁徙。生态交错带的概念不仅仅具有生物学的意义，在文化生态学中，两个文化带的交接地带也是一种文化上的"生态交错带"，通常是观念与物品交汇的区域，往往更有文化创造性[11]。燕山 - 长城南北地区正好处在温带森林与草原交错分布的地区，是典型的生态交错带。在整个新石器时代，它处在中原以粟作为主的农业文化与东北以渔猎为主的狩猎采集文化这两大文化系统之间，因此也是一个文化上的"交错带"。

对于有机体而言，生态交错带的优点就是资源多样，而它的机会成本则是资源的不稳定性强。生态交错带对于气候变化最为敏感，这种变化的表现形式不仅仅是有机的，如动植物组成的变化，而且还包括无机部分，如土壤的改变；与此同时，变化还体现在空间与时间的波动上，比如在燕山 - 长城南北地区，随着草原植被为温带森林替代，我们可以看到生态交错带的边界向北迁移。特别值得强调的是，在生态交错带中，这种变化相对于非生态交错带地区而言是非常频繁的，这尤其表现在短周期的气候事件上。就燕山 - 长城南北地区而论，年降水率在 20% 左右，连续旱年不断发生[12]，因此资源的稳定性，或者说可预测性比较低，这无疑会影响人类的适应。

值得注意的是，生态交错带的资源不稳定性对于采用不同生计方式的人群来说影响是不一样的，人类可以采用的适应策略也不尽相同。对于狩猎采集者而言，他们应对食物风险与不确定性的基本策略包括提高流动性、增加储备、扩大食谱（比如利用水生资源）、增加群体之间的交换（或者说依赖盟友）[13]，还有强化利用某些资源[14]。当然，这些策略并不是可以同时使用的，而且在不同的情况下，主要的适应策略可以有所区别，再者，在这些策略的选择上，还有难易程度上的区别。也就是说，狩猎采集者首先会考虑提高流动性，最后才会考虑强化。提高流动性最简单，即狩猎采集者扩大资源搜寻的范围，其前提条件是有足够的空间可以扩展，还有一个极限，即人类步行一天所能覆盖的范围是有限的。增加储备意味着投入更多的劳动，而且只能在某个季节进行，尤其是在温带地区[15]。利用水生资源对技术的复杂程度有更高的要求，如捕鱼的工具（渔舟、鱼叉、渔网等）。依赖盟友则要付出地位降低的代价，也需要以社会复杂性提高为基础。最后，强化利用某些资源，比如利用一些有毒的植物，需要花大量的劳动去除毒素；再如利用小种子植物果实则意味着繁重的采集与加工工作。此外，我们还应该注意到这些策略之间还有互相矛盾的一面，比如说强化利用一地的资源，就意味着流动性必须减小。因此，可以预测，在生态交错带中应该可以看到这些策略的运用，其频率和程度都应该大于非生态交错带中的史前文化。

对于从事食物生产的人群而言，可以预见的风险减少策略首先应该是生计方式的多元化，这样的话，可以避免把所有劳动投资集中在单一的生计方式上，比如说农业，因为一旦失败，就可能遭受灭顶之灾。对于食物生产经济而言，由于产量与消费都是一定的，增加储备是不可能的，除非扩大生产规模，这反过来要求增加劳力；食物生产要求生产者关注生产对象，如农作物或是牲畜，提高流动性并不会增加食物来源，相反会影响食物生产；由于食物生产本身就是在强化利用某些资源，所以和狩猎采集者相比，食物生产者的应对资源风险的策略就只剩下生计方式的多元化（也就是扩大食谱的延续）和扩大资源的社会来源（即依赖盟友的延续）。扩大资源的社会来源策略有两个：一是交换，通过专业化的生产提供对方不能生产的产品，就像在农业发展起来之后，有些依然保持狩猎采集的群体发展成专业的狩猎采集者，他们用猎物、皮毛或蜂蜜等去和农业群体交换所需生活物资；同样，某些食物生产者可以发展成畜牧群体，向农业群体提供牲畜，他们与农业群体建立起一种共生关系。另一种方式是通过劫掠，尤其在社会组织复杂化之后，组织劫掠成为可能，收益是非常明显且诱人的；劫掠者除了可能获得需要的生活资源之外，还可能获得宝贵的劳力，而且无须付出前期抚养成本，可以直接投入到扩大生产规模中去；当然，劫掠并非没有成本，但是就社会上层而言，收益要远大于成本。因此，我们预测生态交错带食物生产者在依赖多元化生计方式的同时，会寻求扩大生产规模；与此同时，在条件具备的情况下，他们的生计会向专业化方向发展，与稳定的农业群体形成共生关系，或者通过战争劫掠增加收益，从而避免资源不稳定的风险。

一般来说，社会变化有复杂化的趋势。劳动专业分工、社会分层、组织水平更高的社会在应对适应风险方面能够更加有效，不仅仅因为其劳动效率更高，而且可以通过社会内资源再分配来减少风险；当然，这个过程也并非没有成本，社会分层加剧也带来社会矛盾的激化，增加战争的机会。而且，一个社会往往不断通过政治、经济制度来规范社会组织，还可以通过道德观念、礼仪、意识形态来强化它。因此，减少适应的风险也促进了社会复杂化的进程。

作为考古学家，我们需要寻找相关的考古证据来证明这些策略的存在与变化。中华人民共和国成立以来，考古工作从一开始对出土器物的关注，逐渐发展到对聚落形态、动植物遗存的关注，进而对器物的装饰主题发生兴趣；在利用地层学和类型学建立考古学文化的时空框架的同时，中国考古学研究特别侧重史前经济形态的研究，具体说来是重视器物中的工具组合，在旧石器时代考古中尤其如此。考古学家限于在发掘材料时的认识水平，不可能以现在的标准要求收集材料，所以现在总会遇到材料缺乏的困难。当然，这不意味着就不能开展研究了，我们也许不能获得直接信息，但获得间接信息还是可能的。比如判断流动性，当一种文化流动性强时，则器物可见大范围的一致性[16]；还可以根据器物的重量、结构等特征是否适合流动性生活加以判断[17]。考古学家的工作本来就是解译考古材料[18]，所以从考古材料中寻找必要的信息本身就是考古学家必须做的工作。就本书而言，主要是从器物特征与组合、聚落形态、动植物遗存与符号系统构成等几个方面来探讨史前考古学文化所代表的人类适应方式的变迁。

四 史前文化适应方式的转换

现在中国北方温带森林与草原的生态交错带是一个从东北到西南走向的生态过渡带，它和季风深入内陆的边界密切相关，因为季风能够带来降水。燕山－长城南北地带实际上是这个生态交错带的东部，其中部为内蒙古中南部一带，西部在鄂尔多斯到陇东一线。相比较而言，东部生态交错带较宽，可达数百公里，东西走向，南北波动，其南界波动较小，北界波动较大，愈靠近东部愈稳定[19]。

这个区域考古学文化的分布目前比较清楚，从旧石器时代晚期到先秦时期的文化框架已基本构建起来，这也是研究的基础（图 7.1）。当然，必须承认考古学文化是考古学家为了研究而定义的，它的依据是考古遗存组合的时空分布特征，至于它是否有族属的意义目前还不能肯定。比如一个先秦时期的族属很可能不止一种生计方式，有些人群可能操持农业，有些人群可能以渔猎为主，因此简单地在考古学文化与族属之间画等号是有问题的。考古学文化是一个高度概括的概念，它包含古代人类留下的所有遗存，其中自然也包括有关适应方式的材料。这里我必须强调的是，考古学文化是考古学家的研究单位，它是考古学家对史前人群的划分，是一种综合划分，和我们现代通过族属、语言、血缘、经济形态等进行的划分不能对等。这个概念与人群的对应只是针对定居或相对定居的小型社会而言[20]，超越了这个范围就难以成立，而我们研究的燕山南北地区的史前文化正好属于这个范畴，因此也就有了必要的理论基础。

（一）旧石器时代晚期早段的适应辐射

在旧石器时代晚期早段，整个中国北方的文化有了飞跃性的发展，除了石器技术进步之外，还出现了个人装饰品、骨角工具、长距离交换来的物品等；与此同时，随着人口密度的增加，社会交往范围收缩[21]，地区性文化开始形成。我们从中可以看到至少四种适应模式：水洞沟模式、峙峪模式、山顶洞－东方广场－小南海模式和小孤山模式。和燕山－长城南北地区相关的是后两种模式。山顶洞－东方广场－小南海模式是对温带森林环境的适应，其石器组合比峙峪组合更加多样、更不规整，它主要是一种以植物采集为主的狩猎采集生计形态；相比较而言，小孤山模式的工具组合中出现鱼叉，体现出一种对滨水环境的适应，这种适应模式往往有更好的稳定性，即在一个区域可以居留更长时间[22]。从四种模式的分布来看，随着环境趋向更湿润，生计内容由以动物狩猎为主逐步过渡到多元的狩猎采集（峙峪模式更强调狩猎，山顶洞－东方广场－小南海模式更强调采集），再到利用水生资源的狩猎采集[23]。

燕山－长城南北地区处在两种适应模式的交接地带，目前这个地区旧石器时代晚期早段的遗址主要分布在燕山南麓，以山顶洞和东方广场遗址为代表，其中东方广场的材料保存比较好，文化遗物可以拼合，地层中还保存了树叶；考古工作比较充分，四分之三的标本都有三维坐标（有的标本过于细小，未进行测量）。遗址的上文化层发现两处、下文化层发现四处用火遗迹，在它们的周围发现密集的石制品与动物遗存。出土的脊椎动物化石包括原始牛、斑鹿、蒙古草兔、安氏鸵鸟、雉和鱼[24]，反映了非常多样的资源条件，既有林缘动物，也有草原动物，还有荒漠和水生动物。石器组合中工具所占标本的比例为4%（共46件），其他为石片和碎屑，是一种石片为主的工业类型；另有411件碎骨被鉴定为骨制品，其中64件被定为工具[25]。器物类型的分化还不是很明显，除圆头刮削器（或称端刮器）之外，没有旧石器时代晚期晚段功能稳定且明显的器类，如细石核、细石叶、琢背小刀、精致修理的尖状器、石镞、锛状器等。它也不像水洞沟模式那样发展标准化的长石片，体现一种更高流动性的生计方式[26]；它和峙峪模式最为相似，但缺乏其相对数量丰富且对象突出（主要以野马、野驴为主，以牙齿统计最少代表208个个体，野驴的乳齿还有400余枚）的动物遗存[27]；同样，这里也没有看到如小孤山那样专业的渔猎工具，所以说这个时期的人类适应是一种以采集为主的多元狩猎采集经济。

燕山以北区域发现的旧石器时代晚期早段的遗址包括承德的四方洞（[14]C测年27880±510 BP）[28]和喀左的鸽子洞[29]，目前年代尚存争议，材料较少，工作年代又较早，在此不再赘述。

（二）旧石器时代晚期晚段细石叶工艺的产生——强化的开端

旧石器时代晚期晚段中国北方的石器技术特征是以细石叶工

艺为主，在燕山－长城南北地区也不例外，主要遗址有玉田孟家泉、昌黎淳泗涧、滦县的东灰山、凌源西八间房等。细石叶技术是一种减少生计风险的策略[30]，代表高度流动性的生计，它还可以说是流动性狩猎采集生计的巅峰，其形成是为了适应末次盛冰期前后资源的变化。根据古环境的重建，它应该起源于华北地区，因为末次盛冰期前后，华北地区的生态条件与文化背景最有利于细石叶工艺的产生[31]。具体来说，从旧石器时代晚期早段到晚段，燕山－长城南北地区史前人类经历了一次适应方式的挑战。随着末次盛冰期的来临，从前人们适应的资源分布变得日渐稀疏，而对于新的资源人们还没有适应。在狩猎采集的生计条件下，人们首选的策略就是提高流动性，扩大觅食范围，因此需要一套轻便的、能够应对多种状况或不确定性的工具组合。细石叶工艺正好能够满足这个需求，这种技术生产的细石叶极其轻便，而且属于标准化产品，可以镶嵌于动物骨角之上用作矛、刀、箭头等；细石核本身还可以用作一件多用途的工具，所以说细石叶工艺是一种适应高流动性的技术。值得注意的是淳泗涧[32]、东灰山[33]出土的细石核多只有人指甲大小，石叶疤只有两三毫米宽，也就是说它们生产出来的细石叶是很难镶嵌用作边刃的，有可能用作鱼叉、鱼钩等工具上的倒刺。如果这个推断成立，我们就可以认为此时人们扩大了食谱的范围，和小孤山的鱼叉相比[34]，这种镶嵌了细石叶倒刺的工具可以刺杀更小的鱼。这种格外细小的细石核并不仅仅发现在这一地带，苏北、鲁西南地区也有较多的发现。

显然，在旧石器时代晚期晚段，燕山－长城南北地区整体上并没有显示出生态交错带的特色，它和整个华北地区一样使用细石叶工艺，频率和技术上的差别也不明显。这里应该指出，在末次盛冰期前后，生态交错带的位置并不在燕山－长城一线。按周廷儒等对虎头梁融冻褶皱、冰楔的研究，华北末次盛冰期当地降温 10—11℃，比欧美同纬度地区幅度大[35]；吴海斌等研究认为北方末次盛冰期时沙漠向南扩展至北纬 36°、向东到达东经 125° 地区[36]。把这些研究结果和现在的气候对比，可推断出生态交错带的范围大概在秦岭 - 淮河一线，现在这个地区年均气温 15℃，而燕山 - 长城地区北部边界年平均气温大约 5℃，与周廷儒等推断大体吻合。特别值得强调的是，秦岭 - 淮河一线同时也是细石叶工艺在我国东部地区分布的南界，还是末次冰期时披毛犀 - 猛犸象动物群的分布南界，也正因这个生态交错带的南移，推断细石叶工艺起源于华北腹地[37]。简言之，燕山 - 长城南北地区在末次盛冰期结束之前，还不是一个真正意义上的生态交错带。

随着末次盛冰期的结束，在距今 9000 年前后，气温回升到和现在差不多了[38]，燕山 - 长城南北地区的生态交错带逐步形成。这个升温过程无疑对生态环境的冲击是巨大的，其中还包括像新仙女木事件这种迅速的气候波动[39]、海平面上升所导致的人类生存空间的缩小[40]、植物的替代[41]、动物的绝灭[42]、季节性的增强[43]等。与此同时，人类在旧石器时代晚期晚段已经扩展到了美洲，地球上适合人类居住的大陆都已经为人类占领，人类无法再以人口扩散来降低人口压力了；再者，前文已提到细石叶工艺代表着流动狩猎采集生计的顶峰，狩猎采集者的流动性有一定的限度，即在没有畜力和交通工具帮助的情况下，每天通过步行能够覆盖的采食范围是有限的，人类需要新的适应策略来应对生存压力。文化系统面临的内外压力不是在所有地方都一致，像燕山 - 长城南北地区这样的生态交错带受到的压力最为明显，人类的适应策略同样比较清楚。

最近几年北京地区东胡林和转年遗址的发现印证了人类适应方式的转变，也就是人类开始强化利用一些资源。当然，对狩猎采集者而言，强化并不是晚更新世末独有的现象，旧石器时代晚期西亚就出现对小动物的强化利用[44]，全新世中北美的加利福尼亚印第安人每当遇到资源危机就开始强化对橡实的利用[45]，利用橡实需要大量时间淘洗其中的有毒成分，和利用小动物一样，人类付出的劳动与收益之比下降了。基于每个地区的义化与环境状况不同，结果也不一样。北美的印第安人通过资源的强化利用度过暂时的资源危机，而西亚最后不得不转向食物生产。转年和东胡林遗址中出土了陶容器和石容器就是资源强化利用的标志，它们很可能用于加工比较费时的植物，比如有毒的果实、小粒的种子等，东胡林遗址的磨盘与磨棒进一步证明了这一点。东胡林的陶器、磨制石器、墓葬，以及遗址中多种类物品的出土[46]都是流动性降低的标志。陶器非常不适合流动性的生活，磨制石器是一种冗余设计，除非在一个地方居留时间比较长，否则投入大量劳动去把石器磨光是不划算的；遗址中物品丰富多样表明人类居留的时间长。人类在一个地方居留时间愈长，从事活动的种类愈多，留下遗存的种类必然愈多样[47]。流动性降低，意味着利用资源的空间范围减小，所以要强化利用某些资源。当然，史前人类的应对策略是灵活的，东胡林和转年细石叶工艺的存在表明这里可能存在性别的分工，男性外出狩猎，比如务农的瓦皮顿（Wahpeton）印第安男人每年春秋两季仍要外出狩猎[48]。如果东胡林、转年遗址那个时代的男性也是如此的话，他们仍然需要一套适合流动的工具组合。

　　燕山-长城南北地区当然不是唯一发现强化利用资源证据的地区，往西泥河湾盆地的于家沟、马鞍山等遗址也发现了陶器、灶址等[49]，这个地区也可以说处在生态交错带的范围之内。强化利用是食物生产起源的第一步，但不能说它必然会导致食物生产起源，相关的条件如合适的物种、初始的文化条件等都与之密切相关，我曾有专文讨论[50]，不再赘述。

（三）从狩猎采集到食物生产

食物生产指人类在利用自然生长的食物之外通过人工干涉手段如照料、种植、驯养而获得食物，可以包括最初阶段的照顾野生作物、园圃农业、简单的烧荒点种等，有些时候跟狩猎采集难以严格区分；或者说，它是农业萌芽阶段的形态。相比而言，农业是指通过耕作、种植、灌溉、收割等一整套方法生产人类所需资源成熟的生计方式。为了避免混淆，这里采用食物生产指代早期的农业形式。

燕山－长城南北地区进入全新世之后，末次盛冰期时不适合狩猎采集者生存的干草原被森林草原交错带所替代，东部的沙地在全新世最适宜期时完全消失[51]。环境的改善可以说为史前人类提供了新的生态空间，这个曾经不适合人类居住的地方又可以为人类利用了。更有意义的一点在于，人类采用了食物生产这个适应策略之后，也就开始按自身需要建立生态系统，于是有了新的生态位。

燕山－长城南北地区从狩猎采集向食物生产的转换开始于燕山以南地区，也就是前面提到的转年、东胡林与泥河湾盆地诸地点，但是随着新生态空间的扩展以及食物生产生计的形成，燕山以北地区似乎成了中心区域，兴隆洼文化的主体也是在燕北地区，燕山以南为东寨类型，稍晚的上宅文化还属于燕北系统。从晚更新世之末的燕山南北一体化到全新世南北分化，早于兴隆洼文化崛起的镇江营一期属于另一个系统[52]，它与磁山文化、北福地甲类遗存、后岗文化构成一个系统。当然从转年、东胡林等遗址到兴隆洼文化之间还有近两千年的空白，中间有诸如镇江营一期、小河西文化等年代还不是很确凿的文化发展阶段。这里以兴隆洼文化作为重点来讨论从狩猎采集到食物生产的适应变迁。

按任式楠的总结，与华北同时期的考古学文化相比，兴隆洼文化的聚落特色最为明显，建筑规模最大且最精良，灶火的意义突出；陶器纹饰最多；只有夹砂陶，陶器种类不丰富；石器相对粗简，还保留细石叶工艺，而其他地区不见；缺少专有墓地，用玉制度已经形成，影响深远[53]。单纯从生计形式来看，目前已经发现兴隆洼文化的栽培植物遗存，在兴隆沟第一地点采集的1000份土样中发现植物种子10000余粒，绝大部分属于个体较小的草本植物种子，其中炭化黍的籽粒1500粒，炭化粟的籽粒不足100粒[54]。黍较之粟更耐干旱和寒冷的环境[55]，黍的栽培始于燕山－长城南北地区也就可以理解了。同时必须看到植物种子中栽培植物不过占五分之一左右，也说明此时的采集经济仍然相当重要。兴隆洼文化遗址的动物遗存中以鹿类和猪（包括野猪和家猪）最为常见，以白音长汗遗址为例，人类狩猎对象主要是马鹿、斑鹿和狍，猪的标本占第四位，猪的第三臼齿长度测量值在野猪与家猪之间，研究者将之归为野猪[56]。但是也说明人类已经开始驯化猪了，从兴隆洼遗址墓葬M118随葬一雄一雌完整猪骨架来看[57]，猪更可能是家养的。从野猪到家猪形态的演变需要一定时间，这里必须将人工干涉看作问题的主要方面，否则无法了解驯化的发生。

我们知道兴隆洼文化的作物栽培、动物驯化水平都在起步阶段，它同时依赖狩猎采集，问题不在于这种显而易见的多样性，而在于不同遗址之间的区别，兴隆洼文化是否有一个共同的生计形态呢？在遗址中发现的鱼窖、骨鱼镖[58]，还有迁西东寨、西寨一期发现的大量石网坠[59]，表明捕鱼在这些遗址当时的生活中非常重要，而这些遗存并不见于白音长汗与查海遗址[60]中，也说明兴隆洼文化生计形态并不是单一模式，而是根据不同地区的资源条件发展多元的生计方式。

日本学者冈村秀典认为，兴隆洼文化时期还没有正式的农业，磨盘、磨棒是用来加工坚果的，石铲也不过用来破表土，不能深耕，此时的环境为森林地带，不适合从事农业，他还引用北美民族学材料支持兴隆洼文化居民是定居狩猎采集者的看法[61]。以黍作为主的旱地农业，开始于坡地耕作，因为早全新世时期，尽管温度、降水都有所提高，但是坡地本身涵养水源能力有限，并不是森林地带，而是草地，森林分布于水热条件更好的河谷地区，因此耕作坡地并不需要深耕的工具。而到更晚的文化阶段，人类将耕地扩展到水热条件更好的河谷森林区域，就需要更大的砍伐和深耕工具了。这种耕作方式的改变在一个角度上可以解释为什么文化遗址从早到晚不断向河谷中下降，还有一个角度是河流的下切[62]，实际上，新石器文化序列持续的长度在地质年代尺度背景下是相对短暂的，河流下切对于文化的影响有限，更主要的原因应该是前者，人类有能力与动力去利用更难利用的河谷地带了。

判断生计形态的手段除了直接的动植物证据之外，还有工具组合及一些相关证据如人骨 ^{13}C 分析、田地、装饰主题等[63]。已有研究对石器工具做了划分，并试图判断当时的经济形态[64]，但是工具组合的功能划分必须整体考虑，不能只考虑石器工具，另外，石器时代的工具不少是多功能的，特别是随身工具，如骨梗石刃刀，因此必须首先考虑器物的主要功能。以白音长汗遗址二期乙类遗存（即兴隆洼文化）为例，我们可以把工具分为挖掘工具（包括石铲、可能为挖掘棒的加重石的石穿孔器和锄形器），砍斫工具（包括石斧、石锛、石凿，主要用于加工木料），加工植物的工具（如研磨器、杵、磨盘、磨棒、小石棒、臼、饼形器和敲砸器），狩猎与捕鱼工具（如弹丸、网坠、石球），收割工具（如石刀、斧形器）和细石器。细石器都是多用途的工具，因此单列出来。从白音长汗石器工具组成图来看（图 7.2），挖掘工具所占比例较高。再如查海遗址的锄形器，数量多且残破，完全的狩猎采集经济是不需要这些工具组合的。他们没有必要投入大量劳动来生产磨制的挖掘工具，因为用很简单的挖掘棒就能很快采集尽遗址周围的食物资源；如果与遗址的距离增大，携带这些大型石制工具是非常不经济的，所以这些工具应该属于作物栽培者所有。

虽然我们说兴隆洼文化采用多元的生计方式，但即便白音长汗遗址发现的狩猎工具比较少，也不等于说狩猎所占比重不大。我们需要从遗存的废弃过程来考虑。狩猎工具一般都在遗址之外使用，以白音长汗遗址为例，发现的细石叶不多，但在附近的河流阶地上广泛分布；兴隆洼遗址的墓葬中，随葬细石叶数百片，它反过来说明，细石叶之所以在遗址中发现较少是因为它们大多没有在遗址中使用甚至是制作，所以以狩猎工具发现得少证明狩猎在生计中不重要是不合适的，还必须结合遗址周边的调查材料和墓葬材料一起看。

兴隆洼文化的遗址废弃方式值得关注，它们有一定的共性，那就是聚落形态完整，遗存丰富，保存相对完好的聚落有兴隆洼、白音长汗、查海、南台子[65]、兴隆沟[66]等。为什么会出现这种情况呢？为什么这种保存状态不见于更晚时期的遗址呢？它反映了当时人类怎样的行为特征呢？兴隆洼文化的遗址中都有一定数量的还可以使用的器物，尤其是较大型的工具如石铲、磨盘之类，以白音长汗遗址为例，在房屋居住面上，器物不少保留在原位，人们经常活动的区域如细泥抹光居住面上较干净。这种废弃方式说明人们是有计划地废弃这个遗址的，但是还考虑到将来某个时候会返回，所以保留一些有用的器物，没有破坏遗物的基本分布。兴隆洼文化遗址的这种废弃特征同时也表明当时人们的定居能力还不够强，他们在遗址中居住的同时，还要保持一定的流动性，比如在一年中某个季节集体外出采集与狩猎，它保留的细石叶技术也支持这个判断。白音长汗遗址保存有兴隆洼文化、赵宝沟文化与红山文化的房址，比较其灶址红烧土的厚度，红山文化的红烧土要厚得多[67]，很显然，红山文化时期人们利用这个遗址的时间更长。

兴隆洼文化严整的聚落结构一直令人费解，和中原地区同时期文化聚落迥异，这是为什么呢？作为一个生态交错带，进入全新世，这个地区对于当时人类而言是全新的生态空间。土地是空阔的，缺少的只是足够的劳力；相反，中原地区因为海平面的上升，河流侵蚀面的提高，淹没和成为沼泽的区域增加，土地资源非但没有增加，而且减少了。这种迥异的资源状况反映在聚落形态上就是燕山－长城南北地区对于人力资源的强调。聚落的严整布局、夸张的单体建筑规模（一般的单体建筑面积都有 30—40 平方米，大型建筑上百平方米，远远超过同期中原地区史前文化的建筑规模），这些特征体现了群体对于人口规模的敏感。欧洲新石器时代也有类似现象[68]。聚落形态本身不仅具有功能意义，同时也具有象征意义。严整结构表现的是人们对于社会归属的注重，夸张的空间显示人们的追求，在这个阶段我们将之理解为不同社会单位中人口规模的竞争。

前文我已经提到兴隆洼文化时期人类生计上的流动性比较强，男性的流动性可能更强，他们可能还需要像瓦皮顿印第安人在一年中某些季节外出狩猎，而女性负责其他活动如制陶、家务等。兴隆洼文化的陶器风格和房屋布局支持这一点。一般说来，如果女性主持这些事务，这种喜欢可能表现在陶器的装饰上、家居的布置上、装饰品的数量与种类上，因为女性更偏爱装饰。兴隆洼文化的陶器装饰风格浓郁，纹饰往往布满整个陶器；室内空间上，在石砌的灶膛周围用细泥涂抹生活面，和同一时期的其他文化相比，它的室内空间要显得精致得多；装饰品分为石、玉、骨、蚌四类，尤以玉器最具特色。从另一个角度来说，在其他条件相同的情况下，对于一个强调人口规模的社会而言，必然会强调繁衍后代，女性的地位必然也会提高。与此同时，人口规模的扩大也会刺激食物生产的发展，因为需求和供给（劳力的增加）得到了同步扩大。

兴隆洼文化的多元生计形态不仅反映在工具组合、动植物遗存、聚落形态上，还反映在装饰结构上。如果我们假定史前时代所有的装饰符号都有一定意义的话，那么不同种类的符号就有不同的所指。我们可以暂且不考虑符号的内容，而只考虑其结构。一个社会的结构在不同层面上往往都是相似的，从生计、聚落到社会结构，再到礼仪乃至意识形态，这可以称之为社会存在的分形结构。兴隆洼文化陶器的装饰结构一般分三段，以白音长汗二期乙类遗存为例，一段一般为凹弦纹，二、三段有较多的变化，二段尤其复杂，表示纹饰的结合，体现意义上的过渡、矛盾与协调。

从旧石器时代晚期开始，文化的区域化现象开始趋于明显，具体表现在石器组合和技术上，它们体现的可能是人类群体的互动圈，即人类在资源贫乏时可以求助的范围[69]，但是，关于石器组合和人类群体的关系还存在巨大争议[70]。到了新石器时代早期，考古学文化的范围相当明确，器物组合的意义不限于石器，还扩充到陶器、墓葬、居址、装饰品等，它们可以代表明确的人类群体互动圈。前文提到人类的流动性强，其器物类型的一致程度也就比较高，这里必须指出器物组合的共同性也和文化内部的互动、社会复杂性的提高密切相关。在兴隆洼文化阶段，我们可以看到一种全新的、明确的文化区域产生了，它比旧石器时代晚期的文化区域清晰得多。这就意味着此时的人们有明确的可以求助的对象，他们也对有求于自己的人做了限定。

总结兴隆洼文化时期人类适应的基本特征，不难发现多样的策略，首先是多元的生计方式，人们还部分地保持流动性，发展储备（比如居址中的窖穴），扩大食谱（比如捕鱼和采集贝类）；与此同时，人们还强调人口，发展明确的文化区域，整体上体现出从狩猎采集到食物生产的过渡性质，同时运用两者的风险分担策略。

（四）比较：食物生产影响下的狩猎采集

中国北方新石器时代到来之后，以食物生产、定居、陶器与磨制技术等为代表的新的文化特征开始影响周围的狩猎采集者，因此在食物生产者的周边产生了形态各异的文化。就燕山-长城南北地区而论，在兴隆洼文化之后，周边地区兴起了如沈阳新乐下层[71]、农安左家山一期[72]、密山新开流[73]等文化。这些文化的主要特点是渔猎工具非常发达，如新开流还没有发现农耕工具，没有食物生产的证据，但是都有一些新石器时代文化的要素，如房屋结构、陶器、固定的墓地、磨制的石器和骨器等。问题在于这些新要素为什么没有在旧石器时代晚期出现，而是随着新石器时代食物生产的适应方式产生形成呢？这些要素中哪些属于狩猎采集者同步的独立发展呢？哪些是受了食物生产者的影响呢？目前，我们已经知道在日本列岛、俄罗斯远东地区都发现年代距今超过万年的陶器[74]，与中国的华北地区基本同步。与之同时，这些地区的人们扩大食谱，发展渔猎生计，利用水生资源，形成一种能够支持一定定居的生计模式[75]。利用水生资源的北美西北海岸地区印第安人甚至发展出复杂的社会形态[76]。就这一点而言，我们看到的是同步发展的现象，即晚更新世结束到全新世开始这一段时间里，环境变迁对狩猎采集者的影响是普遍的，但不是所有的狩猎采集者都选择了食物生产。有些地区的狩猎采集者根据地区的资源条件，发展出一种比狩猎采集支持更高人口密度的生计方式，也就是渔猎。很显然，食物生产不是狩猎采集者的唯一选择，也不是他们努力追求的生计策略。但是，他们无疑受到了食物生产者的影响，选择采用少量种植作物或饲养家畜作为生计的弥补；他们还可能向食物生产者学习了房屋建筑、工具磨制、陶器制作技术等，所以其文化面貌常常又与同时代或更早期的新石器时代食物生产者的文化相似，例如从燕山－长城南北地区起源的筒形罐在东北地区就非常流行，并且形成了文化传统[77]。

（五）混合生计模式的多样性与文化的自身发展

兴隆洼文化之后，在燕山－长城南北地区发展了数支新石器文化，包括富河、赵宝沟、上宅、红山与小河沿文化。这些文化采取了什么样的适应策略呢？策略是否相同？各自有哪些特点呢？又体现了怎样的发展规律呢？

大约距今 4000 年，燕山－长城南北地区中全新世相对较温暖的气候结束[78]，虽然其间经历了几个小的气候稳定期和波动期[79]。与兴隆洼文化相比，这个时期的文化适应还保留着多元的生计模式，主要表现在石器工具的组合上，除了适合砍伐、耕作的工具之外，都有适合流动狩猎的细石叶工艺产品，这一点明显不同于中原地区同时期的新石器文化。遗址的动物遗存也支持这一点，从动物骨骼遗存较丰富的赵宝沟遗址的房址 F2 和 F9 来看，在可鉴定动物标本（NISP）中猪与鹿类动物（马鹿、斑鹿和狍）最多，赵宝沟遗址中猪的第三臼齿测量值显示猪正在驯化之中[80]，人们肉食的主要部分还是来自于狩猎。这里需要特别指出的是，就一种文化而言，并不存在一个单一的适应模式。赵宝沟文化的迁西西寨遗址以大量的网坠表明其渔猎的发达，显然不同于其他遗址；同样，红山文化的某些遗址如大沁他拉[81]、二道梁[82]都出土了非常丰富的细石叶工艺产品，不同于其他红山文化遗址。无论是不是季节性利用资源留下的遗存，都可以证明生计组成是多元的。

对于这些多元的生计模式而言，这个阶段特别值得注意的并不是其多元性，而是一个新的现象，也就是一些几乎专门化的狩猎经济出现。如富河文化，其工具组合中极发达的细石叶工艺与遗址中非常丰富的动物遗存表明存在一种已专门化的狩猎生计。但是富河文化包括聚落遗址如沟门[83]、金龟山[84]，有上百的房址遗迹，屋内或有窖穴，说明富河文化至少具有一定的定居能力。然而狩猎生计与定居的生活方式是矛盾的，但是，当狩猎者用猎物和农耕者交换所必需的物资时，这种适应策略又可以成立，其代价是狩猎者成为专业的狩猎者。在食物生产生计形成之后，一部分狩猎采集者选择了专门化这条道路，他们和食物生产者构成一种共生关系[85]。与此类似，小河沿文化迄今为止没有发现房屋居址，而是大量灰坑、墓地等，推测它的居所类似于现在的蒙古包[86]，所以在地表上没有留下明显的居址。主要石器工具组成的对比也能说明一些问题（图 7.3），比较几个不同考古学文化典型遗址中不同功能石器的比例，可以看出小河沿文化与夏家店上层文化的石质破土工具最少，它可能与人们的迁徙频率提高以及居住方式有关。那种易于拆迁的建筑也是迁徙频繁的直接反映。它间接反映的是人们生计方式的转换。也就是说它的生计对农耕的依赖要小于红山文化，而更多依赖于狩猎与家畜饲养。如果以农耕作为生计发展的主线，那么小河沿就是另一种形式的生计专门化。此外，这种高度流动的生计往往稳定性不如农耕者，他们需要与农耕者交换必需的物资，这也可以解释小河沿文化南迁的动力——保持与农耕者的接触，建立共生关系，例如阳原姜家梁小河沿文化墓地[87]。

从兴隆洼文化到红山文化，人们的流动性一直在下降，人口密度提高。以白音长汗遗址为例，这个遗址中包含兴隆洼、赵宝沟、红山和小河沿文化的遗存[88]，灶膛中红烧土的厚度显示红山文化的居民居住的时间更长。以遗址的密度来计算，综合几次系统野外调查的资料[89]，从兴隆洼文化到红山文化可以看到遗址密度的明显提高，即使考虑到红山文化更长的时间跨度，红山文化的遗址在一个时间段内仍然比兴隆洼和赵宝沟文化为高，它反映此时人口密度和规模的扩大。定居时间的延长与人口密度、规模的增加必然要求单位面积区域所能提供的资源增长，而自然资源的生长是相对恒定的，而且会随着人类利用强度的提高而下降，所以一个可行的方法就是扩大食物生产的产量。比较兴隆洼、赵宝沟与红山文化石铲的长度，白音长汗遗址的出土石耜（石铲）中，二期乙类遗存即典型的兴隆洼文化石铲出土19件，平均长度为175毫米；而三期甲类遗存即赵宝沟文化的遗存，出土石耜27件，平均长度197毫米；第四期红山文化的石耜只有1件，长度295毫米。从中可以看到的石耜的长度有提高的趋势，说明破土的深度加深；而且从石铲的形状来看，赵宝沟与红山文化的石铲呈亚腰形，更便于绑柄，刃部为锐角，利于提高破土效率。从聚落的地理位置来看，与兴隆洼文化遗址相比，赵宝沟与红山文化遗址相对高度下降，所在阶地较低[90]，它说明人们开始更多地利用河谷森林地带，耕作面积的扩大自然可以反映食物生产的提高。

这个时期人们的生计方式在分化共生的同时，社会群体的内部也开始分化，这不仅体现于劳动分工的加强、劳动的专业化程度更高，还体现于社会阶层的形成上——通过政治、意识形态等来稳定社会阶层的划分。从红山文化大量祭祀遗存（包括丰富的祭祀用陶器、随葬玉器、祭祀建筑等）可以看到专业化的劳动分工已经出现[91]，广泛存在的祭祀活动则神圣化了社会阶层的区分，而以牛河梁[92]、东山嘴[93]为中心的祭祀遗址群则进一步反映聚落的分层化，聚落之间阶层分化增多，像牛河梁这样的聚落成为一个区域的中心。到夏家店下层文化阶段，一个重要特征就是遗址多位于便于防御的地方，如有陡岩的河岸高地，同时筑有城墙。在北票丰下遗址附近，普遍存在带石围墙的"石城子"[94]，都属于夏家店下层文化时期。显然，这个时期战争较以前频繁得多。值得注意的是，夏家店下层文化遗址大多地层深厚，农耕工具齐全，丰下遗址出土成堆的谷物，经鉴定是黍和粟，动物遗存中多见猪骨，羊骨和牛骨次之[95]，反映一种完全定居的食物生产生计方式。

（六）分化与共生

夏家店上层文化时期，燕山-长城南北地区生计模式发生了重要变化，夏家店上层文化的陶器与石制农耕工具的数量与质量、聚落定居时间的长度都不如夏家店下层文化时期，它反映夏家店上层文化生计模式的转向，即不再以农耕为主，而是转向家畜饲养。这个过程最重要的影响因素就是马的引入。目前关于马的驯化研究结论还不明确，线粒体 DNA 分析显示马的起源范围非常广，可能是多地区起源的[96]，也有人认为起源于一两个地区多样化的野马群[97]。驯化的马在商代晚期黄河流域出现[98]，夏家店上层文化时期家马使用已经比较普遍了。

马的驯化赋予人们从不曾拥有的流动能力，人们利用资源的范围一下子扩大了许多。对于狩猎采集者而言尤其如此，当他们纯粹依赖步行进行狩猎采集时，活动范围大多在两小时步行圈内[99]，一旦人群规模超过了这个范围的承载力，就会导致饥荒，所以依赖步行的狩猎采集者很难形成大的社会群体（海岸地带的狩猎采集者不仅拥有季节规律不同于陆生资源的水生资源，而且还有舟楫之便，所以有条件聚集大量人口，形成如北美西北海岸印第安人那样的复杂社会）。当狩猎采集者有了马以后，马提供了远大于人的速度与负载能力，人们可以狩猎采集更大范围的资源，利用马的速度能狩猎更大型也更危险的动物，还能把猎物运回中心营地。但也正因如此，北美大平原地区进行食物生产的印第安人拥有了马匹之后，反而放弃了食物生产，重新进行狩猎采集[100]。前文已提到，食物生产起源之后，狩猎采集者与食物生产者形成共生的关系，而当狩猎采集者采用了马之后，这种关系也就更加巩固了。此外特别值得注意的是，马的驯化让人类第一次可以真正有可能全面地利用草原环境，此前草原因为单位面积的初级生产力（即植物生长）比较低，所能支持的次级生产力（即动物生长）也比较低，与沙漠、高原、极地等几个环境并列为狩猎采集者边缘环境。这个地带的资源密度小，而且动物群的流动性非常大，人类依赖步行是很难维持生计的，这也是真正的草原地区石器时代遗存较少的原因之一。马的驯化让人类拥有了新的生态空间，这也是草原地带青铜文化在马驯化之后兴盛的主要原因。

从家畜饲养到畜牧再到游牧，体现了人们对驯化动物依赖程度的加深。畜牧和家畜饲养相比，意味着社会群体中要分化出专门的劳力来外出放养牲畜，剩余的劳力还要进行农耕；游牧和畜牧相比，则意味着人们彻底放弃了农耕，专门依赖放养家畜为生。以农耕为主的社会中都有家畜饲养，比如中国封建时代农业经济。农耕与畜牧并重的社会比较复杂，或以农耕为主，如大部分欧洲封建时代的经济；或以畜牧为主，如北非史前的牧牛者；就是同一社会不同的时期也可能在农耕与畜牧之间波动，如历史时期的鄂尔多斯地区。朱开沟中期（4000—3800 BP）随葬羊下颌骨，早期随葬猪下颌骨，畜牧的出现早于夏家店上层的距今 3200 年[101]。与此同时，西北地区葫芦河流域齐家文化时期（4400—3900BP）聚落分散化，畜牧业开始出现[102]。

夏家店上层文化时期已有发达的马具，甚至出现骑马围猎的图像，但仍有大量适合农耕的工具出土，如在林西大井[103]、夏家店[104]、蜘蛛山[105]、宁城南山根[106]，还有众多窖穴和饲养其他家畜的证据，尤其是猪，它还不是游牧业[107]。而且夏家店上层石铲较少可能是因为木铲更多了，这种石制工具从辽东半岛到朝鲜西部从龙山时期开始消失[108]，所以石铲少并不能视为夏家店上层文化农耕衰落的标志。游牧业的建立实际上不仅依赖马的驯化，还包括牛羊的驯化，牛羊除了提供肉食之外，还能提供大量奶制品，尤其是牛；否则仅仅依赖肉食，游牧是不能满足生计需要的。再者，牛一般只吃嫩草，而羊什么都吃，尤其是吃对牧草有害的软茎蕙草[109]，构成了很好的共生关系。马与很早就驯化的狗则为大范围流动放养牛羊提供了条件。而养猪需要较定居的生活，与游牧生计矛盾。此外，游牧生计并不是一种完全自给自足的生计方式，游牧者通过交换从农耕者那里获得部分金属工具、纺织品、粮食等必需的生活资料[110]，因此，游牧可以说是建立在农耕基础之上的。除了交换之外，游牧者获得生活资料的方式还有发动劫掠，夏家店上层文化青铜兵器的出现就是一个标志；与此同时，马的出现也改变了战争的形态，骑马射箭的军队在机动性、冲击力方面都是从前徒步的士兵无法比拟的。农耕与游牧者的共生结构深刻地影响了中国后来的历史。

红山文化之后，在燕山－长城南北地区生计方式的分化不仅表现于农牧并重的经济与游牧业的产生，还表现于旱作农业系统的真正建立。燕山－长城南北地区以种植黍、粟为主，尤以黍为重，因为黍比粟更适应干旱与寒冷的环境。构成旱作农业系统的另一种农作物是大豆（Glycine max），它具有类似牛奶之于西方社会饮食结构的意义，大豆能够制作豆奶；如从牛奶可以制作奶酪，而从黄豆能够制作豆腐。最关键之处在于两者的营养价值相似，分别在东西方社会中占有相似的地位——都是蛋白质和脂肪的重要来源。豆制品是旱作农耕者获得蛋白质最稳定的来源，因此农耕者可以把从前用于狩猎或畜牧上的时间转移到农作物的耕种上来，人们饲养家畜用作畜力、节日消费等。栽培大豆与其他豆类都有"养地"的作用，在先秦时期，大豆与禾本科作物已经相互轮换或者套种了，用这种方法来保养地力，达到农作物增产的目的[111]。正因为有大豆的栽培，北方传统的旱作农业系统得以完成。

燕山-长城南北地区可能是大豆最早驯化或栽培地区之一[112]。目前有关大豆起源地有较多的争议[113]。大豆的野生祖本可能是野生大豆（Glycine ussuriensis）[114]或 G. soja[115]，野生大豆分布于从我国西南到东北的广大区域。海莫维茨（T. Hymowitz）推测，大豆的驯化可能始于公元前 1100 年左右[116]。大豆起源于燕山-长城南北地区的主要证据是这一地区至今拥有最多的野生与驯化大豆品种，而且某些驯化品种还保留着原始特征[117]。另外，文献记载齐桓公曾将北方山戎出产的"荏菽"（即黄豆）引种到中原栽培[118]。如果这些证据能够成立的话，我们也许可以说燕山-长城南北地区在这个时期分化建立了三种生计系统：旱作农业、农牧并重（畜牧业）与游牧业，展现出了极为丰富的多样性。

五　环境格局的变化与适应变迁

我们已经看到燕山-长城南北地区史前文化适应上的众多形态，通常会将导致变迁的原因归于气候环境的变化，因为史前文化应付环境变化的能力有限，于是，人们不得不选择改变。这种解释无疑有一定的道理，但失之简单。从旧石器时代晚期以来，环境的变化对文化发展可能是促进的，也可能是抑制的，如末次盛冰期之于细石叶工艺，新仙女木事件之于食物生产的起源，全新世最暖期之于兴隆洼文化，中国北方4000BP曾发生最强烈的干旱事件与全球旧大陆文明事件的耦合[119]；反过来，因为积温不够，粟作农业失败，红山文化南迁，具有全球同步性的4800—4200cal BP冷干事件与小河沿文化南迁有关[120]。但是，气候变化可以说成是气候循环或波动，类似的变化并没有让考古学文化每次都产生同样的反应，我们真正必须弄清楚的是文化变化的初始条件与历史过程。此外，文化的反应方式是多样的，包括失败（人口灭绝和文化消失）、迁徙、适应方式的改变还有文化复杂性的自身发展——人类应付环境变化的能力相应提高。

从燕山‐长城南北地区环境变化与文化变迁的对应图来看（图7.4），气候总是在波动之中，即使是气候稳定的全新世大暖期，也有两个气候波动的时期[121]，温度并不稳定，降水变化幅度更大[122]。而从现在这个地区气候来看，连续旱年不断发生，2—3年连旱常有发生，甚至出现5年之久的干旱[123]，这种短周期气候事件不易反映在气候记录上，但它是生态交错带的气候特征。全新世早中期的降水波动比现在还大，湿润期增加30%—40%，干燥期减少35%—40%（现在的年降水变率是20%—50%）[124]，必然会对史前农耕造成巨大的影响。新石器时代基本的应对策略是混合生计方式农耕与狩猎采集的交错，在农耕与狩猎采集中波动，农耕与狩猎采集在生计中的比重交替上升；同时根据各地的实际资源状况应变，比如北部更接近草原的地带狩猎的因素更多，水热条件更好的河谷地带有更多农耕的因素，而靠近水域的地带更多利用水资源。到夏家店上层文化时期，畜牧生计起源，交替方式变成了农耕与畜牧。更晚时期，分化出游牧经济，充分利用草原环境。

造成以上变迁的决定因素并不是气候波动，而是农耕的生态瓶颈。随着人口不断增长，新石器时代的人们不断利用河谷，而河谷是水热条件最好的地方，主要的植被是森林；森林砍伐之后，在这个地带种植作物。随着河谷利用殆尽，进一步可以农耕的土地资源缺乏。与华北的农耕生态模式相比（图7.5），华北地区在盆地、山麓地区利用完毕之后，可以逐渐扩展到平原地区。而西辽河平原远不能像华北平原一样，它是沙地，在全新世期间，仅仅发育了四次古土壤，代表半干旱、半湿润气候，植被为蒿类草原或稀树（榆树）蒿类草原[125]。在这个地区从事农耕的风险无疑是巨大的，相反，这一地区的草原资源非常丰富，可利用空间非常广阔，随着马牛羊的驯化，畜牧与游牧经济的产生，人们正好可以开发利用这个资源。简而言之，这些文化适应上的变化既体现了文化对环境变化的适应，也体现了文化自身复杂性的增长。

六　小　结

生态交错带资源丰富多样，但对环境变化敏感且不稳定。根据狩猎采集者的文化生态理论，可以预测生态交错带的狩猎采集者会通过提高流动性、增加储备、扩大食谱、增加群体之间的交换、强化利用某些资源来应对资源的不稳定性，而且相对于非生态交错带而言，频率和程度都会大一些。而于生态交错带中的食物生产者而言，他们将依赖多元化的生计方式。同时，随着人口的增长，人们会寻求扩大生产规模；他们还会在条件具备的情况下，更多利用社会资源，也就是发展专业化的生计方式，与稳定的农业群体形成共生关系，或者通过战争劫掠增加收益，以应对资源不稳定的风险。在对燕山－长城南北地区的考古材料整理分析后，我们可以发现，在旧石器时代晚期，古人选择的最重要的适应策略是提高流动性。随着末次冰期结束，全新世开始，食物生产经济与更温暖、更湿润的环境为古人开创了全新的生态空间，兴隆洼文化繁荣发展起来。在整个新石器时代，这个地区最主要的适应策略是依赖多元混合的生计方式，特别是保留着较大的狩猎采集经济成分，以充分利用生态交错带丰富多样的资源，应对其资源的不稳定性。而到了夏家店上层文化阶段，随着马的驯化，畜牧经济起源，随后进一步成为游牧经济。与此同时，在作物栽培尤其是大豆与家畜饲养的基础上，北方的旱作农业系统建立起来，并与游牧群体构成共生关系。这一地区的环境变化无疑不断地影响人们的生计选择，而最后真正的决定因素还是这个地区发展农耕的生态瓶颈，它促使人们转而选择利用更加丰富的草原资源，形成新的生计形式。

第八章

但开风气不为先：华南地区

变通者，趣时也。

——《周易》

一 前 言

在已有的农业起源研究中，把华南地区单独拿出来，作为一个具有自身特征的文化生态区来考虑，比较少见；更多时候是把它与西南地区或是长江中下游地区混合在一起讨论，但是，这样很难把握华南地区独特的文化适应特征。从已知的考古材料发现中，我们知道华南地区稻作农业开始的年代不早于公元前3000年，比长江中下游地区晚三四千年，但是考古材料还显示，这一地区早在1.5万年前就已经出现陶质容器、穿孔石器、磨制工具等新特征。这一明显的反常现象很少有人注意并解释。为什么这个区域没有与长江中下游地区同步接受稻作农业呢？农业的迟滞通常被归因于这里四季都是生长季节的热带气候，食物常年可得，所以农业毫无必要。但是这种解释无疑是过于简单了。华南地区并不是单一的自然地理单元，它包括南岭以南的福建、广东、广西，以及云南的南部地区，即中国的热带区域。这片区域内部至少包括内陆山区、滨河湖与沿海区域，不同区域所能利用的资源种类与丰富程度是有差别的，内在差异性是需要关注的。研究华南地区还需要与东南亚类似的环境结合起来考虑，它们可以归为同一个文化生态区。我们还希望探索华南地区的文化适应方式是怎么构成的，它与环境构成怎样的文化生态关系，以及从旧石器时代到新石器时代的过渡中发生了怎样的变化。我的看法是，华南地区的关键问题在于处在新旧石器时代过渡阶段的时间比华北与长江中下游地区更长，还有，当华北与长江中下游地区已经建立起农业系统的时候，这个地区还持续着一种"低水平的食物生产"。目前考古材料的发现已经较为完备地说明了这一点，我们需要解释为什么会如此。

二 热点问题：华南中石器时代

在第六章第二节，我提出不应该在中国农业起源研究中使用"中石器时代"这一概念，因为它有明确的地域特征与文化内涵；但我同时也提出在研究华南、东北地区旧石器时代向新石器时代过渡时，"中石器时代"是一个可以借鉴的概念，因为两个区域文化特征之间有良好的可比性。关于"中石器时代"的具体含义与理论背景前文已提及，这里不再赘述。中国考古学研究中，最早采用"中石器时代"的区域为华南、东北地区[1]、西北地区[2]，在中国农业起源核心区域使用这一概念则争议较大，响应者寥寥，这也说明中国学者实际也意识到"中石器时代"概念的适合度问题。道格拉斯·普赖斯（T. Douglas Price）、陈淳都归纳过"中石器时代"概念的发展过程，柴尔德不认同它构成从旧石器时代向新石器时代的过渡阶段；宾福德则注意到欧洲中石器时代细小、精致的石器工具组合，以及这些工具所存在的环境——滨水环境，认为它们可能与水生资源利用有关，他的观点在后来的研究中进一步深化[3]，但没有根本的改变。与此类似，科兹洛夫斯基（Kozlowski）认为"中石器时代"一词实际所指为经济发展方式，而不是年代学的阶段，也就是全新世初欧洲低地森林区的渔猎采集经济方式。马克雷·兹韦莱比尔（Marek Zvelebil）把"中石器时代"定义为复杂的采食适应（complex foraging adaptation），他注意到"中石器时代"的狩猎采集适应不同于一般的狩猎采集适应。

国内学者中，裴文中最早将内蒙古扎赉诺尔、陕西的"沙苑文化"、广西的若干发现归为"中石器时代"，后来由于地层的原因又予以否定；他注意到欧洲中石器遗址的特殊性，并认为中国中石器文化并不发达。但从另一角度来说，他否定从前观点的理由，也表明他不能接受"中石器时代"具有细石器文化与陶器共存、打制石器与陶器和磨制石器同出这样的特征，他所说的"中石器时代"更多是一个时代阶段，而非一种特殊的文化形态。稍晚的 1956 年，安志敏也注意到东北与广西地区某些遗址具有中石器时代的特征，他将中石器时代的特征定义为人类依然过着采集渔猎的经济生活，农业和畜牧业还没有出现，石器工具以打制为主，用间接法打击制作的典型细石器尤为盛行，仅有个别磨制石器。他的定义与宾福德、科兹洛夫斯基较为一致，更强调"中石器时代"是一种特殊的适应形态。后来的学者也都注意到"中石器时代"概念的双重特征：一方面作为一个文化阶段，介于旧石器时代的狩猎采集与新石器时代的农业生产之间；另一方面是它具有西欧地区独特的文化特征。因此，有学者提出一万年以来的遗址，没有农业的都可以归为中石器时代[4]，或认为要参照西欧的标准，唯有通过系统的田野工作找到类似的发现，才可以肯定中国有"中石器时代"——如果采用后一方面的特征的话[5]。

　　实际上这里需要弄清楚的是，"中石器时代"作为一种文化适应方式的具体含义，是否仅见于西欧？它的适应范围究竟有多大？这方面宾福德、科兹洛夫斯基与兹韦莱比尔做了相互补充的说明。中石器文化对应利用水生资源的狩猎采集适应方式，由于水生资源独特的有利条件，这种适应可以支持流动性相对较小甚至是定居的狩猎采集生计（参考第二章），出现了陶器、磨光石器等通常属于新石器时代的特征，但是它缺乏农业生产的成分；由于定居，它形成的人口规模远大于一般狩猎采集群体规模的聚落，并具有更高的社会复杂性，甚至是已经分层的社会结构。这种适应经典的代表包括西欧（受大西洋暖流影响）、日本（受日本暖流影响）、智利（受秘鲁寒流的影响）以及北美西北海岸地带，这些区域海洋资源丰富，足以支撑定居的生活。虽然日本以绳文时代来定义，但其适应方式与西欧中石器时代相同。所以"中石器时代存在与否"的问题关键在于水生资源的利用，其利用收益是否大于采用农业的收益。当然，这个概念无论如何具有时代阶段的意义，它是一个地区文化发展序列中的一个阶段；至于是不是从旧石器时代到新石器时代的过渡阶段，则要另当别论。

　　回过头来再看华南地区旧石器时代向新石器时代的过渡，它的特点与华北、长江中下游地区有明显的区别，农业真正开始的年代要晚得多，但是新石器时代的某些标志性特征的出现跟华北与长江中下游地区一样早，甚至更早。然而，后来的发展分岔了，华北与长江中下游地区有了谷物农业与动物驯化，并在新石器时代中期建立起了农业系统；而华南地区没有这样的发展，而是直到新石器时代晚期，谷物农业才由长江中下游地区传入。从文化发展的分岔点到农业的真正开始，这个时段持续了五六千年，这样一个文化阶段在华北与长江中下游地区没有可以对比的对象，相反，它与西欧的中石器时代、日本的绳文时代很相似。在不适用"新石器时代"概念的时候，又没有如日本考古学那样形成自己的概念，采用"中石器时代"这个概念还是合适的。有关的研究已有相当长的历史，"华南中石器时代"的概念是可以成立的，它大致相当于华北与长江中下游地区部分新旧石器时代过渡阶段，以及新石器时代早中期。了解这个特殊性，对于我们下一步开展研究至关重要。

三　华南中石器时代的考古发现与文化特征

华南地区旧石器时代考古材料中，除早期百色盆地有比较丰富的发现外，就是在更新世最后阶段到全新世早期的发现（表 8.1），其他阶段考古材料相当贫乏，这种材料的分布特征引人注目。一方面似乎表示这个地区在这一阶段人类活动比较集中、频繁；另一方面，其新的文化面貌凸显出来，让研究者得以关注。所以，某种意义上说，华南中石器时代之所以能够成立，正是因为丰富的考古材料及其所显示出来的特征。史前考古材料的主要特点，使得华南中石器时代成为一个适合探索的问题，这是有利的研究条件。不利的是考古材料的地层与年代学工作。这个阶段较早的遗址大多数为洞穴遗址，这些洞穴在历史时期常被人类用于避难、储藏，尤其是积肥、制硝与采石，文化堆积破坏严重；同时，这些洞穴的发掘面积往往非常小，而且部分工作做得比较早，地层控制可靠性不够。考古材料的 ^{14}C 测年数据争议更大[6]，主要是螺壳、钙板测年偏老，还有陶土的"死碳"问题，使得部分材料年代非常古老，如大龙潭鲤鱼嘴的陶片年代，还引发了对其他遗址材料的怀疑。通过运用多种材料，尤其是木炭、兽骨等材料，还是可以排除误差的。

表 8.1　华南地区中石器时代前后阶段的主要遗址

阶段	代表性的遗址
华南旧石器时代晚期早段（ca.35000—20000BP）	桂林宝积岩[7]，大岩一期[8]，柳州白莲洞一、二期[9]，封开罗沙岩[10]，庙岩第五文化层[11]，田东定模洞[12]，漳州莲花山下文化层[13]等
华南旧石器时代晚期晚段或中石器时代前段（ca.20000—11000BP）	独石仔[14]，牛栏洞一、二期[15]，大岩二、三期，庙岩二、三、四文化层，鲤鱼嘴一、二期[16]，英德吊珠岩、朱屋岩、仙佛岩、黄岩门[17]，黄岩洞[18]，罗髻岩[19]，莲花山上文化层等
华南中石器时代或中石器时代后段（ca.11000—6000BP）	大岩四、五期，甑皮岩一至五期[20]，鲤鱼嘴上层，东兴亚菩山、马兰咀山、杯较山贝丘[21]，南宁邕江沿岸贝丘[22]，牛栏洞三期，潮安陈桥村、石尾山、海角山[23]，顶蛳山[24]，豹子头[25]等
华南新石器时代（6000BP之后）	顶蛳山四期，咸头岭[26]，壳坵头[27]，昙石山[28]，古椰贝丘[29]等

　　为了了解华南地区从旧石器时代到新石器时代的发展过程，我们从旧石器时代晚期材料开始讨论。目前这一地区的发掘材料比较零碎，数量也少，地层、年代较清楚且考古遗存较丰富的遗址只有柳州白莲洞。桂林宝积岩遗址破坏严重，只出土12件石制品。封开罗沙岩距今2.2万年的第2层出土24件石制品，难以准确把握石器组合特征。柳州白莲洞一、二期石器组合中都出现相当比例的燧石石片工具，第一期发现的200件石制品中，燧石质地占94%，第二期102件石制品中占54.6%，跟南方地区旧石器时代长期流行的砾石石器传统有明显的区别，而与旧石器时代晚期石器工业出现的小型化与石片化趋势一致[30]。还有一处属于这个时代的遗址是田东定模洞。据发掘者称，其年代始于中更新世之末，终止于晚更新世后期，跨度非常大。其文化层为第二层（从上到下），为黄褐色亚砂土层，大部分没有胶结；其下为灰黄色亚黏土层，很可能相当于华南地区广泛分布的"黄色堆积"。石

制品仅 10 件，有燧石材料。文化层的年代可能属于旧石器时代最晚阶段，与大龙潭、独石仔等遗址同一时期。发现三枚人牙，均有近似龋齿的牙病特征，可能与经常食用淀粉质丰富的根块茎或糖分丰富的野生甘蔗有关[31]，反映了这一时期较为单一的食物特征；一般说来，食物多样的狩猎采集者是很少有龋齿的。

华南地区发现的最早的属于所谓"中石器时代"遗存可以追溯到裴文中 1935 年在武鸣的芭桥（A 洞）、芭勋（B 洞）、腾翔（C 洞）和桂林（D 洞）含螺壳的灰色堆积物中采集到的打制砾石石器、穿孔石器、磨石等，没有发现陶器与磨光石器。这层堆积下面是一层更早的黄色堆积物，内含石制品、剑齿象动物群化石以及巨猿与猿人化石[32]，两种不同颜色与包含物的堆积普遍发现于两广洞穴遗址中。1985 年，何乃汉、覃圣敏根据岭南地区处在新旧石器时代过渡阶段的 12 处遗址材料，归纳出"岭南中石器时代"的文化特征：①在地层上，属于灰黄色或灰褐色的"含介壳的文化堆积"，区别于旧石器时代晚期不含介壳的灰黄色堆积；②在动物群的性质上均为现生种类，但也不排除一两种绝灭种共存的可能性；③在文化遗物的性质上，以打制石器为主，也有少量局部磨光的石器或穿孔砾石，但没有陶片和通体磨光的石器；④在 [14]C 年代上，距今 1 万年左右；⑤在地质年代上，属全新世早期；⑥在经济生活上，人们过着渔猎和采集生活[33]。

何、覃没有说明这一阶段起始与终止的时间。随着更多考古学材料的发现与测年材料的增加，陶器、局部磨光与穿孔石器的年代进一步提前到 1.5 万年前（有的年代数据更早）。所谓"含介壳的文化堆积"年代也大大提前，白莲洞遗址第二期堆积地层中包含有少量螺壳，年代为距今 2.5 万—1.9 万年。第三期也含有螺壳，年代为距今 2 万—1.2 万年，这一阶段出现了穿孔石器与研磨器。蒋远金将华南中石器时代设定在距今 2 万—1.2 万年，并归纳了若干特征，如均属"含介壳的文化堆积"，燧石小石器成分增多，出现石器局部磨制与钻孔技术，出现陶器等[34]。

　　白莲洞遗址螺壳密集出现始于第四期，并出土磨制的石斧，这一层年代经校正后为距今 10840±580 年。类似的发现还有大岩、庙岩、独石仔等遗址。从目前的考古材料来看，1.2 万年前后的遗址堆积中都含有较多数量的介壳，如甑皮岩一期、顶蛳山一期、庙岩（第 3 层）、大岩二期和三期、独石仔上层、罗髻岩，以及附近的玉蟾岩、三角岩等遗址。因此可以说含介壳的堆积最早出现于 2 万年前后，但大量出现是在 1.2 万年前后。从这个时段开始，一直到新石器时代晚期，含介壳的堆积都非常普遍，而且发展成贝丘这样的考古遗存。新石器时代中期，华南地区遗址中多含有大量介壳堆积。一直到新石器时代晚期，如顶蛳山四期[35]，文化堆积中才开始不含螺壳，但这也不是普遍现象，区域差异明显。沿海地区比如福建的壳坵头文化遗址[36]、广西崇左冲塘遗址[37]，仍旧含有大量的贝类堆积，尚无农业的迹象。

　　于是，我们可以把旧石器时代晚期到新石器时代的开端分成四个阶段（表 8.2）。

　　第一个阶段是旧石器时代晚期，它在华南地区可能开始于 3.5 万年前后[38]，这个阶段石器特征出现了小型化与石片化的趋势，石器原料中增加了燧石，虽然砾石石器依旧占有主要地位。伴生的动物化石均系大熊猫－剑齿象动物群成员。文化堆积中不含介壳。

　　第二个阶段是旧石器时代晚期晚段，或称中石器时代前段，相当于华北与长江中下游地区的新旧石器时代过渡阶段，持续年代为距今 2 万—1.2 万年。这是一个文化转折期，新石器时代的特征开始出现，如陶器、局部磨光与穿孔石器等。文化堆积中开始含有介壳。

　　第三个阶段是华南中石器时代，或称中石器时代后段。年代跨度在距今 12000—6000 年。介壳堆积大量出现，形成诸如贝丘这种以介壳为主的文化堆积。通体磨光的石器、烧制坚硬的陶器、定居聚落、墓葬等考古遗存出现。只有这个阶段才真正能与西欧中石器时代相当，而非第二阶段，这是需要特别指出与强调的。日本的绳文时代也始于相同时间段，有着类似的考古遗存组合。

第四个阶段是新石器时代的到来，最早的新石器时代可以追溯至距今 6500 年[39]，也就是这一地区的新石器时代晚期。这一阶段除沿海地区遗址外，文化堆积中介壳消失或大幅减少，开始有了较为丰富的稻作遗存，磨制石器增多，器物精致化程度提高。

这四个时段为三次变化所标识，其中旧石器时代晚期到中石器时代前段特征变化明显，文化堆积的颜色、包含物、器物特征等都有明显区别；从中石器时代到新石器时代，标识同样明显，介壳堆积消失，器物精致化，磨制石器已占主体，陶器种类丰富。而从中石器时代前段到后段，主要标志是文化堆积中介壳增多，文化遗存更加丰富与复杂，但又一脉相承，过渡色彩浓厚。

表 8.2　华南地区史前文化历史框架与特征

阶段	新的文化特征
华南旧石器时代晚期早段（ca.35000—20000BP）	①文化堆积为不含介壳的黄色堆积，伴生含绝灭的大熊猫-剑齿象动物群成员化石；②砾石工具为主；③石器组合出现小型化与石片化的趋势；④出现燧石原料
华南旧石器时代晚期晚段或中石器时代前段（ca.20000—11000BP）	①含介壳堆积出现，但数量有限，人类利用水生资源的强度有限；②陶器出现；③局部磨光石器；④穿孔砾石；⑤细小燧石石片工具
华南中石器时代或中石器时代后段（ca.11000—6000BP）	①大量的介壳堆积，高强度的利用；②陶器；③局部到全面磨光的石器；④定居的遗址结构；⑤根块茎遗存
华南新石器时代（6000BP之后）	①内陆地区含介壳堆积减少或消失；②谷物遗存发现；③器物的精致化；④磨制石器占主体

华南中石器时代的文化特征构成表现在器物与遗址分布两个方面。中石器时代前段的特征比较简单，也有比较多的归纳[40]，在此不再赘述。问题主要在中石器时代后段的文化特征，它包括这个地区的新石器时代早期与中期[41]。典型遗址有甑皮岩与顶蛳山，从器物特征来看，陶器烧制火候低，器类单纯，多为圜底罐；磨制石器的种类少，仅有斧、锛，从磨刃到通体粗磨；骨器磨制较精致；开始有墓葬发现，有明显的葬式、随葬品，反映地区独特的习俗。与前段相比，华南中石器时代后段虽然依旧原始，但有很大的提高。

提高最明显的可能还是在遗址分布与结构上，中石器时代后段的遗址分布范围扩大，沿河流与海岸分布的贝丘开始增多[42]，这是一个区别于前段的典型特征。以顶蛳山文化的遗址为例，它们多为贝丘，大部分位于左江、右江、邕江及其支流两岸的一级阶地，一般背山面水，选择河流的拐弯处或两河交汇的三角嘴上，这里渔猎资源更丰富，反映居址的选择上更多受到渔猎资源分布的限制。遗址堆积均以螺蚌壳、鱼骨等水生动物遗骸为主，并含有较多陆生动物遗存。保存最为完好的顶蛳山遗址面积达 5000 平方米，遗址堆积最厚可达 3 米，显示定居社会的特征，人口规模超过了一般狩猎采集社会[43]。这相对于中石器时代前期以洞穴为主的小型居址有了飞跃性的发展。

华南中石器时代不同地区的表现有所不同。目前材料来看，广西的发现最丰富，尤其是中石器时代前段的材料。进入中石器时代后段，广西境内差异显著，桂北地区还有南北两个区域（更可能是类型），南区多为洞穴遗址，多打制石器；北区为资江与湘江的上游，以山坡遗址为主[44]。资源晓锦遗址二、三期发现大量炭化稻米[45]，甑皮岩遗址四期开始发现较多的水稻植硅石，高明古椰贝丘遗址也有发现，显示农业的到来。桂中地区白莲洞、鲤鱼嘴的发展。桂南地区以顶蛳山为代表，多分布在山坡、台地上，为贝丘遗址。桂南沿海地区，以海生贝类利用为主。桂东地区有台地与少量洞穴遗址，但不含螺壳，体现出区域的特殊性。广东中石器时代前段的代表主要是独石仔、黄岩洞与牛栏洞等。中石器时代后段的遗址多为沙丘、贝丘、河流阶地遗址，贝类遗存非常普遍。以肇庆蚬壳洲遗址为例，贝类以淡水环境为主，咸淡水之间的有 20%[46]。福建的发现有所差别，其东部与南部沿海地区也是以贝丘为主，如壳坵头、昙石山，其中昙石山发现半地穴式房屋与公共墓地，居住区边上发现有壕沟。闽西北内陆山区的遗址多为山间河谷的山岗遗址，目前对其生计方式的研究较少。

云南南部发现的景洪娜咪囡洞材料有所不同，该遗址于 1997 年、1998 年发掘，共 104 平方米，发现两个文化层，上文化层包括 1—4 层，第 4 层的 ^{14}C 年代达到距今 13650±180 年（校正年代）；下文化层包括 5、6 两层，年代在 2 万年前后。上文化层出土几件夹砂粗陶片。石制品组合中有石磨盘、石磨棒、大型穿孔石器、刃部磨光石斧。遗迹有火塘、蚌壳堆积坑。遗址中还发现鹿类粪便、被子植物的种子等[47]。很可惜，目前无从得知这些出土物的具体层位。这些发现与广西地区基本相同，不过石磨盘、石磨棒为广西地区中石器时代少见。

在分析了中石器时代的概念并梳理了华南地区中石器时代的考古材料之后，我们确定了华南中石器时代的时间范围与文化特征。它可以包括两个阶段，以后一个阶段为代表，即典型的华南地区"中石器时代"不是新旧石器时代的过渡阶段，而是这一阶段之后的文化分支发展。所谓华南中石器时代前段是与华北、长江中下游地区新旧石器时代过渡阶段类似的发展阶段，都包含一些新石器时代特征，如陶器、磨刃石器等；但不同的是华南地区文化遗存特征中包含水生动物的介壳，缺乏谷物农业遗存，磨制石器技术不普遍等，代表一种不同的资源利用组成部分。

四　华南中石器时代的文化适应

（一）气候与环境变化

前面我们已经大致知道了古代文化的时空框架，现在我们需要进一步了解当时人们是怎么生活的，他们的文化适应与其他地区有着怎样的不同？为什么这里没有如长江中下游地区一样进入农业生产阶段？在探讨文化适应之前，有必要先看看华南地区末次盛冰期以来的气候变化。按黄振国、张伟强的研究，末次盛冰期时，秦岭淮河以北为寒温带，年均气温下降了7—10℃，长江中下游地区为温带，下降了5—7℃，而热带的变化范围相对较小，热带区域的反映也有差异。热带中部北界南移了5个纬度，热带北部的北界只南移了2个纬度，亚热带南部的北界变化最大，南移了6个纬度，即现在广州的气候与长沙差不多。总的说来，热带地区对末次盛冰期的反映要比温带地区小得多。在经度方向，台湾岛变化最大，年均气温下降5—9℃；两广与海南岛次之，年均气温下降了3—4℃；闽南粤东地区下降2—3℃，滇南地区仅下降1—2℃。从东往西，末次盛冰期的影响逐渐减弱[48]。珠江三角洲地区多环境指标研究表明，这里末次盛冰期的气候变化不是很明显，降温幅度不超过3℃，新仙女木事件返冷事件有所反映，其后直至距今2500年，持续波动升温，全新世大暖期难以辨识，最暖期不在中全新世，而在晚全新世[49]。末次盛冰期稍后（距今2.2万—1.5万年），华南地区生长着以青桷类为主的亚热带常绿阔叶林[50]。热带范围南移的同时，温带区域向南扩展，气候的季节性增强。再者，末次盛冰期海平面下降，现今华南地区离海岸的距离扩大，部分大陆架变为陆地，大陆架前缘的浅水区分布着红树林，裸露的大陆架从前至后依次生长着草地、灌木丛与常绿阔叶林[51]。

末次盛冰期之后的升温过程影响主要包括三个方面，一是热带范围逐渐恢复，热带森林重新占主导地位，食草动物群缩小，狩猎资源减少，肉食需要开辟新的来源。二是海平面的上升，它的直接影响是海岸线的位置，即大陆架的范围扩大，增加了利用海洋资源的机会。三是季风的影响（参考第五章），印度洋季风的影响表现在最大有效降水上，距今 1.2 万年后达到峰值。非常有趣的是，这个时间与华南地区中石器时代（或者说中石器时代后段）开始的时间同时。华南中石器时代以水生资源的依赖（含大量介壳的文化堆积的出现）为标志，有效降水的最大化意味着河流水量的丰沛，利用河流水生资源的可能性增多，也就是生态空间的扩充。中石器时代前段，水生资源利用其实已经开始，但是比较有限；直到 1.2 万年后才大量增加，成为生计构成的重要部分。末次盛冰期之后的环境变化为中石器时代的开端创造了基本的初始条件。

（二）华南最佳采食模型

为什么华南地区会转向水生资源利用呢？参照图 8.1，我们把这一地区狩猎采集者可以利用的资源分类，大致包括大动物狩猎、小动物狩猎、水生资源利用、植物采集与根块茎栽培（即所谓园圃农业）。衡量这些资源的收益等级，毫无疑问，猎获大动物是狩猎采集者最期望的，其次是小动物，然后是水生资源（它能够提供丰富的蛋白质）、植物采集（更多样的食物种类），最后是根块茎栽培（相对单一的食物供给）。收益的获得往往与成本成正比，但并不是所有的成本都是一致的。如果狩猎采集群体在自己营地附近狩猎到大动物，成本就很低；如果是从较远的地方狩猎大动物，要让整个群体都享用猎物，成本就会很高，无论是把动物带回来，还是让人去就食物。这里我区分出两种行动成本：资源斑块之间的行动成本与资源斑块内的行动成本。从大动物狩猎到根块茎栽培，资源斑块之间的行动成本是不断降低的。道理很简单，在居住地附近狩猎到大动物的机会是罕见的，而根块茎栽培很容易在居住地附近栽培。而从资源斑块内的行动成本来考虑，趋势正好相反，即如果在居住地附近狩猎到大动物，马上就能得到大量肉食，成本非常低；而栽培根块茎，需要投入劳动开辟土地，栽培、照顾、收获，周期需要数月之久，成本非常高。

有意思的地方是这两个趋势的交汇处——水生资源。利用水生资源，无论是资源斑块之间的行动成本，还是资源斑块内的行动成本都处在中等水平，选择水生资源利用似乎是平衡两种行动成本的最优选择。热带地区，物种极为丰富，但分布反而比较均匀，即资源斑块之间的差别不大，雨林中不同地方并没有很大的差别，不像温带地区，资源分布地带性强。在资源斑块比较均匀的时候，狩猎采集群体流动时需要考虑的因素就是资源等级与行动成本。在热带森林茂密地区，降低行动成本的最佳途径就是利用河流，通过船只往来运输，资源斑块之间的行动成本是最低的。而靠近河流，利用水生资源又极为方便，即资源斑块内的行动成本也降至最低。一旦舟楫技术具备、水生资源丰富的时候，在热带丛林地区，利用水生资源无疑是非常有利的适应策略。尤其是当大动物减少，小动物又灵巧，捕猎成本比较高的情况下，水生资源就成了最优质的资源。

从另一方面来看，华南地区虽然属于热带地区，但已是热带的边缘地区，跟赤道附近的热带雨林不同，它属于热带季雨林地区，具有明显的季节性。而且末次盛冰期以来，温度下降，部分地区已接近亚热带地区。根块茎的栽培是应对季节性贫乏的良好策略，由于它们是无性繁殖，栽培较为简单，驯化可以在无意识的利用过程中发生。

（三）华南地区史前文化生态系统

根据华南地区的自然地理特征，我们可以区分出文化生态利用带（图 8.2）。首先是热带森林地带，这个地带植物茂盛，物种丰富，初级生产力非常高。但是热带丛林的一个基本特征，就是初级生产力主要在林冠层上，所以鸟类丰富，另外就是善于攀缘的动物。林冠层下，阳光照射少，生产力低，食草或杂食性动物群体小，种类也少。要想利用这个地带的资源，狩猎采集者的能力就必须触及林冠层。弓箭的发明是一个有利的条件，不论是单体弓，还是吹箭，可以让猎人无须攀缘狩猎林冠层中的鸟类或善于攀缘的动物。至于林冠层下的动物，猎人通过伏击相对容易捕获，只是数量有限。热带丛林郁闭度高，穿行困难，坐船通过河流是最容易的，不仅可以有效节约穿行丛林的时间，还有利于运输猎物。当然，前提条件是河流的通行条件合宜。河流上游水流湍急，不利于行船。华南地区，尤其是广西与广东西部的珠江水系，流淌在喀斯特峰丛间的河流稳定平缓。还有一个条件就是能制作水运工具（如独木舟、木筏或竹筏）。弓箭与舟楫在旧石器时代最后阶段都已具备，丛林地带还包括可以采集的植物果实以及其他植物资源（如制作毒物的箭毒木），热带丛林的利用是华南中石器时代的文化生态系统不可或缺的部分。

第二个地带是林边空地，这个地带因为某种原因（如火灾、人类砍伐）树木较少，阳光较为充足，地表生产力较高。这个地带是最有可能发展农业生产的地方，但存在的问题是要除掉地表的植被，平整土地，清除树木、灌木丛，清除树根是尤其困难的，需要消耗大量的劳动。民族学材料显示，采用刀耕火种方式进行农业生产的群体，很少会费力去清除树根，而是将其留在原地，直至腐烂[52]。再者，热带土壤贫瘠，需要添加较多有机质，以及吸附物（如木炭、动物骨骼等）尽可能固着有机质以增加土壤的肥力，其劳动量也非常大。与温带地区相比，热带地区要利用林边空地进行农业生产，尤其是谷物栽培，要付出的劳动大于温带地区。如果不从事费时费力的谷物栽培，而是栽培根块茎类植物，就相对容易。无须大量清理植被，也不需要去增加土壤肥力，灌溉的需求也比较少。相对而言，利用这一地带，栽培根块茎要比谷物省力得多。

与上面两个地带相联系的是河滨地带，这也是一个资源丰富多样的地带。河流不仅有运输之利，而且产出鱼类、螺蚌等，滨河湖湿地还会吸引大量鸟类以及其他陆生动物。这些动物来源范围广，鱼类可能覆盖整个流域乃至海洋，鸟类可能为季节性迁移群体，陆生动物则来自河流两岸，所有物种集中到沿河狭长的地带，构成一个资源富集的地域。滨河、滨湖资源的季节性可以与陆生资源有一定的季节互补性，而且可预见性比大动物狩猎好得多。如果能够利用河滨地带的水生资源，就可以获得相对稳定的资源供给。当然，河湖水量丰沛，水流平稳，有机质比较丰富，都是利用水生资源的前提条件。缺乏河流系统地区，利用水生资源的机会就比较少；或者，即便有一些湖泊资源可以利用，但因为缺乏舟楫之利，也难以利用，比如中国西部青藏高原与西部地区的湖泊。珠江水系水量大，中下游地区水流平稳，距今1.2万年前后的西南季风（印度洋季风）带来最大的有效降水，都为利用滨河水生资源提供了有利条件。

最后一个地带是沿海区域，这里的资源丰富程度比滨河、滨湖地带更高。狭长的华南地区滨海区域面积大。末次盛冰期结束后的海面上升导致更加曲折的海岸线与更广大的大陆架区域，这都有利于海洋资源的利用。海洋资源来源面积广阔，沿海地带生产力高，生物量大，且不受大陆季节性的影响。海岸地带广阔的湿地还会吸引大量的鸟类，以及陆生动物。尤为重要的是丰富的贝类与其他能够在滩涂上采集的海产品，男女老幼都可以参与其中，极大地扩充了获取蛋白质的来源，使得动物狩猎的必要性下降——狩猎是流动性最高的生计活动，整个狩猎采集群体的流动性因此得以降低。利用海洋水生资源是华南地区史前主要的生计方式之一，兴衰取决于海岸线的变化[53]，海岸线的进退影响着所能利用的区域，从而导致这一区域内遗址的兴废。

华南地区四个地带包含着多个文化生态空间，可以采用不同的生计方式，它们的作用有所重叠。利用河流入海口区域的群体可以利用海洋资源，也可以利用滨河资源；利用水生资源跟动物狩猎一样，都能够提供蛋白质来源。同样，根块茎栽培与植物采集一样，是碳水化合物的主要来源。当然，狩猎采集者群体还可以选择谷物栽培，它们与根块茎栽培、植物采集作用相同，而选择动物驯养，则可以替代水生资源利用以及动物狩猎。究竟哪一个方向的收益-成本最合算呢？究竟哪一个方向的利用最具有可持续性呢？对于狩猎采集者来说，获得稳定的食物来源永远是需要的，根块茎栽培、谷物农业比植物采集更能够提供稳定的植物性食物来源；而其中根块茎栽培比谷物农业的成本更低，也就更有优势。动物驯养与利用水生动物，以及动物狩猎都可以获得蛋白质，毫无疑问前两者的稳定性与可持续性要更好。在动物驯养与水生资源利用中，水生资源利用需要投入的成本更低，是整个群体都可以参与的活动。动物驯养不仅本身占用人力，更主要的是为动物提供足够的食物就需要其他农作物生产，如利用根块茎、谷物生产的副产品喂养家畜，它的附带成本非常高。动物驯养还有带来疾病的风险，动物活动还会污染居住地，传播疾病。热带地区疾病压力本来就大，动物驯养大大加剧了这种压力。

基于资源利用的收益－成本（包括风险在内）以及可持续性的分析，可将华南地区可以采用的文化适应方式分为四种：①在非沿海的滨河地区，可以利用淡水水生资源，兼营狩猎、采集和根块茎栽培；②沿海区域利用海洋资源的狩猎采集，或可以兼营根块茎栽培；③非滨水区域的狩猎采集；④非滨水区域带有根块茎栽培的狩猎采集。四种类型中，非滨水区域的狩猎采集既没有水生资源可以利用，也没有根块茎栽培来增加文化适应的稳定性，这种区域的人口密度必须非常低；如果人口密度超过一定的阈值，就需要采取强化策略，它不是较稳定的适应策略。华南地区中石器时代前段之前就是这样的文化适应方式，在人口密度还处在阈值之下时，利用水生资源或是进行根块茎栽培这样的强化策略就没有必要。在中石器时代，可能某些区域既没有水生资源，也不便于进行根块茎栽培，如南岭山区，生活在这里的狩猎采集者就有必要保持低人口密度，这里属于狩猎采集者的边缘环境。就像农业已经广为流行的时候，在一些边缘极端环境中依旧生活着不少狩猎采集者。这些边缘环境无法采用农业，但是狩猎采集的方式还可以利用，不过人口密度需要低于极限阈值。其他三种方式都采用了强化策略，能够超越一般狩猎采集所能支撑的人口密度阈值，其中最有效的策略要数利用海洋资源并结合根块茎栽培，它是华南地区的进化稳定性策略。华南中石器时代，以上四种策略都可能存在，但在长江中下游农业开始不断扩散的时候，最可能抵抗稻作农业的就是这种进化稳定性策略，其持续的时间也最长。

采用以上策略的原因还有在华南地区从事谷物农业有许多约束因素，如果这些因素没有消除，谷物种植作为一种生计策略就没有竞争力。基本的约束如土壤条件，需要一些技术来增加土壤中的有机质含量，提高土壤的肥力。当然，通过烧荒，利用木炭、草木灰烬的吸附作用可以解决这一问题。于是问题就变成了清除地表植被的大量劳动，需要有效的工具（如金属刀斧）或是较多的人力。人口是热带地区不能采用谷物农业的主要制约因素之一[54]，疾病压力一方面限制了人口总数量，另一方面为了平衡人口损失，而增加生育，导致人口低龄化，劳动力更加缺乏，技术经验积累缓慢。另外，稳定的降水是谷物农业不可或缺的基本条件，因为缺乏它，稻作农业在向大洋洲传播的过程中遇到了阻碍[55]。稳定的降水更多被认为是全新世的现象[56]，但不是所有地区同步的，稳定的季风机制带来最大有效降水在华南地区的出现时间是距今 3000 年[57]，大大晚于其他地区，这可能也是稻作农业较慢被接受的另一原因。

　　以上基于狩猎采集者的文化生态学分析了华南地区可能运用的文化适应方式，以及约束条件，这无疑是粗线条与框架性的。实际考古发现怎样呢？我们能否拼合出细致的史前文化适应面貌呢？目前的考古材料还相当零碎，不足以复原出整个文化适应形态，但可以揭示一些适应变化的迹象，为理论的推导提供部分实证材料。华南地区旧石器时代晚期的变化与长江中下游地区类似，出现了石器工业的小型化与石片化，并开始采用燧石这样的优质原料（参考第四章），反映的是切割需求的增加，有理由认为这一阶段狩猎在人类生计中所占比重增大。随着末次盛冰期的结束，华南中石器时代开始，最主要的标志是人类开始利用水生资源，遗址文化层中发现螺壳堆积；与之同时，陶器开始出现，还有磨刃与穿孔石器等。陶器的发明可能与水生资源利用有关，如用来烹煮螺蚌。磨刃与大型穿孔石器可能与砍伐和挖掘行为有关，前者反映的是在居住地建设上投入的增加，后者反映根块茎利用。

当然，有关这些器物的功能还需要更多的科学分析与实验证据。

现有考古材料中，被认为属于旧石器时代晚期的田东定模洞遗址，更可能属于中石器时代前段，人牙化石上的龋齿迹象可能与食用淀粉丰富的植物根块茎有关。景洪娜咪囡洞发现鹿的粪便，这是一个很有趣的现象。鹿在自然状态下几乎不会居留于洞穴中，在洞穴中发现鹿的粪便，可能为人类控制鹿的证据。与长江中下游地区新旧石器时代过渡阶段相比，华南地区的生计强化迹象几乎同时出现，甚至可能更早一些。但其中有两个不同之处，影响了两个文化生态区后来的发展轨迹：一是水生资源的利用，尽管华南地区中石器时代前段与后段相比，还不是很多，但是已经产生了分化；二是可能开始利用根块茎类植物。尽管有证据表明中石器时代华南地区可能存在野生稻的分布[58]，但古人并没有进行利用。可能的原因是人类已经开始利用了更容易利用的水生动物与根块茎类植物。

有关华南地区根块茎栽培，赵志军有较详细的分析，包括芋在内的根块茎植物栽培过程简单，它们既可以通过种子进行有性繁殖，也可以通过块茎进行无性繁殖。只要吃剩下的块茎上还保留小芽，当外部条件合适时，来年就可以继续发芽生长。狩猎采集者选择居住一地之后，往往会砍伐树木，建筑居所；同时，抛弃垃圾，包括各种食物剩余，如植物种子、块茎残块等。这些残留正好利用其他垃圾的覆盖与肥力，以及清理空地所带来的阳光照射，很容易萌生。狩猎采集者可能无意中建立与物种的相互依赖关系，即所谓"流动生产"（moving to produce）[59]，形成林多斯所说的"偶然驯化"[60]。

甑皮岩遗址浮选发现炭块化的块茎类植物遗存[61]，石器刃部表面残留物中发现了芋类淀粉颗粒[62]。赵志军提出，在华北旱作农业，长江中下游稻作农业之外，还存在着华南地区根块茎作物农业区[63]。华南中石器时代后段确定存在根块茎植物的利用，更早的间接证据还有田东定模洞出土的人牙。毫无疑问的一点是，人类可能早在旧石器时代早期就能利用植物的根块茎，问题在于利用的强度。除非经常消费这类食物，否则不足以导致龋齿。定模洞的证据比直接的根块茎植物遗存更好地说明了当时人类利用这类植物的强度。在热带地区，与根块茎植物同样重要的还有植物果实，热带果木众多，可利用的时间长，也是生计的补充。

华南地区稻作农业的出现具有突变性质。顶蛳山遗址前四期堆积的植硅石分析表明稻作农业尚未出现[64]。大岩五期遗址的浮选结果也证明如此[65]。而在顶蛳山四期文化堆积中突然出现数量可观的水稻植硅石，年代在距今 6000 年前后。资源晓锦遗址二、三期遗存中发现上万粒水稻谷粒，年代与顶蛳山四期相当；与之形成鲜明反差的是，第一期完全没有发现水稻遗存。最明确的稻作遗存发现于曲江石峡遗址，中、下文化层（距今 5000—4000年）中都发现了大量的稻粒、稻壳与稻秆，经鉴定属于栽培稻。有趣的是，甑皮岩遗址附近当时可能存在野生稻，但没有找到人类利用的证据；而在广东英德牛栏洞二期（距今 11000—9000 年）与三期（距今 9000—8000 年）文化堆积发现稻属植物的植硅石[66]，尚不能判定属于栽培稻还是野生稻，更可能属于野生稻。牛栏洞的发现表明同在华南地区，不同区域利用植物物种也存在着一定的差异性。不过，真正的稻作农业却是突然出现的，与长江中下游地区稻作扩张有关。值得关注的不仅仅是稻作的扩散，还有与稻作农业同时而来的社会复杂性。福建地区的考古材料表明，稻作出现后，遗址数量增加显著。与稻作伴随而来的可能包括社会结构的复杂化。

稻作农业无疑能够支持更高密度的人口，同时需要更多的人口与劳动组织，稻子比植物根块茎更耐储藏。更重要的是与水稻栽培一起传播的是一个"农作软件包",其中不仅包括稻作技术,还包括相对先进的工具、食物的加工与储藏技术、社会组织方法,以及驯化的动物等。在这一点上,稻作的传播与近现代工业技术的传播具有可比性,一个社会接受另一社会的技术,必然会同时接受其社会文化,乃至意识形态层面上的影响,技术与社会的诸多方面是相联系的。从内陆向沿海,稻作农业逐渐被接受,内陆地区相对较早,沿海地区较晚。这不仅仅与传播路径有关,还与两个地带的资源可持续性密切相关。淡水资源与海洋资源相比,更容易受到陆地季节的影响,资源的丰富程度也不如海洋资源。甑皮岩遗址材料中就已发现贝类直径从早到晚有逐渐缩小的趋势[67],淡水水生资源的强化利用更容易对自然种群繁殖造成影响。也就是说,结合淡水资源利用与根块茎栽培的狩猎采集生计虽然能够使当地的人口密度超越一般性狩猎采集所能支持的,但它们不如海洋资源利用的可持续性强,这也就是为什么资源晓锦、顶蛳山遗址距今 6000 年前后接受了稻作,而曲江石峡要晚上近1000 年,有的地区更晚,直到青铜时代才完全接受。

华南中石器时代三个时代标志:起始、终止以及中间的过渡,分别代表适应强化的开端,稻作农业的开始与分化发展。距今 1.2 万年前的变化看似过渡,实际更有历史意义,它是文化发展的分岔点,华南地区与长江中下游地区的发展分道扬镳。长江中下游地区走向稻作种植,进而发展出以稻作为中心的农业系统;华南地区利用水生资源(滨河与沿海的)以及根块茎栽培形成了自身的进化稳定策略,依此与长江中下游地区并驾齐驱数千年。这种发展道路的区别可以追溯到旧石器时代晚期晚段,即末次盛冰期结束时的文化适应选择,最初微小的差别后来不断放大,导致华南地区开启了中石器时代,最后以稻作农业传播进入华南地区,华南中石器时代结束,而非华南地区的适应方式向长江流域传播，在长江中下游地区形成中石器时代。显然，华南地区的适应是高度地域性的，依赖当地特殊的资源条件，对狩猎采集者文化系统所要求的调整变化较少，狩猎采集依旧是主要的生计方式，根块茎的栽培起补充作用，属于史密斯所说的结合水生利用的"低水平食物生产"[68]，跟西欧中石器时代与日本绳文时代有非常好的可比性。

五　东南亚地区

　　结合东南亚地区来讨论中国华南地区是非常有必要的，不仅因为华南地区作为一个文化生态区只是就中国境内范围而论的。如果不考虑当代的政治边界，作为文化生态区的华南地区，其范围应包括部分东南亚地区。同时，华南地区处在热带边缘地区，并非最典型的热带环境，有时称之为过渡性热带，或者说它是热带向温带的过渡区域，这个地带还要包括东南亚的北部地区。从东南亚的角度来看华南地区，能够赋予我们比较的视角，更有助于认识到华南地区的特征；此外，还有材料的拓展，从更大的空间尺度上来看华南地区；最后就是东南亚地区史前史的研究具有不同于中国考古学的研究背景与历史，这也有助于我们从不同的角度来认识华南地区的史前文化进程。

　　有关东南亚地区从旧石器时代向新石器时代过渡的材料并不清晰，宏观地说，可以分为海岛与大陆地区[69]。两个地区的石器工业特征有所差别，海岛地区更多流行一种石叶工业，类似于西亚地区，有时称为"几何形细石器"[70]，不同于华北的细石叶工艺。大陆地区流行"和平文化"[71]，是一种砾石工业，利用河中扁平、卵形或长条形的砾石，通过单面或双面加工成石器工具，马来半岛以双面加工为主，其他地区以单面加工为主。器物组合中还包括穿孔砾石、砺石、骨锥、骨针、骨刀等[72]。全新世之初，和平文化石器组合中出现磨刃石器，更晚出现了陶器，如泰国精灵（Spirit）洞，年代距今 8000 年前后。和平文化的遗址多为石灰岩的洞穴、岩厦与贝丘，还有相当多的贝丘可能被全新世海面上升所破坏，遗址的文化堆积中都含有大量海洋贝类堆积物。

目前有关和平文化的起始年代并不清楚，年代学的材料也多有自相矛盾的地方。昆蒙洞（Con Moong）遗址发现和平文化叠压在山韦文化之上，但它的 ^{14}C 测年部分年代晚至距今 1.2 万年前后，而和平文化的年代则超过了 2 万年。在泰国邦马帕（Pang Mapha）地点群中，谭罗德（Tham Lod）岩厦年代在距今 2.2 万—1.2 万年，石器组合中有穿孔砾石，研究者认为属于和平文化[73]。西村昌也认为和平文化年代可以早到距今 2 万年前，甚至更早，结束年代为距今 9000—8000 年[74]。20 世纪 70 年代发掘精灵洞的戈尔曼（Gorman）将和平文化的年代设定在距今 12000—7500 年[75]。还有研究将山韦文化视为和平文化的地方类型，导致和平文化的扩展成为一种旧石器时代晚期乃至晚更新世时期的石器工业。长期研究东南亚史前考古的彼得·贝尔伍德（Peter Bellwood）提出，大约在距今 1.3 万年前后，东南亚大陆许多地区的石器工业逐渐进入了典型的和平文化阶段[76]。

从以上有些混乱的材料中，依旧可以看到东南亚地区类似华南地区史前文化发展序列的端倪，不过东南亚地区的材料更加复杂多样。和平文化的材料最早出现于 2 万年前后是可能的，与华南中石器时代前段大体同时；在 1.3 万年前后，存在一个重要的发展。在越南北部表现为北山文化，北山文化与和平文化的区别仅仅在于磨刃石器，西村昌也还发现原料使用上有一点区别，以及更多两面加工的工具。北山文化的年代在距今 9000—7000 年[77]。磨刃石器在沙捞越的尼阿（Niah）遗址距今 1 万年的地层中也有发现，反映出地区的复杂性，也说明和平文化的变迁在东南亚地区有一定的普遍性。和平文化之后的多笔文化（距今7000—5000年）遗址多含贝壳与鱼骨，遗址分布于水产丰富的湖沼盆地或沿海地区，以利于捕捞采集[78]。

末次盛冰期时，东南亚地区海平面比现在低约130米，巽他大陆架扩展为一个广阔的次大陆，海平面上升之后，海岸线的长度增加了46%，增加了利用海洋资源的机会。与此同时，森林扩展，本土大型动物绝灭与小型化。适应的压力与机会同时出现，和平文化此时开始出现。典型的和平文化如贝尔伍德所言，在距今1.3万年前后形成，东南亚地区进入中石器时代[79]。和平文化至少持续到全新世中期，精灵洞发现的植物遗存较为丰富，包括部分食用植物、刺激物（槟榔果）、毒物（白胡桃仁）等，始终没有人工栽培植物。附近建班延山谷洞穴发现稻谷遗存，年代晚于距今5500年前。

东南亚地区的稻作农业是受到外来影响所形成，查尔斯·海厄姆（Charles Higham）认为距今4000年前后，南岛语族农民侵入[80]，带来稻作农业，并对东南亚地区的史前社会产生了巨大的影响。泰国的稻作起源研究显示，旱稻与水稻可能同时在泰国开始种植，它不是一个逐渐演化的过程，而是一种飞跃式的发展[81]。不断扩散的稻作农业一直影响到南亚地区，以及整个东南亚与大洋洲岛屿地带[82]。

六　小　结

华南地区新旧石器时代过渡研究中适用"中石器时代"这个概念，通过考古材料的梳理，我们得到一个有趣的文化年代序列，即在距今2万年前后，中石器时代前段开启，人类适应出现若干强化的迹象，但是直到 1.2 万年前后，典型的华南中石器时代才开始形成。这个年代序列在东南亚地区同样存在，从和平文化开始形成到典型和平文化出现。中石器时代的开端与末次盛冰期的结束大体同时，气温上升，动植物的变迁，以及海平面的上升使得既有的狩猎资源减少，但是水生资源利用逐渐变得可能。距今 1.2 万年前后，印度洋季风的加强，河流的水量更加丰沛，水生资源利用的强度大大加强。与此同时，史前的狩猎采集者还可能从根块茎植物的利用走向栽培，它结合水生资源利用，形成了华南地区人类适应中的进化稳定性策略，与长江中下游地区的稻作农业相抗衡。距今 6000 年左右，稻作农业扩张进入华南地区，从淡水水生利用区域逐渐向沿海区域扩展，直到青铜时代乃至更晚的时间，稻作农业才替代依赖海洋资源的狩猎采集生计。旧石器时代晚期，华南地区与长江中下游地区的差别不明显，分化发展始于新旧石器时代过渡阶段，即华南的中石器时代。华南地区结合当地资源条件形成了另一种食物生产方式，发展出成功的文化适应策略。

第九章
最强悍的狩猎采集者：东北地区

若夫乘天地之正，而御六气之辨，以游无穷者，彼且恶乎待哉！
——《庄子》

一 前 言

从现代自然地理的角度来看，东北地区西边与呼伦贝尔草原被大兴安岭隔开，南界不明显，自阿尔山起，向东沿洮儿河谷、乌兰浩特南下，与积温3200℃等温线相符，循彰武、法库、铁岭、抚顺一线，再向东南延伸，经宽甸至鸭绿江边[1]。而史前的气候变化反复，东北地区的范围也随之变化。从文化生态的角度讲，东北地区是一个模糊的概念，它跟华北地区有一个波动的过渡地带，与蒙古高原的草原地带之间也存在着交错地带。如果从东北亚这个大背景来考虑东北地区，就会发现它与朝鲜半岛及日本列岛、外乌苏里地区，乃至整个西伯利亚有着不可分割的联系。换句话说，东北地区就是华北、蒙古高原、西伯利亚、朝鲜半岛及日本列岛几个文化生态单元的交汇地带，也就是温带森林草原、温带草原沙漠、寒带森林与海洋边缘四种环境，或者说是华北农耕、草原游牧、森林狩猎采集与滨水渔猎四种传统生计方式竞争合作的区域。这种多重交汇的特征决定了东北地区史前文化面貌的复杂性，难以用一个简单模式加以归纳。合适的研究途径就是分别对待。本书在讨论华北地区时已经包括了内蒙古东南部与辽宁南部地区，同时，还将燕山以北的辽西地区单独拿出来进行了讨论（参见第七章），因此这里所说的东北地区主要指吉林、黑龙江与内蒙古的东部地区。

从东北地区史前考古材料特征来看，首先是地区分化，存在着明显的地带性差异，考古材料特征与自然地理条件关系密切[2]；次之，东北地区新时代遗址特征混杂，粗大的打制石器、精细压制的小型石器与细石叶工艺产品以及磨制石器共存，因此，打制石器并不足以说明就属于旧石器时代，也可能是新石器时代的遗存；再者，渔猎工具发达，从旧石器时代晚期开始，一直贯穿整个历史时代；最后，东北地区农业开始晚，发展缓慢。对于东北地区新石器时代史前文化适应的格局，严文明先生有过概括：

> 大致说来，中国东北南部是之字纹筒形陶罐流行的地区，朝鲜半岛西部是刻划纹或蓖纹圆底罐流行的地区，这两区的文化大约都是以农耕为主的稳定性生产经济文化。东北北部松嫩平原的昂昂溪文化和黑龙江中游地区的新彼得罗夫卡文化与奥西诺沃文化等流行凸弦纹陶罐，可能是以狩猎为主的漂泊性采集经济文化。中国的三江平原的新开流文化和黑龙江下游一带的孔东文化、鲁德纳亚文化等流行黑龙江编织纹陶罐，且多贝丘遗址，可能是以渔捞为主的稳定性采集经济文化。日本则流行绳纹陶器，是渔猎和植物性食物采集并重的稳定性采集经济文化。这种划分自然只是相对的；各种经济成分在各区之间往往还有交叉现象，而且随着时间的推移，农业经济不断发展和扩张，使原先的经济文化格局发生了很大的变化。农业通过三波传播浪潮，在新石器时代中

晚期与青铜时代传入朝鲜半岛与日本列岛。[3]

除了认识到地区的差异，我们还需要解释多样性产生的原因，探索地区不同特征的形成过程。随着考古材料的增加，地区的文化面貌更加清晰，东北地区西部的新发现使得我们对地区差异有了更深入的认识，东北地区的内在多样性比上述概括还要丰富。为什么农业没有首先发生在东北地区呢？为什么在没有明显地理阻隔的情况下，东北地区接受华北农业的步伐相当缓慢？为什么东北地区渔猎经济与狩猎采集生计能够一直持续到历史时期？在接受史前农业之后，东北地区又发展出怎样的农业生产方式？为什么会选择这样的方式呢？白山黑水之间肥沃的黑土地直到机械化农业时代才成为中国的粮仓，为什么没有更早出现呢？寒冷的气候对文化机制的演化有着怎样的影响呢？如此等等的问题需要结合文化进化机制、考古材料与多学科的研究进行深入的探讨，否则很容易落入环境决定论的套路中。同时需要强调文化适应方式都是历史进程的产物，而且是不断变化的，文化进化机制的解释并不能替代历史进程的梳理。将上述三个层面的研究结合起来，更有助于认识东北地区独特的史前文化发展史。

二　寒冷地带的文化适应策略

从温度、降水与地形的角度，东北地区明显可以分为四个适应带（图 9.1）：①大兴安岭以西呼伦贝尔草原与森林交错地带；②大兴安岭中低山岭森林带；③松嫩平原森林草原与草甸草原；④东部丘陵中低山森林带。呼伦贝尔草原历史上主要从事游牧。大兴安岭森林地带直到近现代还保留着鄂温克驯鹿牧养与鄂伦春狩猎采集的生计方式，蒙元时期这里是"林中百姓"生活区域，不同于草原上的游牧群体。湖沼密布的松嫩平原是主要的农业区，同时带有较多的渔猎经济成分，如以渔猎为生的赫哲人；松嫩平原的北部与南部还有所区别，南部地形稍高，带有一些低山。东部山区历史上是农业与狩猎采集经济的混合地区。

汉魏南北朝时期文献记载，东北至少有三个族群，西部为东胡，中部为濊貊，东部和东南部为肃慎。即便是同一群体族群内部，还有明显的生计差异，有的有"五谷"或"谷麦"，有的没有；有的游牧牛、马，有的偏重养猪，还有的偏重射猎[4]。简单的民族经济历史回顾可以让我们对东北地区的生计多样性有所了解，其形成过程是考古学所研究的范畴。统合东北地区多样性的一个共同点就是东北地区的气候，这个地区位于北纬 42°—53°34′，是我国最寒冷的自然区。由于大陆性气候的影响，这里寒潮频繁，极端气温能够低至零下 50℃。冬季漫长，低温持续时间相当长，达到五六个月。此时土壤冻结，地表积雪，河流封冻，农事无法进行[5]。当然，土地冻结，积雪覆盖，森林中树叶凋落，视野开阔，动物不易隐蔽，有利于人们狩猎、储藏与搬运猎物（可利用雪橇）。

四个地带中，大兴安岭山区地势最高，东部山区丘陵地带次之，松嫩平原最低。从年均气温来看，从西向东升高，值得注意的是西部地区，大兴安岭山区由于地势较高，比西部的呼伦贝尔草原更加寒冷；而在东部地区滨海地带，由于地形开阔，风大潮湿，以及雨雾天气多，冬季反而比内陆地区更冷[6]。从年积温来看，中部的松嫩平原最高，其次是东部山区丘陵地带，尤其是中间的小盆地，呼伦贝尔草原又次之，大兴安岭山区最低。降水量也有从西向东增多的趋势，最高的是东部山区丘陵地带，沿海地区稍低，再次就是松嫩平原、呼伦贝尔草原，大兴安岭山区迎风坡雨量稍大。从地形、积温、降水量等条件来看，如果采用农业的话，自然条件最优越的是松嫩平原地区，其次是东部山区丘陵地带，特别是其中的小盆地；大兴安岭由于年积温太低，仅有松嫩平原的一半，难以进行农业生产；呼伦贝尔草原地区不仅积温低，而且干燥，也不利于农业。

就狩猎而言，最有利的地区是森林与草原的交错地带，西部草原与大兴安岭接壤的区域无疑是狩猎资源最丰富的地区，西部草原上大群食草动物与森林边缘地带的鹿类、中小型食肉类可以提供多样的狩猎产品。其次适合狩猎的要数东部山区丘陵，这里大群食草动物稍少。松嫩平原与三江平原湖沼密布，河流纵横，春季冰雪融化，凌汛泛滥，是典型的湿地地带。大群的食草动物行动不便，也不适合山林动物，相反，这里饶有鱼类、鸟类、贝类，尤其洄游性的鱼类资源丰富，这就使得动物资源来源地极为广阔，鱼类来自海洋，鸟类来自不同的迁徙区域，非常适合渔猎。未封冻时，有舟楫之利；封冻时，可以凿冰捕鱼，还便于储藏。渔猎是平原湖沼地带最有利的生计门类。

畜牧，即家畜饲养，通常是农耕社会的副业，动物以谷物残余为食，在农耕聚落内或周围活动；游牧是以放牧家畜为生，人随动物定期迁转牧场。前者需要以农耕为条件，后者则需要大片的草地与适合牧养的动物。所以从自然条件来看，适合农耕的松嫩平原与东部山区丘陵适合畜牧，西部草原地带适合游牧。

以上所说的各种生计方式都是针对现今东北地区的环境而言，更新世之末到全新世之中，东北地区环境具有阶段性的变化。不过，通过现代自然条件下不同生计方式比较，对史前生计方式的判断具有参考意义。

三　时代与材料

东北地区旧石器时代晚期到新石器时代早期的资料并不丰

富。虽然发现的旧石器地点有 30 余处，但属于旧石器时代晚期、经过系统发掘并有科学测年的材料屈指可数。从目前相对有限的材料中，我们可以得到一点框架性的认识。跟前面的方法一样，我们从年代比较清楚、材料比较丰富的新石器时代出发，一点一点地往更古老的时代追溯，这种循序渐进的方法有利于让我们的认识立足于较扎实的材料与研究基础之上。

东北地区新石器时代最早的考古学文化序列为左家山一期、新开流文化与昂昂溪文化，开始于距今 6000 年前后，与内蒙古中南部地区新石器时代开始的时代相近，相当于黄河流域的仰韶文化时期、燕山南北地区的赵宝沟 - 红山文化时期，是当地新石器时代文化成熟与鼎盛时期，也是新石器文化扩散的时期，而此时东北地区新石器文化才刚刚开始形成。根据现有的材料，我把距今 6000 年前后视为东北地区新石器时代早期，而不是按照华北地区年表，看作新石器时代晚期[7]，就如同不能用西亚新石器时代年表套用欧洲的材料一样。

往前追溯，下一个时代标志可以定在距今 1.2 万年前后。确定这个时段标志的材料基础并不是来自中国东北地区，而是来自周边俄罗斯远东与日本列岛，此时出现了陶器。遗憾的是，中国境内还很少有发现，最近在吉林白城双塔遗址有突破[8]。这个阶段的另一个重要标志是人类活动开始进入松嫩平原的湖沼地带，这意味着人类利用资源方式的转变。这个重要的转变还与东北地区从更新世到全新世的气候变迁同步。因此，我把距今 1.2 万年前设定为东北地区新旧石器时代过渡阶段的开端。从此时到新石器时代的开端大约 6000 年的时间可以称为东北地区的"中石器时代"，它与欧洲的中石器时代有非常好的可比性，处在类似的纬度，与农业起源中心毗邻，新石器时代开始较晚；同时，还具有类似的文化适应特征（参见下一节）。"中石器时代"的概念在中国最适用的区域就是东北地区。

东北旧石器时代晚期的最后阶段相对更清楚。此时细石叶工艺广泛流行，这种工艺的分布从华北到东北亚，一直延伸到北美的阿拉斯加。目前的考古材料发现表明，细石叶工艺在东北地区出现的时间较晚，要晚于华北地区。华北地区的西施、柿子滩等遗址所见细石叶工艺年代都超过距今 2 万年[9]，而广泛流行于东北地区旧石器时代晚期细石叶工艺遗址年代在距今 2 万—1 万年。2000—2001 年发掘的金斯太洞穴遗址堆积深达 5 米，分为上、中、下三个文化层，最下层测年距今 3 万年。金斯太遗址上层出土典型细石叶工艺石制品，年代只有距今 1 万年左右，而在距今约 2 万年的层位所发现的是带有典型勒瓦娄哇技术特征的石片工业，并没有细石叶工艺[10]。呼玛十八站前后两次发掘逐渐弄清了文化面貌，旧石器时代文化层不含细石叶工艺产品，类似于金斯太遗址的中文化层，细石叶工艺较晚出现[11]。有趣的是，目前没有证据表明勒瓦娄哇技术广泛分布于东北地区，它只见于东北地区的西部，其他地区偶有发现。与之同时，东部地区流行石片工业。

目前最让人感到困惑的是东北地区还存在一种砾石工业，其年代是否可以晚到旧石器时代晚期还不得而知。从俄罗斯西伯利亚地区的材料来看，旧石器时代早期以来，石器技术类型一直沿着两条线发展：一条是不规范的打片技术与砾石工具，另一条是盘状石核与勒瓦娄哇打片技术（规范的预制石核，然后进行打片）[12]。前一种技术在有的地区表现为以石片为主的工业，兼有少量较为粗大的砍砸器；在另一些地区则表现为以砾石为材料，以大型砍砸器与似手斧为代表的砾石工业。有关这条技术发展路线，目前存在几个难以回答的问题。

首先，我们不知道以石片工具或以砾石工具为代表的石器是否与当地的原料条件有关，因为所谓以石片工具为主的石器组合中也并非没有大型石器工具，采用砾石为原料，如果石料质地不够细腻，结果必然是粗大的工具。次之，我们不知道粗大与细小的工具是否属于同一群体所为，以齐齐哈尔碾子山遗址为例，石器材料大部分来自地表采集，300余件石制品出自10平方公里范围内的25个地点，粗大石器与精致压制细石核同出，还包括石网坠等类似新石器时代的器物[13]。细石叶工艺的使用者并非不生产用作砍砸的粗大石器，而且可能在不同地点使用不同的石器工具。如饶河小南山遗址，与石制品同一层位出土的猛犸象化石 ^{14}C 年代仅为距今 13000±60 年[14]。若要处理猛犸象的尸体，自然需要粗大的工具，虽然此时是细石叶工艺流行时期。再者，新石器时代石器制作者同样会制作粗大的石器，或作权宜性使用，或是用作磨制石器的毛坯。也就是说，不是每一个地点的石器组合都能代表当时主流的石器技术形态，东北地区有些所谓的砾石工业可能是细石叶工艺使用者所为，有的甚至是新石器时代居民制作的[15]。石片工业、细石叶工艺、新石器时代石器的制作者都有可能生产砾石工具。在肯定砾石工业存在之前，需要能够排除地区原料特征的影响，需要了解细石叶工艺石器组合的完整构成，还需要了解新石器时代的石器组合与生产过程。地表采集的砾石工具并不能断定就属于旧石器时代，东北地区所谓的砾石工业从年代到性质都难以确定。

　　同样难以解释的是流行于整个东北亚地区两条技术路线之间的关系，它们似乎是同时存在、交叉分布的。东北地区的金斯太与呼玛十八站遗址发现典型的勒瓦娄哇技术石制品，朝鲜半岛上也有零星发现[16]。这种格局是与技术传统有关，还是与自然地理环境特征有关呢？旧石器时代晚期早段石器的技术类型特征还比较模糊。

表 9.1　东北地区文化发展序列、典型遗址与特征

时代	文化阶段	典型遗址	分布范围	自然地理环境
始于距今 约6000 年前	**新石器时代早期** 左家山一期 新开流文化 昂昂溪文化	左家山、元宝沟 新开流、刀背山 小拉哈、黄家围子、滕家岗子	松嫩平原南部 三江平原 松嫩平原西北部	均分布于平原 湖泊沼泽地带
约距今 12000—6000 年前	**东北中石器时代**	昂昂溪、大布苏、青山头	松嫩平原	平原湖泊沼泽地带
约距今 20000—12000 年前	**旧石器时代晚期 晚段** 细石叶工艺	金斯太上层、呼玛十八站上层	较为普遍，整个东北地区	多样的环境
约距今 35000—20000 年前	**旧石器时代晚期 早段** 含勒瓦娄哇技术的石片工业 小石片工业 砾石工业（？）	金斯太中层、呼玛十八站下层 金斯太下层、小孤山、学田 村、桦甸仙人洞、小南山	东北地区西部 较普遍 东北地区东部	多位于山区

　　了解从旧石器时代晚期到新石器时代早期的基本文化序列之后，我们重点考察两个时代过渡阶段之间的特征。从器物组合上来看，东北中石器时代以细石叶工艺产品为特征，包括楔形细石核、细石叶、刮削器等。最早梁思永、裴文中注意到东北地区"细石器"与欧洲地区的相似性，提出中石器时代[17]，后来裴文中发现细石叶工艺在这个地区持续时间非常长，进入了历史时期，于是又否定了东北"中石器时代"的提法[18]。安志敏在此基础上对海拉尔地区的遗存做了进一步区分，把没有陶器共生的细石叶工艺遗存视为中石器时代特征，认为它们与华北的下川、灵井、沙苑、虎头梁类似，绝对年代距今八九千年[19]。实际上，虎头梁遗址是陶器共生的，与欧洲中石器时代极为类似的日本绳文时代也有陶器，没有陶器不能视为东北中石器时代的特征；恰恰相反，东北中石器时代很可能有陶器存在，因为周边地区如俄罗斯远东、日本列岛、中国华北地区已有万年前的陶器发现，最近东北地区也开始发现万年前后的陶器。

　　松嫩平原还有一种"含细石器的新石器时代文化"[20]，埋藏于全新世湖沼堆积的黑色亚砂土层中，这层黑色亚砂土形成于全新世中期，当时气候温和湿润、湖沼密布、植被繁盛。以昂昂溪文化的细石叶工艺器物组合为例，石器原料多为石髓、碧玉；器类有压制修理的石镞、投枪头、刮削器、用于镶嵌的两边经过修理的细石叶与石叶等；还有打制的"铧形器"和磨制的石锛等。石镞形制丰富，分为平底、圆底、凹底和有铤等几种，压制技术娴熟，各类石器趋于定型化，呈现出新石器时代文化石器特征[21]。更新世末到全新世中期的细石叶工艺技术传统上是一致的，都是以楔形细石核为主；全新世中期，在楔形细石核技术基础上，出现了规整的圆柱形细石核与铅笔头形的圆锥形细石核。呼伦贝尔的辉河水坝与哈克－团结遗址从不同文化层中均发现了细石叶产品，最晚可至辽代[22]。细石叶工艺显然并不适合作为东北地区中石器时代标志性的器物。

归纳起来说，我们定义东北中石器时代不仅根据器物组合特征，还基于生计方式的变迁，中石器时代的结束也是以适应方式的变化为标志的，也就是农业的出现。无疑，农业在东北地区的出现并不是同时的，中石器时代的生计方式还在部分地区持续，一直持续到近现代，如以狩猎为生的鄂伦春人、以渔猎为生的赫哲人，我们不能由此而认为中石器时代持续到了近现代。农业在这个地区出现，不同群体之间就会相互影响，形成互惠的联系，比如鄂伦春人虽然以狩猎为生，但是他们从周边农业群体中获得许多重要的物资，从武器到布匹，他们在交换体系中成为专业的狩猎者。正是基于这种相互关联性，我们把东北地区农业的最早出现视为中石器时代的结束。从另一个角度说，东北地区的原始农业也是一个逐渐成熟的过程，在其生计构成中，即便有了农业，狩猎、渔猎、采集也一直占较大的比重。不同区域之间也存在着差别。

四　东北地区史前文化适应的多样性

梳理了东北旧石器时代晚期到新石器时代早期的年代序列与基本材料之后，下一步我们需要了解考古材料所代表的文化适应意义。基于既有的材料与研究，一项可以用来判别生计方式的方法是工具构成。这是一个简便的方法，根据工具的形态与民族学的类比，完全可以确定绝大多数工具的大致使用范围，比如渔猎工具与农耕工具之间就有较为明显的区别。另一项可以利用的指标是遗址的位置与结构（范围、遗存的丰富程度、居址的布置等）。当然，我们还希望得到驯化动植物遗存、史前人骨微量元素分析的详细信息，它们能够直接说明农业存在的状况，然而，东北地区这些方面的工作还不多，我们只能进行相对间接的生计方式判断。

旧石器时代晚期早段，海城小孤山遗址出土人骨化石，上万件以脉石英为主的石制品、双排倒刺鹿角鱼镖和穿孔骨针，还出土穿孔的兽牙和带刻纹的蚌壳等装饰品，遗址的热释光年代为40000±3500 年[23]。实验考古研究显示鹿角鱼镖可以有效地捕捉体长 65 厘米的大型鱼类，不仅可以在浅水区，也可以在深水区有效刺杀鱼类[24]。小孤山的发现表明东北地区南部旧石器时代晚期已经开始利用鱼类、贝类等水生资源了。小孤山所代表的适应方式与水洞沟、峙峪、山顶洞 - 东方广场 - 小南海所代表的适应方式并称为我国北方地区旧石器时代晚期的四种适应形态[25]。

末次盛冰期时，东北地区气候带纬度上南移了 6° 左右，连续多年冻土与冰雪线的位置从现在的北纬 51° 移到了北纬 42° 左右；经向也有变化，即干燥线东移[26]，大约 7°。东北二龙湾玛珥湖孢粉记录显示，距今 29300—12600 年，该区以寒温性针叶林、桦树林为主，气候转向冷干发展，尤其在距今 20600—18700年（末次盛冰期时）表现最为突出。末次冰期对该区的影响直到距今 12600 年才结束。之后该区植被转为针阔叶混交林，气候由冷干向温湿逐渐过渡[27]。末次盛冰期时，东北地区的植被是干草原 - 苔原（steppe-tundra），这是一种干草原与苔原之间的植被类型，现在没有对应的景观[28]。猛犸象 - 披毛犀动物群成员生存于此。由于生长季节短，地表生产力低，这个地带所能采集的植物资源非常有限，狩猎采集者必须主要依赖狩猎才能生存。但是低的地表生产力意味着所能承载的动物密度与温带、热带草原相比要低，大型食草动物需要采食非常大的范围才能生存，东北地区末次盛冰期的狩猎采集者需要在更大的空间范围内狩猎才能满足生存需要，即要提高流动性。旧石器时代晚期晚段广泛流行细石叶工艺，就是为了达到这个目的。现有的材料支持细石叶工艺首先出现于华北地区的南缘，逐渐向北向东传播。这其中有一个原因，即我们现在还不能确定末次盛冰期时西伯利亚、中国东北地区，是否有人类生存[29]，很可能是没有的。在气候最恶劣的时候，人类南迁，待气候改善之后，人类再返回。目前东北地区细石叶工艺出现的年代晚于华北地区，可能与末次盛冰期时恶劣的气候环境条件以及人类的迁徙有关。

末次冰期在距今12600年前后结束，气候由冷干向温湿过渡，一个重要的标志就是古季风带来的降水，最大降水（有效降水）开始出现[30]。河流更充沛的水量，水体扩大，水生资源更加丰富，利用逐渐成为可能。末次盛冰期时，干冷的草原－苔原上是不大可能利用水生资源的。东北地区最大降水出现的时间比华北、长江中下游地区都要早，这成为利用水生资源（包括渔猎、贝类采集、捕鸟等）的前提条件。而在旧石器时代晚期早段，东北地区南部的小孤山遗址已有利用水生资源的证据。能够利用水生资源也成为东北中石器时代开始的标志。

利用水生资源也就意味着东北中石器时代的遗址分布到松嫩平原以及沿海地带。外乌苏里地区沿海地带冬季海岸边比内陆地区还要寒冷，并不是利用海洋资源的有利地带，主要水生资源利用集中在内河流域。目前发现的中石器典型遗址如昂昂溪（大兴屯）、大布苏[31]、青山头[32]都分布在松嫩平原的湖沼岗地上，石器工业以细石叶工艺为主。这一地区更早阶段尚未发现旧石器时代遗存，中石器时代的狩猎采集者拓展了新的生存空间，在这个区域，他们最能有效利用的就是水生资源，当然他们也会狩猎。遗憾的是，当前考古材料关注的主要还是石器技术类型，有关生计方式的材料还非常少。昂昂溪大兴屯地点距今约1.1万年。文化遗物有灰烬、烧骨和类型丰富的石制品[33]。石制品的原料以玉髓、玛瑙和燧石为主。石片小，其中石叶占很大比例；有细石核，表明细石叶工艺存在。文化层的孢粉组合显示的是一种以蒿、藜为主的干冷疏林草原景观，还不像全新世中期那样温和湿润，湖沼密布，植被茂盛，但是地层显示人类沿湖岸河边生活，出土灰烬与烧骨中包括残破的动物骨骼化石，没有食肉类。哺乳动物化石有野牛、野马等大型食草动物，以及野兔、鼠兔、仓鼠、田鼠等小动物。

我们尚不知道昂昂溪遗址是否有水生资源遗存或是相关利用证据，但可以推断当时已经具备利用水生资源的条件。狩猎的对象已有野兔、鼠兔等敏捷的小动物，这是狩猎资源减少后的适应，因为末次冰期的结束，猛犸象、披毛犀、原始野牛等大型食草动物也随之绝灭或是分布极为局限。东北中石器时代所面临的选择要么选择食物生产，要么选择利用水生资源。而当大型食草动物绝灭的时候，东北地区最大降水正好来临，水生资源利用的条件具备，东北地区于是选择了它，而非食物生产。东北中石器时代人类拓展生存空间，进入松嫩平原，可能开始利用水生资源，这具有时代的标志性。

东北农耕时代的开始以什么为标志呢？现有考古材料中的农耕工具是可用的指标。农耕工具的种类不少，包括砍伐工具、挖掘工具、耘土工具、中耕工具、收割工具、研磨工具等，问题在于许多工具除了从事农耕之外，同时可以从事其他活动，所以我们难以断定它们必然从事了农耕活动，如用作砍伐的石斧，也是加工木料、修建房屋的工具；用于挖掘的耒，也用于采集；用于研磨栽培谷物的石磨盘、石磨棒，也可能用来研磨采集的坚果或野生谷物。我们需要得到一种专属性的农耕活动指标，即某种工具材料，它仅能用于农耕，而不大可能用于其他的活动。东北地区所发现的"石锄"，就是合适的指标。它虽然名为"锄"，但并不是挖掘工具，而是耘土工具。使用痕迹观察、实验研究、工艺设计分析、民族学材料类比都显示，这种工具更可能用于耘土，而非用于挖掘[34]。此外，多种工具的同时共存也是有力的指标，虽然这些工具可能用于其他的活动，如同时发现研磨、收割、挖掘、砍伐等工具，从事农耕的可能性就比只发现某一类工具大得多。

现有考古材料中，农耕工具最丰富的发现来自吉林东丰西断梁山遗址，其二期遗存（约距今5000年）出土石斧、石铲、石磨盘、石磨棒等，而在遗址中极少发现细石器、骨器以及陶、石网坠等，构成了西断梁山遗址的一个鲜明特点[35]。石斧有打制、磨制两种，其中打制石斧有弱的亚腰，更可能是上文所说的石锄。所出的石铲，均系打制，同样可能是石锄，而非石铲（图9.2）。其一期遗存中不见这类器物，但有打制与磨制石斧、石磨盘、石磨棒、石刀等，其中打制的石斧与磨制石斧的形制不一致，而接近二期遗存中的石铲；其石刀的形制与兴隆洼文化白音长汗遗址所出石刀类似[36]，呈条状，与收割用的穿孔或两侧有凹缺的石刀有所区别，可能是一种开荒清除杂草灌木的工具[37]。单纯从农耕工具比较，西断梁山遗址二期所有的石质工具尚不如燕山南北地区更早的兴隆洼文化，由此可以推断其农业发展水平还相当初步。

东北地区出土石锄较多的另一处遗址是黑龙江宁安莺歌岭，下层出土长柄、短柄和亚腰三种型式的打制石锄；还出土一件鹿角锄，有方銎，銎的两侧各穿一孔，便于加固，是一件制作成熟的角制掘土工具[38]（图9.3）。黑龙江尚志亚布力北沙场遗址的石器组合中包括打制的亚腰石锄、磨制石铲、石磨盘、石磨棒等。莺歌岭下层与亚布力北沙场类型[39]的年代都接近距今5000年。同一时代的发现还有龙井金谷[40]和龙兴城遗址[41]，前者发现打制的有柄锄形器，后者发现较多大型亚腰石锄，年代也在距今5000年前后。所以目前可以比较肯定地认为东北地区在距今5000年前后已有了初步的农耕，只是发展水平比较低。

西断梁山遗址位于松辽分水岭的丘陵地带，莺歌岭下层、亚布力北沙场类型分布于黑龙江东部丘陵山区，金谷-兴城文化在长白山区，为丘陵与谷地交错的地形，这些地区都缺乏利用水生资源的便利条件。

处在松嫩平原边缘的农安左家山遗址年代更早，其考古遗存被分为三期，最早的一期只出土5件石器（石斧、石磨盘、石磨棒、石叶、玉器各1件），骨角工具14件，为锥、针、镞、铲、钻、角矛、凿、笄、管以及梭形器，并没有典型的渔猎工具；所含陶器较多；发现属于一期的房址与灰坑各1处。三期遗存发现鱼镖[42]。动物遗存的发现表明左家山一期已有驯化的狗与猪，也发现有鱼类与软体动物的遗存；从出土标本比例来看，主要的肉食来源为鹿类动物、家猪与野猪（三个时期家猪与野猪所占比例几乎一致）[43]。由于左家山饲养家猪，同一文化的元宝沟遗址也发现较多家猪骨骼[44]，从广义的农业角度来讲，此时已有了农业；而且左家山出土石磨盘、石磨棒这类谷物加工工具，同时渔猎并不发达，所以推断左家山时期可能有少量的谷物农业。这个时期流行一种高度混合的生计方式，包括狩猎、采集、渔猎、农业与畜牧等，与西断梁山相比，其农业所占的比重更小。新石器时代中晚期，松嫩平原南部与丘陵地带相衔接的伊通羊草沟、杏山、腰红嘴子、肖家屯等地均发现不等的"亚腰石铲"[45]，体现了农耕生活的扩充。

处在松嫩平原中心区域的昂昂溪文化更偏重渔猎，其遗址多分布在嫩江河漫滩上，相对高度10—15米。高河漫滩不易受洪水侵袭，并且靠近湖沼，便于进行渔猎[46]。昂昂溪文化的细石叶工艺石器发达，打制与磨制石器比较少，打制石器中有网坠、锛状器等，磨制石器中有锛、凿等，没有挖掘、耘土、研磨等与农耕相关的石器。骨器常见，有枪头、镖、镞等。动物遗存有蛙、鱼、猪（不知是否驯化）、鸟、鹿、兔、狗等[47]，20世纪50年代嫩江沿岸的考古调查发现各遗址中多见鱼、鸟与其他动物骨骼[48]，类似的发现还有镇赉黄家围子遗址，新石器时代灰坑中发现鱼骨层，厚约10厘米。工具组合、动物遗存、遗址分布都支持昂昂溪文化的生计方式以渔猎为主，赵宾福称之为"渔猎新石器文化"[49]。昂昂溪文化主要分布于嫩江沿岸，类似的遗存还见于嫩江松花江中游地区，与左家山遗址相近的长岭腰井子[50]、乾安传字井、德惠大青嘴、二青嘴等遗址[51]，位于山岗土丘之上，临近湖沼，都含有较多的鱼、鸟、贝及其他动物遗存。这些遗址所反映的生计方式显示对渔猎的依赖程度不一，离松嫩平原腹地越远，渔猎的重要性就越低。

同样属于湖沼地带的三江平原密山新开流遗址，位于兴凯湖与小兴凯湖的连接处，发现墓葬32座、鱼窖10座。分两个文化层，发掘者认为两层年代相距不远，可能为同一文化的两个阶段。新开流的工具组合中完全缺乏挖掘、耘土、谷物研磨工具，所谓研磨器较小，并不适合研磨谷物；倒是渔猎工具非常丰富，包括鱼镖、鱼卡、鱼钩、投枪头等。民族志材料清楚表明鱼窖是储藏鲜鱼的地方。其陶器的纹饰主题也以鱼鳞纹、菱形纹、波浪纹为主，充分反映其生活主题[52]。新开流遗址出土材料表现出对渔猎经济的高度依赖，其程度比松嫩平原遗址更高。

新开流遗址墓葬存在着等级的分化，"M3、7、20、31的墓穴内或墓旁附有二次葬尸骨，随葬品很少，有的只有一两件陶罐或少量石器，甚至无随葬品……而M6、3、7的随葬品较丰富"[53]。时代相当的饶河小南山就曾发现玉器墓，墓的规模较大，随葬品丰富,尤其是随葬数量较多的玉器,推测此墓主人的地位相当显赫[54]。类似的等级分化的证据还见于依兰倭肯哈达洞穴墓地[55]、白城靶山墓地[56]。值得注意的是,这些墓地都属于依赖渔猎的史前人群。这与民族学中依赖渔猎的狩猎采集群体能够形成复杂社会的证据是一致的,社会分化并不是农业社会所独有的,依赖渔猎也会出现复杂的狩猎采集社会[57]。倒是同一时期更多依赖农耕的西断梁山没有发现明显的社会分化的证据。

渔猎经济是松嫩平原、三江平原的主要生计方式,一直贯穿整个青铜、铁器时代。与昂昂溪文化类似的肇源小拉哈[58]同样如此,为新石器时代早期晚段遗存。农耕经济主要在渔猎经济难以进行的山区丘陵地带进行,如莺歌岭下层。

与此同时,东北地区西部,呼伦贝尔的辉河水坝与哈克-团结遗址最早的文化层年代均超过距今7000年,以出土极其精美的细石核、细石叶以及压制修理的石镞而闻名。辉河水坝遗址第一期文化层出土遗物超过7000件,以细石叶工艺石器为主,还有陶片602片,动物骨骼3656件;同时发现居住遗迹1处,篝火遗迹2处,堆积动物骨骼的灰坑1个。灰坑中共发现15种动物的骨骼,其中有食草类(驴、马、牛、黄羊、羚羊、羊和兔)、中小型食肉类、鸟禽类、鱼类和啮齿类[59],都是当地常见的物种,但是没有鹿类,说明当时人们主要利用草原以及附近湿地的物种。哈克-团结遗址第一期出土遗存与之类似,但在少量较大型的石器中发现残的石磨棒;此外,还发现一件石质的陶垫,表明陶器由本地生产。辉河水坝遗址的居住遗迹是一处类似于当地"地窖子"的居址,这种类型的建筑通常是冬季使用的。冬季居址的存在以及伴生的陶器与丰富的出土物都表明当时人们在这里居住了较长时间,有可能超过一年——也就是我们所说的"定居"。其生计无疑是以较为广谱的狩猎为主,可能存在着非常有限的谷物加工[60]；渔猎是存在的，但渔猎工具与相关动物遗存也明显少于松嫩平原与三江平原地区的遗址。

总结东北地区史前的生计方式，不难发现，狩猎、采集、渔猎、农业、畜牧等多种方式都被采用，狩猎、采集最为古老，东北地区更适合偏重狩猎的生计方式；旧石器时代晚期，渔猎开始出现，尤其是进入中石器时代之后，它成为进入平原湖沼地带人类赖以生存的主要手段。距今 6000 年左右，新石器时代开始，家畜饲养与有限的农耕出现，从山区丘陵地带到平原湖沼地区，农业生产的重要性逐渐降低。距今 5000 年前后，在东部山区丘陵地带发现比较明显的从事农耕生产的考古证据，农业真正的建立则要晚到铁器工具较为普遍的汉代[61]。以渔猎为主的生计方式在平原湖沼地区持续到青铜与铁器时代。接近西部草原地带，广谱的生计占主体，狩猎所占的比重提高，直到以游牧为主的畜牧业形成，才取而代之。简言之，东北地区史前人类根据当地的资源条件，在以上各种生计门类中选择自己的构成方式，发挥当地的资源优势，强化利用地方资源，形成非常丰富多样的文化适应。从另一个角度来看，我们发现东北史前文化适应中存在着明显的统一性，即一种混合生计方式，不同地区有所偏重，而没有像华北、长江中下游地区选择了农业绝对主导的生计构成。为什么会这样呢？为什么不采用农业呢？它为什么能够在占有优势的农业文化冲击下存在呢？下面将着重回答这些问题。

五 农业的传播与狩猎采集社会的变迁

从现代自然地理的角度来看，东北地区的自然环境很适合农业，温带季风气候保证全年的农耕期有 190—220 天（日均温大于 5℃），总积温虽然较低，但夏季白昼与日照时间都很长，有效温度高，持续 4—5 个月，可满足一般作物的生长需要。冬季严寒抑制了有机质的分解，土壤能积累很高的肥力，形成肥沃的黑土与黑钙土，尤其是松嫩平原，黑土深厚，肥力高。季节性与多年的冻土形成不透水层，地表常年湿润；地表水下切作用受到限制，旁蚀作用强烈，形成宽广的河谷与平浅的阶地，有利于大规模的农耕。积累的冬雪使冬季降水得到保存，春季融化滋润土壤；夏雨集中，雨热同期，加上大部分地区土壤肥沃，形成"土肥、水足、日照长"的有利于农耕的条件[62]。

东北地区也非常需要农业，这里生长季节短，需要充足的储备才能够度过漫长的冬季，而农业正好可以提供便于储备的食物。其实，生活在这个地带的狩猎采集者同样需要储备，寒冷的气候也有利于储备。温带地区物种数量相对热带简单，但每个物种的群体巨大，因此有可能一次获得的量超过了生活需要，如把鹿群赶进湖中，或是把牛群赶下悬崖，就有了生产剩余，进而需要管理生产剩余。按照海登的说法，社会复杂性常常产生于有生产剩余或需要管理生产剩余的狩猎采集者群体中[63]。反过来说，社会复杂性较高的狩猎采集者又需要更多的生产剩余。因此，从这个角度说，东北地区也具有农业起源的社会机制。但是，我们从考古材料中看到的是，东北地区农业开始明显晚于华北地区，而且农业水平比较低，保留着大量狩猎采集与渔猎的成分。这与自然条件和文化机制都相矛盾，原因何在呢？

东北地区的自然条件有利于农业，前提条件是劳动力充足，因为草甸与森林草原地带植物生长茂盛，要开垦出耕地需要投入大量前期劳动，还需要修建排水设施，避免春季融雪与夏季暴雨积水，这也需要充足的劳力。再者，由于生长季节短，需要选择早熟的作物品种，以及抓紧春播秋收的时间，这一方面取决于农业技术的积累，要能够选择出合适的物种；另一方面取决于社会组织水平，能够有效地组织农耕活动。而寒冷地带，人口增长缓慢，热量供给水平限制妊娠，新生儿所需要的照顾和物质投入远大于热带地区，严寒的气候与食物季节性的缺乏也影响婴儿的存活率，所以这个地区初始人口密度低。末次盛冰期时，这个地区的人口密度降到最低，甚至无人居住[64]；待冰期结束，人口重新开始积累，所以同华北地区相比，这个地带累积的人口密度也要低。人口密度不仅是农业开始的动力之一，也是前提条件之一。

没有足够的劳力就无法开垦土地，尤其是东北地区土地开垦前期投入远大于黄土覆盖的华北地区，那里土质疏松，植被也没有东北茂盛，而且没有饱含水分。华北地区是在新石器时代农业较为成熟之后才进入草木茂盛、湖沼遍布的平原地带的；燕山南北地区也是直到新石器时代中晚期才开始开垦河谷地带，新石器时代早期主要利用黄土坡地。除了劳力与驯化物种条件的限制之外，东北地区春季风大，气候不稳定，容易形成旱风、沙暴与霜冻，尤其是松嫩平原西部雪盖薄而多沙的地区，农业风险高，不成熟的早期农业生产更容易遭遇失败。按民族志记载，鄂伦春族也从事一定的农业生产，但是由于缺乏劳动投入，其农业收成相对于邻近的农业群体相差悬殊，只能作为有限的生活补充。总之，东北地区适合农业，但并非指适合任何形式的农业，它适合成熟的农业生产，而非处在起源阶段的简单农业。

与人口密度低相应的是狩猎资源的丰足，一方面，低人口密度消耗的狩猎资源更少；另一方面，末次盛冰期后，人类重新进入这一地区，其间利用的中断也使得这一地区的狩猎资源相对更加丰富。东北地区森林草原交错，本身就是最适合狩猎生计的地区。所以，在更新世与全新世之交，当华北与长江中下游地区狩猎资源不足以支持赖以生存的人口的时候，东北地区还没有达到这样的临界状态，人类还可以继续依赖当地的狩猎资源，这也是东北地区农业未能成为农业最早起源地区的原因之一。

　　更新世 - 全新世之交，东北地区并非没有适应的变化，陶器的出现，人类适应生境向松嫩平原地区的扩张，都表明当时发生了重要的文化适应变迁。距今 1.2 万年前后，东北地区水生资源利用的条件开始具备，人类转而利用新的资源。这是一步具有特别重要意义的适应变迁。水生资源的利用与陶器的出现是相辅相成的[65]，并且它能够与社会复杂性相协调。前文已提及东北地区水生资源的优势，这里多海洋洄游性鱼类，人类在有限范围内可利用水生资源的来源范围极为广阔，保证了他们能够以相对定居的方式生存，进而形成较为复杂的社会组织结构。水生资源利用一定程度上可以替代农业生产，可以支持更高的人口密度和较为定居的生活——需要的生存空间更小，避免频繁的地域范围的冲突。利用水生资源无须考虑农业生产所需要的充足劳动力，也不需要高强度的劳动、合适的早熟作物品种，以及不成熟农业生产所面临的风险，它与狩猎采集生计一脉相承，都依赖自然资源，但它又具有农业生产的稳定性（定居）与复杂性（人口密度更高，社会组织复杂）。毫无疑问，当生计压力出现的时候，在东北地区选择利用水生资源要比开始农业生产容易得多。

　　在华北地区新石器时代中期的时候，东北地区也有了初步的农业生产，不过渔猎仍是重要的生计方式。不仅仅是因为水生资源能够补充农业生产的不足，提供蛋白质、脂肪，甚至是皮服（如赫哲人的鱼皮服），还因为它不占用农业生产的时间。东北地区冬季无法进行农业生产，却非常适合渔猎，尤其是网捕，严寒气候便于储藏收获。同样，冬季适合狩猎，积雪覆盖，动物行动迟缓，猎人可以利用雪橇追捕；湖沼封冻，也便于通行。漫长的冬季进行渔猎与狩猎，与农业生产错季进行。所以，东北地区农业社会中渔猎与狩猎一直占有相当大的比重，这是由当地独有的气候特征决定的。同样，在春季农业生产还没有开始的时候，采集也是可以广泛进行的生计活动，秋收之后，也是如此。有限的农作时间让东北地区史前居民在农耕之余进行渔猎、狩猎与采集。这种混合的方式构成东北地区新石器时代生计的主要特征，农业只是组成部分之一，重要性可能因地域有所区别，在山区，狩猎更受到倚重；松嫩平原的湖沼地带，渔猎受到重视；在狩猎与渔猎资源较少的松嫩平原南部，农业相对更发达。

作物农业开始的同时，东北地区兼营畜牧业；进入青铜时代，驯化马引进。畜牧业所提供的不仅仅是肉食，更主要的是可供役使的畜力。兼营畜牧业进一步丰富了东北地区的文化适应，增加了生计多样性。马的引入极大地提高了狩猎的范围与效率，狩猎的成功也弱化了对农业的需求。马加上金属兵器、狩猎技巧，再加上复杂的社会组织，形成了东北地区文化适应的巨大竞争力。这里人人都可以成为优秀的战士，在冷兵器时代很占优势，这也是东北地区不断入主中原的重要原因。在复杂的社会组织驱动下，通过战争劫掠也成为有效获取资源的方式。在与发达农业社会的竞争中，东北地区并不居于下风，农业群体难以有效扩张到东北地区。

东北地区成功地抵御华北农业社会就在于这种混合的、复杂的生计方式，它可以充分利用当地不同季节、不同区位的资源。同时，建立在这种生计方式上的社会制度、价值体系（信仰、道德、威望评价体系）与华北农业社会不同，它更多保留着狩猎采集社会"万物有灵"的观念，萨满通天地万物。当社会复杂性提高之后，社会上层并不愿意改变价值体系，这也不利于东北地区发展农业。

六 小 结

这一章首先分析了东北地区的文化生态条件，区分为四个生态系统单元，并讨论了农业、狩猎采集在这一寒冷地带不同单元中的适应性。然后，按照从晚及早的顺序梳理东北地区史前史的考古材料，建立"东北中石器时代"这个关键概念。这是一个与欧洲的中石器时代、日本绳文时代有较好可比性的文化发展阶段。这里进一步明晰东北中石器时代的文化适应特征，它是一种集农业、渔猎、采集于一体的生计方式，在不同区域，不同生计门类的重要性有所差异。在此基础上，东北地区形成了复杂的社会组织，在应对华北地区史前农业扩张的过程中，表现出强悍的社会组织能力。

第十章
最后的狩猎采集者：西南地区

宋人资章甫而适诸越，越人断发文身，无所用之。

——《庄子·逍遥游》

一　问题的提出

今天的西南是民族文化最丰富多彩的地区，也是民族文化保存最好的地区，中国 25 个少数民族分布于此，同时这个地区的婚姻形态也最为多样。这样的现实毫无疑问与历史过程密切相关，是否可以追溯到史前时代呢？考古材料的发现显示，这个地区旧石器时代晚期石器组合极为多样，新石器时代的开始不仅晚，而且非常短暂，很快就进入青铜时代、铁器时代；令人迷惑的是打制石器的运用一直持续到近现代，农业的发展水平比较低，与之形成鲜明对比的是某些地区又有一些近乎"反常"的发展，如出现陶器、类似定居的结构，而附近地区却没有类似的发展，为什么呢？在华北与长江中下游地区进入农业时代的过程中，西南地区有着怎样的反应呢？西南地区独特的文化过程对于我们了解史前狩猎采集生活的文化机制有着怎样的启示呢？西南地区独特的史前文化进程需要相应的解释，这方面的工作还比较缺乏。我将结合文化生态学与行为生态学的理论，以及考古材料，分析西南地区史前文化适应的特征与演变过程，解释其独特性所存在的基础。我们对西南地区的研究很少是独立进行的，大多与华南乃至将整个南方地区混合在一起讨论[1]，或是将其与青藏高原合成一个大西南地区来研究[2]。这样非常不利于认识西南地区的特殊性，掩盖了上述的问题。

二　西南地区的文化生态条件

在讨论西南地区之前，首先需要澄清研究的西南地区所指为何处，以及为什么确定这个区域。自然地理上的西南位于青藏高原东南，贵州高原以西，几乎包括云南全省和四川省西南部一角。文化生态的西南地区有所不同，主要包括云南、贵州、四川三省，以及广西的西北部地区，但不包括云南的热带区域。整个西南地区大致可以分为三个自然地理单元：四川盆地、青藏高原东缘的高山峡谷、云贵高原。实际上这三地差异显著，但共有特点是封闭。三地地理闭塞，交通困难，水路、陆路皆不便利。与此同时，三个单元内部除四川盆地面积较大外，其余两地都是由许多小单元构成。云贵高原山岭起伏，原面破碎，被流往不同方向的河流切割成不同面积的小块；青藏高原东缘同样如此，高山与峡谷交错。因此，文化地理单元小（四川盆地除外）[3]，通常是由一些小盆地（坝子）组成。不同地理单元之间，地形复杂，"十里不同天"，物种、气候、土壤等多样性强。相互分割的资源斑块，构成差异显著的文化适应地理单元。

所谓文化生态条件，是指相对于文化适应而存在并与文化适应相互影响的生态条件。文化生态条件虽然是一种客观存在，但又不是绝对的，其状态不仅取决于自然条件的状况，还受制于人类文化适应能力。人类文化适应是不断演化的，具有技术不断发展、社会复杂性日趋复杂（当然也存在复杂性的崩溃）、人口持续增长等大趋势（参见第一章）。文化适应受制于自然生态条件，但有自身的演化机制，并能影响甚至改造自然生态条件。这里我们需要强调的是，适合狩猎采集者的文化生态条件不一定适合农业生产群体，因为他们的文化适应与自然条件相互作用的方式有着显著的差异。因此，在考察西南地区文化生态条件时，就需要区分这两者。我们首先从较为熟悉的农业生态条件说起。

云贵高原多岩溶地形，侵蚀严重，石多土少，土地贫瘠；地表水缺乏，河流常潜入地下，利用不便（图10.1）。与此同时，地形崎岖，缺乏平原，两者结合导致可耕地少，灌溉困难。另外，这里夏季气温偏低，不利于雨热同期的水稻生长，尤其是贵州地区多雨雾天气，日照时间偏短，不利于农业的发展。更为严重的是，一旦石灰岩地区的原生森林破坏后，水分条件就会迅速恶化，森林恢复困难，转而为喜阳耐干旱、耐瘠薄土壤的有刺灌丛和草坡所代替，现在贵州的植被几乎80%属于上述类型。贵阳黔灵山保存较好的植被表明其原始自然条件还是比较优越的，常绿阔叶林下土壤为黑色石灰土，表土肥厚松软[4]。但是，这种环境比较脆弱，砍伐森林，推行农业，结果是生态条件恶化，构成农业进一步发展的瓶颈。

自古云贵一带被视为瘴疠之地，从现代科学的角度来说，就是湿热环境中的传染性的疾病较多，尤其是恶性疟疾。高疾病压力的环境导致人口平均寿命较低，若要保持人口的基本平衡，就需要提高出生率，这就导致人的平均年龄低，即劳动人口的比例低，年幼需要抚养的人口比例高；与之相应，每个子女所能受到的抚育会减少，对于群体中知识经验的积累（老年人少）与传播（幼年子女多）不利，文化发展受到影响。人口是农业的前提条件之一，达到必要的人口规模才可能采用劳动密集型的农业生产，无论是土地开垦，还是收获，都需要较多的劳动力参与其中。疾病压力下，人口规模也限制云贵地区对农业的采用。当然，疾病压力不仅仅作用于农业生产群体，同样作用于狩猎采集者，只是对于前者而言影响更甚。垃圾堆积、水体污染、人口更集中等都会导致疾病发生与传播。

西南地区虽然不适合农业群体，却相对适合狩猎采集者。狩猎采集者是流动采食的群体，有利的环境必然包括丰富多样的资源（动植物性食物、石料、水源、燃料等），以及有利于人类流动的地理条件，能够便利地利用这些资源。西南地区交通不便，但是丰富的植物资源很大程度上弥补了弱点。西南地区山原地形复杂，有低海拔的谷地与坝子，又有高山，尤其是青藏高原的边缘地区。南北走向的山脉有利于湿热气流的深入，河谷成为动植物迁移扩散的通道，垂直分布的地带性为动植物的演化提供了十分复杂的环境，使得这一地区拥有中国最高的物种多样性。由于山脉的阻隔，西南地区受寒流的影响较少，气候变化幅度较小，稳定性更高。这些都是有利于狩猎采集者的自然条件。

三　行为生态学的适应分析

假定在现今环境条件下，狩猎采集者如何在西南地区生存呢？我们可以用行为生态学的基本原理推导文化行为的基本特征，为考古学研究提供参考。行为生态学研究行为对适应的意义，主要是在进化与生态学角度上进行研究，其中最突出的是最佳寻食理论[5]，它利用食谱宽度、斑块选择、中心地采食与线性程序分析等模型来讨论人类在某种环境条件下的行为选择[6]，这种理论在分析狩猎采集社会的适应变迁上非常具有启发性。运用行为生态学理论分析西南地区人类适应最优策略，对于我们了解西南地区独特的文化适应特征与过程可能会有所帮助。

西南地区生态环境的一个重要特征就是斑块化（众多的坝子与谷地），不同资源斑块之间区隔明显，交通不便。行为生态学的边际值原理表明：①任一资源斑块的利用边际效用递减，利用时间越长，收益越低；②存在最优利用时间长度，即利用时间长度合适，收益最大化；③最优觅食者在优质资源斑块停留的时间比劣质资源斑块中停留的时间更长；④若资源斑块之间的旅行时间越长，觅食者在资源斑块中停留的时间则越长；⑤若整个环境的质量较差，觅食者在一资源斑块里的停留时间也会相应延长；⑥若觅食者能够评估资源斑块生境的质量，将更可能采取极端的策略，即在高质量的资源斑块中停留的时间更长，而在质量较差的资源斑块中停留时间更短[7]。

从另一个方面讲，栖居地资源多样性的程度也影响人类的选择。资源多样性高意味着更多样的生态空间可以利用，从而导致文化生态、生计方式上的多样性。栖居地资源性多样性强，也意味着可供选择的范围越大，生计系统也更稳定；如果没有生计压力，觅食者通常会选择利用最优质资源，容易形成较为特化的适应（specialization）[8]，而在不稳定的环境，则必须采取普遍利用的（generalist）策略，以分散风险，不能只依赖一类资源。而西南地区的环境稳定性较好，资源多样性程度高。

基于以上原理与西南地区的文化生态条件，可以对这一地区的狩猎采集适应进一步做如下推理。

推理 1：如果栖居环境迁徙便利（如舟楫、马匹），资源斑块之间的流动会更多，群体的活动范围更大，我们将可以看到在较大范围内分布着类似的考古遗存；相反，如果迁徙困难，资源斑块之间的流动性将会减小，我们将看到分布范围较为局限、特征各异的考古遗存。其次，如果栖居环境的多样性强，人类利用资源的方式也必然会增加，我们也将会看到形态多样的考古遗存。再者，如果多样性存在于相对稳定而封闭的环境中，少有外来的影响或是干扰，就会在资源斑块中形成较为特化的适应，而不是尽可能减小风险的普遍利用策略。

推理2：如果一个栖居环境中资源的多样性比较强、稳定性高，容易形成多样、特化的文化适应生活，而且会由于外来影响少，长期保持既有的适应方式。这种趋势在资源斑块分布、不同斑块之间迁徙较为困难的情况下会进一步得到加强，生活在不同资源斑块中的狩猎采集群体会选择较长时间停留在自己的生活区域中，尤其是资源条件较好的斑块，不会被轻易放弃；如果人口压力提高，这种趋势还将加强，因为一旦离开，就可能再也找不到合适的地方了。如果不同群体都尽力保持自己的地盘，就会形成多样且保守的文化适应，表现在物质遗存上，就将是小范围（资源斑块内）的持续时间长久的"文化传统"（稳定而独特的遗存特征）。

推理3：由于在西南地区（四川盆地除外）采用农业生产会带来严重的生态问题，加上农业生态条件不佳，而这里丰富的资源条件又有利于狩猎采集，使得狩猎采集相对于农业生产更有竞争优势，可以预见这里狩猎采集将可能保持更长的时间。如果人口增加，向东部农业地区扩散又不可能，那么就可能向更加边缘、更小的资源斑块扩散，这些地区进行农业生产的条件更差，狩猎采集生计在这些地区将保存更长的时间。当农业扩散进入西南地区之后，可以预见那些农业条件较好的资源斑块将更早接受农业，那些边缘的资源斑块仍保持狩猎采集生计。

基于现代气象站资料模拟的狩猎采集者的生计多样性（参见第三章图3.7），也显示西南地区的生计多样性程度较高（因为缺乏渔猎资源，所以不如东南沿海地带）。由于山地的垂直分布的地带性，狩猎采集者可以利用不同高度的资源；同时物种的多样性也提供了多样的资源，需要在不同的生态空间与不同的季节进行利用。

卡什丹（Cashdan）的民族学研究也证明，族群多样性与生态系统的多样性有密切的联系[9]。她分析了全球简单族群分布材料，发现族群多样性与生态系统的生产力关系不大，尤其是关键变量如年降雨量与温度，而与其他三个变量直接相关：气候稳定性、疾病压力、栖居地的多样性。族群多样性低的区域，气候稳定性差，疾病压力低，栖居地的多样性低；族群多样性高的区域，气候稳定性高，疾病压力高，栖居地的多样性高。她的研究与行为生态学的推导是一致的。西南地区民族志的材料也印证了卡什丹的结论。

栖居地的多样性还影响了人类社会的婚姻形态。一般说来，人类社会的婚姻形态可以分为单配偶制、多配偶制（一夫多妻、一妻多夫、混交制）。从行为生态学的角度来看，在资源分布均匀的条件下，更容易形成单配偶制；而在资源斑块性分布的情况下，更可能形成多配偶制，拥有资源的一方更易主导婚配形态。西南地区不同资源斑块之间的条件差异显著，民族志材料也揭示出西南地区极为多样的婚姻形态，这种复杂的状态更可能与资源条件有关，而非人类某个社会发展阶段的孑遗，也不具有普遍性，比如纳西族摩梭人的"母系社会"残余。

西南地区封闭的地理环境加剧了这种分化，这里与外界交通困难，内部不同资源斑块之间的交通也不便利，因此不同群体较为孤立与封闭。在缺乏有效运输手段（如舟楫、畜力、道路等）的情况下，群体之间的隔离程度会随着地形的阻隔而加剧。相比而言，东北、华南、长江中下游地区都可以借助舟楫，华北与草原戈壁地区地形平坦，也便于人类行动，西南与这些地区相比，封闭孤立成为地域的主要特点。环境的稳定性也有利于文化适应的稳定以及特化适应的产生。稳定、特化的成本意味着其他选择被排除，在较为封闭的环境，自然也就能够持续较长的时间。

四 考古材料的文化序列

跟其他地区一样，要了解新旧石器时代的转换过程，我们至少需要建立起从旧石器时代晚期晚段到新石器时代鼎盛时期的文化序列。然而在西南地区，这不是一项容易做到的工作。此处的考古材料中，有关新石器时代的材料一直比较欠缺，近年来有了明显的进展，但还达不到如华北、长江中下游地区那样足以建立完整文化序列的丰富程度。目前的材料总量较有限，跟华北地区仰韶文化时期数以千计的遗址相比，西南地区新石器时代遗址的发现才刚刚起步；另一方面的原因是考古材料特征的多样性极为丰富，不同遗址面貌差异大，导致文化序列归纳困难。基于西南新石器时代材料的特殊性，将按照从早到晚的顺序梳理西南地区主要的考古发现，以建立一个基本的年代框架，总结出不同时代与区域所存在的具有代表性的文化特征。

西南地区喀斯特地形广泛，洞穴众多，是进行旧石器时代考古的良好场所，这里也一直是中国旧石器考古研究的中心区域之一。贵州从1964年发现毕节观音洞算起，先后找到60余处旧石器时代遗址，经过发掘的有15处，有明确绝对年代测年数据的遗址不多，时代分布不均匀。参考表9.1，处在新旧石器时代过渡阶段（云贵地区可以称之为"后旧石器时代"）的遗址最多。这是一个有利的研究条件，可以为我们探索农业起源前后的文化变迁提供丰富的研究素材。我这里将西南地区分为三个文化地理单元：云贵高原、青藏高原东缘、四川盆地，跟前文自然地理上的划分一致。通过考古材料的分析，我们也可以看一看这种分类是否具有足够的合理性。

云贵高原地区旧石器时代的材料始于毕节黔西观音洞，这种旧石器时代早期的石器组合以石片石器为代表，石器刃缘陡直，类型多样，修理加工缺乏稳定的形态[10]，跟长江中下游地区流行的砾石砍砸器工业不同。这一地区旧石器时代的另一特点可以追溯至水城硝灰洞，它以发现锐棱砸击法而闻名，这种技术一直被认为是西南旧石器时代的典型特征，并且延续到新石器时代的石器制作中。旧石器时代晚期材料中，以白岩脚洞遗址为例，其石器组合以石片石器为主（超过90%），刮削器众多，从背面向劈裂面加工为主，刃角陡，加工精致；华北旧石器时代晚期常见的端刮器与琢背石刀少见，雕刻器、凹缺刮器、尖状器均不发达；其砾石石器以砍砸器为主[11]。白岩脚洞[14]C年代为距今12800±200年（第3层）和距今14600±200年（第5层）。威宁草海遗址，属于晚更新世后一阶段，石器组合也采用陡向和复向加工，与观音洞较为一致[12]。云南宜良张口洞，[14]C年代为距今1.5万年左右，石器组合是以燧石原料制作的中小石器为主，同样采用陡向加工，锐棱砸击法等云贵高原地区传统的技术[13]。

青藏高原东缘地区目前最好的材料出自云南富源大河遗址，AMS与铀系测定年代都在3万—5万年，其石器组合以含有莫斯特石器、勒瓦娄哇技术著称，当然它也包含锐棱砸击法[14]。似莫斯特石器还见于昆明龙潭山第2地点（距今30500±800年）[15]，贵州盘县大洞据称也有类似于勒瓦娄哇技术的石制品[16]。这种技术最早发现于宁夏灵武的水洞沟遗址，后来在河套地区、内蒙古东部的金斯太遗址、黑龙江的呼玛十八站等地发现。它的分布与中国从东北到西南的自然地理过渡带相一致，也是新石器到历史时期从东北到西南半月形文化分布带[17]。

　　这个文化地带存在的又一重要证据就是细石叶工艺的分布。细石叶工艺主要流行于华北和东北亚地区，在华北地区，其南界没有逾越秦岭－淮河一线；但是在西南地区，其分布一直延伸到云南地区。最早的四川汉源富林遗址有 10% 的似石叶，石制品的尺寸小[18]，接近细石叶。在新旧石器时代过渡阶段的遗址中多有发现，如广元的中子铺，北川的烟云洞（一同出土的石斧形制较规整，接近新石器时代的磨制石斧，故定为这一阶段）[19]。细石叶工艺石器进一步发现于新石器时代遗址中，不过，它基本只见于青藏高原的东缘地区，西南地区东部偶有分布[20]。通过类似莫斯特石器、勒瓦娄哇技术与细石叶工艺的分布，我们大致可以区分青藏高原东缘与云贵高原（部分的云南）两个文化地理区域。

　　四川盆地旧石器时代晚期的发现很少，铜梁张二塘遗址 ^{14}C 年代超过距今 2 万年，其石器组合以大型石器为主体，端刃砍砸器多，还有类似于丁村遗址的大三棱尖状器，石器多为陡向加工[21]，与富林差异显著。晚期的材料还有资阳鲤鱼桥遗址，出土可能经过搬运的石制品 20 件，人工特征不明显[22]。

　　青藏高原东缘地区有较好的一致性，其他两个地区旧石器遗址的石器组合特征各异，如富林与张二塘、白岩脚洞与马鞍山。导致这种状况的原因有两方面，一方面，石器的形态很大程度上受制于当地独有的原料条件；另一方面，西南地区的旧石器时代石器特征多样性强。总之，难以进行归纳。与多样性相对应的是这个地区所存在的锐棱砸击技术、陡向加工等特征，具有非常好的连续性，从旧石器时代早中期一直延伸到新石器时代。当然，锐棱砸击技术并不是西南地区所独有的石器技术，它可能与"摔碰技术"有关，高星称之为"扬子技术"[23]；在湖北郧县余嘴 2 号旧石器地点也有发现，标志是一些扁平的打片砾石[24]。这种技术无疑是当地原料特性的反映。它在西南，尤其是云贵高原地区表现最为充分，形成了一种技术传统。之所以称之为技术传统，是因为锐棱砸击技术不是唯一生产石片的方法，用锤击法同样可以生产石片，正因为这种不能完全用功能来解释的原因，所以说它在旧石器时代晚期及更晚的阶段构成了西南地区的石器技术传统。

西南地区旧石器时代晚期与新旧石器时代过渡阶段之间并没有明显的界限，这里设定了一个时间界限，并不是说发生了明显的文化变迁，因为从目前的考古材料中还难以看出来。它是基于周边地区的时间框架而确定的，是为了比较而设置的，这是特别需要注意的地方。缺乏明显的新旧石器时代过渡阶段的开端也是西南地区的关键特征之一。

属于新旧石器时代过渡阶段的遗址较多，器物组合的特征也是各不相同。普定穿洞与白岩脚洞相距只有数公里，其上文化带的石器技术以锐棱砸击法为主，石器多而且大，骨器数量多，类型复杂。刮削器的刃角较为锋利，多在60°左右，与同时代及更晚的旧石器遗存均不同。穿洞的 [14]C 测年，下部距今 1.6 万年左右；中部（第 6 层）9610±100 年，遗存甚少；上部（第 3、4、5 层）的年代距今 8000 多年，地层与年代有倒置的现象[25]。兴义猫猫洞遗址 [14]C 年代为距今 8820±130 年，石器组合存在大量器形稳定、加工精致的尖状器与刮削器（刃缘锋利），尖状器类型多样。它还保持这个地区的传统技术，运用锐棱砸击法生产的石片占近 80%，工具修理绝大部分向劈裂面加工[26]。兴义老江底遗址有类似的发现，并出土少量磨制石器[27]。

从目前的材料来看，骨角工具似乎是这个时期的重要特征。距今 1.5 万年左右的马鞍山遗址就发现过磨制骨器[28]。穿洞遗址以骨器多且精而著称[29]。云南保山塘子沟遗址（ [14]C 年代约为距今 7000 年）也出土了丰富的磨制骨锥、骨针、骨镞、角锥、角铲、角矛等[30]。兴义猫猫洞遗址也有类似的发现[31]。开阳县打儿窝岩厦遗址，[14]C 年代为距今 22000—3000 年，分为 18 层，5 层以上含陶片、磨制石器、骨器；5 层以下出土打制石器、骨器、动物化石，打制骨器、骨料占所有出土物的 98%。普定红土洞遗址，距今 8000 年前后，出土 10 件角铲[32]。可能属于同一时期的还有云南峨山老龙洞遗址，出土石制品 630 余件，骨角工具 16 件[33]。

　　这个时期出现的陶器，首先见于与广西毗邻的地区，典型代表是安龙观音洞遗址，它位于珠江上游，出土打制石器、磨制石器、骨器、陶片、人类与动物遗骸共 5 万余件[34]，还有用火遗迹。发掘者对 1986 年试掘时从遗址堆积中部的四个连续文化层采集的样品进行 [14]C 年代测定，分别得出距今 9970—7080 年几个连续的绝对年代数据。陶片来自距今约 8000 年的层位，磨制石器少，仅见石斧与石锛；打制石器组合以石片石器为主[35]。平坝飞虎山下层距今约 1.2 万年，为黄色堆积，与华南地区类似，但没有陶器与磨光石器，出土燧石石器、骨角器、用火遗迹、动物化石等。但其斧形器形制与磨光石斧相近，可能与处在新旧石器时代过渡阶段有关[36]。保山塘子沟还发现建筑柱洞，可能存在某种形式的建筑[37]。四川盆地尚缺乏这一时期的发现，青藏高原东缘地区上文已提及，主要以细石叶工艺石器为标志。总体看来，这个时期西南地区以骨角工具、类似新石器时代的石器以及陶器、较为固定的居所为特征，其中陶器与固定居所的出现可能相对较晚一些。

　　西南地区新石器时代的开端以陶器群、聚落结构、磨制石器组合的出现为标志，起始年代约为距今 5000 年，比周边地区晚数千年。虽然更早的遗址如安龙观音洞、保山塘子沟有类似的发现，但特征比较零星，没有构成完整的器物组合，而且它们都位于西南地区的边缘，处在既可划归华南地区也可划归西南地区的模糊地带，而在西南地区中心区域尚少发现。西南地区新石器时代从三个方向受到文化影响：华南、长江中游、西北，不仅表现于陶器的风格元素上，而且表现在石器特征上，如有肩石器[38]。某种意义上说，西南地区的新石器时代是外来文化影响的产物，新石器时代文化特征的出现时间是边缘地区较早，中心地区年代较晚。

整个四川盆地的新石器时代文化序列，分为川北山丘区、川东三峡区、川西北高山峡谷区、四川盆地中心四个亚区，分别受到华北李家村文化、三峡以东的大溪文化、西北的马家窑文化的影响。川西、川北地区的新石器发现始于汉源大地头[39]、汶川姜维城[40]、茂县营盘山[41]。近年发现向家坝库区叫化岩遗址，出土几十件磨制石斧，200多件石网坠，有房址[42]。类似的还有什邡桂圆桥遗址，出土细石叶工艺石器，也发现房址[43]，年代都在距今5000年前后。稍晚有汉源麦坪遗址发现多开间的房址，磨制石器更加发达[44]。这里的新石器时代至少可以晚到中原的商代晚期，如礼州新石器遗址[45]。川东边缘地区明显受到长江中游新石器时代早期文化的影响，发现比中心区早得多的新石器遗存。以成都平原为中心的新石器文化出现较晚，晚到距今4500—4000年才迅速发展起来，形成具有本地特色的"宝墩文化"，并迅速开始了社会复杂化进程，出现了城址[46]。

近年来，贵州新石器时代至商周时期考古遗存的发现明显增加，已有分区研究的尝试，不同区域自成体系，差异明显；以黔西、黔西北地区为例，只能划为一个混合文化区。"从文化的整体面貌和大的区域范围来看，受多种文化因素的影响是其共有特征，但各个小区域的地域性特征也表现得异常明显。以威宁中水鸡公山和毕节青场为例，虽然从地理单元上看，两地的距离并不是很远，地貌单元也极其相似，但在文化面貌上却又相差较大。似乎这一地区也同时呈现出一种'大杂居''小聚居'的态势"[47]。与贵州地区复杂的文化格局类似，云南新石器时代遗址可以分为滨河阶地、滨河洞穴以及滨湖贝丘三种地理类型，而在文化面貌上可以归为 8 个、9 个甚至 11 个类型[48]，格局极其复杂。这构成西南地区新石器时代另一个特别明显的特征。

与新石器时代开始晚、区域格局复杂相并列的特征还有：西南地区新石器时代保留着当地古老的技术传统，如沿用整个旧石器时代的锐棱砸击技术；还有残留着属于旧石器时代的细石叶工艺，进入新石器时代之后，这种工艺在华北地区迅速消失了，而在西南地区川滇走廊一带还有保留，某些地区残留到商周时期。

表 10.1　西南地区史前时代的时空框架与典型遗址

时间	阶段	典型遗址		
		云贵高原	四川盆地	青藏高原东缘
约距今 3.5 万—1.5 万年	旧石器时代晚期	草海、马鹿洞	张二塘、鲤鱼桥	大河、富林、回龙湾
约距今 1.5 万—5000 年	新旧石器时代过渡阶段	白岩脚洞、猫猫洞、穿洞、飞虎山、打儿窝、安龙观音洞、张口洞		中子铺、塘子沟、烟云洞
约距今 5000 年以后	新石器时代与青铜时代	中水、鸡公山、大墩子	狮子山、营盘山、宝墩、张家坡	麦坪村、姜维城、礼州、毛家坎

五　西南地区的适应多样性

（一）西南地区的农业起源

理论上西南地区农业应该是与新石器时代一起到来的，但是考古学上的证据并不能充分支持这一论断。究其原因，一方面由于考古材料发现上的局限，另一方面由于这里复杂多样的地区状况。考古学文化角度的分析支持四川盆地东部首先接受长江中下游地区传入的稻作农业，随后西北地区的人们涌入带来粟作农业，经过冲突与调整，稻作最后占据主体[49]。而从石器工具的角度来看，大巴山以南、嘉陵江两岸地区以广元张家坡遗址为例，石器组合以斧、锛、凿为主[50]，其中所谓挖土工具"镢"，从形态上看更可能是石斧废弃后的重新使用；同出的石杵也不具备杵的使用特征，较大的崩疤痕迹显示可能曾用于敲砸坚硬物体；长方形石刀同样如此，刃缘短，不具有收割用石刀的特征（图10.2）。总体说来，张家坡遗址缺乏农作与谷物加工工具。与此类似，江油大水洞新石器时代遗址出土磨制的斧、锛、凿、矛、砺石等，也没有农业工具[51]。汶川姜维城遗址，距今约5000年，出土石杵、磨石，类似谷物加工工具[52]；但真正的石杵仅1件（另一件的横截面如同石斧），磨石中心直径仅6—7厘米，还不是石磨盘；遗址同出细石叶工艺石制品，指示狩猎经济的存在。

距今7000—6000年的四川广元中子铺遗址采集到大量细石叶工艺制品，同时发现少量磨制石器——锛与穿孔石刀，发掘者认为它们可能属于不同时期的遗存[53]；但它们完全有可能属于同一时期，细石叶工艺石器并非不能与磨制石器共出。如果这个推测正确，农作可能在中子铺遗址已经存在，用于收割的穿孔石刀是很好的指示标志。与此类似，四川汉源大地头遗址出土磨制石器与细石叶石器，如石斧、穿孔石刀、石锛、网坠等，发掘者推测距今4000年前后[54]，显示渔猎与农作活动的存在。汉源麦坪村、麻家山的新石器到商周时期遗址经过调查与试掘，石器组合中缺乏农作工具，磨制石器以斧、锛为主，兼有细石叶工艺制品与打制石器[55]。麦坪村遗址后又经过系统发掘，出土网坠、镞等渔猎工具，发现了穿孔石刀[56]。四川攀枝花市德昌毛家坎新石器时代遗址也出土有较多的石刀（12件），其他石器以斧、锛为主，还有石镞以及细石叶工艺石制品[57]。西昌礼州与云南大墩子文化类似，出土丰富的穿孔石刀，时代相当于晚商[58]。总的来说，随着农业的普及，穿孔石刀的数量越来越多；反过来说，四川盆地诸遗址所反映的农业发展是渐进的，而且是初步的，因为除了穿孔石刀外，其他农作工具与谷物加工工具都很缺乏（当然，也可能与木制工具较容易得到有关）。但细石叶工艺石制品与渔猎工具的发现，表明其生计构成还是混合式的，农业还没有占到绝对的主导地位。

云南是野生稻的分布地，但云南所发现栽培稻遗存的年代较晚，滇池区域贝丘遗址距今 4260 年[59]，宾川白羊村距今 3770 年[60]，元谋大墩子距今 3210 年[61]，剑川海门口距今 3115 年[62]。另一重证据来自环境变化的材料，洱海湖泊沉积物的磁化率分析，认为农耕始于 2470BC 前后[63]。新的研究根据沉积岩芯多环境指标分析、高分辨率分析配合精确测年，显示人类开始砍伐森林可以早到公元前 4400 年，从地势较低的常绿阔叶林逐步扩展到上部的铁杉林；含量增加的禾本科（包括水稻）花粉，反映近岸耕作农业的出现。车前草与唇形科等植物指示畜牧业的存在，其他杂草如蒿、藜等也间接指示人类活动的存在（这些杂草通常生长在路边，居民定居点附近以及荒废的田地里）。沉积花粉的证据比考古证据约早 1500 年。湖泊沉积物的分析也支持这一点，毁林导致土壤侵蚀，粗粒物质增多。环境指标分析还显示，西汉时，由于大规模移民，耕作农业开始广泛发展[64]。尽管云南曾长期被视为稻作农业的主要起源地，但是考古材料与环境变迁的证据都不支持这种观点。

贵州农业起源的直接证据是水稻遗存的发现。1995 年、2002 年贵州威宁中水遗址发现丰富的稻谷遗存，^{14}C 测年为距今 3120±65 年[65]。后又在中水鸡公山遗址 120 个灰坑内浮选出 6500 余粒[66]。稻谷形态短胖，可能系旱稻，为适合高原生长的品种，石刀、镰、杵、臼的出土进一步肯定农耕的存在[67]。毕节青场新石器时代遗址出土磨制石器以锛（38 件）、斧（9 件）、凿（4 件）为主，均通体磨光，兼有铲（2 件，仅刃部稍磨）[68]，典型的农作与谷物加工工具仍然稀少。贵州各地磨光石器的统计也是如此，从极少发现的石锄的轮廓来看，单面刃非常明显，仍然是石锛的形制，石刀同样少见[69]。六枝老坡底遗址群，下层是以夹砂褐陶圜底器和磨制石器为特色，原生土面上有房屋基址和围栏一类建筑遗迹，年代还不清楚；石器中只有磨制石斧、石砧和砍砸器等，骨器中只有刀、铲、纺轮等，缺乏农作工具[70]。贵州的材料显示其农业的开端较四川、云南更晚，系青铜时代而非新石器时代的现象。

（二）狩猎采集者文化适应的多样性以及对农业扩散的反应

基于目前有限的考古材料，我们可以看出旧石器时代晚期以来西南地区文化适应怎样变化的端倪呢？贵州旧石器时代考古材料中，石器工具常见陡向的加工方式，显然这不是用于屠宰活动的，更可能与加工竹木骨等有机工具有关；石片石器多向劈裂面加工，这与砾石石材有关，因其背面光滑，使用中可以减小刮削的阻力，也是为了加工有机工具。有机工具的弹性好，不易损坏，但相对于石质工具，效率稍低；如果用作狩猎工具的话，更适合狩猎一些较小型的动物[71]。贵州地区 1 万年前后的遗址多有骨角工具，某种程度上说，反映的就是小型动物的狩猎开始占有更重要的地位。同时用作挖掘的角铲反映了根茎植物的利用，它们的淀粉含量高，需要投入较大劳动力进行处理，可以将之视为资源强化利用的证据。当然，穿洞、猫猫洞不乏锋利的刮削工具，既反映了不同遗址之间的差别，又反映了地域之间的区别。

川滇两省的青藏高原东缘地区旧石器时代晚期出现的勒瓦娄哇技术及其他类似莫斯特的石器，反映的是狩猎生计中相对流动的适应。预制的石核，精细准备制作的石制品都是为了提高狩猎的效率。随后流行的细石叶工艺进一步支持狩猎依赖的观点，标准化器物刃缘生产，非常有利于复合工具刃部的更换，正是对狩猎生计的适应。在农业普遍推广之前，甚至是在农业形成的初期，该地区的狩猎在生计中依旧占有重要地位。前面我已提到中国从东北到西南存在一个生态交错带，燕山南北地区是其中一段，青藏高原东缘属于靠南部的一段。生态交错带中的适应优势是狩猎资源多样，成本是资源条件不稳定，所以有效的适应策略是采用多元混合的生计形式，其中狩猎占有重要地位。

四川盆地中部材料少，铜梁的石器以粗大的砍砸器、大三棱尖状器为特征，桃花溪遗址石器组合也以大型工具为主[72]，显示出一种偏重于植物采集的生计方式。进入全新世后，四川盆地有大江大河，渔猎资源相对丰富，而贵州高原地区都为河流上游，渔猎资源少，所以在巴蜀地区水生资源利用成为生计的组成部分，当然其重要性与华南、东北地区难以比拟，也不如长江中下游地区。我们对西南地区晚更新世之末及结束之后一段时间的狩猎采集文化适应了解很少，结论中多有推测的成分。大体可以归纳为四川盆地是以采集为主的地区，川滇西部更多狩猎，贵州高原更可能是一种偏向狩猎的混合经济方式（高原地带初级生产力不如四川盆地高），这与模拟研究的结论基本一致。这时云贵高原甚至可以看到资源强化利用的有趣迹象，值得注意。

处于新旧石器时代过渡阶段的云南保山塘子沟遗址出土丰富的动植物遗存，体现了一种高度多样的资源环境，所利用的动物有无脊椎动物（螺、蚌、蜗牛等）、鱼、鸟、哺乳动物等，范围很广；不过石器组合更多体现的是植物采集与加工的功能，如许多单面锤[73]。贵州地区此时的典型遗存是安龙观音洞遗址，整体文化面貌与华南中石器时代遗存非常相似，是一种强调广谱利用尤其是水生资源利用的生计方式。遗址出土动物骨骼数以万计，包括20多个种属，其中无脊椎动物有螺、蚌类4—5种，在所有动物遗存中，螺壳的个体数量所占比例较大，各文化层之间有所差异，基本趋势是自下而上逐渐增多[74]。但是这样的遗存特征并没有普遍发现于贵州地区。由于地理位置上毗邻广西地区，所以与其将它归属于贵州地区，还不如将它列入华南地区更合适。

西南地区的气候环境是晚更新世以来所有文化生态区中较为稳定的，可以与华南地区相提并论，华南因为地处热带，所受影响的幅度不如温带地区大。西南地区由于周围山脉、高原的阻隔，冰期气候的影响较同一纬度地区要小；另外，这里也是较少受到寒潮、台风、洪涝等极端自然事件影响的地区，气候环境比较稳定。晚更新世结束以后，这里首先受到西南季风的影响，气候由冷湿转向暖湿，比华北、长江中下游地区更早接受冰期结束后的气候改善。洱海的环境资料显示，公元前11000—前6400年，由于西南季风增强，其湖面扩张；但是其后的全新世大暖期，由于盆地内有效湿度降低，湖面反而下降[75]，这跟其他文化生态区更加暖湿的气候影响明显不同。

理论上，稳定的环境无疑有利于狩猎采集生计，它会降低采食风险；同时，资源多样的条件也有利于降低采食风险；再者，相对封闭、各自独立的盆地环境也降低了群体之间的竞争。上面的行为生态学分析支持西南地区高度多样的适应特点。从考古材料较为丰富的新石器时代来看，云南地区新石器时代可以区分出多达11个文化类型，不仅仅是陶器组合存在差异，工具组合也不同，反映不同区域之间还可能存在生计构成上的区别[76]。四川盆地的新石器时代也存在川西平原、川北山丘、岷江上游、大渡河

上游、大渡河中游（汉源盆地）、安宁河流域、川南地区、嘉陵江流域等文化区，构成同样非常复杂。贵州地区更是如此。稳定、多样与相对封闭的环境导致文化适应的特化，形成特征独特的区域文化。某种意义上说，适应特化是一种高度成功的适应，也正因为非常成功，所以不需要改变，因此给人保守的印象。

当农业扩散到云贵川时，四川盆地较快地接受了农业生产，社会复杂化进程迅速，这其中很大的原因与其所受的影响有关，因为此时的长江中游、西北地区都开始了社会分化。从这个角度上说，西南地区接受农业是伴随着复杂社会因素产生的，也就是说，这个过程中可能伴随着外来因素的强力推行。就云贵地区而论，农业群体首先扩散进入一些面积较大、有地表径流或湖泊的盆地（图 10.3），当他们占领之后，狩猎采集者就被挤到更小的盆地中；这个过程持续下去，最后农业群体占领了所有能够开展农业的区域，狩猎采集者不得不生活在最边缘的环境里。这些地区几乎无法进行农业生产，也不是狩猎采集的最佳地带，我们在民族学中看到的"落后民族"就是被迫生活在这些边缘环境中的群体。

（三）贵州的后旧石器时代

贵州地区的新石器时代至今面貌还不是很清楚，目前所谓的新石器时代遗存的年代多相当于中原地区商周时期，年代较早的飞虎山遗址新石器时代文化层年代为距今 4120±90 年[77]。北盘江流域发现的新石器时代遗存，也是以打制石器为主，多用锐棱砸击法，磨制石器少。整个贵州地区"新石器时代"更像作为一种理论而存在，缺乏充分的材料证明。张森水最早注意到贵州地区旧石器时代文化的特殊性，提出"后旧石器时代"（Epipaleolithic）的概念[78]，但他同时用它泛指整个中国地区新旧石器时代的过渡阶段，虽然主要讨论的是云贵地区的材料。这里我更愿意用"后旧石器时代"来描述贵州地区从旧石器时代晚期到商周时期这个阶段，即相当于其他地区的新石器时代，贵州地区没有典型的新石器时代。

贵州地区新石器时代的缺乏从文化生态学角度是可以解释的，这里不是适合史前农业产生的区域，前文分析过，这个地区一旦操持农业，砍伐森林，开垦土地，就会导致肥沃土壤的流失，不利于农业的条件就会形成。相反，在狩猎采集生计条件下，人类对于自然植被的干扰相对较小，自然植被还在积累土壤的肥力。在一个不适合农业的地区操持农业，必然导致生态条件的恶化。狩猎采集者毫无疑问是不愿意采取这种适应策略的，前面我们已经看到，贵州地区全新世早期的遗址材料中已经具有某些资源强化利用的迹象，但是这里并不适合早期农业"刀耕火种"式的粗放经营，也正因如此，贵州新石器时代一直没有真正开启。贵州地区的农业是外来的，是一种通过复杂社会的强力推行而产生的，这也是为什么贵州地区农业从商周时期才开始的原因。但是历史进程表明，农业的推广在贵州地区并不成功，其农业相对于其他地区一直不甚发达，造成贵州历史上一直贫困的面貌。但是这个地区其实是非常适合狩猎采集者的生活区域，就像工业时代最有优势的发展区域在沿海地区，农业时代的优势区域在大江大河的平原地带一样，狩猎采集时代的优势区域在于环境稳定、资源多样的区域，贵州地区就是这样的优势区域。"风水轮流转"，不同的生计方式需要不同的文化生态条件，不恰当的利用就会造成生计艰难。

贵州地区发现了许多洞穴、岩厦遗址，它们常常被视为旧石器时代遗存，其中有相当一些可能都属于后旧石器时代（相当于华北、长江中下游地区的新石器时代）。在这个时期，贵州地区已经出现了生计压力，人类开始了广谱的适应，生存的范围明显扩大，也就是说，从大的资源斑块扩展到较小的资源斑块（更小的盆地也开始为狩猎采集者占据）。一个难以解决的矛盾出现了，假如没有外来农业影响，贵州地区是否会走向农业呢？迄今为止，农业生产是解决人口与食物之间矛盾的唯一策略。

第十一章
谁拓殖了青藏高原？

物不可以终止，故受之以《渐》。渐者，进也。

进必有所归，故受之以《归妹》。

——《周易》

一 前 言

青藏高原是人类生存的极端环境，从低海拔地区到青藏高原旅行的人常常面临呼吸短促、步行困难的问题，更别说劳作、奔跑了。然而，古代人类在高原上形成了适应，包括体质与文化上的。就"史前现代化"这个主题而言，该地区目前最核心的问题有三个：①青藏高原究竟是谁首先拓殖的，是狩猎采集者，还是早期的食物生产者？②既然青藏高原环境非常恶劣，那么人类为什么会走上青藏高原？人类如何才能成功地利用这里的资源？③古代人类成功地适应了青藏高原，其中又经历了怎样的发展过程？有哪些考古材料证据？当前的研究普遍认为是在晚更新世，或至少在旧石器时代晚期，狩猎采集人群已经在青藏高原成功地建立起了适应策略。而我的观点是，青藏高原的成功拓殖是以农业起源为条件的，最早的青藏人应该是食物生产者，而非狩猎采集者。我将从理论与材料两个角度来分析青藏高原究竟是谁拓殖的，并讨论高原文化适应的形成过程。

二　青藏高原的文化生态条件

（一）基本自然地理条件

我们通常所说的青藏高原是个范围广阔的区域，包括海拔超过 4000 米的高原与众多平行高大的山脉，是人类生存的极端环境。青藏高原总面积约 220 万平方公里，是一片抬升迅速的区域，有些地方万年之内就上升了 500 米。高原上山岳冰川发育，湖泊众多，同时高原腹地非常干燥，多数湖泊为咸水湖。高原土壤原始，土体中的砾石含量大多超过 30%。植被从东南向西北逐渐由高山草原、高山草甸过渡为高寒荒漠，草原的覆盖率在 20%—50%，产草不多，但面积广大，有利于放牧；另外，4500—5000米及以上的高山草甸植被虽然矮小、单调，仍可用作夏季牧场；青海东南部、四川西北部、西藏东南部以及喜马拉雅山山地有森林分布，森林线附近草原良好[1]。按照森林边缘效应[2]，这个地带资源条件相对较好，更有利于动物和人类生存。青藏高原的动物贫乏，连昆虫也稀少，可捕猎的动物有野牦牛、藏羚羊、藏驴、岩羊、高原兔等，流动迅速，不易捕猎，而且动物资源密度低，生态系统脆弱，很容易导致猎物过度利用。相对而言，青藏高原的东南边缘，物种较为丰富。

青藏高原并不是单一的自然地理单元，至少包括若干个自然地理单元：雅鲁藏布江河谷、羌塘高原、柴达木盆地、青海湖盆地、东缘的高山峡谷地区[3]。其中，雅鲁藏布江河谷海拔 3700—3900 米，南北高山对峙，难以跨越，河谷内部水热条件相对较好，是青藏高原上农业条件最好的地区。羌塘高原海拔 4300—5000 米，干旱、贫瘠，只有少数水热条件较好的地区有草地生长。柴达木盆地海拔 2600—3000 米，非常干旱、贫瘠，沙漠、盐湖、戈壁广布，盆地的边缘因为有冰雪融水，点缀着一些绿洲。青海湖盆地海拔 3200 米左右，草地广阔，生存挑战相对较小。青藏高原东缘的高山峡谷地区从南到北加宽，受植被垂直分布的影响，其资源丰富多样，但交通不便。

（二）农业的文化生态条件：青藏高原适合食物生产者吗？

无论怎样的自然地理条件，总是相对一定的文化条件而言的，上述青藏高原自然地理条件其实针对的是现代文化条件，也就是农牧业生产而言的。围绕史前现代化的主题，我们需要了解两方面：一方面是青藏高原对于食物生产者的影响，目前我们较为清楚的是对农牧业的影响；另一方面是对于狩猎采集者的影响。知道这两个方面的影响，将有助于了解从狩猎采集向食物生产的过渡——史前现代化进程。

自然地理条件的影响通常是既有正面的，也有负面的，前者可能吸引某种生计方式，或是使得某种生计方式难以被改变；后者可能是阻碍制约因素，但也可能成为压力反而推动文化改变。总之，自然地理条件与文化适应并没有简单的对应关系，而需要具体情况具体分析。从不利的方面讲，由于海拔高，青藏高原的热量条件很差，大于等于 10℃ 积温的区域远远低于同纬度的亚热带低地，如江孜（北纬 28°55′，海拔 4040 米）积温仅为 1482℃，比寒温带的南界 1700℃ 的指标还要低，不利于植物的生长；同时温差大，易生冻害。其次，高原上辐射强，气流受地形扰动剧烈，雷暴与冰雹特别多，容易形成灾害性的天气。再者，高原终年处在高空西方气流控制下，风大且多，气候干旱。

从有利的一面来看，青藏高原日照丰富，太阳辐射强，光谱中紫外线与红外线的部分更多，均有利于植物发育，农作物如青稞因此可以种植到 4900 米的高处。气温的年较差小，冬季并不是很冷，拉萨的冬季平均气温为零下 2.3℃。雨热同期，蒸发小，植物生长季节气候湿润，土壤矿物流失少，有利于作物生长。气温日较差大，而夜间气温低又可降低作物养分的消耗量，有利于作物碳水化合物的合成，作物种实硕大，农业产量相当高[4]。权衡利弊，应该说青藏高原还是有利于农业生产的，尤其是与狩猎采集的生计比较的时候。

（三）狩猎采集的文化生态条件：狩猎采集者可以在青藏高原
　　　 上生存吗？

1. 狩猎采集者适应的文化生态原理是理解人类拓殖青藏高原的理论基础

当前关于人类拓殖青藏高原的研究基本都是围绕考古材料进行的，这种完全依赖考古发现的研究非常被动，"迷信"材料的做法使得考古学研究基本丧失了自我纠错的能力。如果材料本身有问题，那么，立足其上的观点就成了沙上建塔。而材料的问题并非不存在，青藏高原上所有的旧石器时代考古材料很少有准确的地层证据，把石器组合的风格特征与时代简单对应，如打制石器属于旧石器时代，细石叶工艺石器属于中石器时代，完全不靠谱；此外，基本没有考虑考古材料的形成过程，所以迄今为止，并没有建立起可信的年代框架。在没有基本可靠的时空框架的时候，探讨青藏高原旧石器时代或新旧石器时代过渡，显然是难以让人信服的。考古学家其实还有一个角度，就是参考狩猎采集者研究。它虽然起始于近现代狩猎采集者的民族学研究，但是它研究的是狩猎采集者的文化适应机制，即无论是古代的狩猎采集者，还是近现代的，只要是以狩猎采集为生的，必然受制于某些基本的文化适应机制，即通过流动采食自然生长的动植物资源，这不会因为时间、地域而有所区别。从狩猎采集者的文化适应机制出发，我们再来看青藏高原最早拓殖者的问题，至少可以从理论上回答这一地区是否适合狩猎采集者生存，以及在何种程度上可以为狩猎采集者利用。理论研究可以缩小我们探索问题的范围，如果理论上都不成立，那么仅凭模棱两可的考古材料是解决不了这个问题的。狩猎采集者研究是理解最早的青藏拓殖者问题的理论基石，很遗憾，到目前为止，无论国内还是国外的研究都很少注意到这一点。

关于狩猎采集者，我们可以肯定的是，狩猎采集者依赖流动采食自然资源为生，这一点古今共同；我们也知道存在某些例外，即利用水生资源的狩猎采集者能够有一定程度的定居。这种共性就决定了其生存必定要受到两方面因素的制约：一是人类的流动能力，即单位时间所能覆盖的范围，依赖步行并且没有马匹、舟楫的帮助所能采食的范围必定是有限的，我们还可以确知崎岖的地形、缺氧的高原会进一步限制人类的流动性。二是自然资源的密度，显然，如果资源丰富，人类需要流动采食的范围就小；如果资源贫乏，分布稀薄，那么人类为了满足基本的需要，就需要更大的采食范围。如果资源稀薄的程度超越了狩猎采集者流动能力所能覆盖的范围，那么狩猎采集者就无法生存。认为狩猎采集者可以利用任何生境，是一个没有经过检验的假设，是一种受到工农业时代技术误导的观念——以为狩猎采集者就像工农业时代的居民一样可以生产所需要的资源。他们是依赖自然生长的动植物为生的人群，受制于最基本的生物定律，必须找到食物才能生存下去。

2. 青藏高原的生产力足够狩猎采集者生存吗？

由于总积温低，青藏高原的净地表初级生产力低，其分布从东南向西北递减，该趋势与水热梯度基本一致；全年中冬季（12月—次年2月）的净地表初级生产力最低，仅占全年的1.3%，夏季

（6—8月）最高，占到全年的80%[5]。净地表初级生产力低意味着该地区所能支持的次级生产力（动物密度）也有限，生产力的季节性对应着食物资源的季节性。一个地区能够承载多少人口并不是由资源最丰富的季节决定的，而是由资源最贫乏的季节决定的。虽然应该考虑到狩猎采集者可以储藏，但是仅仅两个月的旺盛生长季节要供给另外贫乏的十个月，无疑是非常困难的。当然，如果只是在夏秋之季利用青藏高原[6]，即季节性地利用这段资源最充足的时间，其余时间不涉足高原，那么还是可能的。

　　按照狩猎采集者的模拟研究，设若气候如今天，除了东部边缘地区，高原腹地与西北沙漠地带等大片区域都不适合狩猎采集者居住。因为这片区域的生产力太低，而凭借依赖步行的流动性是不足以利用稀薄分布的资源的。如果气候环境条件比现在更恶劣，那么利用的可能性还会减小，甚至是资源最丰富的季节也会缩短，狩猎采集者利用东部边缘地区的范围可能也会缩小。简言之，狩猎采集者在青藏高原腹地生存的机会微乎其微。

　　模拟研究中还有一个值得注意的现象，虽然青藏高原腹地非常不适合狩猎采集者，但是狩猎采集者适应的最佳地带就在青藏高原的东部边缘地区，并延伸到西南地区。按照这个模型，我们可以推导：狩猎采集者最后消失的地区应该就在这里。因为这个地区地形起伏，同等面积的区域拥有更大的地表空间，资源的垂直分布也有利于获取多样的资源。民族志的材料也表明，历史上这个地区的确保存了最多的狩猎采集经济成分。这种强烈的反差使得我们一方面否定青藏高原腹地适合狩猎采集者生存，另一方面又要肯定东部边缘地区具有狩猎采集者栖居的适宜环境。所以，简单地说青藏高原适合或不适合狩猎采集者生存是有问题的，而需要将之分为两个区域来看。我们可以预言考古材料的发现：高原腹地将绝少有狩猎采集者的考古材料发现，而高原边缘环境将会发现时代很晚的狩猎采集者的考古材料。

3. 高原环境对人类适应的挑战

人类要长期生活于海拔超过 2500 米的地区，就会遇到低氧、夜寒、低生物量、高新生儿死亡率等问题[7]，需要一系列文化、行为与生理上的适应改变。低海拔地区的人们到高海拔地区生活需要减小活动量、增加热量的摄入，以适应寒冷的自然条件，还可能经历某些疾病风险，包括各种呼吸道感染与高原病。从生理的角度讲，要避免以上问题，除非生在高原上；否则，只能通过文化适应手段加以改善，这包括尽可能减小移居的距离与频率，选择最佳的栖居环境以减小获取食物的范围。如果要去狩猎的话，那么就需要花费更长的时间、更好的给养准备（提前储备好途中所需要的物资），需要更强的运输能力（如马、牛、带轮子的车子等），以及更多埋伏式的狩猎而非追猎。随时能够取火与熟练的皮服加工能力更是不可或缺的[8]。

高原环境年均气温低，人类生存所需要的热量高，高原适应成功的标志之一就是建立起高原环境所需要的饮食结构，如现代藏族所食用的酥油、糌粑、牛肉等高热量食物。在没有农业的情况下，获得高热量的食物就必须依赖狩猎。紧接着的问题就是狩猎采集者要有能力通过狩猎获得足够的肉食资源。高原环境空气稀薄，对人类行动约束明显，长距离行走与奔跑都很困难。虽然我们有时可能看到成群结队的羚羊甚至牦牛群，但是它们是极广大范围所承载的，平均到单位面积的次级生产力非常低。也就是说，狩猎采集者需要非常广阔的地理范围才可能猎获足够多的动物，需要提高流动性，在寻食的时候尽可能覆盖更大的范围；但是高原稀薄的氧气又是限定人类流动性的。在这个矛盾没有解决的情况下，狩猎采集者能够在青藏高原上成功生存是非常值得怀疑的。如果狩猎采集者一定要利用本地区的资源，选择食物较丰足的夏季无疑更为合适一些。

青藏高原腹地环境极端、贫瘠、多变、难以预测与极端脆弱，非常需要高可靠性（reliability）且富有弹性（flexibility）的生计策略。在狩猎采集者的适应策略中，对于极端环境通常采用的策略包括提高流动性、扩大食谱、增加储备、强化利用某些资源（如植物种子）、发展分享与交换、控制人口、发明更复杂的技术、利用更稳定的食物资源（如水生资源）、发展宗教礼仪强化社会认同等，其中适用于青藏高原地区的仅有更复杂灵活的技术、增加储备、强化利用等，又以流动性为核心要素，而青藏高原环境限制的恰恰就是这一因素，有效的运输手段需要依赖动物的驯化，不是狩猎采集者所有的。因此，在青藏高原上形成高可靠性与弹性的狩猎采集策略是非常困难的，狩猎采集者所拥有的"文化软件包"中没有必要的组件来应对高原适应的挑战。

青藏高原的东部边缘地区资源相对丰富，高山峡谷交错，生态环境差异性大，资源分布丰富多样。一方面需要群体内分组分工[9]，以利用多样的资源；另一方面，这里基本都是河流的上游区域，地形崎岖，部分道路只能季节通行（冬季大雪封山），不利于行动，因此需要便于流动的工具组合。当然，相对于高原腹地，这里海拔较低，行动条件要好得多。东部边缘区域严重缺乏适合耕种的平坦土地，陡峭的地形使得植被遭到破坏之后容易造成水土流失，所以，在狩猎采集与食物生产两种生计方式中，这里其实更适合狩猎采集，而非食物生产。

简言之，青藏高原不适合狩猎采集者生存，如果狩猎采集者需要利用青藏高原，策略一是季节性地利用，在夏季深入高原中；另一种策略是利用青藏高原的东部边缘地区。归纳起来，狩猎采集者的最佳选择是生活在青藏高原的东部边缘地区，在气候环境适宜的时候季节性地进入青藏高原利用某些资源。如果拥有了食物生产技术，人们才有可能利用青藏高原腹地。

三　青藏高原的古环境

现在的青藏高原环境不适合狩猎采集者，那么史前时代是否适合呢？没有证据表明青藏高原在旧石器时代晚期之前就有人类，而在旧石器时代晚期（晚于距今 3.5 万年），青藏高原的海拔高度与现在已经相差无几，稀薄的氧气对狩猎采集者流动性的限制已经存在，这是青藏高原古环境中最重要的变量，也就是说，旧石器时代晚期，青藏高原同样不适合高度流动的狩猎采集者生存。再者，相比于全新世罕有的稳定气候，更新世气候环境更加多变[10]，这将加剧狩猎采集者在青藏高原上的生存风险。

较早期研究显示，青藏高原 4 万年以来的气候变化趋势中，2.5 万年前为湿润期，2.5 万—1 万年气候干冷，10000—7000 年干暖，7000—3600 年湿温（适宜）[11]。新的研究显示出 2.5 万年前的高温大降水事件[12]。青藏高原七个地点的湖泊钻孔、泥炭剖面、花粉分析显示，距今 2.5 万—1.5 万年前，西藏东南部、川西的若尔盖、青海柴达木、可可西里地区气候干冷，年均气温比现在低 6℃左右，植被以荒漠草原为主，青海湖地区的森林退缩为草原植被。仅在青藏高原东部、南部边缘有森林分布[13]。气候模拟显示青藏高原末次冰期时年平均气温下降 13—2℃，同时伴随着更干旱的环境[14]。柴达木盆地与青海湖盆地距今 15000—9000 年极端干旱，高原的东部边缘由于受到季风影响，距今 1.3 万年开始变得更温暖湿润[15]。青海湖盆地全新世大暖期最高峰为距今 6700 年[16]。古环境的研究支持人类最佳利用青藏高原的时间是在全新世大暖期时，距今约 7000 年前后。

人类可能进入青藏高原的另一个时间是 2.5 万年前，即末次冰期的间冰段（距今 5.3 万—2.5 万年前），当时青藏高原近一半的范围有森林[17]。虽然气候稳定性不如全新世，但比末次盛冰期要好许多。所以，即便人类能够在 2.5 万年前进入青藏高原，在末次盛冰期时也将不得不离开，就像西伯利亚地区一样[18]。末次冰期的间冰段，毛乌素沙漠及其边缘地区先后有萨拉乌苏、水洞沟遗址的发现，表明现今这一边缘环境曾经适合人类居住，但是值得注意的是，此时整个美洲地区还没有人类殖民[19]，还有巨大的生活空间可以拓展；欧亚大陆供狩猎采集者利用的空间处在高峰时期，现今已成沙漠的边缘环境都可以为人类利用。简言之，这个时段人类并没有必要进入青藏高原，而在末次冰期的最盛期时，青藏高原环境更加极端，就是人类希望进入，也没有足够的资源可以利用。

另一个挑战是新仙女木事件，目前证据显示新仙女木事件在青藏高原大部分发生于距今 1.1 万—1 万年，由于巨大的面积与特殊的地理特征，青藏高原之于气候、环境变化更加敏感，其生态系统也更脆弱，对新仙女木事件的影响有放大作用[20]。这个持续千年的降温事件使得本来就低的生产力更加贫瘠，经过放大的环境影响，这个区域更不适合人类居住，即便有人类冒险进入青藏高原，毫无疑问也将难以生存下去。这个时间段通常被认为属于中石器时代，青藏高原不少遗址被归为这个阶段，从环境条件的角度来看显然是不合理的。

四 青藏高原的新石器时代

在回答谁拓殖了青藏高原、为什么要走上高原以及如何形成适应之前，有必要回顾现有的考古材料，了解考古材料在多大程度上可以回答上述问题。我仍将从已知较为清楚的晚期材料开始，逐渐向不大明确的材料与时代进发，以期获得从已知到未知的认识过程。青藏高原上经过系统发掘过的遗址有昌都卡若、当雄加日塘、拉萨曲贡、贡嘎昌果沟，还有昌都小恩达、林芝云星、居木，以及墨脱的几处地点。下面我首先重点介绍一下这几处年代清晰的重要发现。

当雄加日塘遗址 这是经过系统发掘的遗址之一，与昌都卡若、拉萨曲贡、贡嘎昌果沟同为青藏地区史前时代的基石。遗址位于藏北草原游牧区与拉萨河谷农业区的连接之处，海拔 4234 米。经过三次发掘，共揭露 2900 余平方米，发现清理火塘与灰坑遗迹各一处，石铺地遗迹两处，火塘由三块石构成。采集与出土遗物 2800 件，石器组合主要是细石叶工艺石制品，包括铅笔头形的细石核、柱状细石核等，磨制石器很少，包括穿孔石球和一面带凹窝的磨石。陶片少且碎，以罐为主。[14]C 测年年代为 3200 BC—2900 BC[21]。研究者认为其生计基础为游牧兼狩猎，与卡若、曲贡文化不同，属于高海拔地区的游牧遗址[22]。

贡嘎昌果沟遗址 该遗址位于雅鲁藏布江流域的昌果沟谷地季节性河流的一级阶地之上，海拔 3570 米，三面高山环绕。经调查与小型试掘共得文化遗物千余件。石器组合中包括一般打制石器 257 件，细石叶工艺石制品 587 件（锥形与半锥形的细石核、细石叶与碎屑），石制品集中发现于 20 余平方米的范围内，可能为石器制作场所；磨制石器 6 件，包括石刀、石臼、磨盘、磨棒、钻孔圆形器、齿刃器[23]；还有陶片 162 件。遗址中还发现粟与青稞等植物遗存。利用动物骨骼 [14]C 测年年代为距今 2896±99 年，利用木炭 [14]C 测年年代为距今 3044±102 年，相当于中原西周早期[24]。年代与拉萨曲贡遗址较近，但石制品组合中有更多细石叶工艺石制品成分。

昌都卡若遗址 该遗址位于昌都县澜沧江的支流卡若水与干

流交汇处的台地上，海拔 3100 米，为青藏高原东部高山峡谷地带，河谷阴坡有森林分布。遗址先后两次发掘，共揭露 1800 平方米。遗址分为早晚两期（早期还分为前后两段）。其石器组合从早期到晚期，打制石器、细石叶工艺石器增加，磨制石器的数量显著减少；陶器组合也有类似的特征，晚期的器型、纹饰更趋简单，不见彩绘陶；从建筑的式样来看，早期样式有三种，晚期仅见石墙半地穴房屋一种。从石器功能判断，磨制石器以斧、锛、凿、刀等为主，磨制穿孔石刀的形制丰富；打制石器有铲形器、锄形器、犁形器等，可能为破土工具。磨制石器更发达的早期可能以农业为主，晚期农业衰落，狩猎的比重增加。卡若遗址发现未炭化的粟种壳，以及可能已驯化的猪遗存。距今 5000—4000 年，相当于中原龙山时期[25]。

拉萨曲贡遗址　遗址位于拉萨北郊拉萨河谷北缘色拉乌孜山的山脚下，海拔 3680 米。经过三次发掘，遗址区与墓葬区总计发掘面积 3187.5 平方米。发现墓葬、祭祀、灰坑等遗迹 58 处，出土遗物万余件，以石器居多，还有陶器、骨器、铜器和大量动物骨骼。石器组合（共 1.2 万件）以打制石器为主，包括细石叶工艺石器；磨制石器（25 件）少，主要为梳形器、刀（1 件）、齿镰（1 件）、锛、镞、穿孔石；另外研磨工具共发现 382 件。动物骨骼研究显示早期已经饲养牦牛、绵羊，并有驯化的狗，其他为野生动物，以鹿居多。年代为 2000 BC—1500 BC[26]。

以上四处经过较系统的田野考古工作，覆盖了距今 5000—3000 年新石器时代遗存的基本特征，其中特别显著的特征就是细石叶工艺石制品的普遍存在，它们并不是中石器时代的遗存，而属于新石器时代，当然，这些地点细石叶工艺石制品与陶器共存。目前我们可以肯定的是，青藏高原的新石器时代还保留着细石叶工艺，其年代晚至中原地区的历史时期。次之，其陶器与磨制工具也不甚发达，但已有石刀、齿镰一类的作物收割工具。再者，卡若遗址还表现出晚期文化比早期文化更粗糙的特征，非常值得注意。

鉴于现有材料，我们能够确定的青藏高原新石器时代最早的证据不过距今 5000 年。

五　最早的青藏人

(一) 青藏高原晚更新世人类遗存

1. 主要的发现

长期以来，青藏高原被认为旧石器时代的遗存有：藏南定日县的苏热[27]，藏北申扎县的珠乐勒[28]，班戈县的各听[29]，阿里地区日土县的扎布、多格则[30]，青海境内可可西里的三岔口[31]，柴达木盆地的小柴旦[32]。柴达木盆地的冷湖、小柴旦遗址出土物都系地表采集，后来重新核定出土石器的地层并测定年代，分别为距今 3 万年与 3.7 万年，由于出土物与地层的联系并非发掘所得，因此所测定年代可信度存疑。其他地点的材料都系地表采集，没有地层证据（表 11.1）。

近些年在青藏高原边缘的青海盆地发现一些新的地点[33]，其中黑马河、江西沟、沟后 001 地点经过小规模发掘，黑马河与江西沟地点有基于火塘灰堆材料所进行的 ^{14}C 年代测定[34]，年代比较可靠，但是最早也没早于距今 1.5 万年（校正年代）。更主要的是，这些遗址的海拔较低，而且位于青藏高原的边缘地带。

羊八井附近的楚桑遗址在石灰华中发现 19 处手脚掌印，手脚掌印的光释光测定年代为距今 2.2 万年[35]，附近还发现一处火塘。近些年来，藏北高原的色林错旧石器遗址，被认为是晚更新世人类活动的证据[36]。藏西南仲巴一带也发现 13 处石器地点，部分地点也被认为属于旧石器时代[37]。

青藏高原最早的人类活动证据来自阿里地区夏达错湖滨，这里采集到典型的手斧[38]。在此之前，童恩正先生曾经研究过美国人埃德加（J. H. Edgar）于 20 世纪 30 年代捐赠的两件手斧，这两件手斧分别发现于炉霍、康定一带[39]。

青藏高原地区由于是高寒地带，田野考古工作非常困难，因此，目前的主要发现多系地表调查所得，发现者多为地质调查人员，地表采集工作并不系统，这也使得考古材料的准确性与代表性还不够理想。经过发掘（也仅是小规模的试掘）的遗址都分布在青藏高原的边缘地区，即青海湖盆地一带，青藏高原腹地还没有系统发掘过的旧石器时代遗址。这也就使得青藏高原新旧石器时代过渡的讨论相当模糊[40]。首先要解决的问题乃是青藏高原是否存在旧石器时代，目前的材料、研究方法是否足以支持青藏高原存在旧石器时代的观点，把这些问题解决后才能考虑旧石器时代分期与新旧石器时代过渡的问题。

表 11.1　青藏高原旧石器时代典型遗址

地点	海拔（米）	典型遗存	认定年代
苏热	4500	石片石器	旧石器时代中晚期
各听	4663	硅质岩石片石器	旧石器时代晚期或新石器时代
多格则	4830	燧石、碧玉、玛瑙等石片石器	旧石器时代晚期
扎布	4600	同上	旧石器时代晚期晚段或中石器时代
珠乐勒	4800	细石叶工艺石制品与石片石器	旧石器时代晚期或中石器时代早期
色林错	4600	燧石石片石器、细石核	末次盛冰期前

续表

地点	海拔（米）	典型遗存	认定年代
小柴旦	3170	采集 160 件石制品	距今 30000 年（？）
楚桑	4200	19 处手脚掌印、火塘	距今约 22000 年
冷湖 1 号	2804	勒瓦娄哇技术石制品	距今 37000 年（？）
黑马河 1 号	3210	细石叶工艺石制品	^{14}C 校正年代约 10000 BC
江西沟 1 号	3300	细石叶工艺石制品，灰堆	^{14}C 校正年代约 12000 BC
夏达错	4350	手斧、薄刃斧等	旧石器时代早期
炉霍、康定	3556	手斧	旧石器时代早期

2. 年代问题：石器的技术类型学断代是不可靠的

探索青藏高原最早的人类活动证据首先需要确定石器遗存的年代，而目前所依赖的石器技术类型学断代很大程度上是靠不住的。最主要的原因是，一种石器工艺的产品是非常多样的，磨制石器的生产过程包括毛坯打制，会产生许多石片、断块、碎屑以及半成品（因为某些原因没有进一步加工成成品），如果遗址本身只是一个石器制造场，很可能就不会有磨制石器共存（供进一步磨制加工的半成品被带走了），只有纯粹的打制石制品遗存[41]。如果只采集到这些石片与半成品，很有可能将之视为旧石器时代的产品。此外，打制技术并不是旧石器时代独有的，新石器时代乃至更晚近也不乏打制石器，打制加工的石制品并非没有可能单独分布，在石器制造场以及特殊功能的地点完全可能有属于新石器时代的打制石制品。如炉霍、康定所发现的孤立的手斧，作为新石器时代石器的毛坯的可能性是存在的。

对于细石叶工艺石制品而言，也存在着类似的问题，其标志性器物包括细石叶、细石核，以及预制石核和生产细石叶过程的典型副产品（鸡冠状的第一剥片、雪橇形的削片），至于预制石核过程中制作两面器毛坯所形成的副产品都是特征并不典型的打制石片。如果单独发现，很可能会认为它们属于石片工业类型，并将之视为不同于细石叶工艺石制品的典型旧石器时代遗存，但它们其实不过是细石叶工艺的副产品；又由于围绕细石核预制加工导致的石片普遍较小，部分石片的确可能被修理使用，于是得出类似华北小石器传统的认识。同时，这些石片因为背面遍布修理痕迹，并存在预制台面的情况，也很容易将之视为勒瓦娄哇石片。另外，细石叶工艺作为一种适合流动的技术，其石制品在中心遗址之外使用非常普遍，所以它们完全有可能不与陶器、磨制石器共存，即便使用者是新石器时代人群。细石叶工艺从起源到消失，持续时间从旧石器时代晚期一直进入历史时期；这种技术新石器时代早期在中原地区消失，但在周边地区一直存在。仅仅根据形制来判断其年代是不可能的，如羌塘地区伴随磨制石器出土细石叶工艺石制品，研究者通过石制品的技术类型与华北地区相似，认为属于新石器时代早期遗址，显然是不可靠的[42]，青藏高原新石器时代遗址（距今 5000—3000 年）普遍存在细石叶工艺石制品即是明证。

　　在没有系统田野考古工作（调查与发掘）的地区，单纯依赖一些不具充分代表性的采集石制品，并根据技术类型来判断其年代，毫无疑问可信度不高。石器的技术类型本身持续的时间非常长，打制技术、细石叶工艺贯穿旧石器时代、新石器时代与历史时期，以之来回答青藏高原是否有旧石器时代这个问题，理论上是不成立的。

3. 青藏高原细石叶工艺的发现与解释

　　理论上说，并没有充分理由认为细石叶工艺石制品就是旧石器时代的遗存；从实际考古发现来说，同样没有充分的证据支持青藏高原旧石器时代存在细石叶工艺。迄今为止，青藏高原发现了相当数量含细石叶工艺石制品的地点：1989 年，统计到 42

处[43]；至 1994 年，已有 80 余处[44]；青藏铁路建设过程中，沿线又有 27 处石器遗存地点发现[45]，其中包括日加塘遗址。从已有材料来看，没有一处遗址有确凿的地层与年代证据足以表明细石叶工艺石制品属于旧石器时代。连带着所谓的石片工业石器也要受到质疑，因为它完全可以是细石叶工艺的副产品，所以在细石叶工艺石制品普遍存在的区域，石片石器是不是独立的石器组合值得怀疑，很简单的原因，地表采集到的打制石片绝不能等同于旧石器。有学者认为珠乐勒与各听具有勒瓦娄哇技术[46]。但这也不能等同于旧石器时代的技术，因为细石叶工艺中细石核的毛坯——两面器，加工过程中就存在预制石片，类似于勒瓦娄哇技术。

　　细石叶工艺遗存在雅鲁藏布江流域有广泛的发现，或是单纯分布，或与石片石器共存，或与磨制石器、打制石器共存；有学者认为其分布与地域自然地理特征有关，如第一种多见于高原面上，最后一种多见于高山峡谷地带。原来认为藏南地区的细石叶工艺不如藏北地区典型，但新的发现显示差别并没有原来认为的那么大，藏西南仲巴一带也发现有典型的锥状细石核[47]。藏北羌塘盆地戈木错发现的大量细石叶工艺石制品也非常精致[48]。藏东高山峡谷地区的细石叶工艺石器以昌都卡若、小恩达为代表，技术工艺相差无几，年代都很晚。目前所发现的这些细石叶工艺遗存最早年代可能与全新世大暖期相当，跟不同的经济形态联系在一起，既可能属于狩猎采集者，也可能属于食物生产者（农作物种植者或畜牧群体）。青藏高原全新世大暖期温暖湿润，湖水补给充分，淡水湖多，此时有利于人类生存[49]。

　　目前青藏高原地区最早的细石叶工艺材料都发现于东北部边缘地带，黑马河、江西沟与沟后地点都报道发现了"细石叶残片"，但是都未发现细石核。细石叶工艺遗存的分布特征与这种技术的性质关系密切，其标准化的石刃轻便，易于更换，非常适合流动性高的生计方式。它在青藏高原上的存在也说明生活在这里的人群至少保留着部分流动性很高的生计形式，也就是狩猎。即便是农业群体，可能也有季节性的狩猎活动，以补充生活。作为高度流动的狩猎群体，一般是不会携带陶器、磨制石器等笨重器具的，所以某些细石叶工艺石制品没有与陶器、磨制石器共存，这不等于说它们就不是一个时期的。另外，狩猎群体在瞭望点等待动物的时候，或是在动物屠宰场以及临时过夜的地方，通常会修理工具、使用一些石片[50]，而可能不会留下细石叶、细石核等带有典型细石叶工艺特征的遗存，从而形成石片石器遗存。

简言之，现有的材料不支持细石叶工艺石制品是旧石器时代的遗存，这些石制品更可能是全新世大暖期之后人类活动的证据。

4. 有所谓的青藏高原晚更新世遗址吗？

除了青藏高原边缘地带晚更新世之末存在细石叶工艺遗存外，目前发现于青藏高原上的所谓旧石器时代遗址均存有疑问，前面已提及冷湖与小柴旦遗址的问题，还从理论与考古材料角度讨论了细石叶工艺石制品与可能相关的石片遗存，即我们还没有确凿的旧石器时代石器材料证据。楚桑发现的手脚掌印年代正好是末次盛冰期前夕，没有发现伴随的石制品，火塘是否与手脚掌印同时也不得而知。奇怪的是，测定年代的时候没有选择火塘材料，利用较为成熟的 ^{14}C 测年技术获取年代，而是采用了光释光的方法，这使得楚桑的发现不足以让人信服。

2007 年，袁宝印等报道藏北色林错东南岸古湖滨阶地（海拔4600 米）发现旧石器时代遗址，阶地年代距今 4 万—3 万年，他们指出所发现的石制品从技术类型学上来看显示出浓厚的欧洲旧石器时代中期的文化风格，暗示藏北早期人类的出现可能与晚更新世横贯大陆的早期人类迁徙浪潮有关[51]。然而，^{14}C 测年出现年代倒置现象，现代湖滨碳酸盐"卵石"年龄仅为距今 6360 年；

另外，阶地的年代并不等于石制品的年代，所以石器遗存的年代
问题仍然悬而未决。值得注意的是，其出土石制品中包含楔形细
石核，它的存在就表明这个遗址的年代很可能不是晚更新世的，
而是全新世相当晚近时期的产物。因为这种风格的石制品在青藏
高原地区广泛存在，有明确绝对年代的遗存都相当晚近，这与细
石叶工艺在东北、内蒙古草原地区持续的年代也是一致的。

有关青藏高原更新世早期人类活动的证据，最难以否认的是阿
里夏达错湖滨发现的手斧遗存。炉霍、康定所出手斧不够典型[52]，
或可以否定；而夏达错的手斧具有典型特征，同时发现刮削器、
尖状器、砍砸器等，石器表面风化严重，但并没有水流搬运冲磨
的痕迹[53]。典型的手斧不是旧石器时代晚期的器物，如果这个
发现确实，那么就有理由认为青藏高原早在旧石器时代早期就曾
有人类涉足。那时青藏高原还没有现在这么高（夏达错遗址海拔
4350米）[54]，人类可能在食物资源较为丰富的季节利用这里。问
题也许不在于旧石器时代早期人类是否偶然涉足青藏高原，而是
这个地区后来是否持续有人类生存，尤其是在末次冰期的最盛期，
以及后来的新仙女木事件期间。

（二）青藏高原古人类的来源

有关青藏高原古人类来源的研究集合了体质人类学、语言
学、分子生物学与考古学等多学科的贡献，一方面回答了最早青
藏人的来源地，另一方面回答了古人类进入青藏高原的时间。当
代藏人的体质人类学特征显示出两个类型：南部类型（A组）与
卡姆类型（B组），前者更接近云南、阿萨姆、南蒙古人，后者接
近华北人，两者之间并无绝对界限[55]，还可能存在西部与北部居
民的混入[56]。拉萨曲贡遗址出土的人类骨骸还保留着未分化的特
征，与两者皆有相似之处[57]。

不依赖考古材料的分子生物学研究提供了最早青藏人来源信息的另一条线索。托罗尼（A. Torroni）等根据线粒体 DNA 分析提出，藏人从北亚与西伯利亚起源[58]，Y 染色体的研究肯定了北亚来源的存在[59]。宿兵等分析了 31 个汉藏语系族群成员的 Y 染色体，彼此之间显示出非常强的联系，鉴于藏缅群体西向、南向迁徙中存在明显的瓶颈效应，因此推断黄河中上游 1 万年前后发明农业的群体是西藏人的祖先，语言的分化可能在五六千年前；最早的西藏人可能通过藏缅走廊，由东部进入[60]。还有观点提出西藏最早的人群产生于距今 5000—4000 年[61]。凡·德姆（van Driem）结合语言、人口与考古学分析提出汉藏缅人的故乡在山陕一带，公元前 6500 年左右，汉藏缅群体向甘青地区扩张并进入西藏[62]。尽管不同学者对于人类进入青藏高原腹地的年代有所差别，但时间基本都在新石器时代范围内，而非旧石器时代。

石器考古材料上也有一些证据，迈克·奥尔登德福（Mark Aldenderfer）与张亦农注意到西藏的石器文化存在两种不同的风格，北部以细石叶工艺为特征，南部以小石片为特征[63]；两种石器工艺传统的认识在更早的研究也曾提出，与体质人类学的特征研究一致，支持西藏人口华北与西南两地来源说[64]。不过，从仲巴城北地点的发现来看，藏南地区的"小石片"石器更可能是一种不规整的细石叶工艺[65]，与北部的差别并不大。石器传统与人群的来源还是一个理论没有解决的问题[66]，不同的石器技术传统并不等于不同人群来源。从气候条件的角度来说，的确存在两个适宜于人类迁徙的时间窗口，分别是距今 6000—3600 年和距今 3000—2200 年[67]，当时气候相对温暖湿润。

目前考古学家基本忽视生物考古学的证据，似乎这种研究不如考古材料的发现更切实。实际上，现有的较为可靠的考古证据与生物考古学的观点并不矛盾，都支持最早的青藏人应该是在全新世迁入的。与青藏高原新石器时代一脉相承的旧石器时代并不存在。

（三）人类进入青藏高原的时间与方式

生物考古研究回答了人类进入青藏高原的时间，甚至方向，但没有回答为什么，即人类为什么会进入这片贫瘠的区域。"贫瘠"是一个相对的和历史的概念，一个区域是否"贫瘠"相对于一定的利用方式而言，沙特阿拉伯的沙漠非常贫瘠，但是它盛产石油，从现代经济意义上讲，非常富饶，所谓贫瘠，是指它不适合农业，不适合植物生长。前文已指出，青藏高原虽然贫瘠，但它饶有阳光，只要有合适的土壤，并非不适合农业；但是它对狩猎采集者的确不友好，初级生产力低（植物少），次级生产力更低（动物单调稀少），高原环境不利于人类行动，所以于狩猎采集者而言，青藏高原就是一个贫瘠的地方。那么，狩猎采集者为什么还要进入青藏高原呢？

班廷汉（Brantingham）与高星提出一个青藏高原的殖民模型，认为由于农业人口的挤压，形成"竞争性的排斥"（competitive exclusion），部分狩猎采集群体被迫走上青藏高原生存，类似于前文提到的西南地区，被农业群体挤压的狩猎采集群体生活于越来越小的资源斑块中。他们认为狩猎采集者可能分"三步"逐渐进入青藏高原，可能早在距今 3 万年前就已生存于海拔 3000—4000 米的地区，在距今 3 万—1.5 万年，主要是围绕高原边缘地区的季节性利用，距今 8200 年后，由于受到低海拔地区农业群体的竞争挤压，恰逢全新世大暖期开始，狩猎采集者选择进入了青藏高原[68]。

而我的观点有所不同，我认为青藏高原最早的拓殖者是食物生产者，而非狩猎采集者；时间也稍晚，在东部地区新石器时代中期，是在原始农业生态系统较为成熟后，此时，农业人群开始扩张至青藏高原。上文从青藏高原地区的文化生态条件、古环境、考古材料、生物考古等多个角度说明了为什么青藏高原最早的拓殖者不是狩猎采集者。这一点跟西南地区存在很大的差异。在西南地区，狩猎采集者受到农业群体的排挤之后，选择退缩到不适合农业生产的高山峡谷地带，继续从事狩猎采集。从文化生态条件、民族志材料中，我们知道西南地区是适合狩猎采集者生存的环境。而就青藏高原地区而言，为什么狩猎采集者要放弃东部适宜狩猎采集的生活区域，而进入一个完全不适合生存的区域呢？若是最早的青藏居民是农业群体，则一切顺理成章，因为青藏高原腹地适合流动性更小的农业生产、更稳定的畜牧经济，而不适合高度流动的狩猎采集生计。

还有一个问题需要解决，即农业群体是如何通过适合狩猎采集的西南地带进入青藏高原的。可能的解释是这样的：新石器时代中期，原始农业成熟，这个"软件包"不仅仅包括驯化的作物、家畜，还有相应的工具、社会组织、宗教礼仪等，它已经构成了一个文化生态系统；当这些群体在扩张的时候，周边的狩猎采集群体部分地接受了他们的影响，或是食物交换，或是工具技术传播，或是通婚。也就是说，西南地区虽然还保留着狩猎采集为主的生计方式，但已经不是完全不知农业生产为何物的人群，部分环境条件较适宜农业的区域可能已进行作物种植与家畜驯养。在农业群体向青藏高原扩散的过程中，由山陕地区而来的粟作农业影响更大，下文会讨论这个问题。

在民族志中，边缘环境中并不乏狩猎采集者的发现，比如卡拉哈里与澳大利亚西部沙漠中的狩猎采集群体，极地环境中也有发现，热带雨林中至今仍有狩猎采集群体存在。但是，我们必须清楚的是卡拉哈里沙漠并非纯粹的沙漠，这里物种丰富，只是季节性明显而已。另外，沙漠边缘地带植物为了储备水分与养分，大多长有发达的根茎，适合采集，但这里显然不适合作物农业生产。澳大利亚土著生活于西部沙漠地带，还与欧洲殖民者的驱赶有关。至于极地环境，主要生活着依赖海洋哺乳动物狩猎的群体，还有依赖半驯化状态的驯鹿的群体。热带雨林地带狩猎采集者也可能与后来的殖民历史有关，另外他们接受金属工具，并与农业群体保持着交换关系，他们更多是专业化的"森林专家"，以狩猎采集为生的鄂伦春人也与之类似。民族志中迄今为止还没有发现真正生活在草原环境中的狩猎采集者[69]。

青藏高原的主要环境类型就是草原，狩猎采集者的流动性不足以追随这里高度流动的动物资源，尤其是食物贫乏的季节。更主要也是我反复强调的是，高原环境对狩猎采集者行动能力的约束。总之，狩猎采集者的文化适应机制限制了他们利用青藏高原的能力。如果狩猎采集者放弃一块更适合其生计方式的区域而进入这块危险的土地，显然是违反文化生态原理的，就好比要在沙漠中耕种、在内陆交通不便的区域发展工业一样，这些疯狂的举动也许曾经存在过，但都以失败而告终。

六 青藏高原文化适应方式的建立

(一) 成功的青藏高原适应

在探讨青藏高原文化适应方式建立之前，有必要先了解已知的青藏高原适应方式。基于现代交通运输、工商业生产交换，以及医疗技术保障的适应是最近几十年的事，对探讨这个问题帮助不大。《藏族社会历史调查》提供了没有现代工商业之前的宝贵材料，显示藏族已经在高原上建立起成功的文化适应，而且我们知道这样的适应方式可以追溯到青藏高原的新石器时代。这种方式最大的特点是农牧业混合的共生关系，部分地区以农业为主，部分地区完全依赖畜牧，还有一些地区兼而有之；农区与牧区有经常性的交换关系，互通有无，农区提供牧区所需要的粮食、工具、蔬果等，牧区则以盐、碱、皮毛、奶制品等来交换。这种互换对双方都是必需的，有意思的是，在交换关系中，农区占优势地位，体现出农业在青藏高原适应中的根本意义[70]。

高原高寒的环境需要高热量的食物供给，藏族先民种植青稞，饲养马、牛、羊、驴等动物，并发展出糌粑、酥油、奶渣、肉干等适合高原生活的食品，保证了热量的基本需求。高原低氧的环境限制人的运动能力，但动物可以协助驮运、牵引、骑乘，有"高原之舟"之称的牦牛是高原驮运货物的主力，与马、驴、骡、黄牛等一起为人们役使，家畜的利用极大缓解了人的劳动强度，与此同时，极大提高了人们的活动范围，成功解决了高原环境对人类流动性的限制。

藏族社会还形成了一种宗教形态，让人们把物质需求降到最低程度，把希望寄托在来生。我们不知道这种意识形态可以追溯到何时，但可以说它缓解了高原环境严峻的物质生活压力。显然，即使有农牧业的帮助，即使这个地区的人口密度很低，相对于其他文化生态区，它对人类生存来说，条件仍然是严酷的。另外，高原上生活的藏族人民在体质上已经建立起对低氧、低气压、低温与强辐射环境的适应，不过还存在着婴儿死亡率高、先天性心脏病高发等问题，这些都是成功适应高原的成本。

（二）新石器时代青藏高原适应方式的变迁

迄今为止，考古证据支持农业时代人类成功地在青藏高原上建立起了文化适应。而关于青藏高原的农业起源，传统看法认为来自华北地区的传播。迈克·奥尔登德福与张亦农批评农业传播论的研究，认为没有考虑到当地的发展，尤其是当地独有的游牧经济的形成过程[71]。青藏高原可能是青稞（大麦）的驯化地之一，西藏与川西地区的野外考察证实西南地区是野生大麦的分布区，同时存在若干个类型，代表驯化过程的几个进化阶段，这里可能是栽培大麦的起源中心之一[72]。

从当前植物考古的证据来看，傅大雄在昌果沟遗址出土作物遗存中识别出粟与青稞，大量青稞种子炭化颗粒中还混杂有少数几粒小麦种子的炭化颗粒，基于漂洗筛选标本的比较，傅认为青稞是当时的主要作物，但粟同样占有重要的地位。有趣的是，更早的卡若遗址中只发现大量单一的"粟"，并没有青稞。稍晚的甘肃民乐东灰山遗址（海拔 1700 米，距今 5000—3770 年）曾发现青稞、小麦与粟的遗存共存，东灰山遗址还发现黍、高粱等炭化谷粒，几乎囊括了所有黄河流域的主要农作物[73]。考古材料支持西藏的农业先有粟而后有青稞的观点，而我们知道华北是粟作的起源地，所以认为青藏高原粟作农业来自华北并非不成立。

除了粟早青稞晚这个特征之外，青藏高原新石器时代中还发生了另一次重大的适应变化，也就是游牧经济的起源。昌都卡若遗址早晚两期遗存特征存在着显著差异，是气候变化引起的适应方式变迁，还是遗址功能的改变？由于卡若是以定居农耕为特征的文化，人们的生活中心就在遗址中，而不像狩猎采集者或游牧群体那样经常迁居，从而留下不同季节或不同功能的遗址类型，所以不存在遗址功能改变的说法。昌都卡若早晚期的变化距今4000 年前后，此时的确发生过气候恶化事件，被认为与文明起源有一定的关系[74]。卡若遗址早晚期的变化更可能与农业经济衰落有关。在气候条件恶化的情况下，本来就不大适合农业的东部边缘地区转向牧养驯化动物，通过提高流动性、更多依赖动物肉食及其副产品、发展与农业群体的交换等途径，从而提高文化适应的程度，减小食物获取的风险与不确定性。卡若遗址晚期文化特征中更多的细石叶工艺石制品、更简单的居址与陶器类型都体现出群体流动性的提高。但是，遗址出土驯化动物以猪为主，跟后来以马、牛、羊为主的游牧经济差异明显，所以卡若晚期遗存所表现的更多是一种以多样经营应对适应风险的策略，它也为以后青藏地区发展游牧经济埋下了伏笔。

昌都卡若遗址表现出来的变化并不是唯一的，青海同德宗日遗址（距今5000—4000年，与马家窑文化大体同时），陶器组合也显示出不断衰落的趋势。陶器的退步通常是与游牧经济的发展相互关联的，燕山南北地区出现游牧经济的夏家店上层文化与以农耕为主的夏家店下层文化相比，陶器组合也是明显衰落的。但是宗日遗址出土的人骨稳定同位素分析显示，早期居民饮食都是以黍、粟为主，从早到晚不断增加，反映肉食的氮同位素比例正相反，不断下降[75]。宗日遗址位于适合农业的区域，它反映出青藏高原不同区域生计形式存在着差异，即使是在气候恶化的时期，这也正是后来农耕与畜牧共生关系的基础。卡若与宗日遗址所见差异反应似可以让我们推断，距今4000年前后，典型的农牧共生关系开始在青藏高原起源。不过，真正的游牧经济需要马、牛（牦牛与黄牛）、羊（山羊与绵羊）这样的驯化动物组合，目前我们还不知道青藏高原地区何时开始利用这些动物，因此这里所说的游牧经济起源还是非常初级的。

游牧经济起源并不意味着农耕经济衰落，它取代的是那种兼营牧养动物、狩猎采集以及农耕的混合经济，农耕转向水热资源条件更佳的河谷地带，驯化动物的利用使得狩猎的必要性大大降低，人们的定居能力加强。目前我们还不知道人们何时开始役使家畜，毫无疑问，利用动物驮运、牵引与骑乘将大大提高人们利用青藏高原的能力。同时，游牧经济的形成使得青藏高原广阔的草场资源能够得以利用，进一步拓展了人们资源利用的空间，而农耕与游牧群体的分工、合作也提高了青藏高原地区史前生计系统的稳定性，比一个群体同时兼营农耕、游牧更有效率，尤其是农业气候条件变得更加恶劣的时候。

（三）更早的可能

　　人类在青藏高原上有没有其他适应的可能性呢？比如狩猎采集，前文从狩猎采集者的文化生态理论、考古材料、生物考古、古环境等几个角度讨论了这个问题，狩猎采集者在青藏高原已经整体抬升到接近现在高度的时候，要建立起成功的适应是非常困难的。说人类绝对不会登上青藏高原可能有点极端，但从狩猎采集者的角度来说，生活在青藏高原上绝非一个好的选择，除非有什么更极端的因素迫使他们选择这种极端的环境。目前，我们知道在万年前后，农业起源前夕可能存在人口压力，加强了流动性（如利用细石叶工艺）的狩猎采集者或许可能进入青藏高原，考古证据显示人类此时已经生活在青藏高原的边缘地带。除了这个时间窗口，更早的可能就显得理由不够充分，在有更好的地区可以利用的情况下，为什么要利用边缘环境呢！

　　从其他地区的材料中可以了解到，农业起源之后，向农业边缘环境的扩散是原始农业成熟，即作为一个农业生态系统形成之后才开始的，农业在华南、西南、东北地区的起源都是在华北、长江中下游地区新石器时代中期之后发生的。原始农业系统需要发展一整套的农作技术，不仅包括工具、物种、耕作方法，还包括社会组织、上层建筑等。只有当原始农业系统整体完善后，才有可能克服边缘环境中农业生产的障碍。这也正是人类开始利用青藏高原的最佳时机。

第十二章

结语：完成或未完成的问题

前面的章节大抵分了四个部分或角度讨论了中国农业起源的问题，第一部分纯粹从理论角度，以文化生态学理论为中心回答了为什么农业会起源，以及为什么有的地区农业没能起源，这种解释与考古材料关系不甚密切。考古学家之于农业起源的解释其实一直都是从理论出发的，虽然以材料为中心的考古学家可能不会承认这一点，如果考察一下农业起源的研究史，以及反思一下考古学家研究的出发点，不难发现理论研究常常是解决问题的先导。

第二部分，基于狩猎采集者的文化生态原理，利用当代气象站资料模拟了中国不同文化生态区狩猎采集者可能的文化适应变迁。它类似于一次现代核武器模拟实验，虽然不再允许试爆，但实验结果同样具有重要的参考价值；考古学家不可能回到史前1万年前，基于模拟我们可以在一定程度上了解当时不同文化生态区的文化反应，而这种了解是通过其他手段难以获得的。

第三部分，开始转向具体考古材料与古环境材料，追溯了农业起源之前的文化适应准备，借用了现代发展经济学的概念——"资源禀赋结构"，试图让大家了解农业起源并不是没有基础的"文化突变"。某种意义上说，食物生产一直存在于狩猎采集者的文化系统中，只是在条件具备的时候，它才发展成农业，就像交换行为一直存在于人类行为之中一样，只是在现代化过程中才发展成为市场经济，成为现代社会的基石。

第四部分，也是本书的主体，侧重于考古材料的分析，梳理现有的考古发现。最让我感到惊奇的是，我发现不同的文化生态区各具特色的文化适应，有的地区有了农业，有的地区有了一些苗头之后又放弃了，还有的地区在农业与狩猎采集之间徘徊，还有的地区找到了新的解决生计问题的途径……从中我们可以了解到史前中国不同区域的文化弹性，感受到多样的历史路径。

最后，我要归纳、提炼前面章节的内容，尽可能把它们融会起来，形成更精练的认识。这个过程还是一个发现纰漏的过程，我作为本书的作者与第一个读者，需要说明问题的哪些部分我取得了些许进展，哪些部分我还无能为力。

一　现代化视角中的农业起源问题

考古学家的一个重要目标是要重建史前史。人类超过 99% 的历史都是史前史，重建史前史也是只有考古学家才能完成的任务。本书的主旨是试图重建史前 1 万年前后发生在中国大地上的一段关键的历史。毫无疑问，这是一个大胆的尝试，由于考古材料总是零碎的，需要反复拼合才可能得到一段稍稍完整的历史；考古材料时常是偶遇的、经过文化与自然过程改造的，因此并不总能代表真实的历史；还有，考古材料是物质的，它本身并不会像历史文献那样直接表达信息，需要考古学家繁复的解读才可能了解其真实的意义。如此等等的困难使得史前史的重建工作令人望而却步，而不熟悉考古学的历史学家在重建史前史的时候给人的感觉是缺乏扎实的材料基础，也缺乏对史前人类生活的理解。

当然，一旦把握考古材料之后，把史前史与历史沟通起来就会产生非常有启发性的思想，贾雷德·戴蒙德荣获 1998 年普利策奖的名作《枪炮、病菌与钢铁：人类社会的命运》(*Guns*, *Germs*, *and Steel*) 就是很好的尝试[1]。这种宏观的历史视角是值得考古学家学习的。我们考察历史的途径可以从现在回溯过往，也可以从过往延伸到现在，考古学的角度属于后者。本书以《史前的现代化》为题就有这样的目的，把史前史的重建与当前社会发展的理解结合起来。与戴蒙德的不同之处在于，他采取的是更为宏观的视角，本书仍以考古学研究为中心，更接近一种实证的研究，不过我所期望的还是一种贯通今古之变的实践。

农业起源问题只是人类数百万年史前史的一个片段，或者说是一个节点，但是这个节点具有特别重大的意义，它直接关乎后来的文明起源，关乎不同社会的命运，这也是戴蒙德著作的重点内容。就像一个人的一生，虽说每一天都不可或缺，但是人生的主要节点对一个人的发展具有关键意义也是不争的事实。同样，人类的历史虽然漫长，要把握其历程，主要节点的变化仍然是重中之重。

考察人类的历史，我将其划分为三个阶段：狩猎采集阶段、农业生产阶段、工商业生产阶段。划分的基本依据就是人类有保障地获取食物的手段，"民以食为天"，人类的首要问题是生存问题。这三个阶段中，每个阶段获取食物保障的途径并不一样，对于狩猎采集阶段而言，人们流动采食，流动性是根本的，通过流动去发现食物、获取食物以及食物分布的信息，通过流动在广袤的区域寻找盟友、配偶，完成种族的繁衍。在农业生产阶段，人们开始种植、饲养，不是去流动采食自然资源，而是生产自己的食物；这个阶段中，食物生产是最根本的。近现代社会属于工商业生产阶段，人们并非不生产食物，但是，他们生产的食物大多数时候并不是为了自己食用，而是为了交换，通过市场获取种类丰富的物品与服务。在这个阶段，市场是最根本的。

在前文，我将这三个变量称为各个历史阶段的"序参量"，它们对于社会其他方面有决定性的影响。我们可以从五个维度来考察三个阶段的人类社会（表12.1）：

表 12.1　三个历史阶段人类社会特征的比较

	狩猎采集阶段	农业生产阶段	工商业生产阶段
获取资源的方式	流动采食	自给自足的生产	工业化生产与市场交换
	流动性为根本	食物生产为根本	市场经济为根本
社会存在形态	居无定所的游群	乡村社会	城市社会
社会组织制度	平等或威望社会	集权制社会	民主法治社会
信息控制与传递	巫师、军事首领、老人	贵族士大夫	大众精英
人与环境的精神关系	万物有灵	天人合一	生态科学

狩猎采集时代，流动采食的谋生手段决定人类只能居无定所，因为很少有地方能够有足够的自然资源供一个人类群体全年持续利用。有限的（很少有剩余的）、难以控制的资源也决定了社会组织群体的规模基本维持在游群的水平。缺乏资源控制的群体内的成员之间关系基本平等，或是存在着威望的区别。控制信息的人往往是巫师、军事首领与群体中的老年人。在这个完全依赖自然资源为生的阶段，普遍的意识形态是万物有灵的。

农业时代，人们需要在有限的土地上生产出更多的食物，土地是最重要的生产资源，定居是绝大多数农业社会居住形态（游牧是农业产生之后的衍生生产形式，与农业群体之间存在着依赖关系），生产剩余与最重要的生产资源——土地的控制需要更复杂的社会组织。在这样的社会里，集权制最为常见，因为其统治阶层是少量的贵族士大夫阶层。当时的农业生产也只能供养一个有限的脱离生产的统治阶层，如果统治阶层过于庞大，社会负担就会加剧，社会离崩溃也就不远了[2]。此时，理想的人与环境的关系就是"天人合一"，人就像农作物顺应天时一样，遵从社会秩序，不违背自然规律。

相比而言，工商业时代通过市场的交换与激励提高了土地的利用效率，也提高了生产的效率。为了降低交换的成本，越来越多的人到城市生活。近现代社会通过专业分工逐渐形成了庞大的职业阶层，通常称之为"中产阶级"，或是大众精英。在这种以交换为基础的社会中，契约精神发达，社会政治偏向民主法治。而此时理想的人与环境的关系是生态的（相互制约、相互依存），以科学为依凭。

运用五个维度把历史串联起来，不仅有助于理解史前史，也有助于理解当代中国的现代化过程。比如，在研究当代现代化过程中，中国学界非常强调发展生产力[3]，这是从马克思主义思想中提炼出来的观点。但是，究竟什么是生产力，社会生产的内容非常丰富，都可以列入生产力的范畴中，这样的话，这个概念就非常笼统、宽泛，无助于我们理解现代化的过程。通过这种宏观历史的比较，我们可以看出，不同历史阶段，生产力的关键变量是不同的。狩猎采集阶段，流动采食就是生产力，其中流动性是生产力最基本的要件；农业生产阶段，生产食物的方式就是生产力，要件就是食物生产，基本要素包括物种、土地与劳力及其组织；工商业时代，生产力的范围包括产品与服务的生产，而核心是市场，社会运作是围绕市场交换而展开的。通过对"序参量"的分析，我们可以得知，当代现代化进程的核心要素并非通常所认为的工业化，而是工商业化，更确切地说是市场。我们得出这个结论并非依赖于当代社会的分析，而是一种宏观历史的判断，即人类历史发展如果可以按照生产力来划分的话（生产力的最基本目标就是要满足人类最基本的食物需求，充足、丰富、稳定地获取食物），那么，当代的现代化应该是通过市场来实现的，工商业只是具体的途径。

现代化作为一个视角把全球高度多样的社会发展纳入一个可以比较的框架中来，这样的角度可能不会为相对主义者所欣赏，不会为一个强调多样性的时代精神所肯定，但是，我们不得不承认人类历史发展存在着统一性，它与多样性的发展具有矛盾统一性。这种辩证的观点容易被理解成和稀泥式的折中主义，打破僵局的方法只能是具体问题具体分析。农业起源问题就是一个史前现代化的问题，包括统一性与多样发展两个方面。第六章较为详细地讨论了中国农业起源的基本模式，在其他文化生态区中讨论了史前农业难以抵挡的影响力，当然这个过程是非常曲折的，时间尺度是以千年计的，跟现当代社会百十年计的尺度相差一个量级。以华南地区为例，它很早就有了新石器时代文化的某些特征，显示出即将走向农业生产的迹象，但是随着末次冰期的结束，热带气候的回归，史前农业在这个地区变得不再有吸引力，困难重重。直到长江中下游地区新石器时代中晚期，农业才逐渐传入这里。农业的传播是在农业系统完善之后才变得有吸引力的，并具备扩散动力（人口的增加，需要更多的土地）。这有点像工业革命的传播，其实西方现代化过程从文艺复兴时期已经开始，真正形成强大的扩张与扩散能力是工业革命之后的事。

不同地区差异性的发展都与当地文化进程、自然环境条件密切相关。史前农业之所以会在华北、长江中下游地区首先起源，固然有末次冰期结束之后的环境因素影响，更与农业起源之前的文化发展所形成的资源禀赋结构相关联，最早的农业是狩猎采集者流动性降低乃至丧失的产物，流动性的限制直接导致狩猎采集自然资源难以为继。至于是什么导致流动性的降低或丧失，人口增加、所有权观念的发展、资源利用方式的转变（如强化利用小种子植物）等都是影响因素。相比对农业起源问题的高度关注，其他文化生态区的适应变化特征常常被忽视，通常认为是环境约束的产物，因为这些地区不适合农业，所以没有农业起源，如此简单化的认识忽视了当地的发展。每个地区都有自己独特的发展模式，华南与东北地区走向了水生资源利用，以一种新的资源利用方式缓解了农业起源前的生计压力；燕山南北地区则在农业与狩猎采集之间摆动，随着气候环境的变迁时而偏重农业，时而偏重狩猎采集，同一文化内也存在着差别；随着物种条件的形成，典型的旱作农业与游牧经济起源。西南地区因为适合狩猎采集，所以狩猎采集的生计持续的时间最长。农业虽然代表一种"先进"的生产方式，但在史前特定阶段，并不是每个地区的最佳选择，也不是每个地区都能利用的选择。

但是，地区特色适应方式的存在无法否定农业扩散历史，到了新石器时代晚期，最晚到青铜时代，中国所有的文化生态区都有了农业（包括游牧）。相对于狩猎采集生计，农业生产的优势是明显的，它能够在更少的土地上生产出更多的食物，养活更多的人口，而且有更多的食物剩余。这就在提高食物供给安全保障的同时，使得专业化的劳动分工成为可能，从而出现了工匠、战士、祭司、官吏等不从事农业生产的人，社会复杂性明显提高。这反过来又更有利于农业社会的扩张，狩猎采集者在和农业群体对抗时明显处于下风，不仅仅因为人口的数量，也因为社会组织的严密性，还因为粮食的供给，狩猎采集者无法支持长期的争战。农业群体有一个致命的武器就是病菌，定居生活支持高密度群居的人口，垃圾、排泄物抛弃在居址附近，水体时常受到污染，老鼠、蟑螂等家居动物携带传染病源在居址内传播；相比而言，狩猎采集者经常迁居，很少会为垃圾困扰，更少会有家居动物传染疾病的危险。由于这种差别，农业群体发展出了更强的免疫力，但当他们把疾病传染给缺乏免疫力的狩猎采集者时，对后者来说就是致命的。这个过程在西方殖民史的过程中屡见不鲜。

史前的现代化赋予农业群体的优势还包括文化上的优越感，民族志材料常见农业群体对狩猎采集群体的负面描述，比如懒散；在物品交换上，狩猎采集群体也处于不利地位，连带游牧群体也是如此，因为农业社会是自给自足的，对外来物品的需要并不强烈；在婚姻与劳动关系上，同样如此，狩猎采集者基本是输出女性，输出劳力。这种关系跟农业社会与工商业社会的关系如出一辙，在中国，城乡的差别可为佐证。史前现代化的挑战是严峻的，农业社会的优势使得人们可以利用狩猎采集者难以利用的边缘环境，比如青藏高原、沙漠绿洲以及无边的大草原（游牧者），狩猎采集者被排挤到森林、高山峡谷地带。即使在这里，他们实际上仍然对农业生产者有一定的依附关系，需要从农业生产者那里获取金属工具、纺织物和粮食，从某种意义上说，他们是农业社会群体中专业化的狩猎者，他们生活在农业文化系统之中，而非真正的与世隔绝[4]。史前现代化同样是无孔不入、无所不在的，在农业的世界体系（world system）中，没有社会能够不受到它的影响，只是其时间尺度相对于当代的现代化进程要大一个数量级。对于当代中国来说，无论传统多么美好，无论坚守多么顽强，我们都必须承认并积极地采纳现代化。我们的问题不是如何抵抗现代化，而是怎样利用现代化的成果，建立自己更加成功的模式。历史如是！

二　狩猎采集者文化生态学视角中的农业起源

本书的些许特色或贡献是，它的研究视角主要是从狩猎采集者的文化生态学角度出发的。长期以来，农业起源主要是新石器时代考古研究的范畴，主要的工作也侧重于相关考古证据的发现，至于说农业起源为何能够发生以及如何发生，为什么有的地区没有农业起源，这些地区又以什么样的方式应对挑战，很少有所回答。即便有，也多是引用西方考古学相关理论成果，而缺少结合中国的材料，从中国的视角出发的研究。本书算是一次尝试，有点意思，可能也有些意义。

从这个视角出发的话，首先需要弄清楚农业起源是一个什么性质的问题，考古学家可以做出怎样的贡献。农业起源涉及人类文化适应发展阶段的重大转折，考古学家需要研究的是农业起源的机制问题。而要了解这个问题，我们首先需要了解狩猎采集者与农业生产者的区别，由于农业社会对大多数人来说并不陌生，于是我们的主要问题是了解狩猎采集者的文化适应机制，尤其是他们面对生计风险与资源短缺的时候。从中我们看到，食物生产其实作为一种适应方式长期存在于狩猎采集者的生计选择中，也就是说狩猎采集者并非完全不知道食物生产，即通过强化利用，扩大自然物种的数量，以及使不易食用的部位如细小的种子成为值得食用的东西。但是，农业并没有因此而更早起源，这说明农业起源还需要更关键的条件。在我看来，农业起源是史前狩猎采集者文化系统的整体涌现式的反应，系统的质变需要初始条件的具备，还需要文化系统内部具备资源禀赋结构积累，也就是狩猎采集者需要采取集食者的适应策略，需要在工具技术、居址营造、储备技术乃至社会组织等方面有相应的准备。

从理论上解释农业起源的难点在于所依凭原理的合理性，以及演绎逻辑的自洽，否则理论研究就会成为天马行空的猜想，想当然的认识对任何人来说都不是难事，只是这么做没有什么价值。狩猎采集者的文化生态学立足于大量民族志的研究和前人的理论探索，如朱利安·斯图尔特、路易斯·宾福德等学者开创性的工作。理解狩猎采集生计的关键是其流动性，我将其视为狩猎采集者文化系统的"序参量"，它决定了狩猎采集者获取食物资源的范围，也包括其生存的可能。如果采食范围内无法获取足够的食物资源，那么人们就无法生存。宾福德更强调人口的变化，他认为在狩猎采集者文化机制相对稳定的情况下，人口增加超越一定的阈值将会导致文化系统的变化[5]。然而，人口更接近初始条件，而非狩猎采集者文化机制的决定因素，就如同我们解释现代工商业社会的出现必须围绕市场经济来说，而不能归因于人口或其他因素一样。对流动性的高度强调是我的理论研究的立足点。农业起源的标志就是人群流动性大幅度降低，即定居出现，虽然群体中可能还残留着季节性的狩猎活动。还需要强调的是，理解流动性的降低不能采取非黑即白的态度，认为不能定居，就是流动。流动性的降低是线性的，更准确地说，是阶段性的。从旧石器时代晚期后段狩猎采集者的流动性开始降低，到新石器时代中期定居社会完全形成，前后经历了上万年时间，农业起源也是一个农业逐渐成熟的过程。所以，在农业起源的早期阶段，原始农业还不成熟，人群可能还保持着一定的流动性，尤其是农业系统还没有建立的时候，如墨西哥高原地区，作物种植开始很早，但是这里缺乏合适的驯化动物，无法形成作物种植与家畜饲养相互配合的农业系统，因此这里的农业人群始终保持着一定的流动性[6]。我们不能把这种处在农业发展初级阶段的特征当成史前农业的终极形态，进而质疑农业与流动的矛盾关系。

利用狩猎采集者的文化生态学原理还可以进行模拟研究。需要指出的是，这种研究并不是一种简单的民族考古学研究，虽然狩猎采集者的资料来自民族志，宾福德所建立的文化生态模型是原理性的。正如前文所指出的，无论古今中外，只要是依赖狩猎采集为生，从大自然中获取食物，必定要受制于自然的供给——而这是可以计算的。模拟的结果是相当出乎意料的，我绝没有想过让模拟研究的结果符合考古材料，而且这也不是模拟研究的目的；正相反，模拟研究与考古材料的差别才是我开始时所希望发现的，但是模拟的结果与考古材料惊人的一致。这反而让人有点惊惶，为什么会这样呢？应该如何解释呢？一个解释是当代的气候环境（模拟是基于现代气象站材料的）跟1万年前相比，其差别对于狩猎采集者的文化系统来说影响甚微，华北地区还是温带环境（可能要比现在稍冷一点），既不是寒带，也不是高原；长江中下游地区也一样，也是在温带环境的范畴内，既没有成为热带，也没有成为寒带。解释之二就是文化狩猎采集者的文化生态学模型通过了考古材料的检验，我们获得了一个不依赖考古材料研究农业起源的途径。从一个新的角度进行理论研究，拓宽了我们研究农业起源的途径，这无疑是宾福德的一个重要贡献，我是其中的受益者而已。

狩猎采集者的视角也就是要从旧石器时代开始研究农业起源，因为农业起源的根在旧石器时代。在追溯之中，我们看到了什么呢？我们可以看到农业起源之前的旧石器时代晚期晚段，也就是末次盛冰期过后，新石器时代开始之前，中国农业起源的核心区域，华北与长江中下游地区，开始出现了一些体现流动性降低、强化利用资源的新特征。有趣的是，这样的特征也同步（甚至更早一点）出现在华南地区。当然，其他地区也并非没有任何反应，只是形式不同而已，东北地区同步出现的是对渔猎资源的利用，相对于华南地区利用水生资源的范围要更窄一些，东北内陆地区可以采集的贝类较少。从旧石器时代看农业起源，证据总是特别细微，甚至是模糊的。幸运的是，近些年的考古发现，如华北的转年、东胡林、南庄头、李家沟等，长江中下游地区的玉蟾岩、仙人洞等遗址为我们提供了极其宝贵的材料，与之相连续的是新石器时代早期的诸遗址材料，进一步弥补了空白。于是，我们可以通过旧石器时代晚期早段、晚段，新旧石器时代过渡阶段，新石器时代早期、中期五个阶段的比较，一步一步地追溯农业起源的形成过程，从萌芽到最终史前农业文化生态系统形成，每一步都有新的特征出现，每一步都体现出新的进步，每一步都是阶段性的飞跃。通过这种追溯，我们看到了中国史前农业起源的完整过程，尽管细节还不是那么丰满，但是我们已经具备了比较清晰的框架，尤其是这个框架已经细化到五个更清楚的阶段了。

狩猎采集者的角度还意味着我们除了研究农业起源之外，还要研究那些没有农业起源地区狩猎采集者的适应变迁。燕山南北、华南、东北、西南、青藏高原等地区的变化相当耐人寻味。燕山南北接近农业起源的核心区域，也需要农业来应对生态交错带不稳定的环境，但是这个区域非常适合狩猎，史前人群选择了农业生产与狩猎采集并重的混合经济形式。可是，这不是一种稳定的策略，农业生产与狩猎采集是相互矛盾的，前者需要定居，大量的劳力投入，后者需要流动，也需要劳力投入。随着不断变化的气候，这个区域留下最为丰富多样的史前文化遗存，至今还有一些材料难以归类，如富河文化、小河西文化等，还有一些文化缺乏聚落的材料，如小河沿文化、红山文化的某个阶段。华南地区的农业萌芽开始得早，却又放弃了，过了几千年，又重新开始，这种曲折的农业起源过程若非细究，真的有点儿匪夷所思。道理并不复杂，早期农业远不如狩猎采集有吸引力，尤其是华南能够利用水生资源，并可能有简单的根茎园圃相助，从事辛苦且没有什么保障的作物农业是不可理喻的。东北地区在渔猎经济上逐步采纳了有限的农业生产，并在此基础上形成复杂社会，成为最强悍的狩猎采集者。西南地区相对封闭，这里是狩猎采集者的天堂，多样的资源与环境形成极其多样的文化适应，但这里的农业条件并不理想，农业的扩散每一步都受到抵制，农业以蚕食的方式一步一步地将狩猎采集者迫挤到了最边缘的环境。青藏高原跟狩猎采集者关系并不密切，最早的拓殖者可能是食物生产者，但狩猎采集的生计方式一直存在于原始的农业系统中，直到游牧经济形成。

我所围绕的这个视角本质上来说是偏重于理论的，其存在的前提是狩猎采集者的文化生态学原理。我必须指出，即便是在西方，这也不是一个被普遍接受的前提，宾福德一直倡导并践行这方面的研究。秉持着师承，我尝试通过它来研究中国史前的农业起源问题，并不敢期望能解决这个问题，而是希望能够增加目前我们研究中国农业起源的角度。

三　直接或间接的考古证据

农业起源研究最终还是需要考古材料的证据，无论是理论研究还是批判性研究。考古材料并不会自己说话，所有信息都需要经过提炼，通过科学分析，如人骨同位素或石器组合分析去推断当时人群的流动性变化，都是基于某些原理所进行的推导。尽管它们都属于考古证据，但也有直接与间接的区分；根据背后所依据原理的可靠程度，又可以分成硬证据与软证据。对于考古学家来说，考古材料证据永远不嫌多，多重的、多层次的、多学科的证据是考古学家追求的，这样可以避免单一视角褊狭的观点。

所有考古材料证据中，最直接的证据来自人骨同位素的生物化学分析。吃到身体里的东西是最有说服力的。现有证据显示直到新石器时代中晚期，驯化的农作物才成为人类食谱的主体，也有证据表明，新石器时代早期，如大地湾遗址时期，人类与饲养的狗都食用了黍。人骨同位素分析也有一些难点有待解决，一是材料问题，尤其是旧石器时代晚期到新旧石器时代过渡阶段的材料，只有非常少的遗址，如东胡林遗址才有人骨材料，要构建一个完整的变化序列不现实。二是精度问题，所谓 C3 与 C4 植物的种类虽然分异清楚，但是我们并不知道古人食用的所有植物种类；即便是已有的新石器时代人骨材料，也没有一个完整的参考序列，即不同生计方式依赖导致的人骨同位素差异。所以，目前有限的研究只能用作参考证据，不能成为标志性的证据。

另一类直接证据就是通过研究动植物遗存，分析它们是否已经驯化。这方面的证据对于新石器时代中期遗址来说，通常不是一个问题，因为此时物种的驯化特征已经完全建立起来，难点在于更早的时期，尤其是新旧石器时代过渡阶段。我们经常读到：某某物种有初步的驯化特征，但也有野生的性状……处在驯化的过渡阶段。这种描述非常模糊，驯化究竟达到什么程度？这些物种在当时人群生活中占什么样的位置？我们并不知道。近些年来，植物考古的浮选方法开始普遍应用，通过分析植物大化石如种子，微体化石如植硅石的形态、丰度等可以得到一些认识，这也是目前中国农业起源研究中最看重的证据。但是由于遗址形成过程的原因，我们并不能肯定这些植物就是当时人所利用的，如地层是遗址废弃之后形成的，甚至居住面上的东西也可能是遗址废弃之后形成的。另外，通过植物考古的工作还很难判断农业起源早期阶段当时人群对于驯化作物的依赖程度。当前的植物考古工作让我们知道长江中下游地区人类可能早到旧石器时代晚期晚段，约距今20000年，就已经开始利用水稻了，玉蟾岩与仙人洞的稻谷形态已有驯化的迹象；华北地区的证据稍晚一些，但证据更多。

考古学家更偏爱考古遗存组合的证据，通常这也是新石器时代的标志，即陶器、磨制石器、聚落。其中陶器指的是陶容器，而非陶质艺术品；磨制石器也是指磨制的石质工具，而非装饰品。制陶、磨制加工石器技术首先出现在非实用领域，在新石器时代才开始大规模应用于生产生活中。新石器时代的聚落中结构规整的房屋、窖穴、墓地等遗迹组合明显不同于旧石器时代遗址。考古学家正是凭借这些明显的遗存组合特征来区分新、旧石器时代的，这类证据内容丰富多样，特征鲜明可辨，而且非常系统，长期的田野工作使得考古学家已经积累了大量的考古材料，所以这样的判断并不孤立、简单。然而，新石器时代的证据并不是农业起源的直接证据，陶容器、磨制石质工具、完整的聚落结构，并不必然指向存在农业生产，如日本的绳文时代、西北欧的中石器时代，以及新开流文化代表的中国东北新石器时代，都具有以上的特征，都没有农业起源的迹象。如果新石器时代的文化特征并不必然指向原始农业，这的确很挑战大多数考古学家的常识。前文解释了这种特殊情况所存在的原因，并且主张采用"中石器时代"的概念以示区别，专门用来指示那些依赖水生资源的狩猎采集文化。这是一种可以与早期农业分庭抗礼的文化适应。在早期农业条件恶劣，同时又具有丰富水生资源的地区，单凭常见的考古遗存组合是不足以判断农业起源的。

除了以上直接证据之外，还有间接证据，农业的产生本质上是人与自然环境关系的改变，人类从采食食物资源转变为自己生产食物资源。虽然食物仍然是自然生长的结果，但是人类开始控制生长的环境与过程。这一方面表现为物种形态特征的人工选择，另一方面表现为人工环境特征的产生，最常见的证据就是人类对植被的干扰。人类干扰天然植被并不始于农业起源之时，早在开始用火时就开始了，当人类学会控制火之后，火就成了人类清理植被的利器。农业伊始，人类在有限区域内用火的频率大大提高，区域内的植物类型也发生了改变。新几内亚的库克（Kuk）遗址、云南洱海沉积物的证据都显示天然植被受到明显的人工干扰，可能与农业起源相关。正如库克遗址受到质疑一样，这种间接的证据最终仍然需要得到直接证据的验证。人工并不是导致植被更迭的唯一原因，最早期的农业并不必定会对自然环境造成明显扰动，将人类作为植被变化的唯一原因许多时候并不容易做到。

农业起源的考察无疑需要以上所有方面的证据，本书进一步发展了另外两类相对间接的证据。一个是从石器分析中得来的，另一个是从遗址过程分析中得来的。开发这两类证据，主要跟我的旧石器考古训练背景有关，这也因此成为本项研究在考古材料分析上的一点特色。当前新石器时代石器的分析侧重于功能的判定，中国当代旧石器时代考古学中通过微痕分析来推定功能也是主要的热点。在燕山南北地区史前文化的适应变迁研究中，因为有机会研究第一手材料，并且开展了实验考古学研究，我因此能够推定某些石器的功能，进而推测当时的耕作方式。比较白音长汗遗址兴隆洼文化的石铲、赵宝沟文化的亚腰形尖刃石铲、红山文化的石耜，并结合遗址分布的特征，可以比较清楚地看到一种从坡地耕作逐渐向河谷耕作的过渡，夏家店下层文化石铲与石锄的研究更进一步支持这个观点。不过，文中运用得更多的是对打制石器的分析。由于农业起源的根在旧石器时代，分析旧石器时代晚期以来石器技术与组合的变化就变得格外重要。其中细石叶工艺的研究是一个重点，因为它是华北地区旧石器时代晚期晚段的标志性石器技术，它的兴衰与农业起源直接相关。它是史前狩猎采集者为提高流动性而采用的技术，是打制石器技术的巅峰，也代表狩猎采集者流动性的巅峰。但是，巅峰过后，华北史前人类的适应来了个180°的大转弯，流动性迅速降低，最终走向了定居。旧石器时代遗址中石制品是最基本的分析材料，通过分析不同阶段石制品的组合特征如李家沟遗址，我们可以进一步看到流动性所发生的变化。毫无疑问，从平淡无奇的打制石器中，我们能够得到有关农业萌芽的相关信息，虽然是间接的。

遗址过程（我自创了一个名词——"考古遗址学"）分析探讨遗址从人类择地居住、使用、废弃、改造到最后被研究利用的过程。狩猎采集者与农业生产者在居住地的选择、遗址的结构、废弃的方式等方面都存在比较大的差异。尤其是对于旧石器时代晚期晚段狩猎采集者适应方式发生重大改变——流动性降低之后，通过遗址过程分析能够比较清楚地看到这个变化过程。华北地区的表现最为明显，柿子滩、下川、虎头梁、沙苑、马陵山等细石叶工艺遗址都以地点群的形式分布，在规模巨大的柿子滩29地点，数以百计的用火痕迹显示出来的仍然是反复居住，相对于东胡林、转年等新旧石器时代过渡阶段遗址，结构更单一，出土物组合也更单纯，反映的是高度流动的生计状态。而到了新旧石器时代过渡阶段，遗址组合的内容明显更加丰富，反映当时人群的流动性明显降低（此时说定居可能还不大准确）。这也正是农业起源的征兆，史前人类从高度流动的生计转向流动性较小的生计。当流动性降低之后，要在更小的范围内获取足够的食物资源，没有食物生产是不可能的。完全的定居是逐步形成的，即使到了新石器时代早期，如磁山遗址、白音长汗遗址等，遗址的废弃方式揭示了当时可能还保留着相当的流动性，遗址中大量保存完好的遗物，如粮食窖穴、完整无缺的工具等，都表明人们原计划只是暂时离开，很可能是季节性的，为了利用某些特殊的资源。这样的废弃方式在新石器时代中晚期的遗址中远不如早期常见。遗址过程分析证明定居是一个渐进的过程，这与原始农业的发展过程也是一致的。

已知的直接证据、间接证据和拓展证据都是我们需要的，考古学家的工作除了开发新的证据之外，还需要比照、统合各类证据，然后回答农业起源的问题。证据越丰富，我们可能回答的问题就越广泛，也越深入，除了回答农业起源的基本形式之外，还可以了解更详细的过程、地区的多样性以及农业起源的原因等问题。考古证据的分析也使得本项研究保留着较为浓厚的实证色彩，虽然从题目上看起来像是一种宏观的史论。

四　未完成的问题：考古学透物见人的困难

农业起源作为一个大问题，解决的程度取决于考古学发展的程度，即在理论、方法与实践上所能提供的途径。我们的认识受到这些制约，也正是农业起源研究的难点所在，同样也是考古学研究的难点所在。这里有必要对我们依凭的手段做一个总结与反思，这是一项继往开来的工作。任何研究都只是认识中的一个片段，或巨大，或微不足道；或正确，或错误。我将从五个层面上，由浅及深、由具体而抽象地来思考所遇到的困难。希望未来的研究能够解决或超越它们——问题已经无足轻重。广义上说，它们都是考古学透物见人过程的组成环节，每个环节侧重点有所不同。

研究农业起源，无论如何都是需要考古材料的。所谓"巧妇难为无米之炊"，考古材料的缺乏是研究某些区域农业起源问题的巨大障碍。读者可能已经注意到书中的疏漏，我在文化生态区中罗列了西北地区，但是最终也没有讨论这个区域，材料的贫乏是主要原因。广大的新疆地区旧石器到新石器时代的发现很零星[7]，这只是问题的一个方面，另一方面是考古材料的质量问题。考古材料最基本的特征是要有准确的时空关系，也就是层位与年代，前者包括平面分布（还可区分为遗址内与区域的分布）

与垂直分布，后者包括相对年代与绝对年代。地表调查的材料脱离了原始的层位关系，考古材料丧失了最基本的特征。若经过系统的地表调查，这方面的缺憾还可以稍稍弥补；若只是根据调查者的兴趣随机从地表采集而得，这样的考古材料品质就很难保证了，要从中得出可靠的结论，毫无疑问是非常困难的。西北地区的考古发现除了零星之外，绝大部分是不同时期采集所得（这意味着每次采集的方法可能都不一样）。近些年来，中外学者也在新疆进行了一些旧石器考古的调查，但目前依旧缺乏时空关系明确的材料。其中重要的一点，我们必须明白，打制石器并不等于旧石器（旧石器时代的石器），新石器时代、青铜时代乃至历史时期都有打制石器，20世纪50年代贵州地区仍在使用打制石器。贵州的洞穴调查与研究中就常常把打制石器视为旧石器时代的[8]，实际年代可能相当晚近。细石叶工艺石器是一种工艺明确的石器，广泛发现于我国的西北地区，其年代跨度从距今两万年前后一直到历史时期，也就是说它可能是旧石器时代的，也可能是新石器时代或历史时期的遗留。目前石器的考古类型学，包括细石叶工艺上的，还是非常粗线条的，很难依据石器技术类型的特征进行准确的年代判断。考古材料条件的约束是明显的，也是今后考古学研究需要重点弥补的。

海岸适应也还没有真正系统讨论，虽然这是狩猎采集生计中极为重要的方面，如西北欧的中石器时代、日本的绳文时代、秘鲁海岸的帕洛玛与奇尔卡（Chilca）时期，狩猎采集者发展出定居的生活方式。中国的华北与长江中下游地区晚更新世末到早全新世，海平面上升，曾经可能生活着史前人类的大陆架被淹没，有关海岸适应的材料已难发现；与此同时，这里史前农业起源，海岸适应的文化影响相对有限。可能的原因除了农业文化系统的强大影响力外，还可能与中国沿海海洋资源相对于上述几个地区较为贫乏有关。辽东、胶东半岛、福建、两广地区新石器时代有一些贝丘遗址[9]，但年代均较晚，已经受到农业经济的影响。如果资料更丰富、全面，尤其是有跨越从旧石器时代晚期到新石器时代的海岸遗址，那么这个问题就可以深入下去。

第二个层面是有关考古材料形成过程的，这通常是一个被忽视的层面。本书虽有所注意；但也没有进行全面的分析。一方面是因为这偏离了本书的重心；另一方面，也是更重要的原因，信息不足与分析途径欠缺的问题难以解决。考古材料的形成过程直接影响到材料的可靠性，以及我们所得结论的深浅。粗放的材料只能支持最基本的认识，精确、细致的材料才可以支持更深入的认识。一个常见的问题是关于"居住面"（living floor）的认识，旧石器时代遗址与新石器时代的聚落中都存在这个问题，垂直距离多大范围内才能算是居住面范围呢？如果原始地表不是水平的怎么办？所以有人将之视为一个条带[10]，这带来另一个问题，这个条带是多长时间形成的？旧石器时代的废弃过程大多比较迅速，文化堆积受到的干扰相对较少；而新石器时代的房址可能是逐步废弃的，废弃的过程相当漫长，于是房址内结构、遗存组合都可能受到反复扰动，甚至可能不是同一群体、同一时期所为。然而，我们通常是假定居住面上的遗存能够最准确地反映当时人的生活面貌。再比如地层中的植物遗存，它究竟多大程度上能够反映居址使用时期人们对植物的利用呢？地层中发现的花粉、植硅石如果是废弃后的沉积，那么就不能代表当时人的行为。考古材料是经过文化与自然改造过程之后所存留下来的文化遗存，改造过程能够影响到材料的完整程度与表现方式，不是所有的遗物或遗迹都能够保存下来，也不是都彻底消失；形成过程不仅导致信息流失，同时也会添加新的信息，如一些生态信息（ecofacts）。这方面的分析总体来说是非常不足的，这影响到我们推理的准确性，并埋下了一些问题的隐患。

　　第三个层面是所说的狭义上的透物见人，即通过分析考古材料来了解古人的行为。这也是狭义的考古学研究过程，涉及理论、方法与材料的运用。从理论的角度说，考古学家所有关于古人的论断都来自根据"理"的推定。这里的"理"是什么呢？我的理解首先是大小的逻辑：小的方面讲，就是要符合逻辑最基本的原理，如同一律、排中律等，否则就会逻辑上自相矛盾，那就是不合理；大的方面讲，考古学家依据归纳、演绎、类比的原理进行推断。归纳法是考古学家运用得较多的方法，因为史前时代谁也不曾见过，大家缺乏最基本的认识，所以通过归纳获得最初的认识是难免的。类比是基于相似性的比较，通常是民族考古、实验考古等途径，现在情形与史前人类是否具有可比性，这是类比逻辑经常受到诟病的地方，但是，就像我们的语言之中不可能没有比喻一样，类比仍然是不可缺少的。最困难的可能还是演绎推理，因为它本身要借助更具有普遍性的原理来推断，也就是说先要有大前提。考古学中是否有可以依赖的原理呢？有人说没有，因为大家都没在史前生活过。宾福德说有！比如只要是以狩猎采集为生的话，那么无论古今，无论在地球的哪个角落，人都需要以自然生长的动植物为生；而一个地区能够生长多少动植物是可以大致计算出来的（这是自然科学研究的领域了），所以一个地区能够养育多少狩猎采集者（人口上限）也是可以计算出来的。他研究数以百计的狩猎采集者，有人认为这是民族考古，实际上，他所寻求的是狩猎采集生计的文化生态原理。然后，基于所建立起来的原理进行推断，这是演绎的。

　　从方法的角度讲，考古学家其实建立起众多手段用考古材料推断人类行为，如石器分析、陶器分析、墓葬分析、聚落内的空间分析、聚落形态分析、动物考古、植物考古、遗址资源域分析、器物来源分析、景观分析等，如果接着写下去，将会是长长的一串。考古学家从各个侧面，针对各种对象，利用不同学科的方法来获取考古材料中的信息，通过物质遗存的研究来了解古人的行为。大多数人看到考古学研究就是各种门类的研究，这也是考古学领域最为活跃、进展最为迅速的地方。每一个方面的研究都涉及基本原理的建立，从而为今后的推断奠定基础。以石器分析为例，研究者发现石器工具的标准化生产和细小化与人类的流动性关系密切，标准化生产的刃部非常利于替换，适合不同的情况，而且这类工具极其轻便，当然它需要非常细腻坚硬的原料和高超的石器加工技术，也就是说，原料与人力成本相当高昂。若非有特殊的要求，生产这类工具是非常不经济的。于是，石器研究者基于经济学的基本原理（凡是机会都是有成本的），得到了石器制作的一个基本原理，并且运用这个原理去推定古人的生活。如从辽西地区新石器时代兴隆洼、红山文化遗址中还发现有不少的细石叶，我就可以得出结论，这些文化的人们中至少还存在着部分高度流动的群体，也就是说，狩猎在他们的生计中仍占有一席之地。

所有理论、方法所立足的是考古材料，这是透物见人的基础。我们通常所说的透物见人，基本是针对方法而言，尽管目前考古学家开发出不少方法，几乎都能用以研究农业起源，但是每位学者受制于自己的知识背景，能够熟练运用的并不多，通常只是参考来自不同方法的结论。对过程了解的不足，常常对某一方法所存在的局限或立论所成立的前提并不清楚。以我相对擅长的石器分析为例，无论分析方法多么精密，它都必须依赖最初对石制品的定义与划分，不同的定义与划分标准，很有可能影响结论。农业起源问题的研究无疑需要多学科合作，但这种合作应该超越不同学科研究报告简单相加的阶段，而走向融会贯通。这样的要求有点高，但正是我们应该去做的方向。

透物见人的研究成功与否不仅取决于扎实、准确的材料和严密的方法，还取决于理论原理的合理性，这也是我所说的第四个层面的问题：理论的局限性。本书主要是从狩猎采集者的文化生态学角度来研究农业起源，它的特色与成立的前提都取决于这一原理的合理性。一个有待解决的问题是，狩猎采集者对于草原环境的适应。人类祖先的确生活在非洲的热带稀树草原上，但这是一个为火山灰滋养、生产力极高的生境，物种丰富，气候炎热（无须取暖）。但他们能够利用欧亚大草原环境吗？纯粹的草原如同热带雨林、沙漠、高原、极地，对史前人类来说是一种极端的环境。最主要的挑战来自于流动性，大群的食草动物流动性非常高，人类依靠步行狩猎所能覆盖的范围相对有限；在地形开阔的地区，接近猎物困难，而追击猎物对于人类来说是非常困难的。另外的挑战还包括燃料，尤其是在冬季，需要大量的燃料，这不是草原所能提供的。理想的选择还是生活在森林与草原的边缘地带，利用两地能够相互补充的资源。狩猎采集者文化生态学的分析显示，史前人类难以适应缺乏树木的开阔草原环境。沙漠环境更是如此。但是文化生态学原理所揭示的只是理想状态下最一般意义上的情况，实际上，草原与树木的分布往往呈马赛克形状，也不是所有的沙漠都是不毛之地，如布须曼人生活的卡拉哈里沙漠动植物资源都相当丰富，而南美的阿塔卡玛沙漠则像月球一样荒凉。在我们不能确知史前生态环境细节的前提下，仅仅凭借一般意义上的特征判断人类文化适应的可能性，这样的结论无疑是有风险的。

透物见人的考古学研究还依赖于对人类行为方式的理解。在农业起源研究中，一项最基本的分歧就是，农业起源究竟是为了"吃饭"，还是为了"请客吃饭"。前者认为农业是人类适应压力的反应，农业形成的原因是因为人类要解决生存问题。后者认为没有理由认为人类在万年前后曾经面临生存危机，农业的出现与人类社会内部的竞争相关，通俗地说就是"请客吃饭"，通过宴飨获取更高的社会地位。后者更接近人类繁衍的问题，唯有"最强者"才有机会繁衍后代，对于人类来说，所谓"最强"也是一个不断变化的概念，在万年前后，最强可能指代那些能够提供最稳定食物资源的人与社会。人类竞争单位不仅包括个体，而且在社会层面上存在，所以"请客吃饭"往往是社会性的。生存、繁衍，人类存在的两大主题并行不悖，所以农业起源的真实原因可能既是为了"吃饭"，也是为了"请客吃饭"。而目前国内外的学术研究中还是将两者对立而论的，存在这种分歧还有更深层次的原因，视农业起源为压力下的反应，即人类适应是被动的；视农业起源为人类主动的追求，则把农业看作人类能动性的产物，归根结底是唯物主义与唯心主义的争论。人与物，谁是第一性的，谁是第二性的呢？没有人，物之存在没有意义；没有物，人就没有存在的可能。农业起源研究涉及两种基本的哲学基础，我们应该是从物的角度出发去研究人类行为，还是应该从人的角度出发去研究物的意义？选择其一、折中、笼统立场都有利有弊，也许我们应该选择超越二元论的对立，但是否又进入了新的循环呢？

最后一个层面，考古学研究需要反思自身，考古学透物见人有何意义？考古学研究需要这一招"亢龙有悔"，破除研究中虚幻的光环。这里我所反思的是，农业起源作为一个问题是否有意义，有着怎样的意义？本书中农业起源是以中国为背景展开的，附之以现代化的视角，它也正切合中国正在进行的现代化主题。然而，现代化是一个正在过时的主题！后现代的思潮风起云涌，现代性正在被解构成一个个碎片，历史的宏大叙事正在被抛弃，规律、结构、模式等都在粉碎之中。而我所构建的中国农业起源过程体系是不是一建成就要被拆迁呢？不过，我知道后现代的碎片终究要来自于现代性的建设，没有现代性，也不会有后现代的丰功伟业。

历史唯一的法则就是一切都会过去，我又有什么好惋惜的呢？

注　释

前言

［1］ 董正华：《世界现代化十五讲》，北京大学出版社，2009 年。

［2］ V. G. Childe, *Man Makes Himself*. Watts, London, 1936. 中文版参见《人类创造了自身》，安家瑗、余敬东译，上海三联书店，2008 年。

［3］ 马歇尔·萨林斯：《石器时代的经济学》，张经纬、郑少雄、张帆译，生活·读书·新知三联书店，2009 年。

［4］ 布鲁斯·特里格：《考古学思想史》，陈淳译，中国人民大学出版社，2010 年。

［5］ C. Gamble, *Origins and Revolutions: Human Identity in Earliest Prehistory*. Cambridge University Press, Cambridge, 2007.

［6］ K. V. Flannery, The origins of agriculture. *Annual Review of Anthropology* 2: 271-310.

［7］ D. Rindos, Symbiosis, instability, and the origins and spread of agriculture: A new model. *Current Anthropology*, 21: 751-772, 1980.

［8］ 张弛：《中国农业起源的研究》，见《中国考古学研究的世纪回顾·新石器时代考古卷》，科学出版社，2008 年。

［9］ 同上书，第 110 页。

［10］ 朱利安·斯图尔特（Julian Steward）、马文·哈里斯（Marvin Harris）、拉帕特（Rappaport）等人都提出自己的文化系统模型，戴维·威尔森有归纳，参见 D. Wilson, *Indigenous South Americans of the Past and Present: An Ecological Perspective*. Westview, Boulder, Colo., 1997。

［11］ 如，R. A. Bentley and H. D. G. Maschner eds., *Complex Systems and Archaeology*. University of Utah Press, Salt Lake City, 2003.

［12］ 陈胜前：《考古学理论的层次问题》，《东南文化》2012 年第 4 期。

［13］ M. Q. Sutton and E. N. Anderson，*Introduction to Cultural Ecology*. Altamira, Walnut Creek, 2004.

［14］ 皮埃尔·布迪厄：《实践感》，蒋梓骅译，译林出版社，2003 年。

第一章

[1] 陈胜前：《考古推理的结构》,《考古》2007 年第 10 期。

[2] P. C. Anderson, *Prehistory of Agriculture: New Experimental and Ethnographic Approaches*. The Institute of Archaeology, University of California, Los Angeles, 1999.

[3] D. R. Harris, An evolutionary continuum of people-plant interaction. In D. R. Harris and G. C. Hillman eds., *Foraging and Farming: The Evolution of Plant Exploitation*, pp. 11-26. Unwin Hyman, London, 1989.

[4] 哈伊姆·奥菲克：《第二天性：人类进化的经济起源》, 张敦敏译, 中国社会科学出版社, 2004 年。

[5] D. M. Persall, Domestication and agriculture in the New World tropics. In T. D. Price and A. B. Gebauer eds., *Last Hunters-First Farmers*, pp. 157-192. School of American Research Press, Santa Fe, New Mexico, 1995.

[6] Blumer, A. A., and R. Byrne, The ecological genetics of domestication and the origins of agriculture. *Current Anthropology*, 32: 23-54, 1991.

[7] D. Rindos, Symbiosis, instability, and the origins and spread of agriculture: A new model. *Current Anthropology*, 21: 751-772, 1980.

[8] B. D. Smith, Low-level food production. *Journal of Archaeological Research*, 9: 1-43, 2001.

[9] M. Q. Sutton and E. N. Anderson eds., *Introduction to Cultural Ecology*. Altamira, Walnut Creek, 2004.

[10] D. R. Harris, Introduction: Themes and concept in the study of early agriculture. In D. R. Harris ed., *The Origins and Spread of Agriculture and Pastoralism in Eurasia*, pp. 1-9. Smithsonian Institution Press, Washington, 1996.

[11] L. H. Keeley, Protoagricultural practices among hunter-gatherers: A cross-cultural survey. In T. D. Price and A. B. Gebauer eds., *Last Hunters-First Farmers*, pp. 243-272. School of American Research Press, Santa Fe, New Mexico, 1995.

[12] H. Pringle, The slow birth of agriculture. *Science*, 282: 1446-1450, 1998.

[13] P. J. Watson, Explaining the transition to agriculture. In T. D. Price and A. B. Gebauer eds., *Last Hunters-First Farmers*, pp. 21-38. School of American Research Press, Santa Fe, New Mexico, 1995.

[14] R. Pumpelly ed., *Explorations in Turkestan. Expedition of 1904. Prehistoric Civilizations of Anau: Origins, Growth, and Influence of Environment*. Publication no. 73. Carnegie Institution, Washington, 1908.

[15] V. G. Childe, *The Most Ancient East*. Routledge and Kegan Paul, London, 1928.

[16] V. G. Childe, *Man Makes Himself*. Watts, Library of Science and Culture, London, 1936.《人类创造了自身》, 安家瑗、余敬东译, 上海三联书店, 2008 年。

［17］　R. J. Braidwood, The agricultural revolution. *Scientific American*, 203: 130-141, 1960.

［18］　L. R. Binford, Post-Pleistocene Adaptation. In S. Binford and L. Binford eds., *New Perspectives in Archaeology*, pp. 313-341. Aldine, Chicago, 1968.

［19］　K. V. Flannery ed., *Guilá Naquitz: Archaic Foraging and Early Agriculture in Oaxaca, Mexico*. Academic Press, Orlando, 1986.

［20］　L. R. Binford, *Constructing Frames of Reference: An Analytical Method for Archaeological Theory Building Using Ethnographic and Environmental Data Sets*. University of California Press, Berkeley, 2001.

［21］　D. Rindos, *The Origins of Agriculture: An Evolutionary Perspective*. Academic Press, Orlando, 1984.

［22］　K. V. Flannery ed., *Guilá Naquitz: Archaic Foraging and Early Agriculture in Oaxaca, Mexico*. Academic Press, Orlando, 1986.

［23］　D. M. Persall, Domestication and agriculture in the New World tropics. In T. D. Price and A. B. Gebauer eds., *Last Hunters-First Farmers*, pp. 157-192. School of American Research Press, Santa Fe, New Mexico, 1995.

［24］　R. W. Redding, A general explanation of subsistence change: From hunting and gathering to food production. *Journal of Anthropological Archaeology*, 7: 56-97, 1988.

［25］　Blumer, A. A., and R. Byrne, The ecological genetics of domestication and the origins of agriculture. *Current Anthropology*, 32: 23-54, 1991.

［26］　B. Hayden, A new overview of domestication. In T. D. Price and A. B. Gebauer eds., *Last Hunters-First Farmers*, pp. 273-299. School of American Research Press, Santa Fe, New Mexico, 1995.

［27］　B. Hayden, Nimrods, piscators, pluckers, and planters: The emergence of food production. *Journal of Anthropological Archaeology*, 9: 31-69, 1990.

［28］　B. Hayden, Practical and prestige technologies: The evolution of material systems. *Journal of Archaeological Method and Theory*, 5: 1-53, 1998.

［29］　B. Hayden, The proof is in the pudding: feasting and the origins of domestication. *Current Anthropology*, 50: 597-601, 2009.

［30］　马歇尔·萨林斯:《石器时代经济学》, 张经纬、郑少雄、张帆译, 生活·读书·新知三联书店, 2009 年。萨林斯认为所谓 "富裕" 可以从两个方面来理解, 一是增加供给, 拥有更加丰富的资源; 另一个途径就是降低欲望, 有点像禅宗的味道。狩猎采集社会多是平均社会, 其富裕更多是指后者, 即大自然的资源为所有人所拥有, 因此每个人都是 "富裕的"。

［31］　B. Benders, Gatherer-hunter to farmer: A social perspective. *World Archaeology*, 10: 204-222, 1978.

［32］　B. Hayden, A new overview of domestication. In T. D. Price and A. B. Gebauer eds.,

Last Hunters-First Farmers, pp. 273-299. School of American Research Press, Santa Fe, New Mexico, 1995.

［33］ P. J. Richerson, R. Boyd and R. L. Bettinger, Was agriculture impossible during the Pleistocene but mandatory during the Holocene? A climate change hypothesis. *American Antiquity*, 66: 387-411, 2001.

［34］ P. J. Watson, Explaining the transition to agriculture. In T. D. Price and A. B. Gebauer eds., *Last Hunters-First Farmers*, pp. 21-38. School of American Research Press, Santa Fe, New Mexico, 1995.

［35］ L. R. Binford, *Constructing Frames of Reference: An Analytical Method for Archaeological Theory Building Using Ethnographic and Environmental Data Sets*. University of California Press, Berkeley, 2001.

［36］ O. Bar-Yosef, The Natufian culture in the Levant, threshold to the origins of agriculture. *Evolutionary Anthropology*, 7: 159-177, 1998.

［37］ L. R. Binford, *An Archaeological Perspective*. Seminar Press, New York, 1972.

［38］ C. Tilley, *A Phenomenology of Landscape*. Berg, Oxford, 1994.

［39］ I. Hodder, *Reading the Past*. Cambridge University Press, Cambridge, 1986.

［40］ R. A. Bentley and H. D. G. Maschner eds., *Complex Systems and Archaeology*. University of Utah Press, Salt Lake City, 2003.

［41］ M. Rosenberg, The mother of invention: Evolutionary theory, territoriality and the origins of agriculture. *American Anthropologist*, 92: 399-415, 1990.

［42］ A. A. Blumer, Ecology, evolutionary theory and agricultural origins. In D. R. Harris ed., *The Origins and Spread of Agriculture and Pastoralism in Eurasia*, pp. 25-50. Smithsonian Institution Press, Washington, 1996.

［43］ G. G. Politis, Moving to produce: Nukak mobility and settlement patterns in Amazonia. *World Archaeology*, 27: 492-511, 1996.

［44］ 斯蒂芬·J. 派因:《火之简史》, 梅雪芹、牛瑞华、贾珺等译, 生活·读书·新知三联书店, 2006 年。

［45］ R. S. MacNeish, *The Origins of Agriculture*. University of Oklahoma Press, Norman, 1992.

［46］ 斯蒂芬·杰·古尔德:《熊猫的拇指: 自然史沉思录》, 田洺译, 海南出版社, 2008 年。

［47］ M. A. Zeder, The Neolithic Macro-(R)evolution: Macroevolutionary theory and the study of culture change. *Journal of Archaeological Research*, 17: 1-63, 2009.

［48］ 赫尔曼·哈肯:《协同学: 大自然构成的奥秘》, 凌复华译, 上海译文出版社, 2001 年。

［49］ P. Bak, *How Nature Works*. Copernicus, New York, 1996.《大自然如何工作》, 李炜、

蔡勖译，华中师范大学出版社，2001 年。

[50] T. Dobzhansky, Adaptedness and fitness. In R. C. Lewontin ed., *Population Biology and Evolution*, pp. 109-122. Syracuse University Press, Syracuse, 1968.

[51] G. C. Hillman, S. M. Colledge and D. R. Harris, Plant-food economy during the Epipaleolithic period at Tell Abu Hureyra, Syria: dietary diversity, seasonality and modes of exploitation. In D. R. Harris and G. C. Hillman eds., *Foraging and Farming: The Evolution of Plant Exploitation*, pp. 240-269. Unwin Hyman, London, 1989.

[52] 吴彤：《自组织方法论研究》，清华大学出版社，2001 年。

[53] P. Bak, *How Nature Works*. Copernicus, New York, 1996.《大自然如何工作》，李炜、蔡勖译，华中师范大学出版社，2001 年。

[54] M. 艾根等著：《超循环论》，沈小峰、曾国屏译，上海译文出版社，1990 年。

[55] 吴彤：《自组织方法论研究》，清华大学出版社，2001 年。

[56] 柯蒂斯·W. 马雷安：《人类濒临灭绝时》，《环球科学》2010 年第 9 期。

[57] D. A. Brooks et al., Dating and context of three Middle Stone Age sites with bone points in the Upper Semliki Valley, Zaire. *Science*, 268: 548-553, 1995.

[58] H. J. Brumbach and R. Jarvenpa, Ethnoarchaeological of subsistence space and gender: a subarctic Dene case. *American Antiquity*, 62: 414-436, 1997.

[59] G. Rice, A systematic explanation of a change in Mogollon settlement patterns. Ph. D. dissertation, University of Washington.

[60] G. G. Politis, Moving to produce: Nukak mobility and settlement patterns in Amazonia. *World Archaeology*, 27: 492-511, 1996.

[61] W. T. Divale, Systemic population control in the Middle and Upper Paleolithic: inferences based on contemporary hunter-gatherers. *World Archaeology*, 4: 222-243, 1972.

[62] 马歇尔·萨林斯：《石器时代经济学》，张经纬、郑少雄、张帆译，生活·读书·新知三联书店，2009 年。

[63] H. M. Wobst, Locational relationships in Paleolithic society. *Journal of Human Evolution*, 5: 49-58, 1976.

[64] G. Clark, *World Prehistory in New Perspective*. Cambridge University Press, Cambridge, 1977.

[65] L. R. Binford, Willow smoke and dogs' tails: hunter-gatherer settlement systems and archaeological site formation. *American Antiquity*, 45: 1-17, 1980.

[66] M. H. Nitecki and D. V. Nitecki eds., *The Evolution of Human Hunting*. Plenum Press, New York, 1987. 陈胜前：《史前人类的狩猎》，《化石》2005 年第 2 期。

[67] L. R. Binford, *Constructing Frames of Reference: An Analytical Method for Archaeological Theory Building Using Ethnographic and Environmental Data Sets.*

University of California Press, Berkeley, 2001.

［68］ M. C. Stiner, Carnivory, coevolution, and the geographic spread of the genus *Homo*. *Journal of Archaeological Research*, 10: 1-63, 2002.

［69］ T. Goebel, Pleistocene hunter colonization of Siberia and peopling of the Americas: an ecological approach. *Evolutionary Anthropology*, 8: 208-227, 1999. P. J. Brantingham and Gao Xing, Peopling of the northern Tibertan Plateau. *World Archaeology*, 38: 387-414, 2006.

［70］ S. Mithen, *The Prehistory of the Mind: A Search for the Origin of Art*, Religion and Science. Orion, London, 1996.

［71］ O. Bar-Yosef, The Upper Paleolithic Revolution. *American Review of Anthropology*, 31: 363-393, 2002.

［72］ P. Weissner, Beyond willow smoke and dogs tails. *American Antiquity*, 47: 171-178, 1982.

［73］ B. Hayden, The proof is in the pudding: feasting and the origins of domestication. *Current Anthropology*, 50: 597-601, 2009.

［74］ 孙儒泳:《动物生态学原理》, 北京师范大学出版社, 2001 年。

［75］ E. Boserup, *The Conditions of Agricultural Growth: The Economics of Agrarian Change under Population Pressure*. Aldine, Chicago, 1965.

［76］ 皮埃尔·布迪厄:《实践感》, 蒋梓骅译, 译林出版社, 2003 年。

［77］ M. Johnson, Conceptions of agency in archaeological interpretation. *Journal of Anthropological Archaeology* 8: 189-211, 1989.

第二章

［1］ E. F. Moran, *Human Adaptability*. Westview, Boulder, 2000.

［2］ J. D. Speth and K. A. Spielmann, Engergy source, protein metabolism, and hunter-gatherer subsistence strategies. *Journal of Anthropological Archaeology*, 2: 1-31, 1983.

［3］ F. Wendorf and R. Schild，Are the early Holocene cattle in the eastern Sahara domestic or wild? *Evolutionary Anthropology*, 3: 118-128, 1994. Nabta Playa and its role in Northeastern African Prehistory. *Journal of Anthropological Archaeology*, 17: 97-123, 1998.

［4］ J. E. Yellen, Long term hunter-gatherer adaptation to desert environment: a biogeographical perspective. *World Archaeology*, 8: 262-274, 1976.

［5］ R. C. Baily et al., Hunting and gathering in Tropical Rain Forest: Is it possible? *American Anthropologist*, 91: 59-82, 1989. R. C. Bailey and G. Headland, The Tropical Rainforest: Is it a productive environment for human foragers? *Human Ecology*, 19: 261-285, 1991.

［6］ R. B. Lee and R. Daly, *Cambridge Encyclopedia of Hunter and Gatherers*. Cambridge

University Press, Cambridge, 1999.

[7] C. C. Mann, The real dirt on rainforest fertility. *Science*, 297: 920-923, 2000.

[8] C. C. Mann, Earthmovers of the Amazon. *Science*, 297: 786-789, 2000.

[9] M. J. Heckenberger et al., Amazonia 1492: Pristine forest or cultural parkland. *Science*, 301: 1710-1714, 2003.

[10] T. P. Denham et al., Origins of agriculture at Kuk Swamp in the Highlands of New Guinea. *Science*, 301: 189-193, 2003. K. Neumann, New Guinea: A cradle of agriculture. *Science*, 301: 180-181, 2003.

[11] L. R. Binford, *Constructing Frames of Reference: An Analytical Method for Archaeological Theory Building Using Hunter-Gatherer and Environmental Data Sets*. University of California Press, Berkeley, 2001.

[12] J. E. Eisenberg, The density and biomass of tropical animals. In M. E. Soule and B. A. Wilcox eds., *Conservation Biology: An Evolutionary-Ecological Perspective*, pp. 35-55. Sinauer Associates, Sunderland, 1980.

[13] P. Mithell, The archaeological study of epidemic and infectious disease. *World Archaeology*, 35: 171-179, 2003.

[14] J. D. Sachs et al., The geography of poverty and wealth. *Scientific American*, 284 (3): 70-75.

[15] 路易斯·宾福德:《追寻人类的过去:解释考古材料》,陈胜前译,上海三联书店,2009 年。

[16] L. Minc and K. Smith, The spirit of survival: cultural responses to resource variability in North Alaska. In P. Halstead and J. O'Shea eds., *Bad Year Economics*, pp. 8-39. Cambridge University Press, Cambridge, 1989.

[17] M. D. Sahlins, Notes on the original affluent society. In R. B. Lee and I. DeVore eds., *Man the Hunter*, pp. 85-89. Aldine, Chicago, 1968.

[18] 与宾福德的集食者－采食者(collector-forager)模型有所差别,宾福德的模型主要讨论遗址的构成,强调不同的流动性;而贝廷杰的模型是从另一个角度来讨论的,它直接脱胎于动物生态学的处理者－觅食者(handler-forager)理论,对于解释流动性丧失更有帮助。参考 L. R. Binford, Willow smoke and dog's tails: Hunter-gatherer settlement systems and archaeological site formation. *American Antiquity*, 45: 1-17, 1980. R. L. Bettinger and M. A. Bumhoff, The Numic spread: Great Basin cultures in competition. *American Antiquity*, 47: 485-503, 1985.

[19] E. S. Higgs ed., *Palaeoeconomy*. Cambridge University Press, Cambridge, 1975.

[20] 林毅夫等:《中国的奇迹:发展战略与经济改革》(增订本),上海三联书店,2004 年。

[21] L. R. Binford, Willow smoke and dog's tails: Hunter-gatherer settlement systems and

archaeological site formation. *American Antiquity*, 45: 1-17, 1980.

［22］比如北美西北海岸的努特卡人（Nuu-Chah-Nulth），参考 E. Arima and J. DeWhirst, Nootkans of Vancouver Island. In W. Suttles ed., *Handbook of North American Indians*, Vol. 7, Northwest Coast, pp. 391-411. Smithsonian Institution Press, Washington DC, 1990.

［23］可以煮食的水生植物根茎使婴儿史早断奶，于是生殖间隔缩短，人口增加，参考 G. Hillman, Wild plant foods and diet at Late Paleolithic Wadi Kubbaniya: the evidence from charred remains. In F. Wendorf eds., *The Prehistory of Wadi Kubbaniya*, Vol. 2, Stratigraphy, Paleoeconomy and Environment, pp. 119-161. Southern Methodist University Press, Dallas, 1989.

［24］R. C. Bailey and G. Headland, The Tropical Rainforest: Is it a productive environment for human foragers? *Human Ecology*, 19: 261-285, 1991. T. N. Headland and L. A. Reid, Hunter-gatherers and their neighbors from prehistory to the present. *Current Anthropology*, 30: 43-66, 1989.

［25］《中国少数民族社会历史调查资料丛刊》修订编辑委员会：《鄂伦春族社会历史调查》（修订本），民族出版社，2009 年。

［26］L. R. Binford, *Constructing Frames of Reference: An Analytical Method for Archaeological Theory Building Using Hunter-Gatherer and Environmental Data Sets*. University of California Press, Berkeley, 2001.

［27］M. Zvelebil, The agricultural frontier and the transition to farming the in the Circum-Baltic Region. In D. R. Harris ed., *The Origins and Spread of Agriculture and Pastoralism in Eurasia*, pp. 323-345. Smithsonian Institution Press, Washington DC, 1996.

［28］A. Whittle, *Europe in the Neolithic: The Creation of New Worlds*. Cambridge University Press, Cambridge, 1996.

［29］R. C. Baily et al., Hunting and gathering in Tropical Rain Forest: Is it possible? *American Anthropologist*, 91: 59-82, 1989.

［30］D. R. Yesner, Maritime hunter-gatherers: ecology and prehistory. *Current Anthropology*, 21: 727-750, 1980.

［31］E. Arima and J. DeWhirst, Nootkans of Vancouver Island. In W. Suttles ed., *Handbook of North American Indians*, Vol. 7, Northwest Coast, pp. 391-411. Smithsonian Institution Press, Washington DC, 1990.

［32］陆生动物的数量取决于植物的供给，虽然北美驯鹿的群体规模很大，但其群体分布的范围极为广阔，单位面积的次级生产力即动物产量，依旧非常低。

［33］如赫哲人以鱼皮做衣服。参见《中国少数民族社会历史调查资料丛刊》修订编辑委员会：《赫哲族社会历史调查》（修订本），民族出版社，2009 年。

［34］ F. Wendorf and R. Schild, Summary and synthesis. In F. Wendorf et al eds., *The Prehistory of Wadi Kubbaniya*, Vol. 3, Late Paleolithic Archaeology, pp. 119-161. Southern Methodist University Press, Dallas, 1989.

［35］ C. M. Aikens and Takayasu Higuchi, Prehistory of Japan. Academic Press, New York, 1982. T. D. Price, The Mesolithic of Western Europe. *Journal of World Prehistory*, 1: 225-306, 1987.

第三章

［1］ 陈胜前：《考古推理的结构》，《考古》2007 年第 10 期。

［2］ L. R. Binford, *Constructing Frames of Reference: An Analytical Method for Archaeological Theory Building Using Hunter-Gatherer and Environmental Data Sets.* University of California Press, Berkley, 2001.

［3］ R. Kelly, *The Foraging Spectrum: Diversity in Hunter-Gatherer Lifeways.* Smithsonian Institution Press, Washington, D C, 1995.

［4］ L. R. Binford, *Constructing Frames of Reference: An Analytical Method for Archaeological Theory Building Using Hunter-Gatherer and Environmental Data Sets.* University of California Press, Berkley, 2001.

［5］ M. A. Jochim, *Hunter-Gatherer Subsistence and Settlement: A Predictive Model.* Academic Press, New York, 1976. B. Winterhalder, Diet choice, risk and food sharing in a stochastic environment. *Journal of Ethnobiology*, 6: 205-223, 1986. S. J. Mithen, Modeling hunter-gatherer decision making: complementing optimal foraging theory. *Human Ecology*, 17: 59-83, 1989.

［6］ M. Pickering, *Modelling Hunter-Gatherer Settlement Patterns: An Australian Case Study.* Archaeopress BAR S1103, 2003.

［7］ D. Ebert, *Predictive Modeling and the Ecology of Hunter-Gatherers of the Boreal Forest of Manitoba.* Archaeopress BAR International, 2004.

［8］ M. L. Rosenzweig, Net primary production of terrestrial communities: prediction from climatological data. *American Naturalist*, 102 (923): 67-74, 1968.

［9］ 国家气象局北京气象中心气候资料室编：《中国平均气温资料（1951—1980）》，气象出版社，1985 年。国家气象局北京气象中心气候资料室编：《中国平均降水量变率资料（1951—1980）》，气象出版社，1985 年。

［10］ H. P. Bailey, A method of determining the warmth and temperateness of climate. *Geografiska Annaler*, 42: 1-16, 1960.

［11］ 童恩正：《试论我国东北至西南的边地半月形文化传播带》，见《文物与考古论集：文物出版社成立三十周年纪念》，文物出版社，1986 年。

［12］ K. V. Flannery, Origins and ecological effects of early domestication in Iran and the Near East [A]. In Ucko P. J. and Dimbleby G. W. eds., *The Domestication and Exploitation of Plants and Animals*. Aldine, Chicago, 1969.

［13］ L. R. Binford, *Constructing Frames of Reference: An Analytical Method for Archaeological Theory Building Using Hunter-Gatherer and Environmental Data Sets*. University of California Press, Berkley, 2001.

第四章

［1］ M. C. Stiner, Carnivory, coevolution, and the geographic spread of the Genus Homo. *Journal of Archaeological Research*, 10: 1-63, 2002.

［2］ O. Bar-Yosef, The Upper Paleolithic Revolution. *Annual Review of Anthropology*, 31: 363-393, 2002.

［3］ R. G. Klein, The archaeology of modern human origins. *Evolutionary Anthropology*, 1: 5-14, 1992. Fully modern humans. In G. M. Feinman and T. D. Price eds., *Archaeology at the Millennium*, pp. 109-136. Kluwer Academic/Plenum, New York, 2001.

［4］ C. S. Henshiwood et al., An early bone tool industry from the Middle Stone Age at Blombos Cave, South Africa: Implications for the origins of modern human behaviour, symbolism, and language. *Journal of Human Evolution*, 41: 631-678, 2002.

［5］ D. A. Brooks et al., Dating and context of three Middle Stone Age sites with bone points in the Upper Semliki Valley, Zaire. *Science*, 268: 548-553, 1995.

［6］ L. G. Straus, The Upper Paleolithic of Europe: an overview. *Evolutionary Anthropology*, 4: 4-16, 1995.

［7］ O. Bar-Yosef, Eat what is there: Hunting and gathering in the world of Neanderthals and their Neighbours. *International Journal of Osteoarchaeology*, 14: 333-342, 2004.

［8］ O. Bar-Yosef, The Upper Paleolithic revolution. *Annual Review of Anthropology*, 31: 363-393, 2002.

［9］ J. F. Hoffecker, Innovation and technological knowledge in the Upper Paleolithic of northern Eurasia. *Evolutionary Anthropology*, 14: 186-198, 2005.

［10］ MSA，撒哈拉以南非洲的石器时代划分为三段，中段从大约距今 15 万年到 3 万年，相当于欧亚大陆的旧石器时代中期。晚段从距今 3 万年到历史时期，这一地区农业开始较晚，缺乏典型的新石器时代。

［11］ F. D'errico et al., Archaeological evidence for the emergence of language, symbolism, and music—an alternative multidisciplinary perspective. *Journal of World Prehistory*, 17: 1-70, 2003. F. D'errico, The invisible frontier. A multiple species model for the origin of behavioral modernity. *Evolutionary Anthropology*, 12: 188-202, 2003.

［12］ M. H. Nitecki, The idea of human hunting. In M. H. Nitecki and D. V. Nitecki eds., *The Evolution of Human Hunting*, pp. 1-9. Plenum, New York, 1987.

［13］ W. A. Niewoehner, Behavioral inferences from the Skhul/Qafzeh early modern human hand remains. *PNAS*, 98: 2979-2984, 2001.

［14］ S. E. Churchill, Hand morphology, manipulation, and tool use in Neanderthals and early modern humans of the Near East. *PNAS*, 98: 2953-2955, 2001.

［15］ O. Bar-Yosef, The Upper Paleolithic revolution. *Annual Review of Anthropology*, 31: 363-393, 2002.

［16］ S. McBrearty and A. S. Brooks, The revolution that wasn't: A new interpretation of the origin of modern human behavior. *Journal of Human Evolution*, 39: 453-563, 2000. G. A. Clark, Through a glass darkly: conceptual issues in modern human origins research. In G. A. Clark and C. M. Willermet eds., *Conceptual Issues in Modern Human Origins Research*, pp. 60-76. Aldine de Gruyter, New York, 1997.

［17］ A. P. Derev'anko, *The Palaeolithic of Siberia: New Discoveries and Interpretations*. University of Illinois Press, Urbana, 1998.

［18］ 这里需要澄清一下"狩猎"这个概念，它应该分成"机会狩猎"（opportunistic hunting）和"有效狩猎"（effective hunting），前者也可以称邂逅式狩猎，是碰运气，可靠性不高；后者是可控的，即猎人能够主动控制是毙杀还是放弃。以此为标准，可以认为人类从旧石器时代晚期开始才能有效地狩猎。

［19］ M. C. Stine et al., Paleolithic population growth pulses evidenced by small animal exploitation. *Science*, 283: 190-194, 1999.

［20］ H. Thieme, Lower Paleolithic hunting weapons from Germany. *Nature*, 385: 769-771, 1997.

［21］ L. R. Binford, Were there elephant hunters at Torralba? In M. H. Nitecki and D. V. Nitecki eds., *The Evolution of Human Hunting*, pp. 47-105. Plenum, New York, 1987.

［22］ O. Bar-Yosef, Eat what is there: hunting and gathering in the world of Neanderthals and their Neighbours. *International Journal of Osteoarchaeology*, 14: 333-342, 2004.

［23］ J. D. Speth and E. Tchernov, Neanderthal hunting and meat-processing in the Near East: evidence from Kebara Cave (Israel). In C. B. Stanfrod and H. T. Bunn eds., *Meat-Eating and Human Evolution*, pp. 52-72. Oxford University Press, Oxford, 2001.

［24］ D. N. Grimstead, Ethnographic and modeled costs of long-distance, big-game hunting. *American Antiquity*, 75: 61-80, 2010.

［25］ 贾兰坡、卫奇：《阳高许家窑旧石器文化遗址》，《考古学报》1976 年第 2 期。

［26］ 高星：《中国旧石器中期之探讨》，《人类学学报》第 18 卷第 1 期，1999 年。

［27］ 贾兰坡等：《许家窑旧石器时代文化遗址 1976 年发掘报告》，《古脊椎动物与古人类》第 17 卷第 3 期，1979 年。

［28］ 吴茂霖：《许家窑遗址 1977 年出土的人类化石》，《古脊椎动物与古人类》第 18 卷第 3 期，1980 年。

［29］ 贾兰坡、卫奇：《阳高许家窑旧石器文化遗址》，《考古学报》1976 年第 2 期。

［30］ 吴茂霖：《许家窑遗址 1977 年出土的人类化石》，《古脊椎动物与古人类》第 18
卷第 3 期，1980 年。陈铁梅等：《铀子系法测定骨化石年龄的可靠性研究和华北
地区主要旧石器地点的铀子系年代序列》，《人类学学报》第 3 卷第 3 期，1984 年。
陈铁梅等：《许家窑遗址哺乳动物化石的铀系法测定》，《人类学学报》第 2 卷第 2
期，1982 年。

［31］ 关于许家窑的年代，日本学者 Tsuneto Nagatomo 等在 2004 年"纪念裴文中先生
百年诞辰暨北京猿人第一个头盖骨发现 75 周年国际古人类学术研讨会"上公布
最新许家窑的测年为 66 万 ±15 万年。

［32］ Chun Tang and Pei Gai, Upper Paleolithic cultural traditions in North China. In F.
Wendorf and A. D. Close eds., *Advances in World Archaeology*, Vol. 5, pp. 339-364.
Academic Press, New York, 1986.

［33］ 黄慰文：《中国旧石器晚期文化》，见《中国远古人类》，科学出版社，1989 年。

［34］ 黄慰文等：《鄂尔多斯化石智人的地层／年代和生态环境》，《人类学学报》第 23
卷增刊，2004 年。尹功明、黄慰文：《萨拉乌苏遗址范家沟湾地点的光释光年龄》，
《人类学学报》第 23 卷增刊，2004 年。

［35］ 黎兴国等：《河套人及萨拉乌苏文化的年代》，见《第一次全国 14C 学术会议文
集》，科学出版社，1984 年。

［36］ 原思训等：《用铀子系法测定河套人和萨拉乌苏文化的年代》，《人类学学报》
1983 年第 2 期。

［37］ 董光荣等：《晚更新世萨拉乌苏组时代的新认识》，《科学通报》第 43 卷第 17 期，
1998 年。

［38］ Chun Tang and Pei Gai, Upper Paleolithic cultural traditions in North China. In F.
Wendorf and A. D. Close eds., *Advances in World Archaeology*, Vol. 5, pp. 339-364.
Academic Press, New York, 1986.

［39］ 甘肃省博物馆：《甘肃环县刘家岔旧石器时代遗址》，《考古学报》1982 年第 1 期。

［40］ 王建：《下川文化》，《考古学报》1978 年第 3 期。

［41］ 陈铁梅等：《铀子系法测定骨化石年龄的可靠性研究和华北地区主要旧石器地点
的铀子系年代序列》，《人类学学报》1984 年第 3 期。陈铁梅等：《周口店山顶洞
遗址年代的加速器质谱法再测定与讨论》，《人类学学报》第 8 卷第 3 期，1989 年。
陈铁梅等：《山顶洞遗址的第二批加速器质谱 14C 年龄数据与讨论》，《人类学学
报》第 11 卷第 2 期，1992 年。

［42］ 原思训：《加速器质谱法测定兴隆纹饰鹿角与峙峪遗址等样品 14C 年代》，《人类
学学报》第 12 卷第 1 期，1993 年。

［43］ D. B. Madsen et al., Dating Shuidonggou and the Upper Paleolithic blade industry in
North China. *Antiquity*, 75: 706-716, 2001. 高星等：《水洞沟的新年代测定及相关问

题讨论》，《人类学学报》第 21 卷第 3 期，2002 年。

[44] 原思训：《加速器质谱法测定兴隆纹饰鹿角与峙峪遗址等样品 ^{14}C 年代》，《人类学学报》第 12 卷第 1 期，1993 年。

[45] 具有旧石器时代晚期特征的甘肃徐家城遗址可以早到距今 4.3 万年（4B 层），不过更靠下的 4C 层年代数据则晚到距今 3.4 万年，参考李锋等：《甘肃省徐家城旧石器遗址发掘简报》，《人类学学报》第 31 卷第 3 期，2012 年。

[46] 有关细石叶工艺名称非常之多，比如 microblade、microliths、microlithic assemblage、microblade assemblage、microlithic technology、microblade technology、bladelets 等。国际学术文献中它们有一定专指的地理范围：microliths 与 microlithic 往往专用于西亚、南亚地区；bladelets 常用于北非；microblade 则专用于东亚、东北亚地区。为区分起见，用细石叶这个概念似更为妥当。"细石叶工艺"和"细石叶组合"的提法都是可以成立的。细石叶工艺纯粹是从技术角度来说的，没有时空的限制，凡是运用了细石叶工艺的考古遗存都在研究范畴之中；相反，当我们提及细石叶组合时必须同时伴随有时空的限定，比如旧石器时代晚期山西的细石叶组合、西伯利亚的细石叶组合，新石器时代北方草原带细石叶组合，等等，也就是说细石叶组合这个概念是从遗存的组合特征的角度来讲的，和细石叶工艺的提法并不矛盾。

[47] 张森水：《中国旧石器文化》，天津科学技术出版社，1987 年。《中国北方旧石器工业的区域渐进与文化交流》，《人类学学报》第 9 卷第 4 期，1990 年。

[48] 黄慰文：《中国旧石器晚期文化》，见《中国远古人类》，科学出版社，1989 年。

[49] 李炎贤：《中国旧石器时代晚期文化的划分》，《人类学学报》第 13 卷第 3 期，1993 年。

[50] 林圣龙：《中西方旧石器文化中的技术模式的比较》，《人类学学报》第 15 卷第 1 期，1996 年。

[51] G. Clark, *World Prehistory in New Perspective, an Illustrated Third Edition*. Cambridge University Press, Cambridge, 1977.

[52] 与陈全家老师交流得知。

[53] 谢飞、于淑凤：《河北阳原西白马营晚期旧石器研究》，《文物春秋》1989 年第 3 期。

[54] 安志敏：《河南安阳小南海旧石器时代洞穴堆积的试掘》，《考古学报》1965 年第 1 期。

[55] 原思训等：《山西吉县柿子滩遗址的年代与文化研究》，《考古》1998 年第 6 期。张文君：《山西吉县柿子滩旧石器遗址试掘记》，《考古与文物》1990 年第 1 期。柿子滩考古队：《山西吉县柿子滩旧石器时代遗址 S14 地点》，《考古》2002 年第 4 期。

[56] 周国兴：《河南许昌灵井的石器时代遗存》，《考古》1974 年第 2 期。

[57] 张居中、李占扬：《河南舞阳大岗细石器地点发掘报告》，《人类学学报》第 15 卷第 2 期，1996 年。

［58］河北省文物研究所:《籍箕滩旧石器时代晚期细石器遗址》,《文物春秋》1993
年第 2 期。

［59］盖培、卫奇:《虎头梁旧石器晚期遗址的发现》,《古脊椎动物与古人类》第 15 卷
第 3 期, 1977 年。

［60］河北省文物研究所等:《河北昌黎亭泗洞细石器地点》,《文物春秋》1992 年增刊。
王恩霖:《河北昌黎亭泗洞细石器遗址的新材料》,《人类学学报》第 16 卷第 1
期, 1997 年。

［61］张镇洪等:《辽宁海城小孤山遗址发掘简报》,《人类学学报》第 4 卷第 1 期,
1985 年。

［62］王建等:《丁村旧石器时代遗址群调查发掘报告》,《文物季刊》1994 年第 3 期。

［63］葛治功、林一璞:《大贤庄的中石器时代细石器》,《东南文化》1985 年第 1 期。

［64］临沂地区文管会、郯城县图书馆:《山东郯城黑龙潭细石器遗址》,《考古》1986
年第 6 期。

［65］黄慰文等:《黑龙江昂昂溪的旧石器》,《人类学学报》第 3 卷第 3 期, 1984 年。

［66］贾兰坡等:《水洞沟旧石器时代遗址的新材料》,《古脊椎动物与古人类》第 8 卷
第 1 期, 1964 年。宁夏文物考古研究所:《水洞沟——1980 年发掘报告》,科学
出版社, 2003 年。

［67］贾兰坡等:《山西峙峪旧石器时代遗址发掘报告》,《考古学报》1972 年第 1 期。

［68］Pei W. C. The Upper Cave Fauna of Choukoutien. *Pal. Sin. New Series C.* (10): 1-100,
1940.

［69］李超荣等:《北京地区旧石器考古新进展》,《人类学学报》第 17 卷第 2 期, 1998
年。李超荣等:《北京市王府井东方广场旧石器时代遗址发掘简报》,《考古》
2000 年第 9 期。

［70］张镇洪等:《辽宁海城小孤山遗址发掘简报》,《人类学学报》第 4 卷第 1 期,
1985 年。

［71］小空山联合发掘队:《1987 年河南南召小空山旧石器遗址发掘报告》,《华夏考古》
1988 年第 4 期。

［72］张松林、刘彦锋:《织机洞旧石器时代遗址发掘报告》,《人类学学报》第 22 卷第
1 期, 2003 年。

［73］陈哲英:《陵川塔水河的旧石器》,《文物季刊》1989 年第 2 期。

［74］河北省文物研究所等:《河北玉田县孟家泉旧石器遗址发掘简报》,《文物春秋》
1991 年第 1 期。

［75］刘源:《山西曲沃西沟新发现的旧石器》,《人类学学报》第 5 卷第 4 期, 1986 年。

［76］王社江等:《洛南花石浪龙牙洞 1995 年出土石制品研究》,《人类学学报》第 23
卷第 2 期, 2004 年。

［77］鸽子洞发掘队:《辽宁鸽子洞旧石器遗址发掘报告》,《古脊椎动物与古人类》第

13 卷第 2 期，1975 年。

［78］ P. Mellars, The impossible coincidence. A single-species model for the origins of modern human behavior in Europe. *Evolutionary Anthropology*, 14: 12-27, 2005.

［79］ P. Savolainen et al., Genetic evidence for an East Asian origin for domesticated dogs. *Science*, 298: 1610-1613, 2002.

［80］ M. C. Stiner et al., Paleolithic population growth pulses evidenced by small animal exploitation. *Science*, 283: 190-194, 1999. M. C. Stiner, Carnivory, coevolution, and the geographic spread of the Genus Homo. *Journal of Archaeological Research*, 10: 1-63, 2002.

［81］ L. G. Straus, The Upper Paleolithic of Europe: an overview. *Evolutionary Anthropology*, 4: 4-16, 1995.

［82］ L. R. Binford, *Constructing Frames of Reference: An Analytical Method for Archaeological Theory Building Using Hunter-Gatherer and Environmental Data Sets*. University of California Press, Berkeley, 2001.

［83］ 葛治功、林一璞：《大贤庄的中石器时代细石器》，《东南文化》1985 年第 1 期。

［84］ Chun Chen and Xiangqian Wang, Upper Paleolithic microblade industries in North China and their relationships with Northeast Asia and North America. *Arctic Anthropology*, 26(2): 127-156, 1989.

［85］ J. F. Hoffecker, *A Prehistory of the North: Human Settlement of the Higher Latitudes*. Rutgers University Press, New Brunswick, 2005.

［86］ 吴加安：《试论下川文化与小南海文化之间的关系》，《考古与文物》1984 年第 1 期。

［87］ 王令红：《中国远古人类年代学的新进展》，见《中国远古人类》，科学出版社，1989 年。

［88］ 与王幼平先生个人交流。

［89］ 楔形细石核与船形细石核的区别在于台面宽度与石核高度的比，楔形细石核小于 1:2，船形石核则大于这个值，典型的船形细石核这个比值应该大于 1。

［90］ 谢飞：《环渤海地域新旧石器文化过渡问题研究纲要》，见《中国考古学跨世纪的回顾与前瞻》，科学出版社，2000 年。

［91］ 安志敏、吴汝祚：《陕西朝邑大荔沙苑地区的石器时代遗存》，《考古学报》1957 年第 1 期。西安半坡博物馆、大荔县文化馆：《陕西大荔沙苑地区考古调查报告》，《史前研究》1983 年创刊号。

［92］ 王建等：《下川文化》，《考古学报》1978 年第 3 期。

［93］ 盖培、卫奇：《虎头梁旧石器晚期遗址的发现》，《古脊椎动物与古人类》第 15 卷第 4 期，1977 年。

［94］ 河北省文物研究所：《籍箕滩旧石器时代晚期细石器遗址》，《文物春秋》1993 年第 2 期。

［95］安志敏:《河南安阳小南海旧石器时代洞穴堆积的试掘》,《考古学报》1965 年第
　　　1 期。

［96］河北省文物研究所等:《河北玉田县孟家泉旧石器遗址发掘简报》,《文物春秋》
　　　1991 年第 1 期。

［97］M. Shott, Technological organization and settlement mobility: An ethnographic
　　　examination. *Journal of Anthropological Research*, 42: 15-51, 1986.

［98］M. C. Nelson, The study of technological organization. In M. B. Schiffer ed.,
　　　Archaeological Method and Theory, Vol. 3, pp. 57-100. University of Arizona Press,
　　　Tucson, 1991.

［99］D. E. Young et al., Low-range theory and lithic technology: Exploring the cognitive
　　　approach. In: R. Bonnichsen and D. G. Steele eds., *Method and Theory for Investigating
　　　the Peopling of the Americas*, pp. 209-237. Center for the Study of the First Americans,
　　　Oregon State University, Corvallis, 1994.

［100］B. Hayden et al., Evaluating lithic strategies and design criteria. In G. H. Odell ed.,
　　　Stone Tools: Theoretical Insights into Human Prehistory, pp. 9-45. Plenum, New York,
　　　1996.

［101］P. Bleed, The optimal design of hunting weapons: maintainability or reliability.
　　　American Antiquity, 51: 737-747, 1986.

［102］S. Kuhn, A formal approach to the design and assembly of mobile toolkits. *American
　　　Antiquity*, 59: 426-442, 1994.

［103］B. P. Winterhalder et al., Risk-sensitive adaptive tactics: models and evidence from
　　　subsistence studies in biology and anthropology. *Journal of Archaeological Research*, 7:
　　　301-348, 1999.

［104］R. L. Kelly, Hunter-gatherer mobility strategies. *Journal of Anthropological Research*,
　　　39: 277-306, 1983.

［105］G. G. Politis, Moving to produce: Nukak mobility and settlement patterns in Amazonia.
　　　World Archaeology, 27: 492-511, 1996.

［106］路易斯·宾福德:《追寻人类的过去:解释考古材料》,陈胜前译,上海三联书
　　　店,2009 年。

［107］R. L. Kelly, *The Foraging Spectrum: Diversity in Hunter-Gatherer Lifeways*.
　　　Smithsonian Institution Press, Washington, 1995. L. R. Binford, *Constructing Frames
　　　of Reference: An Analytical Method for Archaeological Theory Building Using
　　　Ethnographic and Environmental Data Sets*. University of California Press, Berkeley,
　　　2001.

［108］G. Clark, *World Prehistory in New Perspective: An Illustrated Third Edition*.
　　　Cambridge University Press, Cambridge, 1977.

［109］ S. L. Kuhn and R. G. Elston, Introduction: thinking small globally. In R. G. Elston and S. L. Kuhn eds., *Think Small: Global Perspectives on Microlithization*, pp. 1-8. Archaeological Papers of the American Anthropological Association Number 12. Arlington, American Anthropological Association, 2002.

［110］ 系与大场正善的个人交流。

［111］ G. H. Odell, Investigating correlates of sedentism and domestication in prehistoric North America. *American Antiquity*, 63: 553-571, 1998.

［112］ R. L. Kelly, The three sides of a biface. *American Antiquity*, 53: 717-734, 1988.

［113］ A. V. Tabarev, Paleolithic wedge-shaped microcores and experiments with pocket devices. *Lithic Technology*, 22 (2): 139-149, 1997.

［114］ R. G. Elston et al., New dates for the north China Mesolithic. *Antiquity*, 71: 985-993, 1997.

［115］ J. B. Sollberger and L. W. Patterson, Prismatic blade replication. *American Antiquity*, 41: 517-531, 1976.

［116］ 侯亚梅：《泥河湾盆地东谷坨遗址石器工业》，中国科学院古脊椎动物与古人类研究所博士论文，2000 年。

［117］ 贾兰坡、卫奇：《阳高许家窑旧石器文化遗址》，《考古学报》1976 年第 2 期。

［118］ T. Kobayoshi, Microblade industries in the Japanese Archipelago. *Arctic Anthropology*, 7 (2): 38-58, 1970.

［119］ 宁夏文物考古研究所：《水洞沟——1980 年发掘报告》，科学出版社，2003 年。

［120］ J. J. Flanniken, The Paleolithic Dyuktai pressure blade technique of Siberia. *Arctic Anthropology*, 24(2): 117-132, 1987.

［121］ M. C. Stiner et al., Paleolithic population growth pulses evidenced by small animal exploitation. *Science*, 283: 190-194, 1999.

［122］ J. F. Hoffecker, *A Prehistory of the North: Human Settlement of the Higher Latitudes*. Rutgers University Press, New Brunswick, 2005.

［123］ J. F. Hoffecker and S. A. Elias, Environment and archeology in Beringia. *Evolutionary Anthropology*, 12: 34-49, 2003. T. Goebel, Pleistocene human colonization of Siberia and peopling of the Americas: an ecological approach. *Evolutionary Anthropology*, 8: 208-227, 1999.

［124］ A. P. Derev'anko, *The Palaeolithic of Siberia: New Discoveries and Interpretations*. University of Illinois Press, Urbana, 1998.

［125］ J. Mulvaney and J. Kamminga, *Prehistory of Australia*. Smithsonian Institution Press, Washington, 1999.

［126］ R. G. Elston and P. J. Brantingham, Microblade technology in Northern Asia: a risk-minimizing strategy of the Late Paleolithic and Early Holocene. In R. G. Elston and

S. L. Kuhn eds., *Think Small: Global Perspectives on Microlithization*, pp. 103-116. Archaeological Papers of the American Anthropological Association Number 12. Arlington, American Anthropological Association, 2002.

[127] L. H. Kelly, Hafting and retooling: effects on the archaeological record. *American Antiquity*, 47: 798-809, 1982.

[128] 甘肃省博物馆文物工作队、武威地区文物普查队:《永昌鸳鸯池新石器时代墓地的发掘》,《考古》1974 年第 5 期。中国社会科学院考古研究所内蒙古工作队:《内蒙古敖汉旗兴隆注聚落发掘简报》,《考古》1985 年第 10 期。《内蒙古敖汉旗兴隆注聚落 1992 年发掘简报》,《考古》1997 年第 1 期。沈阳市文物管理办公室、沈阳故宫博物馆:《沈阳新乐遗址第二次发掘报告》,《考古学报》1985 年第 2 期。

[129] S. C. Gerlach et al., Blood protein residue on lithic artifacts from two archaeological sites in De Long Mountains, Northwest Alaska. *Arctic*, 49(1): 1-10, 1996.

[130] 安志敏:《海拉尔的中石器遗存——兼论细石器的起源和传统》,《考古学报》1978 年第 3 期。

[131] 杜水生:《楔形石核的类型划分与细石器的起源》,《人类学学报》第 23 卷增刊,2004 年。

[132] A. V. Tabarev, Paleolithic wedge-shaped microcores and experiments with pocket devices. *Lithic Technology*, 22(2): 139-149, 1997.

[133] T. Goebel, The "Microblade Adaptation" and recolonization of Siberia during the Late Upper Pleistocene. In R. G. Elston and S. L. Kuhn eds., *Think Small: Global Perspectives on Microlithization*, pp. 117-132. Archaeological Papers of the American Anthropological Association Number 12. Arlington, American Anthropological Association, 2002.

[134] L. R. Binford, *Constructing Frames of Reference: An Analytical Method for Archaeological Theory Building Using Ethnographic and Environmental Data Sets*. University of California Press, Berkeley, 2001.

[135] H. Leith, Modeling the primary productivity of the world. *Nature and Resources*, 8 (2): 5-10, 1972.

[136] 魏兰英等:《北京地区末次冰消期气候环境变化记录的初步研究》,《第四纪研究》1997 年第 2 期。

[137] T. Goebel, The "Microblade Adaptation" and recolonization of Siberia during the Late Upper Pleistocene. In R. G. Elston and S. L. Kuhn eds., *Think Small: Global Perspectives on Microlithization*, pp. 117-132. Archaeological Papers of the American Anthropological Association Number 12. Arlington, American Anthropological Association, 2002.

[138] M. G. Winkler and P. K. Wang, The Late-Quaternary vegetation and climate of China.

In H. E. Wright eds., *Global Climates since the Last Glacial Maximum*, pp. 221-261. University of Minnesota Press, Minneapolis, 1993.

［139］ T. Goebel, Pleistocene human colonization of Siberia and peopling of the Americas: an ecological approach. *Evolutionary Anthropology*, 8: 208-227, 1999.

［140］ 同上。

［141］ R. G. Elston et al., New dates for the north China Mesolithic. *Antiquity*, 71: 985-993, 1997.

［142］ 吉笃学等：《末次盛冰期环境恶化对中国北方旧石器文化的影响》，《人类学学报》第 24 卷第 3 期，2005 年。

［143］ T. Goebel, Pleistocene human colonization of Siberia and peopling of the Americas: an ecological approach. *Evolutionary Anthropology*, 8: 208-227, 1999.

［144］ 柿子滩考古队：《山西吉县柿子滩第九地点发掘简报》，《考古》2010 年第 10 期；《山西吉县柿子滩旧石器时代遗址 S14 地点》，《考古》2002 年第 4 期。赵静芳、霍宝强：《山西吉县柿子滩旧石器晚期遗址再获重要发现》，《中国文物报》2007 年 11 月 30 日。

［145］ 王晓琨等：《内蒙古金斯太洞穴遗址发掘简报》，《人类学学报》第 29 卷第 1 期，2010 年。

［146］ T. G. Schurr and S. T. Sherry，Mitochondrial DNA and Y chromosome diversity and the peopling of the Americas: evolutionary and demographic evidence. *American Journal of Human Biology*, 16: 420-439, 2004. T. G. Schurr, The peopling of the New World: perspectives from molecular anthropology. *Annual Review of Anthropology*, 33: 551-583, 2004.

［147］ T. S. Uinuk-ool et al., Ancestry and kinships of native Siberian populations: the HLA evidence. *Evolutionary Anthropology*, 12: 231-245, 2003.

［148］ 谢飞：《环渤海地域新旧石器文化过渡问题研究纲要》，见《中国考古学跨世纪的回顾与前瞻》，科学出版社，2000 年。

［149］ 袁家荣：《湖南旧石器文化的区域性类型及其地位》，见《长江中游史前文化暨第二届亚洲文明学术讨论会论文集》，岳麓书社，1996 年。

［150］ 目前还不知道是否就是旧石器时代晚期，这里的早晚划分是基于澧水流域石器风格与地质年代进行的。

［151］ 为推测年代，目前尚无很好的绝对年代测定数据。

［152］ 刘德银、王幼平：《鸡公山遗址发掘初步报告》，《人类学学报》第 20 卷第 2 期，2001 年。

［153］ 黄万波等：《湖北房县樟脑洞旧石器遗址发掘报告》，《人类学学报》第 6 卷第 1 期，1987 年。

［154］ 湖北省博物馆、丹江口市博物馆：《丹江口市石鼓后山坡旧石器地点调查报告》，

《江汉考古》1987 年第 4 期。

[155] 陈胜前等:《湖北郧县余嘴 2 号旧石器地点发掘简报》,《人类学学报》待刊。

[156] 房迎三等:《江西新余旧石器地点的埋藏环境与时代》,《人类学学报》第 22 卷第 2 期,2003 年。

[157] 葛治功:《溧水神仙洞一万年前陶片的发现及其意义》,《东南文化》1990 年第 5 期。

[158] R. S. MacNeish, Lithic typology. In *Origins of Rice Agriculture: The Preliminary Report of the Sino-American Jiangxi (PRC) Project SAJOR*. Publications in Anthropology No. 13, El Paso Centennial Museum, The University of Texas at El Paso, 1995.

[159] 徐新民等:《浙江长兴七里亭旧石器时代遗址发掘取得重大成果》,《中国文物报》2006 年 7 月 26 日。

[160] 安徽省文物考古研究所、吉林大学边疆考古研究中心:《安徽东至县华龙洞旧石器时代遗址发掘简报》,《考古》2012 年第 4 期。

[161] 武仙竹:《神农架犀牛洞旧石器时代遗址发掘报告》,《人类学学报》第 17 卷第 2 期,1998 年。

[162] 袁家荣:《长江中游地区的旧石器时代考古》,见《中国考古学的世纪回顾·旧石器时代考古卷》,科学出版社,2004 年。

[163] 鸡公山上层仅有 20 平方米的堆积保存,大部分可能已被取土破坏了,所得材料可能存在较大的偏差。

[164] 石器的命名通常具有一定的主观性,同样类型的器物不同研究者可能会给予不同的名称。

[165] 石球的用途不同区域可能有所差别,华北许家窑遗址发现数量最多的石球,可能用作狩猎,如用作抛石索投掷。长江中下游地区可能不同,复合工具的使用通常被视为旧石器时代晚期的特征。

[166] 封剑平:《湖南澧县十里岗旧石器时代晚期地点》,见《中石器文化国际研讨会论文集》,广东人民出版社,1999 年。

[167] 陈慧、陈胜前:《湖北郧县余嘴 2 号旧石器地点砍砸器的实验研究》,《人类学学报》第 31 卷第 1 期,2012 年。

[168] 谭远辉:《虎爪山北坡旧石器地点调查报告》,《湖南文物辑刊》,1999 年。袁家荣:《澧县鸡公垱旧石器遗址》,《中国考古学年鉴 1989》,文物出版社,1990 年。

[169] 进化稳定策略的核心思想是,凡是种群中大部分成员所采用的,其他策略与之相比较差的某种最佳策略就是进化上的稳定策略。它一旦形成,任何行为异常的个体所采取的策略都不能与之相比。从进化的观点看,当环境出现一次大的变动后,种群内可能出现一个短暂的进化上的不稳定阶段,甚至可能出现波动,但某种进化稳定策略一旦确定,它就会稳定下来,任何偏离进化稳定策略的行为都将受到自然选择的惩罚与淘汰。参见孙儒泳:《动物生态学原理》(第 3

版），北京师范大学出版社，2001 年，第 258 页。

[170] 袁家荣：《湖南旧石器文化的区域性类型及其地位》，见《长江中游史前文化暨第二届亚洲文明学术讨论会论文集》，岳麓书社，1996 年。

[171] L. R. Binford, Willow smoke and dog's tails: Hunter-gatherer settlement systems and archaeological site formation. *American Antiquity*, 45: 4-20, 1980.

第五章

[1] 需要说明的是，这里所说的河流中游并不是地理学意义上的划分，而是就砾石的大小、地形的开阔程度而言的，处在适中的程度（相对于狩猎采集者制作石器与生活活动而言）的区域就是河流的中游。这与地理学的划分类似，但并不完全对应。

[2] C. M. Beall, Adaptations to altitude: A current assessment. *Annual of Review of Anthropology*, 30: 423-456, 2001.

[3] 张信宝、安芷生：《黄土高原地区森林与黄土厚度的关系》，《水土保持通报》第 14 卷第 6 期，1994 年。朱志诚：《黄土高原森林草原的基本特征》，《地理科学》第 14 卷第 2 期，1994 年。刘东生等：《史前黄土高原的自然植被景观——森林还是草原？》，《地球学报》1994 年第 3—4 期。

[4] 童恩正：《试论我国从东北到西南的边地半月形文化传播带》，见文物出版社编辑部编《文物与考古论集》，文物出版社，1986 年。

[5] 王晓琨等：《内蒙古金斯太洞穴遗址发掘简报》，《人类学学报》第 29 卷第 1 期，2010 年。吉学平等：《云南富源大河出土一批莫斯特文化特征石制品》，《中国文物报》2006 年 8 月 18 日。张森水：《莫斯特工业在中国》，见《史前研究 2004》，三秦出版社，2005 年。

[6] 谢传礼等：《末次盛冰期中国古地理轮廓及其气候效应》，《第四纪研究》1996 年第 1 期。

[7] 赵松龄、于洪军：《晚更新世末期黄渤海陆架沙漠化环境的形成》，《第四纪研究》1996 年第 1 期。

[8] 据谢传礼等：《末次盛冰期中国古地理轮廓及其气候效应》，《第四纪研究》1996 年第 1 期，表 3 修改。

[9] 黄春长：《环境变迁》，科学出版社，1998 年。

[10] 新的研究显示黄海在新仙女木事件时海平面仍然比现在低 50 米，参见李铁刚等：《Younger Dryas 事件与北黄海泥炭层的形成》，《地学前缘》第 17 卷第 1 期，2010 年。

[11] 黄春长：《环境变迁》，科学出版社，1998 年。

[12] Fang Jinqi, Influence of sea level rise on the middle and lower reaches of the Yangtze River since 12, 100 BP. *Quaternary Science Reviews*, 10: 527-536, 1991.

［13］ 同上。

［14］ W. F. Ruddiman and J. E. Kutzbach, Forcing of late Cenozoic Northern Hemisphere climate by Plateau uplift in southern Asia and the America West. *Journal of Geophysical Research*, 94: 18409-18427, 1991.

［15］ 安芷生等:《最近两万年中国古环境变迁的初步研究》，见《黄土、第四纪地质、全球变化》，科学出版社，1990 年。

［16］ An Zhisheng et al., Asynchronous Holocene optimum of the East Asian monsoon. *Quaternary Science Reviews*, 19: 743-762, 2000.

［17］ M. G. Winkler and P. K. Wang, The Late-Quaternary vegetation and climate of China. In H. E. Wright et al eds., *Global Climates since the Last Glacial Maximum*, pp. 221-261. University of Minnesota, Minneapolis, 1993.

［18］ An Zhisheng et al., Asynchronous Holocene optimum of the East Asian monsoon. *Quaternary Science Reviews*, 19: 743-762, 2000.

［19］ An Zhisheng, The history and variability of the East Asian paleomonsoon climate. *Quaternary Science Reviews*, 19: 171-187, 2000.

［20］ Sun Xiangjun and Chen Yinshuo, Palynological records of the last 11,000 years in China. *Quaternary Science Reviews*, 10: 537-544, 1991.

［21］ 同上。

［22］ 魏兰英等:《北京地区末次冰消期气候环境变化记录的初步研究》，《第四纪研究》1997 年第 2 期。

［23］ G. Hillman, Late Pleistocene changes in wild plant-foods available to hunter-gatherers of the northern Fertile Crescent: possible preludes to cereal cultivation. In D. R. Harris ed., *The Origins and Spread of Agriculture and Pastoralism in Eurasia*, pp. 159-203. Smithsonian Institution Press, Washington, DC, 1996.

［24］ 戴国华:《旧石器时代晚期中日文化交流的古地理证据》，《史前研究》1984 年第 1 期。

［25］ 刘东生、黎兴国:《猛犸象在中国生存的时间及其分布上的意义》，见《第二次全国 14C 学术会议论文集》，地质出版社，1984 年。

［26］ 近些年来配合南水北调工程进行的旧石器考古调查与发掘工作表明，汉江上中游地区旧石器时代技术面貌有一次明显的变革，早期以砾石砍砸器为主，晚期以石英石片工业为主，区分非常明显。可惜目前一直没有很好的绝对年代测定数据。只能推测石英石片工业属于旧石器时代晚期阶段，含这类技术的遗址在汉江两岸非常常见，我曾经在这一地区进行过旧石器的调查、发掘与研究。

［27］ P. S. Martin and H. E. Wright Jr. eds., *Prehistoric Extinction: The Search for a Cause*. Yale University Press, New Haven, CT, 1967.

［28］ P. S. Martin and D. W. Steadman, Prehistoric extinctions on islands and continents. In R.

D. E. MacPhee ed., *Extinctions in Near Time: Causes, Contexts, and Consequences*, pp. 17-55. Kluwer Academic/Plenum, New York, 1999.

［29］ J. Alroy, A Multispecies Overkill Simulation of the end-Pleistocene Megafaunal Mass Extinction. *Science*, 292: 1893-1896, 2001.

［30］ D. Pushkina, Dynamics of the mammalian fauna in Southern Siberia during the Late Plaeolithic.《古脊椎动物学报》第 44 卷第 3 期，2006 年。

［31］ O. Bar-Yosef and R. H. Meadow, The origins of agriculture in the Near East. In T. D. Price and A. B. Gebauer eds., *Last Hunters-First Farmers*, pp. 39-94. School of American Research Press, Santa Fe, 1995.

［32］ D. T. Rodbell, The Younger Dryas, cold, cold everywhere? *Science*, 290: 285-286, 2000.

［33］ K. C. Tylor et al., The Holocene Younger Dryas transition recorded at Summit, Greenland. *Science*, 278: 825-827, 1997.

［34］ P. M. Grootes et al., Comparison of oxygen isotope records from the GISP2 and GRIP Greenland ice cores. *Nature*, 366: 552-554, 1993.

［35］ K. C. Tylor et al., The Holocene Younger Dryas transition recorded at Summit, Greenland. *Science*, 278: 825-827, 1997.

［36］ 魏兰英等:《北京地区末次冰消期气候环境变化记录的初步研究》,《第四纪研究》1997 年第 2 期。

［37］ 参见萧家仪等:《南岭东部新仙女木事件的孢粉学证据》,《植物学报》第 40 卷第 11 期，1998 年；王文远、刘嘉麒:《新仙女木事件在热带湖光岩玛珥湖的记录》,《地理科学》第 21 卷第 1 期，2001 年；张丽蓉:《新仙女木事件在苏北盆地得胜湖沉积物中的记录》,《地质科技情报》第 30 卷第 1 期，2011 年。

［38］ 李铁刚等:《Younger Dryas 事件与北黄海泥炭层的形成》,《地学前缘》第 17 卷第 1 期，2010 年。

［39］ 周卫建等:《新仙女木期沙漠 / 黄土过渡带高分辨率泥炭记录——东亚季风气候颤动的实例》,《中国科学 D 辑》第 26 卷第 2 期，1996 年。

［40］ 沈永平等:《青藏高原新仙女木事件的气候与环境》,《冰川冻土》第 18 卷第 3 期，1996 年。

［41］ D. B. Madsen et al., Settlement patterns reflected in assemblages from the Pleistocene/ Holocene transition of North Central China. *Journal of Archaeological Science*, 23: 217-231, 1996.

［42］ J. E. Kutzbach and T. Webb, Conceptual basis for understanding Late-Quaternary climates. In H. E. Wright eds., *Global Climates since the Last Glacial Maximum*, pp. 5-11. University of Minnesota, Minneapolis, 1993.

［43］ P. J. Richerson et al., Was agriculture impossible during the Pleistocene but mandatory during the Holocene? A climate change hypothesis. *American Antiquity*, 66: 387-411, 2001.

第六章

[1] 严文明先生 1987 年提出的分期方案，将新石器时代早期的终止年代确定在距今 7000 年前后，1998 年将之调整为 7000BC，即我所说的新旧石器时代过渡阶段。参考严文明：《中国史前文化的统一性与多样性》，《文物》1987 年第 3 期；《中国新石器时代聚落形态的考察》，见《庆祝苏秉琦考古五十五年论文集》，文物出版社，1989 年。

[2] 如苏秉琦：《中国文明起源新探》，生活·读书·新知三联书店，1999 年；赵辉：《中国新石器时代文化发展谱系的研究》，见《中国考古学研究的世纪回顾：新石器时代考古卷》，科学出版社，2008 年；中国社会科学院考古研究所：《中国考古学：新石器时代卷》，中国社会出版社，2010 年。

[3] 可能还有小河西文化与富河文化，有学者认为它们与兴隆洼文化属于同一时代的文化，参见索秀芬、郭治中：《白音长汗遗址小河西文化遗存》，《边疆考古研究》第 3 辑，2004 年。

[4] 鉴于文化风格的类似程度较高，或认为磁山文化与裴李岗文化属于同一文化，参见严文明：《黄河流域新石器时代早期文化的新发现》，《考古》1979 年第 1 期；夏鼐：《三十年来的中国考古学》，《考古》1979 年第 5 期；安志敏：《裴李岗、磁山与仰韶》，《考古》1979 年第 4 期。

[5] 郑杰祥：《新石器文化与夏代文明》，江苏教育出版社，2005 年。参见第 9 页裴李岗文化遗址分布图，对照自然地形图可以看出裴李岗文化主要分布于山前丘陵与平原地带。中国社会科学院考古研究所：《中国考古学：新石器时代卷》，中国社会科学出版社，2010 年。图 3-9 也显示如此。

[6] 夏正楷等曾提出遗址高度与河流下切有关，但是全新世构造运动与海平面的升降非常有限，并不足以在数千年内形成影响遗址分布的河流下切深度，遗址的分布高度主要跟农业生产的发展有关，较晚的阶段人们开始利用河谷滩地与河谷平原，所以遗址的海拔降低，石器中挖土工具使用痕迹与实验考古研究也证明如此。兴隆洼文化的石器并不适合挖掘河谷地带相对较为黏重并且含有沙砾石的土壤，只适合挖掘山坡上较为松软的黄土，相比而言，赵宝沟与红山文化的石耜适合翻挖河谷土壤，详细讨论参见第七章。

[7] 张庆捷：《山西考古的世纪回顾与展望》，《考古》2002 年第 4 期。

[8] 石兴邦：《前仰韶文化的发现及其意义》，见《中国考古研究论文集——纪念夏鼐诞辰五十周年》，三秦出版社，1986 年。

[9] R. Pinhasi and J. T. Stock eds., *Human Bioarchaeology of the Transition to Agriculture*. Wiley-Blackwell, Chichester, 2011.

［10］ 蔡莲珍、仇士华：《碳 13 测定和古代食谱研究》，《考古》1984 年第 10 期。

［11］ Hu, Yaowu, et al., Stable isotope analysis of humans from Xiaojingshan site: Implications for understanding the origin of millet agriculture in China. *Journal of Archaeological Science*, 35: 2960-2965, 2008.

［12］ 更可能是狗吃了人类的排泄物所致，而非人类用粟去喂狗，狗骨中于是有了 C4 植物。

［13］ Barton, L., et al., Agricultural origins and the isotopic identity of domestication in northern China. *PNAS*, 106: 5523-5528, 2009.

［14］ 张雪莲：《应用古人骨的元素、同位素分析研究其食物结构》，《人类学学报》第 22 卷第 1 期，2003 年。

［15］ 胡耀武等：《贾湖遗址人骨的稳定同位素分析》，《中国科学》D 辑，37：94-101，2007 年。

［16］ E. A. Pechenkina, et al., Reconstructing northern Chinese Neolithic subsistence practices by isotopic analysis. *Journal of Archaeological Science*, 32: 1176-1189, 2005.

［17］ Lu Houyuan et al., Earliest domestication of common millet (*Panicum miliaceum*) in East Asia extended to 10, 000 years ago. *PNAS*, 106: 7367-7372, 2009.

［18］ Lee, G., et al., Plants and people from the Early Neolithic to Shang periods in North China. *PNAS*, 104: 1087-1092, 2007.

［19］ 其中 I 区与 II 区相距不超过 50 米，发掘面积近 1900 平方米，基本可以视为是一个遗址，共发现房址两座，灰坑 369 个；III 区相距 I 区近 200 米，发掘面积 473 平方米，发现灰坑 68 个。

［20］ 河北省文物管理处、邯郸市文物保管所：《河北武安磁山遗址》，《考古学报》1981 年第 3 期。

［21］ 同上。

［22］ M. B. Schiffer, *Formation Processes of the Archaeological Record*. University of Utah Press, Salt Lake City, 1987.

［23］ 河南文物考古研究所：《舞阳贾湖》，科学出版社，1999 年。

［24］ 这种废弃方式是新石器时代早期文化中比较普遍的现象，在辽西地区，兴隆洼文化的房址居住面上往往保存有最为丰富的遗存，红山文化及其更晚近的考古学文化的遗址除由于突发原因（如火灾、瘟疫等）而废弃的建筑保存有较多遗物外，房址居住面上遗物通常很少。

［25］ 严文明：《中国农业与养畜业的起源》，《辽海文物学刊》1989 年第 2 期。

［26］ 苏秉琦：《中国文明起源新探》，生活·读书·新知三联书店，1999 年。

［27］ 春秋战国时期的楚、吴越是长江中游与下游地区的文明中心，更早中游地区有石家河文化，下游有良渚文化。环洞庭湖地区与江汉平原相连，形成一个较大范围的史前农业活动地带，长江下游地区以长江三角洲地区为中心，向北与苏北平

原相连，向南与钱塘江流域相通。相对而言，环鄱阳湖地区较为狭小，北有大别山，西有罗霄山，东有武夷山，南有南岭，只有狭长的沿江平原与其他两区相连。迄今为止，环鄱阳湖地区新石器时代早期文化材料尚不清楚，这从一个侧面反映了这个区域新石器时代早期人类的活动强度。严文明与苏秉琦两位先生对长江中下游地区文化格局的区分分别注意不同的方面。

［28］ 城背溪文化主要分布于鄂西南地区，与皂市下层文化年代重叠，属于承彭头山文化的地方类型。

［29］ 陈铁梅：《彭头山等遗址陶片和我国最早水稻遗存的加速质谱仪 ^{14}C 测年》，《文物》1994 年第 3 期。

［30］ 湖南文化考古研究所、澧县文物管理所：《湖南澧县彭头山新石器时代早期遗址发掘简报》，《文物》1990 年第 8 期。《湖南省澧县新石器时代早期遗址调查报告》，《考古》1989 年第 10 期。

［31］ 顾海滨：《洞庭湖地区第四纪古环境的演变及其对人类活动影响的初探》，《环境考古研究》第 1 辑，科学出版社，1991 年。

［32］ Fang Jinqi, Influence of sea level rise on the middle and lower reaches of the Yangtze River since 12, 100 BP. *Quaternary Science Reviews*, 10: 527-536, 1991.

［33］ 湖南文物考古研究所：《湖南澧县彭头山新石器时代遗址发掘简报》，《文物》1990 年第 8 期。顾海滨：《湖南澧县彭头山遗址孢粉分析与古环境探讨》，《文物》1990 年第 8 期。

［34］ 湖南省文物考古研究所：《彭头山与八十垱》，科学出版社，2006 年。

［35］ 张文绪、裴安平：《澧县梦溪八十垱出土稻谷的研究》，《文物》1997 年第 1 期。张文绪等：《湖南澧县彭头山遗址陶片中水稻稃壳双峰乳突印痕的研究》，《作物学报》第 29 卷第 2 期，2003 年。

［36］ 湖南省文物考古研究所：《彭头山与八十垱》，科学出版社，2006 年。

［37］ 湖南省博物馆：《湖南石门皂市下层新石器遗存》，《考古》1986 年第 1 期。

［38］ 有理由这么认为，LUP 阶段遗址与 EUP 阶段遗址相比，动物骨骼的残破程度明显提高，华北地区情况就是如此。

［39］ 湖南省文物考古研究所：《湖南临澧县胡家屋场新石器时代遗址》，《考古学报》1993 年第 2 期。

［40］ 湖南省博物馆：《湖南石门皂市下层新石器遗存》，《考古》1986 年第 1 期。

［41］ 湖南省文物考古研究所：《湖南澧县梦溪八十垱新石器时代早期遗址发掘简报》，《文物》1996 年第 12 期。

［42］ 尹检顺：《试析湖南洞庭湖地区皂市下层文化的分期及其文化属性》，见《长江中游史前文化暨第二届亚洲文明学术讨论会论文集》，岳麓书社，1996 年。

［43］ 湖南省文物考古研究所：《湖南澧县梦溪八十垱新石器时代早期遗址发掘简报》，《文物》1996 年第 12 期。

[44] 张忠培先生认为小黄山一段的年代肯定早不到距今 9000 年。严文明先生也认为上山、小黄山一段只能与南方的彭头山文化、城背溪文化，北方的裴李岗文化、磁山文化房子一起，不能再早；甚至认为小黄山、上山属于新石器时代中期，或者说是早期晚段（按严先生的分期方案）。

[45] 浙江省文物考古研究所、浦江博物馆：《浙江浦江上山遗址发掘简报》，《考古》2007 年第 9 期。

[46] 浙江省文物考古研究所、浦江博物馆：《浙江浦江上山遗址发掘简报》，《考古》2007 年第 9 期。

[47] 严文明先生发言，参见《专家谈：浙江嵊州小黄山遗址》，《中国文物报》2006 年1 月 11 日。

[48] 盛丹平等报道是"3 层下"，与发掘简报有所不同。

[49] 盛丹平、郑云飞、蒋乐平：《浙江浦江上山新石器时代早期遗址》，《农业考古》2006 年第 1 期。

[50] 陈慧、陈胜前：《湖北郧县余嘴 2 号旧石器地点砍砸器的实验研究》，《人类学学报》第 31 卷第 1 期，2012 年。

[51] 浙江省文物考古研究所、萧山博物馆：《跨湖桥》，文物出版社，2004 年。

[52] 1991 年第一次发掘时发现，当时未能及时鉴定种类，从第二、三次发掘的情况来看，发掘者认为可能是麻栎果、栓皮栎和槲栎等树木的果实。

[53] 浙江省文物考古研究所：《河姆渡：新石器时代遗址发掘报告》，文物出版社，2003 年。

[54] 如陈淳：《谈中石器时代》，《人类学学报》第 14 卷第 1 期，1995 年；《中石器时代的研究与思考》，《农业考古》2000 年第 1 期。陈星灿：《关于中石器时代的几个问题》，《考古》1990 年第 2 期。T. D. Price, The Mesolithic of Western Europe. *Journal of World Prehistory*, 1: 225-306, 1987.

[55] 张森水：《中国北方旧石器工业分类初探》，《文物春秋》1991 年第 1 期。

[56] P. Savolainen et al., Genetic evidence for an East Asian origin for domesticated dogs. *Science*, 298: 1610-1613, 2002.

[57] 目前已知最早的陶质器物是用泥土烧制的雕塑，发现于欧洲，距今 2.7 万年。

[58] 用陶器上腐殖酸测定的年代为 12320±120 年，用陶片基质测定年代距今14810±230 年，与陶片同层位木炭测定年代为距今 14490±230 年。参见袁家荣：《湖南道县玉蟾岩 1 万年以前的稻谷和陶器》，见《稻作、陶器和都市的起源》，文物出版社，2000 年。

[59] 谢飞：《环渤海地域新旧石器文化过渡问题研究纲要》，见《中国考古学跨世纪的回顾与前瞻》，科学出版社，2000 年。

[60] 中国社会科学院考古研究所、陕西省考古研究所：《陕西宜川县龙王辿旧石器时代遗址》，《考古》2007 年第 7 期。

［61］ 柿子滩考古队：《山西吉县柿子滩遗址第九地点发掘简报》，《考古》2010 年第 10
期。从考古报告的介绍来看，木炭来自第 3 层用火遗迹中心，其下的第 4、5 两
个文化层出土物更丰富，年代应当更早，可惜没有年代。

［62］ 王建等：《下川文化》，《考古学报》1978 年第 3 期。

［63］ 北京大学考古文博学院、郑州市文物考古研究院：《河南新密市李家沟遗址发掘
简报》，《考古》2011 年第 4 期。郑州市文物考古研究院、北京大学考古文博学
院：《新密李家沟遗址发掘的主要收获》，《中原文物》2011 年第 2 期。

［64］ 柿子滩考古队：《山西吉县柿子滩遗址第九地点发掘简报》，《考古》2010 年第 10
期；《山西吉县柿子滩旧石器时代遗址 S14 地点》，《考古》2002 年第 4 期。赵静
芳、霍宝强：《山西吉县柿子滩旧石器晚期遗址再获重要发现》，《中国文物报》
2007 年 11 月 30 日。

［65］ 孙波等：《山东发现新石器时代早期遗址》，《中国文物报》2007 年 8 月 15 日。

［66］ 保定地区文物管理所等：《河北徐水南庄头遗址试掘简报》，《考古》1992 年第 11
期。河北省文物研究所等：《1997 年河北徐水南庄头遗址发掘简报》，《考古学报》
2010 年第 2 期。

［67］ 张东菊等：《甘肃大地湾遗址距今 6 万年来的考古记录与旱作农业起源》，《科学
通报》第 55 卷第 10 期，2010 年。

［68］ 宋国定、王涛、蒋洪恩：《河南淅川坑南遗址考古发掘》，《中国文物报》2011 年
11 月 18 日。

［69］ 农业也包括畜牧业，牧民生活也是流动的，但是它稍晚于谷物种植农业出现，是
在此基础上形成，或是说从谷物农业生产中分化出去的。

［70］ 历史时期的游牧民族也生产陶器，这跟受到周边农业社会的影响有关，另外，这
种社会并非只游牧，也有少量的农作。即便如此，其陶器也要简得多，器形的
设计也要考虑流动的便利。

［71］ C. M. Aikens, First in the world: The Jomon pottery of early Japan. In W. K. Barnett and
J. W. Hoopes eds., *The Emergence of Pottery: Technology and Innovation in Ancient
Socieities*, pp. 11-21. Smithsonian Institution Press, Washinton DC, 1995.

［72］ P. B. Vandiver et al., The origins of ceramic technology at Dolní Vestoniçe,
Czechoslovakia. *Science*, 246: 1002-1008, 1989.

［73］ 赵复兴：《鄂伦春族游猎文化》，内蒙古人民出版社，1990 年。

［74］ P. M. Rice, On the origins of pottery. *Journal of Archaeological Method and Theory*, 6:
1-53, 1999.

［75］ B. Hayden, Practical and prestige technologies: The evolution of material systems.
Journal of Archaeological Mehtod and Theory, 5: 1-53, 1998.

［76］ 郁金城：《北京市新石器时代考古发现与研究》，见《跋涉集》，北京图书馆出版
社，1998 年。

［77］　内蒙古自治区文物考古研究所:《白音长汗:新石器时代遗址发掘报告》,科学出
版社,2004 年。

［78］　当然,没有纹饰也不等于就不是女性制陶,只是说丰富的纹饰更可能与女性制陶
相关,就像女性爱穿纹饰丰富的衣服,但不等于所有女性都会穿这样的衣服。参
见陈继玲、陈胜前:《兴隆洼文化筒形罐纹饰艺术研究》,《边疆考古研究》第 11
辑,科学出版社,2012 年。

［79］　中国社会科学院考古研究所等:《桂林甑皮岩》,文物出版社,2003 年。

［80］　袁家荣:《湖南道县玉蟾岩 1 万年以前的稻谷和陶器》,见《稻作、陶器和都市的
起源》,文物出版社,2000 年。

［81］　报道中提及石磨盘的形制可以分为椭圆形、长方形和不规则形,但是没有附图。

［82］　王建等:《下川文化——山西下川遗址调查报告》,《考古学报》1978 年第 3 期。

［83］　佚名:《吉县柿子滩旧石器时代遗址》,《中国文物报》2011 年 1 月 7 日。

［84］　王向前等:《山西蒲县薛关细石器》,《人类学学报》第 2 卷第 2 期,1983 年。

［85］　张晓凌等:《微痕分析确认万年前的复合工具与其功能》,《科学通报》第 55 卷第
3 期,2010 年。

［86］　袁家荣:《湖南道县玉蟾岩 1 万年以前的稻谷和陶器》,见《稻作、陶器和都市的
起源》,文物出版社,2000 年。

［87］　北京大学考古文博学院、郑州市文物考古研究院:《河南新密市李家沟遗址发掘
简报》,《考古》2011 年第 4 期。

［88］　郑州市文物考古研究院、北京大学考古文博学院:《新密李家沟遗址发掘的主要
收获》,《中原文物》2011 年第 1 期。

［89］　灶址与火塘的区别主要在程度上,灶址更集中、更深,尤其是能够看出古人有意
识地营造,如挖坑、垒石等,这种区别还需要跟整个遗址的结构、器物遗留特征
结合起来看,灶址不可能出现在临时性居址中。

［90］　赵朝洪、郁金城、王涛:《北京东胡林新石器时代早期遗址获重要收获》,《中国
文物报》2003 年 5 月 9 日。北京大学考古文博学院等:《北京市门头沟区东胡林
史前遗址》,《考古》2006 年第 7 期。

［91］　梅惠杰、王幼平:《阳原县马鞍山旧石器时代晚期遗址》,《中国考古学年鉴
1999》,文物出版社,2001 年。

［92］　严文明:《新石器时代考古三题》,见《农业发生与文明起源》,科学出版社,
2000 年。

［93］　我于 1997 年野外调查时发现,这种原料在泥河湾盆地南缘山沟中可以见到基岩
出露,山沟中偶尔还可以捡到质地优良的燧石。

［94］　孙波等:《山东发现新石器时代早期遗址》,《中国文物报》2007 年 8 月 15 日。

［95］　O. Bar-Yosef and R. H. Meadow, The origins of agriculture in the Near East. In T.
D. Price and A. B. Gebauer eds., *Last Hunters First-Farmers*, pp. 39-94. School of

American Research Press, Santa Fe, 1995.

[96] 王建等：《下川文化——山西下川遗址调查报告》，《考古学报》1978 年第 3 期。

[97] 储有信：《临澧县竹马村旧石器时代末期建筑遗迹》，《中国考古学年鉴 1997》，文物出版社，1999 年。

[98] 中国社会科学院考古研究所等：《桂林甑皮岩》，文物出版社，2003 年。

[99] 赵朝洪、郁金城、王涛：《北京东胡林新石器时代早期遗址获重要收获》，《中国文物报》2003 年 5 月 9 日。北京大学考古文博学院等：《北京市门头沟区东胡林史前遗址》，《考古》2006 年第 7 期。

[100] 北京大学考古文博学院、郑州市文物考古研究院：《河南新密市李家沟遗址发掘简报》，《考古》2011 年第 4 期。

[101] 郑州市文物考古研究院、北京大学考古文博学院：《新密李家沟遗址发掘的主要收获》，《中原文物》2011 年第 1 期。

[102] 袁靖、李君：《河北徐水南庄头遗址出土动物遗存研究报告》，《考古学报》2010 年第 3 期。

[103] R. W. Redding, Preliminary report on faunal remains recovered from the 1993 excavations. In *Origins of Rice Agriculture: The Preliminary Report of the Sino-American Jiangxi (PRC) Project SAJOR*. Publications in Anthropology No. 13, El Paso Centennial Museum, The University of Texas at El Paso, 1995.

[104] J. Alroy, Putting North America's end-Pleistocene megafaunal extinction in context: Large-scale analyses of spatial patterns, extinction rates, and size distributions. In R. D. E. MacPhee ed., *Extinctions in Near Time: Causes, Contexts, and Consequences*, pp. 105-143. Kluwer Academic / Plenum Publishers, New York, 1999.

[105] 夏正楷等：《10000aBP 前后北京斋堂东胡林人的生活环境分析》，《科学通报》第 56 卷第 34 期，2011 年。

[106] 袁家荣：《湖南道县玉蟾岩 1 万年以前的稻谷和陶器》，见《稻作、陶器和都市的起源》，文物出版社，2000 年。

[107] 张镇洪等：《桂林庙岩遗址动物群的研究》，见《中石器文化及有关问题研讨会论文集》，广东人民出版社，1999 年。

[108] 傅宪国：《临桂县大岩石器时代洞穴遗址》，《考古学年鉴 2001》，文物出版社，2002 年。

[109] R. W. Redding, Preliminary report on faunal remains recovered from the 1993 excavations. In *Origins of Rice Agriculture: The Preliminary Report of the Sino-American Jiangxi (PRC) Project SAJOR*. Publications in Anthropology No. 13, El Paso Centennial Museum, The University of Texas at El Paso, 1995.

[110] 浙江省文物考古研究所、萧山博物馆：《跨湖桥》，文物出版社，2004 年。

[111] 浙江省文物考古研究所：《河姆渡：新石器时代遗址考古发掘报告》，文物出版

社，2003 年。

［112］袁靖、李君：《河北徐水南庄头遗址出土动物遗存研究报告》，《考古学报》2010
年第 3 期。

［113］Pang Junfeng et al., mtDNA data indicates a single origin for dogs south of Yangtze
River, less than 16,300 years ago, from numerous wolves. *Molecular Biology and
Evolution*, 26 (12), 2009.

［114］袁靖、李君：《河北徐水南庄头遗址出土动物遗存研究报告》，《考古学报》2010
年第 3 期。

［115］中国社会科学院考古研究所等：《桂林甑皮岩》，文物出版社，2003 年。

［116］郝守刚等：《东胡林四号人墓葬中的果核》，《人类学学报》第 27 卷第 3 期，
2008 年。

［117］北京大学考古文博学院等：《北京市门头沟区东胡林史前遗址》，《考古》2006 年
第 7 期。

［118］张文绪、袁家荣：《湖南道县古栽培稻的初步研究》，《作物学报》第 24 卷第 4
期，1998 年。

［119］赵志军：《吊桶环遗址稻属植硅石研究》，《中国文物报》2000 年 7 月 5 日。

［120］中国社会科学院考古研究所等：《桂林甑皮岩》，文物出版社，2003 年。

［121］中国社会科学院考古研究所：《中国考古学·新石器考古卷》，中国社会科学出版
社，2010 年。

［122］广西柳州白莲洞洞穴科学博物馆：《柳州白莲洞》，科学出版社，2009 年。

［123］即便到了新石器时代早期，定居可能依旧是不稳定的，所以我经常提及"流动
性的丧失"，其实质含义是一样的，要注意它所参照的是狩猎采集者的流动性，
流动性的不断丧失也就意味着依赖自然资源的采食越来越不可能，道理很简单，
因为很少有地方资源足够多到支持定居的狩猎采集。

［124］L. R. Binford, *Constructing Frames of Reference: An Analytical Method for
Archaeological Theory Building Using Ethnographic and Environmental Data Sets*.
University of California Press, Berkeley, 2001.

［125］P. J. Richerson et al., Was agriculture impossible during the Pleistocene but mandatory
during the Holocene? A climate change hypothesis. *American Antiquity*, 66: 387-411,
2001.

［126］H. M. Wobst, Locational relationships in Paleolithic society. *Journal of Human
Evolution*, 5: 49-58, 1976.

［127］D. E. Arnold, The archaeology of complex hunter-gatherers. *Journal of Archaeological
Method and Theory*, 3: 77-126, 1996.

［128］L. R. Binford, *Constructing Frames of Reference: An Analytical Method for
Archaeological Theory Building Using Ethnographic and Environmental Data Sets*.

University of California Press, Berkeley, 2001.

［129］瓦维洛夫:《主要栽培植物的世界起源中心》,董玉琛译,农业出版社,1982年。

［130］J. R. Harlan, Agricultural origins, centers and noncenters. *Science*, 174: 468-474, 1971.

［131］J. G. Hawkes, *The Diversity of Crop Plants*. Harvard University Press, Cambridge, 1983.

［132］包括亚洲西部的小亚细亚、两河流域、阿拉伯半岛、巴勒斯坦地区以及非洲东北部的埃及与部分苏丹。

［133］黎裕、董玉琛:《导论》,见《中国作物及其野生近缘植物:粮食作物卷》,中国农业出版社,2006年。

［134］M. J. Heckenberger et al., Amazonia 1492: Pristine forest or cultural parkland? *Science*, 301: 1710-1714, 2003. E. Stokstad, "Pristine" forest teemed with people. *Science*, 301: 1645-1646, 2003. C. C. Mann, Earthmovers of the Amazon, *Science*, 287: 786-789, 2000. The real dirt on rainforest fertility. *Science*, 297: 920-923, 2002.

［135］T. P. Denham, et al., Origins of agriculture at Kuk Swamp in the highlands of New Guinea. *Science*, 301: 189-193, 2003. K. Newman, New Guinea: A cradle of agriculture. *Science*, 301: 1710-1714, 2003.

［136］D. R. Piperno and K. E. Stothert, Phytolith evidence for early Holocene *Cucurbita* domestication in southwest Ecuador. *Science*, 299: 1054-1057, 2003. V. M. Bryant, Invisible clues to New World plant cultivation. *Science*, 299: 180-181, 2003.

［137］A. Testart, Storage in hunter-gatherer societies. *Current Anthropology*, 23: 523-537, 1982.

［138］贾雷德·戴蒙德:《枪炮、病菌与钢铁:人类社会的命运》,谢延光译,上海译文出版社,2000年。

［139］F. Wendorf and R. Schild, Nabta Playa and its role in northeastern African prehistory. *Journal of Anthropological Archaeology*, 17: 97-123, 1998.

［140］贾雷德·戴蒙德:《枪炮、病菌与钢铁:人类社会的命运》,谢延光译,上海译文出版社,2000年。

［141］J. R. Harlan, *Plants and Man*, 2nd editon. American Society of Agronomy, Madison, 1992.

［142］O. Bar-Yosef and M. Kislev, Early farming communities in the Jordan valley. In D. Harris and G. Hillman eds., *Foraging and Farming: The Evolution of Plant Exploitation*, pp. 632-642. Unwin Hyman, London, 1989.

［143］G. C. Hillman and M. S. Davies, Measured domestication rates in wild wheats and barley under primitive cultivation, and their archaeological implications. *Journal of World Prehistory*, 4: 157-222, 1990.

［144］阿布·休莱拉遗址中发现瞪羚遗存的年龄构成分析显示,新生幼兽、一岁兽与成

年体同时被捕杀。4 月下旬与 5 月上旬，猎人可以通过驱赶动物进围栏或设陷阱的方法大量捕猎瞪羚，这种利用方式会导致瞪羚种群数量迅速减少。

[145] A. Sherrat, Plat tectonics and imaginary prehistories: Structure and contingency in agricultural origins. In D. Harris ed., *The Origins and Spread of Agriculture and Pastoralism in Eurasia*, pp. 130-140. Smithsonian Institution Press, Washington DC, 1996.

[146] A. Belfer-Cohen and A. N. Goring-Morris, Becoming farmers: The inside story. *Current Anthropology*, 52 supplement 4: 209-220, 2011.

[147] M. E. Kislev, E. Nadel and I. Carmi, Epi-Paleolithic (19, 000 BP) cereal and fruit diet at Ohalo II, Sea of Galilee, Israel. *Review of Palaeobotany and Palynology*, 71: 161-166, 1992.

[148] L. R. Binford, Post-Pleistocene adaptation. In S. Binford and L. Binford eds, *New Perspectives in Archaeology*, pp. 313-341. Aldine, Chicago, 1968.

[149] Perrot, J. Le gisement natoufien de Mallaha (Eynan), Israel. *L'Anthropologie*, 70: 437-483, 1966.

[150] O. Bar-Yosef and R. H. Meadow, The origins of agriculture in the Near East. In T. D. Price and A. B. Gebauer eds., *Last Hunters First Farmers*, pp. 39-94. School of American Research Press, Santa Fe, 1995.

[151] T. Hardy-Smith and P. C. Edwards, The garbage crisis in prehistory: Artifact discard patterns at the early Natufian site of Wadi Hammeh 27 and the origins of household refuse disposal strategies. *Journal of Anthropological Archaeology*, 23: 253-289, 2004.

[152] 按照谢弗的区分，原生废弃物（primary refuse）指耗尽或接近耗尽使用寿命的物品被废弃在原来使用的区域，而次生废弃物指物品废弃的区域非其使用区域。

[153] O. Bar-Yosef and R. H. Meadow, The origins of agriculture in the Near East. In T. D. Price and A. B. Gebauer eds., *Last Hunters First Farmers*, pp. 39-94. School of American Research Press, Santa Fe, 1995.

[154] G. C. Hillman, et al., Plant-food economy during the Epi-Paleolithic period at Tell Abu Hureya, Syria: Dietary diversity, seasonality and modes of exploitation. In D. Harris and G. Hillman eds., *Foraging and Farming: The Evolution of Plant Exploitation*, pp. 240-268. Unwin Hyman, London, 1989.

[155] M. A. Zeder, B. Hesse, The initial domestication of goats (*Capra hircus*) in the Zagros Mountains 10, 000 years ago. *Science*, 287: 2254-2257, 2000.

[156] M. A. Zeder, The origins of agriculture in the Near East. *Current Anthropology*, 52 supplement 4: 221-235, 2011.

[157] K. A. Wittfogel, *Oriental Despotism: A Comparative Study of Total Power*. Yale University Press, New Haven, 1957.

[158] L. Barton, et al., Agricultural origins and the isotopic identity of domestication in northern China. *PNAS*, 106: 5523-5528, 2009.

[159] 马文·哈里斯有过精辟论述，参见《文化的起源》，黄晴译，华夏出版社，1988年。

[160] 目前，有关玉米驯化的最早年代被大大推后了，约在3600 BC前后，而不是MacNeish所认为的10000 BC，但是葫芦的驯化可能早到8000 BC（Guilá Naquitz遗址）。

[161] A. M. T. Moore, The inception of potting in western Asia and its impact on economy and society. In W. K. Barnett and J. W. Hoopes eds., *The Emergence of Pottery: Technology and Innovation in Ancient Societies*, pp. 39-53. Smithsonian Institution Press, Washington DC, 1995.

[162] 与巴尔－优素福博士的个人交流。

[163] 这里不是说古人获取能量的效率问题，而是说单位食品体积的能量密度，人类通过强化处理植物种子，获得了相当高的食物能量密度，尤其是经过烹煮之后。

第七章

[1] 辽西丘陵拥有中国最宽阔的黄土阶地与坡地分布带，参见刘明光主编《中国自然地理地图集》第2版，中国地图出版社，1998年第13页。黄土阶地与坡地黄土覆盖的厚度相对于黄土塬与黄土丘陵（梁、峁）要小得多，由于黄土垂直分布的特性，难以涵养水源，所以良好的植被如森林往往见于黄土较薄的黄土阶地和坡地区域，而在厚层黄土分布的地区更多是草原植被。对于早期农业而言，前者的水源条件更好，是首选的地带。所以，单纯以水源与土壤而言，辽西丘陵地区无疑是适合农业的，当然农业还需要足够的热量条件。

[2] 苏秉琦：《辽西古文化古城古国——兼谈当前田野工作的重点或大课题》，《文物》1986年第8期。

[3] 比如，G. Shelach, The earliest Neolithic cultures of Northeast China: Recent discoveries and new perspectives on the beginning of agriculture. *Journal of World Prehistory*, 14: 363-413, 2000。王立新：《辽西区夏至战国时期文化格局与经济形态的演进》，《考古学报》2004年第3期。靳桂云：《燕山南北长城地带中全新世气候环境的演化及影响》，《考古学报》2004年第4期。

[4] 陈胜前：《中国北方晚更新世人类的适应变迁与辐射》，《第四纪研究》第26卷第4期，2006年。

[5] 比如，刘晋祥、董兴林：《燕山南北长城地带史前聚落形态的初步研究》，《文物》1997年第8期。冈村秀典：《辽河流域新石器文化的居住形态》，见《东北亚考古学研究——中日合作研究报告书》，文物出版社，1997年。

[6] 比如，大贯静夫：《环渤海地区初期杂谷农耕文化的发展——以根据动物群观察生业的变迁为中心》，见《东北亚考古学研究——中日合作研究报告书》，文物出版

社，1997 年。王立新：《辽西区夏至战国时期文化格局与经济形态的演进》，《考古学报》2004 年第 3 期。

[7] 朱延平：《小山尊形器"鸟兽图"试析》，《考古》1990 年第 4 期。

[8] 陈胜前：《考古推理的结构》，《考古》2007 年第 10 期。

[9] 严文明：《东北亚农业的发生与传播》，《农业考古》1993 年第 3 期。

[10] F. B. King, R. W. Graham, Effects of ecological and paleoecological patterns on subsistence and paleoenvironmental reconstructions. *American Antiquity*, 46: 128-142, 1981.

[11] M. Q. Sutton, E. N. Anderson, *Introduction to Cultural Ecology*. Altamira Press, 2004.

[12] 史培军：《中国北方农牧交错带的降水变化与"波动农牧业"》，《干旱区资源与环境》1989 年第 3 期。

[13] M. D. Sahlins, On the sociology of primitive exchange. In M. Banton ed., *The Relevance of Models for Social Anthropology*, pp. 139-236. Association for Social Anthropology, Monograph 1, London, 1965.

[14] Chen Shengqian, *Adaptive Changes of Prehistoric Hunter-Gatherers during the Pleistocene—Holocene Transition in China*. Ph. D. Dissertation. Southern Methodist University, Dallas, 2004.

[15] O. Soffer, Storage, sedentism and the Eurasian Paleolithic record. *Antiquity*, 63: 719-732, 1989.

[16] 林沄：《商文化青铜器与北方地区青铜器关系之再研究》，载苏秉琦主编《考古学文化论集》（一），文物出版社，1987 年。

[17] 陈胜前：《细石叶工艺的起源——一个生态与理论的视角》，《考古学研究》（七），科学出版社，2008 年。

[18] L. R. Binford, *In Pursuit of the Past: Decoding the Archaeological Record*. University of California Press, Berkeley, 1983. 路易斯·宾福德：《追寻人类过去：解释考古材料》，陈胜前译，上海三联书店，2009 年。

[19] 满志敏：《农牧过渡带、亚热带经济作物界线的迁徙》，见《中国历史气候变化》，山东科学技术出版社，1996 年。

[20] B. G. Trigger, *Beyond History: The methods of Prehistory*. Holt, Rinehart and Winston, New York, 1969. 陈胜前：《考古学的文化观》，《考古》2009 年第 10 期。

[21] A. Gilman, Explaining the Upper Paleolithic Revolution. In M. Spriggs ed., *Marxist Perspective in Archaeology*, pp. 1-9. Cambridge University Press, Cambridge, 1984.

[22] L. R. Binford, *Constructing Frames of Reference: An Analytical Method for Archaeological Theory Building Using Ethnographic and Environmental Data Sets*. University of California Press, Berkeley, 2001.

[23] 陈胜前：《中国北方晚更新世人类的适应变迁与辐射》，《第四纪研究》第 26 卷第

4 期，2006 年。

［24］李超荣等：《北京市王府井东方广场旧石器时代遗址发掘简报》，《考古》2000 年
第 9 期。

［25］同上。

［26］宁夏文物考古研究所：《水洞沟——1980 年发掘报告》，科学出版社，2003 年。

［27］贾兰坡等：《山西峙峪旧石器时代遗址发掘报告》，《考古学报》1972 年第 1 期。

［28］中国科学院古脊椎动物与古人类研究所、河北省文物研究所：《四方洞——河北
第一处旧石器时代洞穴遗址》，《文物春秋》1992 年增刊。

［29］鸽子洞发掘队：《辽宁鸽子洞旧石器遗址发掘报告》，《古脊椎动物与古人类》
1975 年第 2 期。

［30］R. G. Elston, and P. J. Brantingham, Microlithic technology in Northern Asia: A risk—
minimizing strategy of the Late Paleolithic and Early Holocene. In R. G. Elston and
S. L. Kuhn eds., *Thinking Small: Global Perspective on Microlithization*, pp. 103-116.
Archaeological Papers of the American Anthropological Association Number 12, 2002.

［31］陈胜前：《细石叶工艺的起源——一个生态与理论的视角》，《考古学研究》（七），
科学出版社，2008 年。

［32］河北省文物研究所等：《河北昌黎亭泗洞细石器地点》，《文物春秋》1992 年增刊。
王恩霖：《河北昌黎亭泗洞细石器遗址的新材料》，《人类学学报》第 16 卷第 1
期，1997 年。

［33］唐山文物管理处：《唐山地区发现的旧石器文化》，《文物春秋》1993 年第 4 期。

［34］吕遵谔：《海城小孤山仙人洞鱼镖头的复制和使用研究》，《考古学报》1995 年第
1 期。

［35］周廷儒等：《华北更新世最后冰期以来的气候变迁》，《北京师范大学学报》（自然
科学版）1982 年第 1 期。

［36］吴海斌、郭正堂：《末次盛冰期以来中国北方干旱区演化及短尺度干旱事件》，
《第四纪研究》第 19 卷第 6 期，2000 年。

［37］陈胜前：《细石叶工艺的起源——一个生态与理论的视角》，《考古学研究》（七），
科学出版社，2008 年。

［38］M. G. Winkler, and Wang P. K., The Late-Quaternary vegetation and climate of China.
In H. E. Wright eds., *Global Climates since the Last Glacial Maximum*, pp. 221-261.
University of Minnesota Press, Minneapolis, 1993.

［39］P. M. Grootes, et al., Comparison of oxygen isotope records from the GISP2 and GRIP
Greenland ice cores. *Nature*, 366: 552-554, 1993. K. C. Tylor, et al., The Holocene-
Younger Dryas transition recorded at Summit, Greenland. *Science*, 278: 825-827, 1997.

［40］谢传礼等：《末次盛冰期中国古地理轮廓及其气候效应》，《第四纪研究》1996 年
第 1 期。

[41] Sun X. J., Chen Y. S., Palynological records of the last 11, 000 years in China. *Quaternary Science Reviews*, 10: 537-544, 1991. 魏兰英等:《北京地区末次冰消期气候环境变化记录的初步研究》,《第四纪研究》1997 年第 2 期。

[42] P. S. Martin, and D. W. Steadman, Prehistoric extinctions on islands and continents. In R. D. E. MacPhee ed., *Extinctions in Near Time: Causes, Contexts, and Consequences*, pp. 17-55. Kluwer Academic/Plenum, New York, 1999.

[43] J. E. Kutzbach, T. Webb., Conceptual basis for understanding Late-Quaternary climates. In H. E. Wright eds., *Global Climates since the Last Glacial Maximum*, pp. 5-11. University of Minnesota, Minneapolis, 1993.

[44] M. C. Steiner et al., Paleolithic population growth pulses evidenced by small animal exploitation. *Science*, 283: 190-194, 1999.

[45] M. Basgall, Resource intensification among hunter-gatherers: Acorn economies in prehistoric California. *Research in Economic Anthropology*, 9: 21-52, 1987.

[46] 赵朝洪、郁金城、王涛:《北京东胡林新石器时代早期遗址获重要发现》,《中国文物报》2003 年 5 月 9 日。北京大学考古文博学院、北京大学考古学研究中心、北京市文物研究所:《北京市门头沟区东胡林史前遗址》,《考古》2006 年第 7 期。

[47] L. R. Binford, *In Pursuit of the Past: Decoding the Archaeological Record*. University of California Press, Berkeley, 1983. 路易斯·宾福德:《追寻人类的过去:解释考古材料》,陈胜前译,上海三联书店,2009 年。

[48] J. D. Spector, What this awl means: Toward a feminist archaeology. In J. M. Gero and M. W. Conkey eds., *Engendering Archaeology*, pp. 388-406. Basil Blackwell, Cambridge, 1991.

[49] 严文明:《农业发生与文明起源》,科学出版社,2000 年。

[50] 陈胜前:《中国狩猎采集者的模拟研究》,《人类学学报》第 25 卷第 1 期,2006 年。陈胜前:《中国晚更新世—早全新世过渡期狩猎采集者的适应变迁》,《人类学学报》第 25 卷第 3 期,2006 年。

[51] 吴海斌、郭正堂:《末次盛冰期以来中国北方干旱区演化及短尺度干旱事件》,《第四纪研究》第 19 卷第 6 期,2000 年。

[52] 北京文物研究所:《镇江营与塔照》,科学出版社,1999 年。

[53] 任式楠:《兴隆洼文化的发现及其意义——兼与华北同时期的考古学文化相比较》,《考古》1994 年第 8 期。

[54] 赵志军:《探寻中国北方旱作农业起源的新线索》,《中国文物报》2004 年 11 月 12 日。

[55] 李璠:《中国栽培植物发展史》,科学出版社,1984 年。

[56] 内蒙古自治区文物考古研究所:《白音长汗:新石器时代遗址发掘报告》,科学出版社,2004 年。

［57］中国社会科学院考古研究所内蒙古工作队：《内蒙古敖汉旗兴隆洼聚落 1992 年发掘简报》，《考古》1997 年第 1 期。

［58］杨虎、刘国祥：《兴隆洼聚落遗址发掘再获硕果》，《中国文物报》1993 年 12 月 26 日。

［59］河北省文物研究所等：《迁西西寨遗址 1988 年发掘简报》，《文物春秋》1992 年增刊。

［60］辽宁省文物考古研究所：《阜新查海新石器时代遗址试掘简报》，《辽海文物学刊》1988 年第 1 期。辽宁省文物考古研究所：《辽宁阜新查海遗址 1987～1990 年三次发掘》，《文物》1994 年第 11 期。

［61］冈村秀典：《辽河流域新石器文化的居住形态》，见《东北亚考古学研究——中日合作研究报告书》，文物出版社，1997 年。

［62］夏正楷、邓辉、武弘麟：《内蒙古西拉木伦河流域考古文化演变的地貌背景分析》，《地理学报》第 55 卷第 3 期，2000 年。

［63］刘国祥：《赵宝沟文化经济形态及相关问题探讨》，见《21 世纪中国考古学与世界考古学》，中国社会科学院出版社，2002 年。

［64］刘晋祥、董兴林：《浅论赵宝沟文化的农业经济》，《考古》1996 年第 2 期。

［65］内蒙古自治区文物考古研究所：《克什克腾旗南台子遗址发掘简报》，见《内蒙古文物考古文集》，中国大百科全书出版社，1994 年。

［66］中国社会科学院考古研究所内蒙古工作队、敖汉旗博物馆：《内蒙古敖汉旗兴隆沟新石器时代遗址的调查》，《考古》2000 年第 9 期。

［67］内蒙古自治区文物考古研究所：《白音长汗：新石器时代遗址发掘报告》，科学出版社，2004 年。

［68］I. Hodder, Postprocessual Archaeology. *Advances in Archaeological Method and Theory*, Vol. 8, pp. 1-26. Academic Press, New York, 1985.

［69］A. Gilman, Explaining the Upper Paleolithic Revolution. In M. Spriggs ed., *Marxist Perspective in Archaeology*, pp. 1-9. Cambridge University Press, Cambridge, 1984.

［70］比如，F. Bordes, and D. de Sonneville-Bordes, The significance of variability in Paleolithic assemblages. *World Archaeology*, 2: 61-73, 1970. L. R. Binford, Interassemblage variability — the Mousterian and the "functional" argument. In C. Renfrew ed., *The Explanation of Culture Change*, pp. 227-254. University of Pittsburgh Press, Pittsburgh, 1973.

［71］沈阳市文物管理办公室、沈阳故宫博物馆：《沈阳新乐遗址第二次发掘报告》，《考古学报》1985 年第 2 期。

［72］吉林大学考古教研室：《农安左家山新石器时代遗址》，《考古学报》1989 年第 2 期。

［73］黑龙江省文物考古工作队：《密山县新开流遗址》，《考古学报》1979 年第 4 期。

［74］C. M. Aikens, and T. Higuchi, *Prehistory of Japan*. Academic Press, New York, 1982. 有关远东万年陶器的材料来自杰列维扬科院士在吉林大学的讲演。

［75］ L. R. Binford, *Constructing Frames of Reference: An Analytical Method for Archaeological Theory Building Using Ethnographic and Environmental Data Sets.* University of California Press, Berkeley, 2001.

［76］ R. G. Matson, and G. Coupland, *The Prehistory of the Northwest Coast.* Academic Press, San Diego, 1995.

［77］ 严文明：《东北亚农业的发生与传播》，《农业考古》1993 年第 3 期。

［78］ 王宏：《渤海湾全新世贝壳堤和牡蛎礁的古环境》，《第四纪研究》1996 年第 2 期。

［79］ 施雅风、孔昭宸、王苏民等：《中国全新世大暖期与环境的基本特征》，海洋出版社，1992 年。

［80］ 中国社会科学院考古研究所：《敖汉赵宝沟——新石器时代聚落》，中国大百科全书出版社，1997 年。

［81］ 朱凤瀚：《吉林奈曼旗大沁他拉新石器时代遗址调查》，《考古》1979 年第 3 期。

［82］ 张景明：《巴林左旗二道梁红山文化遗址细石器》，《内蒙古文物考古》1994 年第 1 期。内蒙古自治区文物考古研究所：《巴林左旗友好村二道梁红山文化遗址发掘简报》，《内蒙古文物考古》1994 年第 1 期。

［83］ 中国科学院考古研究所内蒙古工作队：《内蒙古巴林左旗富河沟门遗址发掘简报》，《考古》1964 年第 1 期。

［84］ 徐光冀：《乌尔吉木伦河流域的三种史前文化》，《内蒙古文物考古文集》第一辑，中国大百科全书出版社，1994 年。

［85］ 陈胜前：《中国晚更新世 - 早全新世过渡期狩猎采集者的适应变迁》，《人类学学报》第 25 卷第 3 期，2006 年。

［86］ 辽宁省博物馆等：《辽宁敖汉旗小河沿三种原始文化的发现》，《文物》1977 年第 12 期。辽宁省文物考古研究所、赤峰市博物馆：《大南沟——后红山文化墓地发掘报告》，科学出版社，1998 年。

［87］ 河北省文物研究所：《河北阳原县姜家梁新石器时代遗址的发掘》，《考古》2001 年第 2 期。

［88］ 内蒙古自治区文物考古研究所：《白音长汗：新石器时代遗址发掘报告》，科学出版社，2004 年。

［89］ 索秀芬：《西辽河流域全新世人地关系》，《边疆考古研究》第 4 辑，科学出版社，2005 年。

［90］ 夏正楷、邓辉、武弘麟：《内蒙古西拉木伦河流域考古文化演变的地貌背景分析》，《地理学报》第 55 卷第 3 期，2000 年。

［91］ 郭大顺、张星德：《东北文化与幽燕文明》，江苏教育出版社，2005 年。

［92］ 辽宁文化考古研究所：《辽宁牛河梁红山文化"女神庙"与积石冢发掘简报》，《文物》1986 年第 8 期。

［93］ 郭大顺、张克举：《辽宁喀左县东山嘴红山文化建筑群址发掘简报》，《文物》

1984 年第 11 期。

［94］ 辽宁文物干部培训班：《辽宁北票县丰下遗址 1972 年春发掘简报》，《考古》1976
年第 3 期。

［95］ 同上。

［96］ C. Vila et al., Widespread origins of domestic horse lineages. *Science*, 291: 474-477,
2001.

［97］ A. M. Lister, Tales from the DNA of domestic horse. *Science*, 292: 218-219, 2001.

［98］ 袁靖：《中国古代家马的研究》，见《中国史前考古学研究——祝贺石兴邦先生考
古半世纪暨八秩华诞文集》，三秦出版社，2003 年。

［99］ E. S. Higgs, *Palaeoeconomy*. Cambridge University Press, Cambridge, 1975.

［100］ L. R. Binford, *Constructing Frames of Reference: An Analytical Method for
Archaeological Theory Building Using Ethnographic and Environmental Data Sets*.
University of California Press, Berkeley, 2001.

［101］ 田广金、史培军：《中国北方长城地带环境考古学的初步研究》，《内蒙古文物考
古》1997 年第 2 期。

［102］ 莫多闻、李非、李水城：《甘肃葫芦河流域中全新世环境演化及其对人类活动的
影响》，《地理学报》第 51 卷第 1 期，1993 年。

［103］ 辽宁省博物馆文物工作队：《辽宁林西县大井古铜矿 1976 年试掘简报》，《文物
资料丛刊》第七辑，1983 年。

［104］ 中国科学院考古研究所内蒙古工作队：《赤峰药王庙、夏家店遗址试掘报告》，
《考古学报》1974 年第 1 期。

［105］ 中国社会科学院考古研究所内蒙古工作队：《赤峰蜘蛛山遗址的发掘》，《考古学
报》1979 年第 2 期。

［106］ 中国科学院考古研究所内蒙古工作队：《宁城南山根遗址发掘报告》，《考古学
报》1975 年第 1 期。

［107］ 乌恩：《欧亚大陆草原早期游牧文化的几点思考》，《考古学报》2002 年第 4 期。

［108］ 冈村秀典：《辽河流域新石器文化的居住形态》，见《东北亚考古学研究——中
日合作研究报告书》，文物出版社，1997 年。

［109］ M. Q. Sutton, E. N. Anderson, *Introduction to Cultural Ecology*. Altamira, Walmut
Creek, 2004.

［110］ 冈村秀典：《辽河流域新石器文化的居住形态》，见《东北亚考古学研究——中
日合作研究报告书》，文物出版社，1997 年。

［111］ 李璠：《中国栽培植物发展史》，科学出版社，1984 年。

［112］ Y. Fukuda, Cyto-genetical studies on the wild and cultivated Manchurian soybeans
(Glycine L.). *Japanese Journal of Botany*, 6: 489-509, 1933. 李福山：《大豆起源及
其演化研究》，《大豆科学》第 13 卷第 1 期，1994 年。

［113］赵团结、盖均镒：《栽培大豆起源与演化研究进展》，《中国农业科学》第 37 卷第 7 期，2004 年。

［114］李璠：《中国栽培植物发展史》，科学出版社，1984 年，79 页。

［115］T. Hymowitz, Soybean. In J. Smartt and N. W. Simmonds eds., *Evolution of Crop Plants*, pp. 413-484. Longman Scientific and Technical, Harlow, 1995.

［116］同上。

［117］赵团结、盖均镒：《栽培大豆起源与演化研究进展》，《中国农业科学》第 37 卷第 7 期，2004 年。

［118］李璠：《中国栽培植物发展史》，科学出版社，1984 年。

［119］吴文祥、刘东生：《4000a BP 前后降温事件与中华文明的诞生》，《第四纪研究》第 21 卷第 5 期，2000 年。

［120］靳桂云：《燕山南北长城地带中全新世气候环境的演化及影响》，《考古学报》2004 年第 4 期。

［121］施雅风等：《中国全新世大暖期与环境的基本特征》，海洋出版社，1992 年。

［122］张兰生等：《中国北方农牧交错带（鄂尔多斯地区）全新世环境演变及未来百年预测》，见《中国北方农牧交错带全新世环境演变及预测》，地质出版社，1992 年。

［123］史培军：《中国北方农牧交错带的降水变化与"波动农牧业"》，《干旱区资源与环境》1989 年第 3 期。

［124］同上。

［125］裘善文等：《东北平原西部沙地古土壤与全新世环境变迁》，《第四纪研究》1992 年第 3 期。

第八章

［1］安志敏：《关于我国中石器时代的几个遗址》，《考古通讯》1956 年第 3 期；《海拉尔的中石器遗存——兼论细石器的起源和传统》，《考古学报》1978 年第 3 期。

［2］盖培、王国道：《黄河上游拉乙亥中石器时代遗址发掘报告》，《人类学学报》第 2 卷第 1 期，1983 年。

［3］L. R. Binford，Post-Pleistocene Adaptation. In S. Binford and L. R. Binford eds., *New Persepectives in Archaeology*, pp. 313-341. Aldine, Chicago, 1968.

［4］陈淳：《谈中石器时代》，《人类学学报》第 14 卷第 1 期，1995 年。《中石器时代的研究与思考》，《农业考古》2000 年第 1 期。

［5］陈星灿：《关于中石器时代的几个问题》，《考古》1990 年第 2 期。

［6］北京大学历史系等：《石灰岩地区碳 -14 样品年代的可靠性与甑皮岩等遗址的年代问题》，《考古学报》1982 年第 2 期。安志敏：《华南早期新石器 ^{14}C 断代和问题》，《第四纪研究》1989 年第 2 期。原思训：《华南早期新石器 ^{14}C 年代数据引起的困惑与真实年代》，《考古》1993 年第 4 期。

［7］ 王令红：《桂林宝积岩发现的古人类化石与石器》，《人类学学报》第 1 卷第 1 期，1982 年。

［8］ 傅宪国、贺战武、熊昭明、王浩天：《桂林地区史前文化面貌轮廓初现》，《中国文物报》2001 年 4 月 4 日。中国社会科学院考古研究所：《中国考古学：新石器时代卷》，中国社会科学出版社，2010 年。

［9］ 广西柳州白莲洞洞穴科学博物馆：《柳州白莲洞》，科学出版社，2009 年。

［10］ 张镇洪等：《广东封开县罗沙岩洞穴遗址第一期发掘简报》，《人类学学报》第 13 卷第 4 期，1994 年。

［11］ 谌世龙：《桂林庙岩洞穴的发掘与研究》，见《中石器文化及其有关问题研讨会论文集》，广东人民出版社，1999 年。张镇洪等：《桂林庙岩遗址动物群的研究》，见《中石器文化及其有关问题研讨会论文集》，广东人民出版社，1999 年。

［12］ 曾祥旺：《广西田东定模洞人类化石及其文化遗存》，《考古与文物》1982 年第 2 期。

［13］ 尤玉柱等：《漳州史前文化》，福建人民出版社，1991 年。蔡保全：《闽南旧石器的研究与发现》，《东南考古研究》第 1 辑，1996 年。

［14］ 邱立诚等：《广东阳春独石仔新石器时代洞穴遗址发掘》，《考古》1982 年第 5 期。

［15］ 金志伟等：《英德云岭牛栏洞遗址试掘简报》，《江汉考古》1998 年第 1 期。英德市博物馆等：《英德云岭牛栏洞遗址》，见《英德史前考古报告》，广东人民出版社，1999 年。

［16］ 柳州市博物馆等：《柳州市大龙潭鲤鱼嘴新石器时代贝丘遗址》，《考古》1983 年第 9 期。傅宪国等：《柳州鲤鱼嘴遗址再度发掘》，《中国文物报》2004 年 8 月 4 日。

［17］ 广东省博物馆：《广东翁源县青塘新石器时代遗址》，《考古》1961 年第 11 期。

［18］ 宋方义等：《广东封黄岩洞洞穴遗址》，《考古》1983 年第 1 期。

［19］ 宋方义等：《广东封开、怀集溶洞调查报告》，《古脊椎动物与古人类》第 19 卷第 3 期，1981 年。

［20］ 中国社会科学院考古研究所等：《桂林甑皮岩》，文物出版社，2003 年。

［21］ 广东省博物馆：《广东东兴新石器时代贝丘遗址》，《考古》1961 年第 12 期。

［22］ 广西壮族自治区考古训练班、广西壮族自治区文物工作队：《广西南宁地区新石器时代贝丘遗址》，《考古》1975 年第 5 期。

［23］ 广东省文物管理委员会：《广东潮安的贝丘遗址》，《考古》1961 年第 11 期。

［24］ 中国社会科学院考古研究所广西工作队、广西壮族自治区文物工作队：《1996 年广西石器时代考古调查报告》，《考古》1997 年第 10 期。中国社会科学院考古研究所广西工作队等：《广西邕宁县顶蛳山遗址的发掘》，《考古》1998 年第 11 期。

［25］ 中国社会科学院考古研究所广西工作队等：《广西南宁豹子头遗址发掘简报》，《考古》2003 年第 10 期。

［26］ 深圳市博物馆、中山大学人类学系：《深圳市大鹏咸头岭沙丘遗址发掘简报》，《文物》1990 年第 11 期。

［27］ 福建省博物馆：《福建平潭壳坵头遗址发掘简报》，《考古》1991 年第 7 期。

［28］ 福建省文物管理委员会、厦门大学：《闽侯县石山遗址第二—四次发掘简报》，《考古》1961 年第 12 期。福建省博物馆：《福建闽侯县石山遗址第六次发掘报告》，《考古学报》1976 年第 1 期。《福建闽侯县石山遗址发掘》，《考古》1983 年第 12 期。福建博物院：《闽侯县石山遗址第八次发掘报告》，科学出版社，2004 年。

［29］ 崔勇：《广东高明古椰贝丘遗址发掘取得重要成果》，《中国文物报》2007 年 1 月 12 日。

［30］ 王幼平：《更新世环境与中国南方旧石器文化发展》，北京大学出版社，1997 年。

［31］ 曾祥旺：《广西田东定模洞人类化石及其文化遗存》，《考古与文物》1982 年第 2 期。

［32］ Pei W. C., On a Mesolithic (?) industry of the Caves of Kwangsi. *Bulletin of the Geological Soceity of China*, 14: 393-412, 1935.

［33］ 何乃汉、覃圣敏：《试论岭南中石器时代》，《人类学学报》第 4 卷第 4 期，1985 年。

［34］ 广西柳州白莲洞洞穴科学博物馆：《柳州白莲洞》，科学出版社，2009 年。

［35］ 中国社会科学院考古研究所广西工作队等：《广西邕宁县顶蛳山遗址的发掘》，《考古》1998 年第 11 期。

［36］ 福建省博物馆：《福建平潭壳坵头遗址发掘简报》，《考古》1991 年第 7 期。

［37］ 何安益、陈曦：《广西崇左冲塘新石器时代贝丘遗址发掘新收获》，《中国文物报》2008 年 5 月 9 日。冲塘遗址没有发现陶器，发掘者估计年代为距今 5000 年左右。

［38］ 王幼平：《中国远古人类文化的源流》，科学出版社，2005 年。

［39］ Jiao Tianlong, Chronology of the Neolithic cultures on the coast of Southeast China, 见《华南及东南亚地区史前考古——纪念甑皮岩遗址发掘 30 周年国际学术研讨会论文集》，文物出版社，2006 年。

［40］ 何乃汉、覃圣敏：《试论岭南中石器时代》，《人类学学报》第 4 卷第 4 期，1985 年。广西柳州白莲洞洞穴科学博物馆：《柳州白莲洞》，科学出版社，2009 年。

［41］ 按《中国考古学·新石器考古卷》的划分。

［42］ 广西壮族自治区文物考古训练班、广西壮族自治区文物工作队：《广西南宁地区新石器时代贝丘遗址》，《考古》1975 年第 5 期。

［43］ 中国社会科学院考古所广西工作队等：《广西邕宁县顶蛳山遗址的发掘》，《考古》1998 年第 11 期。

［44］ 韦江：《中国考古 60 年：广西壮族自治区》，见《中国考古 60 年（1949—2009）》，文物出版社，2009 年。

［45］ 广西壮族自治区文物工作队、资源县文物管理所：《广西资源县晓锦新石器时代遗址发掘简报》，《考古》2004 年第 3 期。晓锦遗址二期 14C 测年范围较大，发掘者认为年代上限可能达到距今 6000 年。甑皮岩遗址四期上限也在距今 6000 年左右。

［46］ 广东省博物馆、高要县文化局：《广东高要县蚬壳洲发现新石器时代贝丘遗址》，

《考古》1990 年第 6 期。广东省博物馆等：《高要县龙一乡蚬壳洲贝丘遗址》，《文物》1991 年第 11 期。陈以琴：《中国考古 60 年：广东省》，见《中国考古 60 年（1949—2009）》，文物出版社，2009 年。

［47］杨德聪：《中国考古 60 年：云南省》，见《中国考古 60 年（1949—2009）》，文物出版社，2009 年。

［48］黄振国、张伟强：《末次盛冰期中国热带的变迁》，《地理学报》第 55 卷第 5 期，2000 年。

［49］张伟强、黄振国：《珠江三角洲晚第四纪气候波动的新认识》，《热带地理》第 25 卷第 4 期，2005 年。

［50］刘金陵、王伟铭：《关于华南地区末次盛冰期植被类型的讨论》，《第四纪研究》第 24 卷第 2 期，2004 年。刘金陵：《再论华南地区末次盛冰期植被类型》，《微体古生物学报》第 24 卷第 1 期，2007 年。

［51］刘金陵：《再论华南地区末次盛冰期植被类型》，《微体古生物学报》第 24 卷第 1 期，2007 年。

［52］尹绍亭：《远去的山火——人类学视野中的刀耕火种》，云南人民出版社，2008 年。

［53］黄光庆：《珠江三角洲新石器考古文化与古地理环境》，《地理学报》第 51 卷第 6 期，1996 年。

［54］S. Athens, Comments. *Current Anthropology*, 44: 377-378, 2003.

［55］R. E. Dewar, Rainfall variability and subsistence systems in Southeast Asia and the Western Pacific. *Current Anthropology*, 44: 369-388, 2003.

［56］P. J. Richerson et al., Was agriculture impossible during the Pleistocene but mandatory during the Holocene? A climate change hypothesis. *American Antiquity*, 66: 387-411, 2001.

［57］An Zhisheng，The history and variability of the East Asian paleomonsoon climate. *Quaternary Science Reviews*, 19: 171-187, 2000.

［58］赵志军：《植物遗存的研究》，见《桂林甑皮岩》，文物出版社，2003 年。

［59］G. G. Politis, Moving to produce: Nukak mobility and settlement patterns in Amazonia. *World Archaeology*, 27: 492-511, 1996.

［60］D. Rindos, *The Origins of Agriculture: An Evolutionary Perspective*. Academic Press, Orlando, 1984.

［61］赵志军：《植物遗存的研究》，见《桂林甑皮岩》，文物出版社，2003 年。

［62］吕烈丹：《甑皮岩出土石器表面残留物的初步分析》，见《桂林甑皮岩》，文物出版社，2003 年。

［63］赵志军：《对华南地区原始农业的再认识》，见《华南及东南亚地区史前考古——纪念甑皮岩遗址发掘 30 周年国际学术研讨会论文集》，文物出版社，2006 年。

［64］中国社会科学院考古研究所广西工作队、广西壮族自治区文物工作队：《1996 年

广西石器时代考古调查报告》,《考古》1997 年第 10 期。中国社会科学院考古研
究所广西工作队等:《广西邕宁县顶蛳山遗址的发掘》,《考古》1998 年第 11 期。
中国社会科学院考古研究所广西工作队等:《广西南宁豹子头遗址发掘简报》,
《考古》2003 年第 10 期。广西壮族自治区文物考古训练班、广西壮族自治区文物
工作队:《广西南宁地区新石器时代贝丘遗址》,《考古》1975 年第 5 期。

［65］ 傅宪国等:《桂林地区史前文化面貌轮廓初现》,《中国文物报》2001 年 4 月 4 日。
中国社会科学院考古研究所:《中国考古学:新石器时代卷》,中国社会科学出版
社,2010 年。

［66］ 顾海滨等:《牛栏洞遗址水稻硅酸体的研究》,见《中石器文化及有关问题研讨会
论文集》,广东人民出版社,1999 年。

［67］ 中国社会科学院考古研究所等:《桂林甑皮岩》,文物出版社,2003 年。

［68］ B. D. Smith, Low-level food production. *Journal of Archaeological Research*, 9: 1-43,
2001.

［69］ 彼得·贝尔伍德:《史前东南亚》,见《剑桥东南亚史》,云南人民出版社,2003 年。

［70］ 贾兰坡:《中国细石器的特征和它的传统、起源与分布》,《古脊椎动物与古人类》
第 16 卷第 2 期,1978 年。

［71］ 这里所谓的"文化"更近似于石器工业的意思。

［72］ 法国考古学家玛德琳·科拉尼（Madeleine Colani）于 1924—1926 年在越南北
部发掘了 52 处洞穴与岩厦遗址,由于发掘速度太快,地层准确性一直受到
质疑。她于 1932 年报道的和平文化特征是单面加工、石锤、器物截面近卵
形、器物组合包括盘状器、短斧（short axes）、杏仁形的石器,以及大量的骨
器（*Praehistorica Asiae Orientalis* 1932）。参见 *Encyclopedia of Archaeology*,Pre-
agricultural Peoples 词条。

［73］ Cherdsak Treerayapiwat, Stone Age land use in the Highland Pang Mapha District, Mae
Hong Son Province, Northwestern Thailand. 见《华南及东南亚地区史前考古——纪
念甑皮岩遗址发掘 30 周年国际学术研讨会论文集》,文物出版社,2006 年。

［74］ Nishimura Masanari（西村昌也）, Chronological framework from the Paleolithic to Iron
Age in the Red River Plain and the surrounding, 见《华南及东南亚地区史前考古——纪
念甑皮岩遗址发掘 30 周年国际学术研讨会论文集》,文物出版社,2006 年。

［75］ C. F. Gorman, Excavations at Spirit Cave, north Thailand: some interim interpretations.
Asian Perspectives, 13: 79-108, 1972.

［76］ 彼得·贝尔伍德:《史前东南亚》,见《剑桥东南亚史》,云南人民出版社,2003 年。

［77］ Nishimura Masanari（西村昌也）, Chronological framework from the Paleolithic to
Iron Age in the Red River Plain and the surrounding, 见《华南及东南亚地区史前考古——
纪念甑皮岩遗址发掘 30 周年国际学术研讨会论文集》,文物出版社,2006 年。

［78］ 阮文好:《越南的多笔文化》,见《华南及东南亚地区史前考古——纪念甑皮岩遗

址发掘 30 周年国际学术研讨会论文集》，文物出版社，2006 年。

［79］ 由于末次盛冰期东南亚升温早于华南地区（东南亚更接近赤道），所以这里的中
石器时代开始比华南地区早上一千年。

［80］ C. F. W. Higham, Southern China and Southeast Asia during the Neolithic, 见《华南及
东南亚地区史前考古——纪念甑皮岩遗址发掘 30 周年国际学术研讨会论文集》，
文物出版社，2006 年。

［81］ J. C. White, Modeling the development of early rice agriculture: Ethnoecological
perspectives from Northeast Thailand. *Asian Perspective*, 34: 37-68.

［82］ I. C. Glover and C. F. W. Higham, New Evidence for early rice cultivation in South,
Southeast and East Asia. In D. R. Harris ed., *The Origins and Spread of Agriculture and
Pastoralism in Eurasia*, pp. 413-441. Smithsonian Institution Press, Washington, 1996.

第九章

［1］ 任美锷：《中国自然地理纲要》（修订第 3 版），商务印书馆，2004 年。

［2］ 叶启晓：《黑龙江省旧石器时代文化遗存研究》，《边疆考古研究》第 2 辑，2003 年。
汤卓炜等：《吉林省人类活动与气候环境》，见刘嘉麟主编《东北地区自然环境历
史演变与人类活动的影响研究》，科学出版社，2007 年。

［3］ 严文明：《东北亚农业的发生与传播》，《农业考古》1993 年第 3 期。

［4］ 张博泉：《东北地方史》，吉林大学出版社，1985 年。

［5］ 任美锷：《中国自然地理纲要》（修订第 3 版），商务印书馆，2004 年。

［6］ 刘明光主编：《中国自然地理地图集》，中国地图出版社，1998 年。

［7］ 中国社会科学院考古研究所：《中国考古学：新石器时代卷》，中国社会科学出版
社，2010 年。

［8］ 王立新等：《吉林白城双塔遗址发现万年前后陶器》，《中国文物报》2012 年 9 月
14 日。

［9］ 西施遗址年代为与王幼平老师交流；柿子滩遗址参考石金鸣、宋艳花：《山西柿子
滩遗址第九地点发掘简报》，《考古》2010 年第 10 期。

［10］ 王晓琨等：《内蒙古金斯太洞穴遗址发掘简报》，《人类学学报》第 29 卷第 1 期，
2010 年。

［11］ 张晓凌等：《黑龙江十八站遗址的新材料与年代》，《人类学学报》第 25 卷第 2
期，2006 年。

［12］ A. P. Derev'anko eds., *The Paleolithic of Siberia: New Discoveries and Interpretations*.
University of Illinois Press, Urbana, 1998.

［13］ 于志耿、李龙：《齐齐哈尔市碾子山区发现的石器》，《北方文物》1990 年第 3 期。

［14］ 杨大山：《饶河小南山新发现的旧石器地点》，《黑龙江文物丛刊》1981 年创刊号。

［15］ 我曾经在辽宁喀左大凌河阶地上进行过石器调查，就发现有大量的打制石器。这

些阶地上往往又是红山文化遗址所在地，这些广泛分布的打制石器更可能是新石器时代的，而非旧石器时代的产物。

［16］李友骞、陈全家：《朝鲜半岛旧石器材料及工业类型的初步研究——兼谈对吉林省东部地区旧石器研究的几点认识》，《边疆考古研究》第 7 辑，2008 年。

［17］裴文中：《中国史前时期之研究》，商务印书馆，1948 年。

［18］裴文中：《中国石器时代》（第 3 版），中国青年出版社，1963 年。

［19］安志敏：《海拉尔的中石器遗存——兼论细石器的起源和传统》，《考古学报》1978 年第 3 期。

［20］中国社会科学院考古研究所：《中国考古学：新石器时代卷》，中国社会科学出版社，2010 年。

［21］黑龙江省博物馆：《昂昂溪新石器时代遗址的调查》，《考古》1974 年第 2 期。

［22］中国社会科学院考古研究所等：《哈克遗址——2003—2008 年考古发掘报告》，文物出版社，2010 年。

［23］辽宁省文物考古研究所：《小孤山——辽宁海城史前洞穴遗址综合研究》，科学出版社，2009 年。

［24］吕遵谔：《海城小孤山仙人洞鱼镖头的复制和使用研究》，《考古学报》1995 年第 1 期。

［25］陈胜前：《中国北方晚更新世人类的适应变迁与辐射》，《第四纪研究》第 26 卷第 4 期，2006 年。

［26］肖荣寰、胡俭彬：《东北地区末次冰期以来气候地貌的若干特征》，《冰川冻土》第 10 卷第 2 期，1988 年。

［27］刘玉英、张淑芹、刘嘉麒等：《东北二龙湾玛珥湖晚更新世晚期植被与环境变化的孢粉记录》，《微体古生物学报》第 25 卷第 3 期，2008 年。

［28］M. G. Winkler, P. K. Wang, The Late-Quaternary vegetation and climate of China. In H. E. Wright eds., *Global Climates Since the Last Glacial Maximum*, pp. 221-261. University of Minnesota Press，Minneapolis, 1993.

［29］T. Goebel, Pleistocene human colonization of Siberia and peopling of the Americas: An ecological approach. *Evolutionary Anthropology*, 8: 208-227, 1999.

［30］An Zhisheng, The history and variability of the East Asian paleomonsoon climate. *Quaternary Science Reviews*, 19: 171-187, 2000.

［31］董祝安：《大布苏的细石器》，《人类学学报》第 8 卷第 1 期，1989 年。

［32］李西昆等：《吉林青头山人与前郭人的发现及其意义》，《吉林地质》1984 年第 3 期。

［33］黄慰文等：《黑龙江昂昂溪的旧石器》，《人类学学报》第 3 卷第 3 期，1984 年。

［34］陈胜前等：《内蒙古喀喇沁大山前遗址出土石锄的功能研究》，《人类学学报》，待刊。东北地区的石锄多呈亚腰形，与大山前遗址所出土的石锄完全相同；当然，要得出确凿的结论，还需要对东北地区诸遗址所出土石锄进行使用痕迹分析。除

此之外，其他三个方面的研究还是一致的。

［35］吉林省文物考古研究所：《吉林东丰县西断梁山新石器时代遗址发掘》，《考古》1991 年第 4 期。

［36］内蒙古自治区文物考古研究所：《白音长汗——新石器时代遗址发掘报告》，科学出版社，2004 年。

［37］最近我们研究了白音长汗遗址出土的石刀，包括镰刀、长条形石刀等，实验考古研究表明长条形石刀在割草方面不如镰刀，但在砍伐如芦苇一样的植物茎秆时更有效。

［38］黑龙江省文物考古工作队：《黑龙江宁安县莺歌岭遗址》，《考古》1981 年第 6 期。

［39］黑龙江省文物考古研究所：《黑龙江尚志县亚布力新石器时代遗址清理简报》，《北方文物》1988 年第 1 期。

［40］延边博物馆：《吉林省龙井县金谷新石器时代遗址清理简报》，《北方文物》1991 年第 1 期。

［41］吉林省文物考古研究所等：《吉林省和龙兴城遗址发掘简报》，《北方文物》1998 年第 1 期。

［42］吉林大学考古教研室：《农安左家山新石器时代遗址》，《考古学报》1989 年第 2 期。

［43］陈全家：《农安左家山遗址动物骨骼鉴定及痕迹研究》，见《青果集》，知识出版社，1993 年。

［44］吉林省文物考古研究所：《吉林农安县元宝沟新石器时代遗址发掘》，《考古》1989 年第 2 期。

［45］金旭东等：《中国考古 60 年：吉林省》，见《中国考古 60 年（1949—2009）》，文物出版社，2009 年。

［46］黑龙江省博物馆：《嫩江下游左岸考古调查简报》，《考古》1960 年第 4 期。

［47］黑龙江省博物馆：《昂昂溪新石器时代遗址调查》，《考古》1974 年第 2 期。黑龙江省博物馆：《嫩江沿岸细石器文化遗址调查》，《考古》1961 年第 10 期。梁思永：《昂昂溪史前遗址》，见《梁思永考古论文集》，科学出版社，1959 年。

［48］黑龙江省博物馆：《嫩江下游左岸考古调查简报》，《考古》1960 年第 4 期。

［49］赵宾福：《嫩江流域新石器时代生业方式研究》，《考古》2007 年第 11 期。

［50］吉林省文物考古研究所等：《吉林长岭县腰井子新石器时代遗址》，《考古》1992 年第 8 期。

［51］金旭东：《中国考古 60 年：吉林省》，见《中国考古 60 年（1949—2009）》，文物出版社，2009 年。

［52］黑龙江省文物考古工作队：《密山县新开流遗址》，《考古学报》1979 年第 4 期。

［53］同上。

［54］李英魁、高波：《黑龙江饶河县小南山新石器时代墓葬》，《考古》1996 年第 2 期。

［55］李文信：《依兰倭肯哈达的洞穴》，《考古学报》第 7 册，1954 年。

［56］ 吉林省文物考古研究所：《吉林白城靶山墓地发掘简报》，《考古》1988 年第 12 期。

［57］ D. R. Yesner, Maritime hunter-gatherers: Ecology and prehistory. *Current Anthropology*, 21: 727-750, 1980.

［58］ 黑龙江省文物考古研究所、吉林大学考古学系：《黑龙江肇源县小拉哈遗址发掘简报》，《北方文物》1997 年第 1 期；《黑龙江肇源县小拉哈遗址发掘报告》，《考古学报》1998 年第 1 期。

［59］ 中国社会科学院考古研究所等：《哈克遗址——2003—2008 年考古发掘报告》，文物出版社，2010 年。

［60］ 发掘材料中没有介绍大型石器发现的状况，只是提及发现少量打制的大型石器，研磨工具虽然存在，但数量较之东部、南部山区丘陵地带少得多。

［61］ 黑龙江省文物考古研究所、吉林大学考古系：《河口与振兴——牡丹江莲花水库发掘报告（一）》，科学出版社，2001 年。

［62］ 任美锷：《中国自然地理纲要》（修订第 3 版），商务印书馆，2004 年。

［63］ B. Hayden, Nimrods, piscators, pluckers, and planters: The emergence of food production. *Journal of Anthropological Archaeology*, 9: 31-69, 1992. Practical and prestige technologies: The evolution of material systems. *Journal of Archaeological Method and Theory*, 5: 1-53, 1998.

［64］ T. Goebel, Pleistocene human colonization of Siberia and peopling of the Americas: An ecological approach. *Evolutionary Anthropology*, 8: 208-227, 1999.

［65］ P. M. Rice, On the origin of pottery. *Journal of Archaeological Method and Theory*, 6: 1-54, 1999.

第十章

［1］ 张弛、洪晓纯：《华南和西南地区农业出现的时间及相关问题》，《南方文物》2009 年第 3 期。

［2］ 如童恩正：《中国西南的旧石器时代》，见《中国考古学研究——夏鼐先生考古五十年纪念论文集》，文物出版社，1986 年。

［3］ 所谓文化地理单元，指史前时期在步行条件下能够顺利通达且环境条件相对同一的地理空间。

［4］ 任美锷：《中国自然地理纲要》（修订第 3 版），商务印书馆，2004 年。

［5］ R. H. MacArthur and E. R. Pianka, On optimal use of a patchy environment. *American Naturalist*, 100: 603-609, 1966.

［6］ B. Winterhalder, The behavioral ecology of hunter-gatherers. In C. Panter-Brick, R. H. Lyton and P. Rowley-Conwy eds., *Hunter-Gatherers: An Interdisciplinary Perspective*, pp. 12-38. University of Cambridge Press, Cambridge, 2001.

［7］ 张大勇等：《理论生态学研究》，高等教育出版社、施普林格出版社，2000 年。

［8］A. Buckling et al., Adaptation Limits Diversification of Experimental Bacterial Populations. *Science*, 302: 2107-2109, 2003.

［9］E. Cashan, Ethnic diversity and its environmental determinants: Effects of climate, pathogens, and habitat diversity. *American Anthropologist*, 103: 968-991, 2001.

［10］李炎贤、文本亨：《观音洞：贵州黔西旧石器时代初期文化遗址》，文物出版社，1986 年。

［11］李炎贤、蔡回阳：《贵州普定白岩脚洞旧石器时代遗址》，《人类学学报》第 5 卷第 2 期，1986 年；《白岩脚洞石器类型的研究》，《人类学学报》第 5 卷第 4 期，1986 年；《贵州白岩脚洞的第二步加工》，《江汉考古》1986 年第 2 期。

［12］吴茂霖等：《贵州省旧石器新发现》，《人类学学报》第 2 卷第 4 期，1983 年。

［13］胡绍锦：《宜良九乡张口洞发现的旧石器》，《人类学学报》第 14 卷第 1 期，1995 年。

［14］吉学平等：《云南富源大河出土一批莫斯特文化特征石制品》，《中国文物报》2006 年 8 月 18 日。

［15］邱中郎等：《昆明呈贡龙潭山第 2 地点的人化石和旧石器》，《人类学学报》第 4 卷第 3 期，1985 年。

［16］黄慰文：《贵州大洞的石器工业》，《人类学学报》第 16 卷第 3 期，1997 年。

［17］童恩正：《试论我国从东北到西南的边地半月形文化传播带》，见文物出版社编辑部编《文物与考古论集》，文物出版社，1986 年。

［18］张森水：《富林文化》，《古脊椎动物与古人类》第 15 卷第 1 期，1977 年。

［19］四川省文物考古研究院：《四川北川县烟云洞旧石器时代遗址发掘简报》，《四川文物》2006 年第 6 期。

［20］重庆西阳清源遗址新石器到商周时期的地层中出土细石叶工艺石器，其新石器遗存的年代据推测为距今 4800—4600 年，已接近中原青铜时代。细石叶工艺出现于这一地区非常罕见，怀疑与社会复杂化过程中的人口迁移有关。参见重庆市文物考古研究所等：《西阳清源》，科学出版社，2009 年。

［21］李宣民、张森水：《铜梁旧石器文化之研究》，《古脊椎动物与古人类》第 19 卷第 4 期，1981 年。

［22］北京大学历史系考古教研室、四川省博物馆：《四川资阳鲤鱼桥旧石器地点发掘报告》，《考古学报》1983 年第 3 期。

［23］高星等：《冉家路口旧石器遗址 2005 发掘报告》，《人类学学报》第 27 卷第 1 期，2008 年。

［24］陈胜前等：《湖北郧县余嘴 2 号旧石器地点发掘简报》，《人类学学报》第 33 卷第 1 期，2014 年。

［25］张森水：《贵州旧石器时代晚期文化的若干问题》，见《纪念马坝人化石发现三十周年文集》，文物出版社，1988 年；《穿洞史前遗址（1981 年发掘）初步研究》，《人类学学报》第 14 卷第 2 期，1995 年。

［26］曹泽田：《猫猫洞旧石器之研究》,《古脊椎动物与古人类》第20卷第2期, 1982年。

［27］张改课等：《贵州兴义发现一处新石器时代遗址》,《中国文物报》2008年9月12日。

［28］马鞍山遗址用第3层鹿牙所做铀系测年为距今18000±1000年, 用同层出土碎骨所做 ^{14}C测年为距今15100±1500年, 参见张森水：《马鞍山旧石器遗址试掘报告》,《人类学学报》第7卷第1期, 1988年。

［29］张森水：《穿洞史前遗址（1981年发掘）初步研究》,《人类学学报》第14卷第2期, 1995年。毛永琴、曹泽田：《贵州穿洞遗址1979年发现的磨制骨器的初步研究》,《人类学学报》第31卷第4期, 2012年。

［30］吉学平等：《云南保山塘子沟2003年发掘简报》, 见《第九届中国古脊椎动物学学术年会论文集》, 海洋出版社, 2004年。

［31］曹泽田：《猫猫洞的骨器和角器研究》,《人类学学报》第1卷第1期, 1982年。

［32］王新金等：《中国考古60年：贵州省》, 见《中国考古60年（1949—2009）》, 文物出版社, 2009年。

［33］张兴永：《云南峨山县老龙洞发现旧石器》,《人类学学报》第13卷第2期, 1994年。

［34］一说有20余万件, 见张定富：《安龙观音洞遗址研究》,《贵州文史丛刊》2003年第3期。

［35］蔡回阳、王新金：《安龙观音洞遗址首次发掘及其意义》,《贵州文史丛刊》1998年第6期、第10期。

［36］刘恩元：《贵州普定及平坝史前文化初探》,《南方文物》1996年第3期。

［37］张兴永主编：《保山史前考古》, 云南科技出版社, 1992年。

［38］王海平：《我国西南地区有肩石器的研究》,《四川文物》1989年第2期。

［39］四川省文物考古研究院：《四川汉源大地头新石器时代遗址》,《文物》2006年第2期。

［40］四川省文物考古研究所等：《四川汶川县姜维城新石器时代遗址发掘简报》,《考古》2006年第11期。

［41］成都市文物考古研究所等：《四川茂县营盘山遗址试掘报告》, 见《2000年成都考古发现》, 科学出版社, 2000年。

［42］刘志岩：《屏山县叫化岩新石器时代及战国汉代与明清遗址》,《中国考古学年鉴2010》, 文物出版社, 2011年。

［43］雷雨：《什邡市桂圆桥新石器时代至宋代遗址》,《中国考古学年鉴2010》, 文物出版社, 2011年。

［44］中国社会科学院考古研究所等：《四川汉源县麦坪村、麻家山遗址试掘简报》,《四川文物》2006年第2期。四川省文物考古研究院等：《四川汉源县麦坪新石器时代遗址2007年的发掘》,《考古》2008年第7期。

［45］礼州遗址联合考古发掘队：《四川西昌礼州新石器时代遗址》,《考古学报》1980年第4期。

［46］ 赵殿增：《四川古文化序列概述》，《中华文化论坛》2003 年第 2 期。

［47］ 吴小华：《近年贵州高原新石器至商周时期文化遗存的发现与分区》，《四川文物》2011 年第 1 期。

［48］ 肖明华：《云南考古述略》，《考古》2001 年第 12 期。

［49］ 孙华：《四川盆地史前谷物种类的演变——主要来自考古学文化交互作用方面的信息》，《中华文化论坛》2009 年 11 月。

［50］ 中国社会科学院考古研究所四川工作队、四川省广元市文物管理所：《四川广元市张家坡新石器时代遗址的调查与试掘》，《考古》1991 年第 9 期。

［51］ 胡昌钰：《四川江油发现新石器时代洞穴遗址》，《中国文物报》2005 年 11 月 30 日。

［52］ 四川省文物考古研究所等：《四川汶川县姜维城新石器时代遗址发掘简报》，《考古》2006 年第 11 期。

［53］ 中国社会科学院考古研究所四川工作队：《四川广元市中子铺细石器遗存》，《考古》1991 年第 4 期。

［54］ 四川省文物考古研究院等：《四川汉源大地头新石器时代遗址》，《文物》2006 年第 2 期。

［55］ 中国社会科学院考古研究所等：《四川汉源麦坪村、麻家山遗址试掘简报》，《四川文物》2006 年第 2 期。

［56］ 四川省文物考古研究院等：《四川汉源麦坪新石器时代遗址 2007 年的发掘》，《考古》2008 年第 7 期。

［57］ 四川省文物考古研究院、凉山彝族自治州博物馆：《四川德昌县毛家坎新石器时代遗址发掘简报》，《四川文物》2007 年第 1 期。

［58］ 礼州遗址联合考古发掘队：《四川西昌礼州新石器时代遗址》，《考古学报》1980 年第 4 期。

［59］ 黄展岳、赵学谦：《云南滇池东岸新石器时代遗址调查记》，《考古》1959 年第 4 期；云南省文物工作队：《云南滇池周围新石器时代遗址调查简报》，《考古》1961 年第 1 期。

［60］ 云南省博物馆：《云南宾川白羊村遗址》，《考古学报》1981 年第 3 期。

［61］ 云南省博物馆：《云南大墩子新石器遗址》，《考古》1977 年第 1 期。

［62］ 肖明华：《云南剑川海门口青铜时代早期遗址》，《考古》1995 年第 9 期。

［63］ 张振克等：《云南洱海流域人类活动的湖泊沉积记录分析》，《地理学报》第 55 卷第 1 期，2000 年。

［64］ 沈吉等：《全新世以来洱海流域气候变化与人类活动的湖泊沉积记录》，《中国科学》D 辑第 34 卷第 2 期，2004 年。

［65］ 贵州省文物考古研究所等：《贵州威宁县吴家大坪商周遗址》，《考古》2006 年第 8 期。

［66］ 贵州省文物考古研究所等：《贵州威宁县鸡公山遗址 2004 年发掘简报》，《考古》

2006 年第 8 期。

[67]　赵小帆：《贵州发现的早期稻谷遗存及谷物的收割和加工》，《古今农业》2008 年第 2 期。

[68]　贵州省博物馆：《贵州毕节县青场新石器遗址调查》，《考古》1987 年第 9 期。

[69]　李衍垣：《贵州的新石器与飞虎山洞穴遗址》，《贵州社会科学》1982 年第 4期；李衍垣、万光云：《飞虎山洞穴遗址的试掘与初步研究》，《史前研究》1984 年第 3 期。

[70]　王红光：《贵州考古的新发现和新认识》，《考古》2006 年第 8 期。

[71]　P. Bleed, The optimal design of hunting weapons: Maintainability or reliability. *American Antiquity*, 51: 737-747, 1986. 拉德克利夫－布朗：《安达曼岛人》，梁粤译，广西师范大学出版社，2005 年。

[72]　重庆自然博物馆：《桃花溪旧石器》，《人类学学报》第 11 卷第 2 期，1992 年。

[73]　吉学平等：《云南保山塘子沟遗址 2003 年发掘简报》，见《第九届中国古脊椎动物学学术年会论文集》，海洋出版社，2004 年。

[74]　蔡回阳、王新金：《安龙观音洞遗址首次发掘及其意义》，《贵州文史丛刊》1998年第 6 期、第 10 期。

[75]　张振克等：《近 8kaBP 来云南洱海地区气候演化的有机碳稳定同位素记录》，《海洋地质与第四纪地质》第 18 卷第 3 期，1998 年。张振克等：《云南洱海流域人类活动的湖泊沉积记录分析》，《地理学报》第 55 卷第 1 期，2000 年。

[76]　肖明华：《云南考古述略》，《考古》2001 年第 12 期。

[77]　北京大学碳十四实验室：《碳十四年代测定报告（六）》，《文物》1984 年第 4 期。

[78]　Zhang Senshui, The Epipaleolithic in China. *Journal of East Asian Archaeology*, 1: 51-66, 2000.

第十一章

[1]　任美锷：《中国自然地理纲要》（修订第 3 版），商务印书馆，2004 年。

[2]　F. B. King and R. W. Braham, Effects of ecological and paleoecological patterns on subsistence and paleoenvironmental reconstructions. *American Antiquity*, 46: 128-142, 1981.

[3]　任美锷：《中国自然地理纲要》（修订第 3 版），商务印书馆，2004 年。

[4]　同上。

[5]　周才平等：《青藏高原主要生态系统净初级生产力》，《地理学报》第 59 卷第 1 期，2004 年。

[6]　动物与植物的利用有时间差，如动物是秋季的时候最肥，打猎的话，可能会选择在秋季，而非夏季，这就是时间差。

[7]　P. T. Baker, Human adaptation to high altitude. *Science*, 163: 1149-1156, 1969.

［8］　M. Aldenderfer, *Montane Foragers: Asana and the South-Central Andean Archaic*. University of Iowa Press, 1998. Moving up in the world, *American Scientist*, 91: 542-549, 2003.

［9］　这成为西南地区多样的婚姻关系形态的基础，这里一妻多夫、走婚习俗都与其特殊的资源分布条件相关。

［10］　P. J. Richerdson et al., Was agriculture impossible during the Pleistocene but mandatory during the Holocene? A climate change hypothesis. *Americian Antiquity*, 66: 387-411, 2001.

［11］　陈克造等：《四万年来青藏高原的气候变迁》，《第四纪研究》1990 年第 1 期。

［12］　施雅风等：《40—30kaBP 青藏高原及邻区高温大降水事件的特征、影响及原因探讨》，《湖泊科学》第 14 卷第 1 期，2002 年。

［13］　唐领余等：《青藏高原东部末次冰期最盛期气候的花粉证据》，《冰川冻土》第 20 卷第 2 期，1998 年。

［14］　Liu, J. et al., Palaeoclimate simulation of 21ka for the Tibetan plateau and eastern Asia. *Climate Dynamics*, 19: 575-583, 2002.

［15］　Lehmkuhl, F. and F. Haselein, Quaternary paleoenvironmental change on the Tibetan Plateau and adjacent areas (western China and western Mongolia). *Quaternary International*, 65/66: 121-145, 2000.

［16］　Liu, Xingqi et al., A 16,000-year pollen record of Qinghai Lake and its paleoclimate and paleoenvironment. *Chinese Science Bulletin*, 47: 1931-1936, 2002.

［17］　沈永平等：《青藏高原新仙女木事件的气候与环境》，《冰川冻土》第 18 卷第 3 期，1996 年。

［18］　T. Geobel, Pleistocene human colonization of Siberia and peopling of the Americas: An ecological approach. *Evolutionary Anthropology*, 8: 208-227, 1999.

［19］　高星等：《青藏高原边缘地区晚更新世人类遗存与生存模式》，《第四纪研究》第 28 卷第 6 期，2008 年。

［20］　沈永平等：《青藏高原新仙女木事件的气候与环境》，《冰川冻土》第 18 卷第 3 期，1996 年。

［21］　报告中未提及测年材料为何物，如果是木炭，由于死木问题（死亡的树木过了很长时间之后才为人类利用），遗址年代则有可能偏早。谢弗（Schiffer）就曾经注意到干燥的、人烟稀少的地区死木可能过数百年乃至一千多年才被人类利用，参考 M. S. Schiffer, *Formation Processes of the Archaeological Record*. University of Utah Press, 1987。昌果沟遗址利用动物骨骼与木炭测年的数据差异就表明了这一点。

［22］　西藏自治区文物局等：《青藏铁路西藏段田野考古报告》，科学出版社，2005 年。

［23］　从报告插图来看，实际可能是石铲。

［24］　中国社会科学院考古研究所西藏工作队、西藏自治区文物管理委员会：《西藏贡

嘎县昌果沟新石器时代遗址》,《考古》1999 年第 4 期。

[25] 西藏自治区文物管理委员会、四川大学历史系:《昌都卡若》,文物出版社,1985 年。

[26] 中国社会科学院考古研究所、西藏自治区文物局:《拉萨曲贡》,中国大百科全书出版社,1999 年。

[27] 张森水:《西藏定日发现的旧石器》,见《珠穆朗玛峰地区科学考察报告(1966—1968)——第四纪地质》,科学出版社,1976 年。

[28] 安志敏等:《藏北申扎、双湖的旧石器与细石器》,《考古》1979 年第 6 期。合并研究后包括 16 个地点,均系地表采集。细石核中包括楔形、锥形、柱形等形态,技术相当成熟。

[29] 钱方等:《藏北高原各听石器初步观察》,《人类学学报》第 7 卷第 1 期,1988 年。

[30] 刘泽纯等:《西藏高原多格则与扎布地点的旧石器——兼论高原古环境对石器文化分布的影响》,《考古》1986 年第 4 期。

[31] 邱中郎:《青藏高原旧石器的发现》,《古脊椎动物学报》第 2 卷第 2—3 期,1958 年。

[32] 黄慰文等:《青海小柴达木湖的旧石器》,见《中国 - 澳大利亚第四纪学术讨论会论文集》,科学出版社,1987 年。

[33] 高星等:《青藏高原边缘地区晚更新世人类遗存与生存模式》,《第四纪研究》第 28 卷第 6 期,2008 年;仪明洁等:《青藏高原边缘地区史前遗址 2009 年调查试掘报告》,《人类学学报》第 30 卷第 2 期,2011 年。

[34] P. J. Brantingham and X. Gao, Peopling of the northern Tibetan Plateau. *World Archaeology*, 38: 387-414, 2006.

[35] D. D. Zhang and S. H. Li, Optical dating of Tibetan human hand-and footprints: An implication for the palaeoenvironment of the last glaciation of the Tibetan Plateau. *Geophysical Research Letters*, 29: 161-163, 2002.

[36] 袁宝印、黄慰文、章典:《藏北高原晚更新世人类活动的新证据》,《科学通报》第 52 卷第 13 期,2007 年。

[37] 张振利等:《藏西南仲巴一带古人类活动遗迹的发现与研究》,《贵州地质》第 23 卷第 1 期,2006 年。

[38] 霍巍:《阿里夏达错湖滨旧石器的发现》,《中国西藏》1994 年第 6 期。

[39] 童恩正:《西藏高原上的手斧》,《考古》1989 年第 9 期。

[40] 汤惠生:《青藏高原旧石器时代晚期至新石器时代初期的考古学文化及经济形态》,《考古学报》2011 年第 4 期。

[41] 山西襄汾大崮堆山、怀仁的鹅毛口等新石器时代的石器制造场就发现了大量的半成品与石片,开始也误认为是旧石器时代的石器。

[42] 王永等:《藏北羌塘中部戈木错盆地石制品的初步研究》,《地质通报》第 28 卷第 9 期,2009 年。

[43] 段清波:《西藏细石器遗存》,《考古与文物》1989 年第 5 期。

［44］ 汤惠生：《略论青藏高原的旧石器和细石器》，《考古》1999 年第 5 期。

［45］ 西藏自治区文物局等：《青藏铁路西藏段田野考古报告》，科学出版社，2005 年。报告称有三种石器类型：细石器类型、中小石片石器类型、细石器与石片石器共存类型。其实它们可能都属于细石叶工艺类型，因为细石叶工艺的生产过程包含有石片，与细石叶工艺石制品共同使用的也会有石片石器，所以所谓存在三种石器类型的说法并不可靠。

［46］ 钱方等：《藏北高原各听石器初步观察》，《人类学学报》第 7 卷第 1 期，1988 年。

［47］ 张振利等：《藏西南仲巴一带古人类活动遗迹的发现与研究》，《贵州地质》第 23 卷第 1 期，2006 年。

［48］ 王永等：《藏北羌塘中部戈木错盆地石制品的初步研究》，《地质通报》第 28 卷第 9 期，2009 年。

［49］ 刘泽纯等：《西藏高原多格则与扎布地带的旧石器——兼论高原古环境对石器文化分布的影响》，《考古》1986 年第 4 期。

［50］ 路易斯·宾福德：《追寻人类的过去：解释考古材料》，陈胜前译，上海三联书店，2009 年。第 6 章 "环境中的猎人" 讲到狩猎采集者在不同类型活动地点的行为特征。

［51］ 袁宝印、黄慰文、章典：《藏北高原晚更新世人类活动的新证据》，《科学通报》第 52 卷第 13 期，2007 年。

［52］ 吕红亮：《西藏旧石器时代的再认识——以阿里日土县夏达错东北岸地点为中心》，《考古》2011 年第 3 期。

［53］ 霍巍：《阿里夏达错湖滨旧石器的发现》，《中国西藏》1994 年第 6 期。

［54］ 考虑到聂拉木一带万年之内就上升了 500 米，如果夏达错的年代属于旧石器时代早期，那么就有充分的理由认为那个时候青藏高原还不像现在这样对人类适应构成严重的挑战。

［55］ 韩康信、张君：《藏族体质人类学特征及其种族源》，《文博》1991 年第 6 期。

［56］ 林一璞：《西藏塔工林芝村发现的古代人类遗骸》，《古脊椎动物与古人类》1981 年第 3 期。林认为林芝人化石特征显示欧罗巴与南亚人种的影响。

［57］ 中国社会科学院考古研究所、西藏自治区文物局：《拉萨曲贡》，中国大百科全书出版社，1999 年。

［58］ A. Torroni et al., Mitochondrial DNA analysis in Tibet—Implications for the origin of the Tibetan population and its adaptation to high altitude. *American Journal of Physical Anthropology*, 92: 189-199, 1994.

［59］ Y. Qian et al., Multiple origins of Tibetan Y chromosome. *Human Genetics*, 106: 453-454, 2000.

［60］ B. Su et al., Y chromosome haplotypes reveal prehistorical migrations to the Himalayas. *Human Genetics*, 107: 582-590, 2000.

［61］ P. Cavalli-Sforza, The Chinese human genome diversity project. *PNAS*, 95: 11501-11503, 1998.

［62］ G. van Driem, Tibeto-Burman phylogeny and prehistory: Languages, material culture, and genes. In *Examining the Farming/Language Dispersal Hypothesis*, edited by P. Bellwood and C. Renfrew, pp. 233-249. McDonald Institute for Archaeological Research, University of Cambridge, 2002.

［63］ M. Aldenderfer and Y. Zhang, The Prehistory of the Tibetan Plateau to the seventh century A. D.: Perspectives and research from China and the west since 1950. *Journal of World Prehistory*, 18: 1-55, 2004.

［64］ 汤惠生：《略论青藏高原的旧石器与细石器》，《考古》1999 年第 5 期。段清波：《西藏细石器遗存》，《考古与文物》1989 年第 5 期。

［65］ 张振利等：《藏西南仲巴一带古人类活动遗迹的发现与研究》，《贵州地质》第 23 卷第 1 期，2006 年。

［66］ 现代人从非洲向世界各地扩散，但在石器技术传统上却看不出来。究竟是走出非洲假说有问题，还是将石器技术传统视为人群的方法有问题，尚不得而知，目前看来后者的问题可能更大一些。

［67］ 王建林、熊伟：《晚更新世以来西藏古人类迁移与气候变化关系》，《地理学报》第 59 卷第 2 期，2004 年。

［68］ Brantingham, P. J. et al., Speculation on the timing and nature of Late Pleistocene hunter-gatherer colonization of the Tibetan Plateau. *Chinese Science Bulletin*, 48: 1510-1516, 2003. P. J. Brantingham and X. Gao, Peopling of the northern Tibertan Plateau, *World Archaeology*, 38: 387-414, 2006.

［69］ L. R. Binford, *Constructing Frames of Reference: An Analytical Method for Archaeological Theory Building Using Ethnographic and Environmental Data Sets*. University of California Press, Berkeley, 2001.

［70］《藏族社会历史调查》，共六册，是针对不同地区群体的调查，主要侧重社会关系，也都提及其生产状况。

［71］ M. Aldenderfer and Y. Zhang, The Prehistory of the Tibetan Plateau to the seventh century A. D.: Perspectives and research from China and the west since 1950. *Journal of World Prehistory*, 18: 1-55, 2004.

［72］ 邵全仁、李长森、巴桑次仁：《栽培大麦的起源与进化——我国西藏和川西的野生大麦》，《遗传学报》第 2 卷第 2 期，1975 年。

［73］ 李璠等：《甘肃省民乐县东灰山新石器遗址古农业遗存新发现》，《农业考古》1989 年第 1 期。

［74］ 吴文祥、刘东生：《4000aB. P. 前后降温事件与中华文明的诞生》，《第四纪研究》第 21 卷第 5 期，2001 年。夏正楷、杨晓燕：《我国北方 4kaB. P. 前后异常洪水事

件的初步研究》,《第四纪研究》第 23 卷第 6 期，2003 年。

[75] 崔亚平等:《宗日遗址人骨的稳定同位素分析》,《第四纪研究》第 26 卷第 4 期，2006 年。

第十二章

[1] 贾雷德·戴蒙德:《枪炮、病菌与钢铁:人类社会的命运》,谢延光译，上海译文出版社，2000 年。

[2] 约瑟夫·泰恩特:《复杂社会的崩溃》,邵旭东译，海南出版社，2010 年。

[3] 罗荣渠:《现代化新论:世界与中国的现代化进程》(增订本)，商务印书馆，2009 年。

[4] 现在所谓与世隔绝的狩猎采集者更多是新闻界的噱头，如秘鲁的丛林中还生活着一支与世隔绝的狩猎采集者 (2010 年 10 月 25 日新浪科技新闻报道)，某人类学家在调查过程中还被杀害。其实，没有哪一个人类群体可以不与外界通婚就生存下去! 所谓与世隔绝只是在城市生活的人们不知道而已，附近的农业群体并非不熟悉。

[5] L. R. Binford, *Constructing Frames of Reference: An Analytical Method for Archaeological Theory Building Using Ethnographic and Environmental Data Sets.* University of California Press, Berkeley, 2001.

[6] R. J. Hard and W. L. Merrill, Mobile agriculturalists and the emergence of sedentism: Perspectives from Northern Mexico. *American Anthropologist*, 94: 601-620, 1992.

[7] 中国社会科学院边疆考古研究中心编:《新疆石器时代与青铜时代》，文物出版社，2008 年。

[8] 云贵新石器时代开始的时间本来就比较晚，无法采用华北与长江中下游的新石器时代阶段划分，为了比较，所以又划了一个"后旧石器时代"，对应华北与长江中下游地区的新石器时代早中期。

[9] 中国社会科学院考古研究所编著:《胶东半岛贝丘遗址环境考古》，社会科学文献出版社，1999 年。

[10] M. B. Schiffer, *The Formation Processes of the Archaeological Record.* University of Utah, Salt Lake City, 1987.

后 记

把农业起源当作一个问题来研究，首先会想，这样的研究有什么意义。农业起源是一个可以与人类起源、文明起源相提并论的大问题，考古学家并不是唯一感兴趣的人群，比如生物学家也有自己的研究。考古学作为一门边缘学科，注定有点四不像的意思，它是历史，追溯起源，自然必须重建过程；它还是人类学，了解文化、社会或人类行为机制的变化，探索其统一性与多样性，也在所难免；它还是科学，研究实物材料，从通过理论构建、材料分析来研究问题，跟自然科学如出一辙；当然它还是人文的，涉及人本身的就需要理解，就如同释义学所说的，要从内面去理解，因为即使是人类祖先也不仅仅是动物。人是适应的，也是创造的，人创造了文化来适应世界。研究农业起源于是乎有点像我在东北吃的大炖菜，或是煎中药，最终会是什么味道，研究者一开始未必能够知晓。

把农业起源跟工业革命相提并论，几乎是任何受过历史训练的人都会产生的反应。这种反应跟我们所生活的时代密不可分。当我回到儿时的乡村，不会再有那传诵千年的名作所带来的怀乡之情。"少小离家老大回，乡音无改鬓毛衰。儿童相见不相识，笑问客从何处来。"持续了数千年，甚至上万年的乡村生活正在离我们而去，城市如雨后春笋般崛起。我们从前熟悉的生活习惯、亲属称呼、礼仪风俗、社会关系、价值观念等一切都发生了翻天覆地的变化，我们称之为"现代化"，它正以疾风骤雨的方式横扫中国社会，好的、坏的，能接受的、不能接受的，每天都在冲击着我们的眼睛、耳朵、神经。考古学家不可能假装这一切都不存在，或跟自己毫无关系。然而，了解现实又如何呢？作为史前史的研究者，我更惊奇于发生在一万年前后的那一幕，持续了数百万年的狩猎采集生活被一种新的生活方式取代了，人们从游动采食生活开始转向躬耕陇亩，从以天地为穹庐到满足于一室之地，变化之剧烈丝毫不逊于我们正在经历的现代化进程。你不可能认为它们只是毫无关联的两个历史事件，它们仿佛是历史的再现。在现实的驱动下，重建一万年前后的中国史前史成为一个诱人的目标。

把农业起源当成一个问题，必然要问这是一个什么样的问题，它的实质指什么，然后才可以进行研究。同时，研究一种新的文化现象的起源，必然涉及过程的追溯。针对前者，我用到"机制"，狩猎采集者的文化适应机制。人类社会的运作存在机制，当代社会的经济运作就很生动地体现了这一点，能源市场、股市、CPI、VC……牵一发而动全身。狩猎采集者社会相对简单，其文化适应同样具有一套运作机制，农业起源就是其运作机制的产物。针对后者，我采用了复杂系统理论的观点，这类新鲜的思想在解释新事物的诞生方面有前所未有的能力，尽管它们还没有成熟到形成统一的理论，但对于理解农业起源这个新的文化现象还是很有启示意义的。有时我都弄不清楚究竟是在通过复杂系统理论探索农业起源，还是在通过农业起源探索复杂系统理论。把考古学的问题与世界的奥秘联系在一起，当然令人心醉神迷。

马塞尔说凡是与人有关的都不能成为问题，因为是问题就预设了解决方法，对于人类，应以"奥秘"来形容。当然，奥秘也需要通过一个个问题去探索。问题的研究自然准备了解决方法，或者说考古学家就是一批寻找解决问题方法的人。传统上，我们都是围绕考古材料说话的，所谓有一分材料说一分话，但是农业起源的考古学研究是不是只能囿于考古材料呢？能不能暂时超越考古材料呢？理论研究就是途径之一，这是考古学家能够发挥主观能动性或想象力的地方，从理论角度的探索是一个值得追求的方面。另外，模拟研究也是一条合适的途径，虽然远古的狩猎采集者早已消失，我们仍然可以假定有这么一些人生活在今日中国，假定中国没有农、工业的干扰，还处在更"自然"的状态，那么他们会怎么生活呢？基于民族志中狩猎采集者研究所建立起来的狩猎采集者文化适应原理也是可以借用的，由此，我们利用了气象站的材料。考古学家是一帮迷恋考古材料的人，即便如此，能够暂时离开它一阵子，还真挺让人向往的。这是不是因为距离产生美呢？

从考古材料中发掘更多的有用信息是所有研究者的梦想，这也是曾经困扰我，正在困扰我，将来还会困扰我的问题。每位考古研究者都在修炼自己的独门秘籍，希望能够一招制敌。找到属于自己的角度，如同开辟一条登山的路，这样一路上就可以看到独特的景致。我选择的石器分析与遗址过程研究，不能确信自己开辟的是"汽车道"还是"自行车道"，我还借用了许多其他研究者的成果，所以这个研究更像火车。尽管我没有直接与他们合作，但是依旧为他们所推动，也因此获得更大的动力。我自己偏好的两个角度更像导向轮，在农业起源研究这个问题轨道上选择前进的方向。

研究就像登山，我喜欢这个比喻。登山的动力可以是实际的，比如有人说爬上来给你糖吃，或是说你不爬上去，就怎么怎么的。当然，如果你能够超越这些，登山就成了一件很好玩的事；你并不需要幻想它们不存在，你只需要暂时忘记它们。如果没有一路上值得驻足的绝佳风景、值得回味的惊险挑战，登山就会是很乏味的事情，就会让人筋疲力尽，从今以后退避三舍。

还记得自己浑浑噩噩之中做完模拟研究，得到完全依赖陆生资源生活的狩猎采集者人口密度的分布图，我也认为这就是一个游戏，要知道我是通过 1949 年以后三十年的气象站材料获得的，跟考古材料没有一分一毫的关系。然而，当我把这张图与新石器时代的考古发现相对照的时候，它们居然是绝配！我感到很惊奇。这种意外的收获如同中了彩票大奖一般，让人有点不知所措。居然会有这样的事，万年前的气候环境跟今天的差别不会太小，上万年的农业生产、最近百年的工业开发，从前的森林、沼泽、湖泊等都变成了农田、城市、道路，气候无疑会受到影响。但是模拟研究告诉我，这些影响不足以改变大的环境格局，比如华北的温带落叶林环境既没有变成北极也没有变成亚热带。这对于动辄寻找环境原因解释文化变迁的我们来说的确是一个挑战。这是一个值得玩味的时刻，我久久地面对着那幅图，久久地……

研究中国农业起源问题，看起来是个大问题，其实已有答案。然而，当我深入不同地区之后，发现这个问题远不是那么简单。燕山南北地区史前的人群在农业生产与狩猎采集之间摇摆不定；华南地区曾经有过开始的苗头，后来又放弃了，转向了利用水生资源、根茎栽培；东北地区似乎根本不屑于农业生产，在这块"棒打狍子瓢舀鱼"的土地上，狩猎采集者形成了复杂社会，成为最强悍的原住民；西南地区则显得消极一些，狩猎采集者一直坚持着他们自己的生活方式，即使面对农业社会的影响，他们选择退避直到农业群体不能生存的生境中；青藏高原的研究最让人震惊，我不得不得出是农业生产者拓殖了青藏高原的结论，虽然我也很愿意看到数万年前狩猎采集的人类就已经成功适应了青藏高原。也许我不能说我所发现的就是正确的，但至少在研究过程中，我所运用的理论、方法，参考的考古材料支持我的认识。我觉得农业起源是个很有意思的问题，超出我原来所想。

而农业起源核心区域华北与长江中下游地区的研究也同样有点儿戏剧性的效果。按照模型预测，我把华北的环渤海地区、陇海路沿线看作农业起源区，然后从新石器时代早期开始往前追溯，一直追溯到旧石器时代晚期早段。有意思的是，黄土高原上的山西缺乏新石器时代早期文化的发现，与之相应的是其旧石器时代晚期晚段的材料如柿子滩、下川地点群没有体现出华北东部地区所发现的特征，也就是遗址结构的改变，李家沟、东胡林、转年等遗址都显示当时人们在这些遗址中居留的时间延长了，而黄土高原上没有类似的变化。长期以来，我们把自己看作"黄土文明"，不知有多少喟叹，甚至是哀叹。其实更多凭借的是想象而非来自研究。虽然不能说华北农业起源跟黄土一点关系都没有，至少我可以说，黄土不是核心因素，早期农业从盆地、山麓逐渐向华北大平原扩张，向周边地区，包括燕山南北地区、黄土高原扩张。

如果认为我这么说还有点强词夺理的话，长江中下游地区的农业起源真的跟黄土没有关系，它同样经历了从河流中游的盆地宽谷向丘陵山麓，然后是平原的过渡过程。它的起源过程即便不比华北更早的话，至少也是一样早。中国这块土地上最神奇的地方就是它在一万年前后居然孕育了两个不同的农业起源中心，分别种植不同的作物，稻作对世界的影响丝毫不逊于华北地区。更神奇之处是旧石器时代晚期以来的石器技术传统迥然不同，这里没有华北地区流行的细石叶工艺，砍砸器从旧石器时代早期一直流传到新石器时代。不过，旧石器时代晚期这里仍出现了石器的小型化、精致化过程，印证了末次冰期的影响，其变化与华北又是同步的。

　　研究过程中最美妙之处就是发现的快乐。还记得在写博士论文的时候，前面两三章写了半年之久，甚至都产生了信心的动摇，怀疑自己能不能按时毕业。当时，温道夫与宾福德都开始退休了，我如果再不毕业就永远别想毕业了。不久放了寒假，圣诞、新年先后到来，偌大的研究室里只有我一个人，非常非常地安静。那一个多月晚上我都是早晨两点才回去睡觉，六点左右就起来了，居然不觉困倦。每有所发现，还兴奋地在研究室里来回踱步。不知道心理学家所谓的"高峰体验"是不是指的这个，整个人如同通了电一般，精神得很。那个时候真感到最美好的回报并不是什么博士学位、奖励或是美好的未来，只是觉得挺美好的，一种宁静的充实。仅仅一个多月，我便写完了所有的章节。当时还有一个很奇怪的念头，每当我想到自己写的是博士论文，马上就感到写不下去了；所以，我不断提示自己，我是写给自己看的，我写它是因为我认为有意思。古人云"学问为己"，的确不是虚言。真的，人为快乐与意义而研究，而非为了自我折磨。

　　多年后，我对这段经历仍记忆犹新。我一直试图把博士论文写成一本书，但是始终未能如愿。到长春教学后，先是忙着六门新课的备课，同时要做点研究与田野工作，以使自己菲薄的成果简历稍稍厚实一点，于是也就耽搁了。2011年秋季学期我自己没有安排课程，这里还要感谢吉大相对宽松的氛围，因此能够集中精力写作。虽说有以前英文的论文为基础，但是要写成中文，绝对是不能翻译的，不仅读者群不一样，整个知识、思考的基础都在变化，我基本上重写了论文。曾国藩讲"置之一处，无事不办"，还真是这样的。能静下心来写点东西是件让人幸福的事情。虽然我在长春已经生活了五年，居然才突然意识到这里有秋天，校园广场上的银杏树一片金黄，极为绚丽。所谓"静故了群动，空故纳万境"，也许因为静下来了，感觉才变得敏锐起来。当白雪飘飞、天寒地冻的时节到来的时候，关门闭户，喧嚣的都市也变得遥远了，写作的速度也大大加快。不幸的是热闹的春节来临，工作节奏打断了，好在主体在春节之前已经完成。这样一个秋冬，简单而又忙碌，留下了值得回味的记忆。

　　著作已经完成，究竟怎么样自己说了并不算。文章如同孩子，总是自己的好，这也是人之常情。不过，我还是愿意做点反思，因为我自己一直都是读者，并不乏阅读的感受。有人说阅读是一种精致的聊天，一次聊天成功与否，还取决于聊得是否投机。有的人可能希望与所有人都打成一片，有的人曲高和寡，并不希望得到普遍的赏识。无论是作为读者还是著者，我都期望着精致的聊天，当然就本书而言，我只能期待读者了。

再版后记

　　首先我想感谢三联书店的曹明明女士，谢谢她的慧眼与坚持。原书的印量很小，进入市场销售环节的更少，大部分都留在了吉林大学边疆考古研究中心（现在叫考古学院）的资料室。当时给了我几十本，很快送完了，后来又找时任考古中心主任朱泓老师特批了几十本。出人意料的是，搬家时遗失了一些书，这批书便在其中，所以后来友人与学生问我要书时，我手头也没有了。旧书网把价格炒到离谱的程度，如今有幸再版，能够进入销售渠道，这是本书的幸运，也是作者的荣幸。

　　再版之时，我禁不住思考本书的价值何在。就我个人而言，本书无疑是迄今为止最为系统的一部专著。然而，我个人怎么认为并不重要，重要的是它与这个社会、与学术研究的关系。我感到欣慰的是，该书讨论的并不仅仅是一个狭小的考古学问题，它关乎我们这个时代，关乎我们应该如何去理解中国文明的根源。我相信考古学的宗旨就是"究天人之际，通古今之变，成一家之言"，本书有试图理解古今之变的愿望。当代中国正处在现代化进程之中，从一个传统的农业国家转向现代工商业国家，中国持续了数千年的农业时代正在被一个新的时代所取代。现代化的成功让中国从此摆脱被欺凌的命运，大多数人都是从近代史来看这次变迁的，而作为考古研究者，我看到的是更长的时段。

从长时段来看，人类历史可以分为狩猎采集、农业、工商业三个阶段，每个阶段人类获取资源的方式、居住形态、社会组织结构乃至意识形态都有明显区别，而在同一阶段中则具有明显的共性。本书所研究的是从狩猎采集到农业阶段，它们都属于历史的关键转折期。著名学者贾雷德·戴蒙德获得普利策奖的名著《枪炮、病菌与钢铁：人类社会的命运》讨论的就是农业起源对后来人类历史的影响。旧大陆因为有更发达与更系统的农业，尤其是有驯化的大型哺乳动物如马、牛、骆驼等的帮助，建立了更复杂的社会组织，最终结果是旧大陆殖民新大陆，而不是相反。农业发展决定了历史时期人类文明的命运。

我曾经在最近一篇文章（《回首农业时代》，《读书》2019年第12期）中写道：

> 中国是农业时代的幸运儿。遍观全球，在原始技术的状态下，具有广阔农业自然地理区域的地方是很少的。我们首先可以把南半球排除在外，因为那里的温带区域面积十分有限。在北半球，则要排除北美，因为人类进入新大陆地区较晚，狩猎资源丰富，农业需求并不强烈；另外，这里缺乏适合驯化的大型哺乳动物，驯化动物仅有火鸡与豚鼠，农业系统不完整。然后需要排除北非、阿拉伯半岛，这里是干旱的沙漠，根本不适合农业。欧洲的温带区域大部分为海洋所占领，陆地区域所处的纬度已经跟中国的东北差不多。尽管它属于温带海洋性气候，但是总的热量条件还是不如中纬度地区。最后，我们看到，剩下的、适合农业发展的区域不过是西亚的新月形地带（尼罗河流域、印度河流域，还有欧洲的农业都是受到西亚影响发展起来的）与中国长江、黄河中下游地区。而且，中国这片区域的面积要更大、更完整，可以

说是得天独厚。

理解中国农业起源深厚的基础，可以帮助我们理解为什么中国文明绵延五千年不绝。历史上当北方农业文明受到威胁时，北方士族选择南渡，而南方本身也有悠久的农业历史，正是这种南北双核的格局保证了中国文明没有像其他几个文明古国一样消失在历史的长河之中，而是历久弥新，在工商业时代又焕发出了新的活力。文明就像树木一样，根深才能叶茂。《史前的现代化》溯源了中国文明经济根基的形成过程，把当代中国正在发生的转型与一万年前发生的另一次关键转型结合起来，它们都可以称为"现代化"进程——决定社会命运的选择。作为考古学研究，实现通古今之变的目的；同时，把考古学研究与社会现实结合起来。任何一项研究都脱离不了自身所在的时代，受到时代精神的影响，担负时代的责任，服务时代的需要。不敢说本书就实现了这个目的，而是说本书向这个方向迈出了一步。

自从本书 2013 年出版以来，又有不少考古新发现涌现出来。对比近几年的新发现，我自认为这些新发现并没有颠覆本书的基本结论，某种意义上说，是更进一步证实了它们。从另外一个角度说，考古新发现弥补了本书没有涉及的空白区域。其中一个区域就是内蒙古草原地带，这个地带涉及新石器时代草原文化适应的起源，当时由于没有材料，我没有讨论这个问题。近几年来，在内蒙古的乌兰察布、河北坝上地区发现了一支新的新石器文化——裕民文化。最近我有幸参与到这个地区的研究工作中，注意到它与新石器时代草原文化适应的联系，冬夏两季显著不同的遗址分布、结构以及遗物构成，揭开了新石器时代先民利用草原地带的新篇章，与后来游牧社会利用草原的方式一脉相承。

另一个重要的考古新发现是宁夏鸽子山遗址，这处旧石器时代最后阶段（或称旧新石器时代过渡期）的遗址发现了石磨盘、石磨棒等类似新石器时代的文化特征。考古遗存显示这里的先民处在广谱适应阶段，但是鸽子山所在的地带没有后续的新石器文化发现，表明先期带有农业起源迹象的适应并没有延续下去。考虑到这个地区严酷的农业地理条件，不难理解史前先民的选择，他们在这里继续狩猎采集，直至另一种农业形式——游牧的引入。狩猎采集与游牧是中国西北半壁的史前文化适应的基本模式，谷物农业是辅助形式，只是在局部水热条件较好的地区才能进行。近些年，地处西北边陲的新疆地区在史前考古领域有不少新的发现，旧石器考古取得了突破性的进展，证明数万年前人类已经在这里生存。青铜、铁器时代考古发现也相当丰富，有些遗憾的是，新石器考古的突破尚付诸阙如。新石器时代人类要有效利用该地区，纯粹农业或牧业（畜牧或游牧）都是相当困难的，必定需要结合两者以及狩猎采集，从而利用不同高度或地带的资源。

考古学新发现可能颠覆本书观点的地方主要是究竟谁拓殖了青藏高原（第十一章）这个问题。本书认为拓殖青藏高原的人群应该是农业（包括牧业在内）群体。最近涉及青藏高原早期人类活动的证据有两项，一项是在西藏阿里的尼阿底遗址，遗址海拔4400米，年代可以早到距今三四万年前；另一项是甘肃夏县发现的有丹尼索瓦人基因的人类化石，发现化石的洞穴海拔3300米，年代早到距今16万年。甘肃夏县位于青藏高原的边缘，丹尼索瓦人对现代人的基因有所贡献，但十分有限，说丹尼索瓦人拓殖了青藏高原肯定是不合适的，因为如今生活在这里的都是现代人的后裔。至于说阿里的尼阿底遗址的确是个非同寻常的发现，不过，这个发现并不是最早的，青藏高原南部边缘地带曾经发现过阿舍利手斧。在合适的季节，狩猎者闯入青藏高原是有可能的，我在书中也没有否定这种可能性。

　　尽管青藏高原有旧石器时代的考古新发现，但这并没有改变狩猎采集者的文化生态原理，即狩猎采集者需要依赖流动采食去获取资源，他们能够获取的资源量受制于该地的初级生产力（植物）以及相应的次级生产力（动物），还有就是狩猎采集者自身的流动能力。青藏高原的初级生产力的水平与北极地区相等，动物资源还不如北极地区，那里有海洋哺乳动物与大量季节性迁徙的鸟类，而且那里对于人类来说不存在高原反应，夏季的时候可以利用舟楫，冬季的时候可以利用雪橇，而这些条件都不是青藏高原所具备的。人类旧石器时代晚期的确深入到北极地区，但是相比而言，狩猎采集者要稳定利用青藏高原要困难得多，流动困难（只能依赖步行）是最主要的原因，这也是我反对旧石器时代狩猎采集者拓殖青藏高原的原因。另外，如果青藏高原上旧石器时代晚期一直有人类居住的话，那么我们应该可以看到其旧新石器时代过渡的遗存，比如广谱适应的存在，但是目前所有考古发现中都没有体现这样的特征。因此，我还是坚持本书的观点，尽管有新的发现，但并没有达到改变本书观点的程度。

　　多年来我一直教授"考古学理论"课程，课上经常会有同学问，考古学理论究竟有什么用，有没有例子来说明考古学理论的作用。《史前的现代化》就是这样一个例子，它运用了狩猎采集者的文化生态学原理。假如没有这一理论，我们很难理解细石叶工艺的文化适应意义，也很难理解华北地区新旧石器时代过渡时太行山东西发生的分化，同样难以理解从更新世之末到全新世之初中国不同地区狩猎采集者的文化适应变化的多样性。考古材料一直都在那里，但是它不会自己说话，要理解它的意义，必定基于一定的理论原理进行推理。不依赖任何理论原理的推理是不存在的，理论原理或明或暗存在，否则就是依据当代生活常识的想当然。同时，推理中必定还需要采用某些方法去分析考古材料，本书主要采用了三个方面的考古证据（器物遗存、遗址结构、动植物等多学科分析的证据），我个人相对擅长的是石器分析与遗址形成过程研究。理论、方法、材料结合起来才能相得益彰，而没有理论指引的方法与材料研究，导致的结果就是研究始终处在材料层面上，而与古人没有什么关系；或者即便建立关系，往往也是想当然。考古学研究并不能直接研究古人，是通过理论原理建立起遗存与古人的联系的，这也就是为什么我们需要考古学理论的主要原因。王婆卖瓜，我想本书作为运用考古学理论的一个尝试，或可以为读者借鉴与批评。

我所感到抱歉的是不能给读者一个更贴近读者的版本，三联书店一直是学术文化推广的标杆，而本书还是有些小众，期望将来有机会，结合最新的考古发现与理论方法进展，奉献给大家一本更接地气的作品。

陈胜前

2019 年 12 月 27 日

于中国人民大学人文楼 417